소방원론

공학박사 **황용구** 지음

도서출판 동화기술

머리글

산업의 분업화·전문화로 인하여 국가의 경제 및 기술문화는 날로 발전되어 가고 있으며, 이는 대학에서 학문연구에 전념하고 있는 우리 학생들에게 많은 용기와 희망을 줌으로써 선진조국 건설의 일익을 담당하게 하고 있다.

장래에 이와 같은 중요한 임무를 담당하여야 할 대학생들의 역할의 중요성은 이루 말할 수 없으며, 이는 대학에서의 끊임없는 용기와 인내로서 학문연구에 최선을 다하는 데 있다 하겠다.

본 저자는 대학에 소방 및 산업안전관련학과가 개설된 이래 오랜 강의 경험과 실무를 바탕으로 선진방재기술과 고도화된 산업안전기술에 대한 연구와 노력의 결과를 접목시켜 21세기 신기술을 선도할 대학생들에게 새로운 학문의 길잡이가 될 소방방재분야의 전문도서인 소방원론을 집필하게 되었다.

본 저서는 일상생활에서 자주 발생하는 화재에 대한 안전관리기법으로부터 산업기술의 중추적인 역할을 하고 있는 건설분야의 안전관리에까지 다양하면서도 체계적으로 분석·연구하여 제1편 **화재론**·제2편 **방재론**·제3편 **부록**으로 구분하여 최근까지 방화와 관련된 최신정보를 종합하여 서술하였으므로 방재관련 학문연구에 많은 도움이 되리라 생각된다.

특히, 방재관련기술은 대학에서의 기초지식과 숙달된 방재관련 장치·기기 등에 대한 기술연마가 중요한 역할을 하므로 대학에서의 이론적 탐구와 산업현장에서의 실제적인 조작·훈련기술이 서로 조화를 이룰 때 가장 값진 소방 중견기술자로서의 사명감을 가질 수 있다 하겠다.

본 저자는 소방관련 전문지식의 함양과 국가의 중추적인 소방 중견기술인으로서의 포부와 자부심을 가지고 학문에 최선을 다하고 있는 대학생들에게 소방관련 전문지식을 지면을 통해서만 전달하게 됨을 죄송스럽게 생각하며, 이 도서가 방재관련 전문학문을 탐구하는 대학생뿐만 아니라 모든 소방인들에게도 좋은 지침서가 되었으면 한다. 또한, 본서의 집필을 위해 최선을 다하였으나 내용 중 미흡한 부분 또는 오류 등으로 인한 사항에 대해서는 앞으로 계속적인 수정·보완을 통하여 좋은 도서가 되도록 최선을 다 할 것이다.

끝으로 본 도서가 출간되기까지 물심양면으로 많은 도움을 주신 소방관계 선생님들과 도서출판 동화기술 정우용 회장님을 비롯한 편집부 모든 선생님들에게 지면을 통하여 노고에 감사를 드리는 바이다.

저자 드림

차 례

PART

1

화 재 론

Chapter

1 화재의 성격·피해 및 종류

1 화재의 성격과 원인

1 화재의 성격 및 개요

(1) 화재의 정의 및 개요

화재(火災)란 불을 취급·사용하는 장치·설비 및 이들을 제어하는 사람의 부주의와 불안정한 상태에서 발생하여 사람의 신체·생명뿐만 아니라 재산상의 손실을 가져다주는 재앙을 말한다.

화재를 가져다주는 불은 상온에서 기체·액체·고체상태의 가연물질이 공기 중의 산소·산화제(오존 포함)·지연성가스 등과 점화원 존재하에서 산화 발열반응을 일으키면서 발생되는 열과 빛 중 빛의 집합체를 말하는 것으로서 지구상에 인류가 탄생되면서부터 사용되어 왔다. 이러한 불은 인류사회가 발전되어 옴에 따라 여러가지 분야에서 다양하게 이용되어 왔으며, 문명사회로의 변천과 함께 산업분야에 없어서는 아니 되는 동력의 원천이 되었다.

이러한 불은 인간생활에 있어서 많은 변화와 발전을 이룩하게 하였으나 때로는 사람의 생명과 재산을 빼앗아 감으로써 많은 사람들에게 신체적·정신적 고통을 주기도 하였다. 그러하므로 인간에게 유익하지 아니한 해로운 불을 화재라고 정의하기도 하며, 과실로 인한 실화 또는 고의에 의한 방화로 발생하는 연소현상을 중지시키기 위하여 소화할 필요성이 있는 연소현상을 화재라고 한다.

2 화재의 발생원인 및 현황

(1) 화재의 발생원인

화재는 불(화기) 또는 열원을 취급·사용하는 사람의 불안정한 상태로 인하여 발생하기도 하며, 예기치 않던 번개(낙뢰)·지진·태풍 등과 같이 천재지변에 의하여 발생되기도 한다. 또한, 화재의 발생원인을 천재지변 외에 실화(失火)와 방화(放火)로 구분하기도 한다.

화재는 날씨가 추운 동절기에 난방기구·전열기 등의 사용과다로 인하여 많이 발생되고 있으며, 사람들의 출입이 많은 호텔·백화점·시장·음식점·극장·공장 등과 화기의 취급·사용이 빈번한 주거시설인 주택·아파트 등에서 많이 발생되고 있다.

우리나라의 화재 특징은 미국·일본·프랑스 등에 비하여 회재발생긴수 및 피해는 직은 편이나 발생건수에 비하여 인명 및 재산피해가 많은 편이다.

예를 들면, 1978~1980년의 경우 인구 1만명에 대한 우리나라의 화재발생건수는 1.5건으로서 미국 114건, 일본 5.7건, 프랑스 22건에 비하여 상당히 적은 편이나 사망자 1명에 대하여 발생하는 화재발생건수는 22.1건으로서 미국 330건, 프랑스 439건에 비하여 높은 편이다.

다음의 표 1-1은 우리나라의 2004~2008년 사이에 발생한 화재를 화재의 발생원인별로 나타낸 것이며, 표 1-2는 2009~2013년 사이에 발생한 화재를 발생원인별로 나타낸 것이다.

다음의 표 1-2에서 보는 것과 같이 2013년의 경우 전체 화재발생건수 40,932건 중 전기가 원인이 되어 발생된 화재는 10,103건(24.7%)으로서 가장 많으며, 연평균 5%씩 증가되고 있다.

또한, 급격한 폭발과 폭음을 동반하는 가스화재의 경우 2013년 181건으로서 전체 화재발생건수 40,932건의 4%에 해당되며, 연평균 7%정도 증가되고 있다.

표 1-1 연도별 화재발생원인 및 발생현황 [(건수)/2004~2008]

발생원인 \ 연도	2004	2005	2006	2007	2008
전기적 요인	10,450	9,991	9,392	10,569	11,308
기계적 요인	3,585	3,291	-	3,391	3,550
가스 누출	9,291	3,326	535	245	236
화학적 요인	1,385	1,120	-	268	252
교통사고	2,464	2,460	-	682	647
부주의	354	335	8,424	22,567	24,052
기타 실화	648	587	-	1,645	823
자연적 요인	328	372	-	265	222
방화	723	752	3,413	441	799
방화의심	307	280	-	3,654	3,441
미상	9,152	9,823	10,014	5,155	4,301
계	32,737	32,340	31,778	47,882	49,631

표 1-2 연도별 화재발생원인 및 발생현황 [(건수)/2009~2013]

발생원인 \ 연도	2009	2010	2011	2012	2013
전기적 요인	10,787	10,827	10,663	10,481	10,103
기계적 요인	3,651	4,060	4,072	4,261	4,058
가스 누출	212	184	217	170	181
화학적 요인	285	288	299	278	322
교통사고	621	567	532	576	567
부주의	22,765	17,870	20,238	20,247	19,011
기타 실화	725	807	861	1,039	843
자연적 요인	217	377	386	230	397
방화	786	632	488	418	497
방화의심	2,604	2,043	1,762	1,287	1,071
미상	4,695	428	4,357	4,260	3,882
계	47,318	41,863	43,875	43,247	40,932

위의 표 1-2에서 보는 것과 같이 2013년의 경우 전체 화재발생 40,932건 중 방화가 원인이 되어 발생된 화재는 497건으로 1.2%에 해당되며, 화기의 사용 및 취급부주의로 인한 화재는 19,011건으로 전체 화재발생 40,932건의 46.4%에 해당되고 있어 이들을 취급·관리하는 관리자의 주의가 요구되고 있다.

다음의 그림 1-1은 2013년도에 발생된 화재를 원인별로 타원에 도시한 것이다.

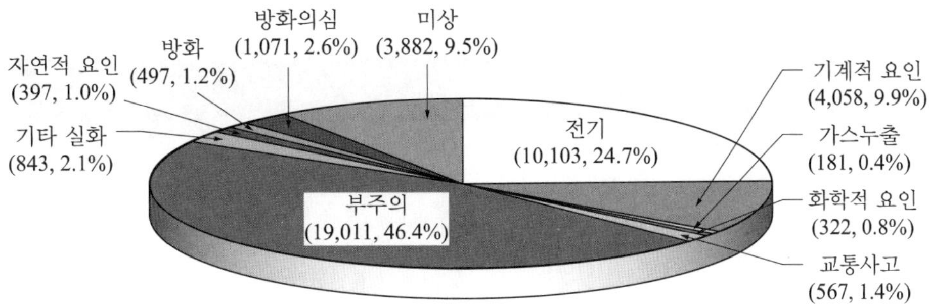

그림 1-1 화재의 원인별 발생현황(2013)

(2) 화재의 발생현황

2004~2013년 사이에 우리나라에서 발생된 화재의 현황을 보면 연평균 4.2%씩 증가되어 왔다. 2013년에 발생된 화재를 장소별로 볼 경우 화기의 취급부주의로 인한 화재는 19,011건으로 전체 화재발생 40,932건 중 46.4%에 해당된다. 다음으로는 전기적 요인으로서 전체 화재발생 40,932건 중 10,103건으로 24.7%에 해당된다.

다음의 표 1-3은 연도별 화재발생현황 및 증감률을 나타낸 표이다.

표 1-3 연도별 화재발생현황 및 증감률 (단위: %)

구분 \ 연도	2004	2005	2006	2007	2008	2009	2010	2011	2012	2013
화재발생건수	32,737	32,340	31,778	47,882	49,631	47,318	41,863	43,875	43,247	40,932
증감률(%)	-	−1.2	−1.7	50.7	3.7	−4.7	−11.5	4.8	−1.4	−5.4

다음의 표 1-4는 2004~2008년 사이에 발생된 화재를 화재가 발생된 장소별로 나타낸 것이다.

다음의 표 1-4에서 보는 것과 같이 2004~2008년 사이의 5년간 사람이 거주하지 아니하는 장소에서의 화재증가는 연평균 65.7%로서 다른 화재발생장소에 비하여 상당히 증가하고 있음을 알 수 있다. 이러한 장소에서의 화재발생이 빈번한 사유로는 화기취급에 대한 안전관리의 소홀에 있다고 하겠다.

표 1-4 장소별 화재발생현황 (2004~2008)

화재발생장소 \ 연도	2004	2005	2006	2007	2008
주거	8,686	8,411	8,234	11,431	12,285
비주거	3,450	3,358	9,690	16,589	17,642
차량	6,012	5,884	5,929	6,217	6,444
위험물·가스제조소 등	1,674	1,643	57	43	47
철도·선박·항공기 등	2,181	2,151	74	132	131
임야	467	588	2,794	4,128	4,024
기타	300	294	5,000	3,942	9,058
계	32,737	32,340	31,778	47,882	49,631

표 1-5 장소별 화재발생현황 (2009~2013)

화재발생장소 \ 연도	2009	2010	2011	2012	2013
주거	11,767	10,509	10,645	10,690	10,596
비주거	16,482	16,395	16,388	15,966	15,066
차량	5,984	5,783	5,595	5,506	5,250
위험물·가스제조소 등	50	30	37	28	24
철도·선박·항공기 등	142	117	75	120	89
임야	4,179	2,209	3,003	2,691	2,334
기타	8,717	6,820	8,132	8,246	7,573
계	47,318	41,863	43,875	43,247	40,932

위의 표 1-5는 2009~2013년 사이에 발생된 화재를 화재가 발생된 장소별로 나타낸 것이다.

위의 표 1-5에서 보는 것과 같이 2009~2013년 사이에 발생된 화재를 화재가 발생된 장소별로 볼 경우 대부분 감소현상을 보였다. 이러한 현상은 화재에 대한 국민의식의 함양 및 시설에 대한 안전관리교육이 점차 증대되어 가고 있음을 보여주고 있다.

다음의 그림 1-2는 2013년도에 발생된 화재를 화재가 발생된 장소별로 타원에 도시한 것이다.

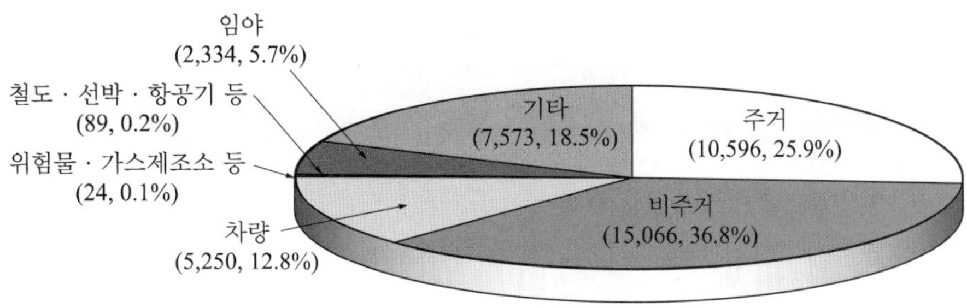

그림 1-2 화재의 장소별 발생현황(2013)

2 화재로 인한 피해 및 화재발생 사례

1 화재로 인한 인적·물적피해

(1) 화재로 인한 인적피해

산업이 고도화·분업화 및 산업활동의 활성화에 의해 화기 및 열원을 취급·사용하는 장소 및 시설 등의 증가와 화기의 안전취급기술 부족으로 인한 인명의 손실이 급격하게 증가되고 있다.

또한, 화기 및 열원의 취급부주의 및 취급·사용자의 안전관리 소홀로 인한 인명의 손실이 급격하게 증가되고 있으며, 정부당국의 구급 및 구조활동도 현저하게 증가되고 있다.

화재발생으로 인한 인명의 손실은 국가발전에 많은 장애를 주고 있으며, 가정 및 사회에 많은 정신적·육체적 고통을 가져다줌으로써 화재로 인한 국력의 손실은 이루 말할 수 없다 하겠다.

다음의 표 1-6은 2004~2013년 사이에 발생된 화재로 인한 인명(사망 및 부상)피해현황을 나타낸 것이다. 또한, 다음의 표 1-7은 2004~2013년 사이에 발생된 화재로 인한 인명피해의 연평균 증감률(%)을 나타낸 것이다.

표 1-6 연도별 화재로 인한 인명피해 (2004~2013)

연도＼구분	화재발생건수	인명피해(명)		
		사망	부상	계
2004	32,737	484	1,820	2,304
2005	32,340	505	1,837	2,342
2006	31,778	446	1,734	2,180
2007	47,882	424	2,035	2,459
2008	49,631	468	2,248	2,716
2009	47,318	409	2,032	2,441
2010	41,863	304	1,588	1,892
2011	43,875	363	1,599	1,862
2012	43,249	267	1,956	3,223
2013	40,932	307	1,873	2,180

표 1-7 화재로 인한 인명피해의 증감률 (단위: %)

구분	화재발생건수	인명피해(명)		
		사망	부상	계
증감률(%)	6.2	−4.1	10.3	−3.8

다음의 표 1-8은 2007~2011년 사이에 정부당국(국민안전처)에서 수행한 구급 및 구조 현황을 나타낸 것이다.

표 1-8 연도별 구급 및 구조현황

연도＼구분	구급현황		구조현황	
	건수(회)	인원(명)	건수(회)	인원(명)
2007	1,189,122	1,235,609	146,019	77,538
2008	1,269,189	1,316,942	182,619	84,559
2009	1,387,396	1,439,688	257,766	90,349
2010	1,428,275	1,481,379	281,743	92,391
2011	1,405,263	1,453,822	316,776	100,661
계	6,679,245	6,927,440	1,184,923	445,498

(2) 화재로 인한 물적피해

화재가 발생되면 인명피해뿐만 아니라 재산피해도 발생되므로 화재발생은 국가의 재산

손실을 방지하기 위해서도 모든 사람들이 자발적으로 실천하여야 하며, 해마다 화재의 발생으로 재산피해의 규모는 화기 또는 열원을 취급·사용하는 사람의 증가율보다 급격하게 상승하고 있다.

다음의 표 1-9는 2004～2013년 사이에 화재의 발생으로 인한 재산피해(액)를 나타낸 것이다. 특히, 표 1-9에서 보는 것과 같이 화재로 인한 재산피해는 연평균 16.5%씩 증가되고 있음을 알 수 있다.

표 1-9 연도별 화재로 인한 재산피해

구분＼연도	2004	2005	2006	2007	2008	2009	2010	2011	2012	2013
재산피해(백만원)	146,634	171,374	150,792	248,417	383,853	251,853	266,775	256,545	289,526	434,423
증감률(%)	-	16.9	−12.0	64.7	54.2	−34.3	5.9	−3.8	12.9	50.0

표 1-10 시·도별 인명피해 및 재산피해 현황 (2013년도)

시·도＼구분	화재발생건수	인명피해(명)			재산피해(천원)
		부상	사망	계	
서울	5,646	202	31	233	21,495,228
부산	2,323	94	22	116	7,742,931
대구	1,538	100	14	114	7,731,740
인천	1,575	64	13	77	15,547,859
광주	1,110	34	10	44	5,969,079
대전	1,265	74	9	83	4,165,863
울산	1,192	91	2	93	10,020,606
세종	194	3	3	6	1,153,162
경기	9,049	468	54	522	222,179,672
강원	2,097	115	10	125	12,143,429
충북	1,345	88	16	104	9,834,530
충남	2,657	70	26	96	24,568,566
전북	1,569	71	13	84	10,977,138
전남	2,480	110	30	140	15,653,543
경북	2,737	130	16	146	25,270,357
경남	3,416	114	26	140	35,873,612
제주	739	49	12	61	4,095,792
합 계	40,932	1,877	307	2,184	434,423,107

위의 표 1-10에서 보는 것과 같이 경기도의 경우 재산피해액이 현저하게 많이 증가한 것은 2013. 05. 03. 01:10에 발생한 경기도 안성시 일죽면 방초리에 소재한 ㈜ 코리아냉장 화재사고로 인한 재산피해액 988억7,264만원이 포함되었기 때문이다.

2 화재발생 사례

(1) 국내의 화재발생 사례

국내에서 발생되는 화재는 외국(미국·일본·영국 등)의 화재에 비해서 발생건수는 적은 편이지만 화재발생건수 1건에 대한 인명피해 및 재산피해는 비교할 수 없을 정도로 많으며, 최근에 이르러 대형화·다변화 되고 있어 화재예방을 위한 정부당국의 과학화 된 방재(소방)대책이 절실히 요구되고 있는 실정이라 하겠다.

다음의 표 1-11은 국내에서 발생된 인명피해(사망자) 10대 대형화재를, 표 1-12는 재산피해 10대 대형화재를 나열한 것이다.

표 1-11 인명피해(사망자) 10대 대형화재

순위	발생일시	발생장소	원인	인명피해(명)			재산피해 (천원)
				사망	부상	계	
1	03.02.18. 09:53	대구광역시 중구 남일동 143-1 중앙로역(지하철 전동차)	방화	192	148	340	4,768,845
2	71.12.25. 10:17	서울특별시 중구 충무로 1가 25-5(대연각호텔)	LPG 취급부주의	163	63	226	838,200
3	99.10.30. 18:57	인천광역시 중구 인현동 27(히트노래방)	불장난	56	81	137	64,813
4	72.12.02. 20:27	서울특별시 종로구 세종로 81-3(시민회관)	전기합선	53	78	131	350,000
5	74.11.03. 02:42	서울특별시 동대문구 전농동 620(대왕코너)	전기합선	88	35	123	21,000
6	84.01.14. 08:00	부산광역시 부산진구 부전동 (대아호텔)	석유난로	38	68	106	200,000
7	60.03.02. 07:55	부산광역시 중구 범일동 (국제 고무공장)	성냥	62	39	101	10,000
8	57.06.23. 10:50	부산광역시 동구 수정동 (미군용 송유관)	송유관 파열	38	40	78	64세대 전소
9	55.03.02. 18:33	부산광역시 중구 중앙동 (부산역 구내 여객차량)	유류	42	14	56	80
10	73.08.12. 04:43	충청북도 영동군 영동읍 계산리(영동역 유류화물열차)	탈선	40	11	51	17,903

표 1-12 재산피해 10대 대형화재

순위	발생일시	발생장소	원인	재산피해	
				당시 피해액	당시 미$ 환산액
1	53.11.27. 20:25	부산광역시 중구 영주동 (부산역)	풍로 불티	176억9,400만원	983,000,000
2	74.01.23. 15:45	경상북도 구미시 왕평동 (윤성방직)	전기	156억원	32,231,405
3	88.03.05. 10:15	충청북도 충주시 목행동 (새한미디어)	용접 부주의	98억7,357만원	13,515,626
4	96.10.07. 20:45	대전광역시 유성구 원내동 (충남방적)	전기합선	122억2,000만원	15,184,274
5	99.05.13.	울산광역시 남구 고사동 (SK이노베이션)	배관 재질 결함	156억4,170만원	13,780,141
6	05.12.29. 21:57	대구광역시 중구 대신동 115-370 (서문시장 2지구)	원인 미상	186억8,242만원	18,280,255
7	08.01.07. 10:38	경기도 이천시 호법면 유산리 (코리아2000 냉동창고)	원인 미상	78억7,768만원	8,246,033
8	08.02.10. 20:50	서울특별시 중구 남대문로 4가 29 (숭례문)	방화	100억원	10,434,819
9	08.12.05. 12:09	경기도 이천시 마장면 장암리 46 (서이천물류센터 물류창고)	용접	721억1,977만원	48,075,043
10	13.05.03. 01:10	경기도 안성시 일죽면 방초리 22-15 (주식회사 코리아냉장)	원인 미상	988억7,264만원	91,548,746

다음의 표 1-13은 1972년 이후에 발생된 화재를 순서대로 나열한 것이다(단, 인명피해, 재산피해 10대 대형화재는 제외하였음).

표 1-13 1972년 이후 화재발생 사례

순위	발생일시	발생장소	원인	인명피해(명)		재산피해 (천원)
				사망	부상	
1	72.04.07. 11:05	전라남도 여천군 삼일면 적양리 (호남석유 여천공장)	용접	9		143,902
2	74.10.17. 17:01	서울특별시 중구 회현동 1-65 (뉴남산관광호텔)	전기합선	19	44	9,000
3	75.03.12. 08:50	서울특별시 도봉구 (천사의 집, 영아원)	전기합선	14	1	650
4	76.05.13. 02:57	서울특별시 중구 을지로 5가 19 (삼화지업사)	난로 과열	8		3,000
5	77.02.03. 19:35	서울특별시 서대문구 장천동 18-35 (초원일식집)	석유곤로 과열	8	17	2,300

순위	발생일시	발생장소	원인	인명피해(명)		재산피해 (천원)
				사망	부상	
6	78.12.29. 14:24	서울특별시 동대문구 제기동 1131 (유신식당)	석유난로 과열	9	18	6,400
7	79.09.28. 04:23	서울특별시 서대문구 북아현동 147-5 (선유산업사)	가스 누출	12		6,000
8	79.12.06. 09:11	부산광역시 동래구 금사동 73-13 (세창고무)	유증기	8	22	9,500
9	80.06.05. 22:52	광주광역시 동구 충장로 38-9 (거북이싸롱)	전기합선	23	2	830
10	81.08.13. 21:45	경기도 안양시 안양2동 857-2 (대교식당)	LPG 폭발	10	21	16,000
11	82.12.29. 06:58	대구광역시 중구 하서동 28 (금호관광호텔)	방화	10	22	100,000
12	83.04.18. 01:40	대구광역시 중구 향촌동 51-7 (초원의 집)	전기합선	25	69	98,900
13	84.02.03. 04:21	서울특별시 성북구 석관1동 330-25 (보통사람들, 맥주홀)	석유난로 과열	10	2	3,810
14	84.04.09. 20:05	인천광역시 남구 만수2동 29 (경인공업사)	환풍기 과열	8	8	7,960
15	86.05.29. 12:21	서울특별시 도봉구 월계1동 305 (한진세탁소)	유류 취급부주의	8	10	26,500
16	89.10.04. 20:55	전라남도 여천시 화치동 70-1 ㈜ LG ABS공장	압축기 과열	14	13	336,325
17	90.01.24. 06:20	울산광역시 중구 우정동 725-4 (유곡 대중사우나)	불장난	10	4	3,500
18	91.10.17. 21:50	대구광역시 서구 비산4동 333-2 (거성관 나이트클럽)	방화	16	4	2,000
19	92.10.04. 14:39	강원도 원주시 우산동 왕국회관 (여호와의 증인)	방화	14	25	5,360
20	93.01.07. 01:08	충청북도 청주시 우암동 575 (우암상가아파트)	원인 미상	28	48	90,000
21	93.04.19. 02:07	충청남도 논산군 논산읍 부창리 218-2 (서울신경정신과의원)	담뱃불 추정	34	2	700
22	94.08.17. 23:28	서울특별시 중구 주교동 144-4 (팔레스 룸싸롱)	원인 미상	14		8,500
23	94.10.24. 16:25	충청북도 단양군 적성면 (충주호, 충주5호 관광선)	기관엔진 과열 추정	29	33	260,000
24	94.12.07. 14:51	서울특별시 마포구 아현3동 606-6 (한국가스공사 아현공급기지)	도시가스 폭발 추정	12	49	600,000
25	95.02.07. 11:12	부산광역시 영도구 봉래동 5가 29 (한진, 부산호)	용접 불티	19	7	150,000

순위	발생일시	발생장소	원인	인명피해(명)		재산피해 (천원)
				사망	부상	
26	95.08.21. 02:08	경기도 용인군 구성면 마북리 431-17 (경기여자기술학원)	방화	37	16	6,500
27	96.09.29.	서울특별시 서대문구 창천동 (롤링스톤)	전기합선	12	2	35
28	97.10.27.	울산광역시 동구 염포동 (현대 미포조선소)	유증기 폭발	10	7	400
29	98.10.29.	부산광역시 서구 양남동 100-1 (콜드프라자 신축공사장)	우레탄 발포기 전기배선 과열	27	16	330,520
30	99.06.30.	경기도 화성군 서신면 백미리 (씨랜드 청소년수련원)	모기향불	23	7	72,000
31	01.03.04. 04:30	서울특별시 강남구 세곡동 (율암마을 주거용 비닐하우스)	원인 미상	10		11,000
32	01.05.16. 22:30	경기도 광주시 송정동 8-5 (예지학원)	원인 미상 불티	10	23	4,000
33	02.01.29. 11:56	전라북도 군산시 개복동 7-13 (대가 유흥주점)	카드조회기 전선 합선	15		17,650
34	02.05.01. 03:15	경상남도 마산시 석전2동 230-1 (마도장여관)	노숙자 방화	9	6	31,500
35	03.03.06. 23:17	충청남도 천안시 상황동 38 (천안초교 축구부 합숙소)	주방냉장고 전기합선	9	16	16,400
36	07.02.11. 04:04	전라남도 여수시 화장동 944 (법무부 여수 출입국 관리사무소)	방화 의심	9	18	5,000
37	09.11.14. 14:26	부산광역시 중구 신창동 3가 (가나다라 실내사격장)	화학적 요인	10	6	45,529
38	10.11.12. 04:24	경상북도 포항시 남구 (인덕 노인요양원)	전기적 요인	10		9,000
39	12.05.05. 20:52	부산광역시 부산진구 부전동 215-3 (시크노래타운 3층)	전기적 요인	9	33	81,238

(2) 외국의 화재발생 사례

외국에서의 화재발생 사례는 생략하였음.

3 화재의 종류 및 등급

화재가 발생하는 데 필요한 요소로 작용하는 연소의 3요소 중 가연물질의 종류 및 성상(性狀)에 따라 화재의 종류별 급수를 정하고 있다.

우리나라는 일본·미국 등과 같이 화재의 급수를 A급(일반화재)·B급(유류화재)·C급(전기화재)·D급(금속화재) 및 E급(가스화재)의 5가지로 구분하고 있으나, 국내의 화재발생의 빈도수로 보아 통상 A·B·C급으로 대별하여 일반적으로 사용하고 있다.

특히, 국내에서는 가스로 인한 화재(E급화재)를 유류화재에 포함시켜 B급화재로 취급하고 있다.

다음의 표 1-14는 화재를 발생시키는 가연물질의 종류 및 성상에 따른 국가(한국·일본·미국 및 독일)별 화재의 급수에 대한 분류도이다.

표 1-14 국가별 화재의 급수

국가명 화재의 종류별 급수	한국	일본	미국	독일
A급	목재·종이·섬유류 등의 일반 가연물	목재·종이·섬유류 등의 일반 가연물	목재·종이·섬유류 등의 가연물	목재·종이·섬유류 등의 작열할 수 있는 물질
B급	유류 (가연성액체 포함)	유류 (가연성액체 포함)	유류 (가연성액체 포함)	유류 (가연성액체 포함)
C급	전기	전기	전기	가스 (액화·압축·용해)
D급	금속	금속	금속	금속
E급	가스 (액화·압축·용해)	가스 (액화·압축·용해)	가스 (액화·압축·용해)	전기

위의 표 1-14에서 보는 것과 같이 독일은 한국·일본 및 미국과는 달리 가스화재를 C급화재로, 전기화재를 E급화재로 취급하고 있다. 또한, 화재발생시 화재를 쉽게 구분할 수 있도록 다음의 표 1-15와 같이 화재의 종류에 따라 색상을 부여하고 있다.

표 1-15 화재의 종류별 표시색상

화재의 종류	일반화재	유류화재	전기화재	금속화재	가스화재
표시색상	백색	황색	청색	무색	황색

1 일반(보통)화재

(1) 일반화재의 개요

일반화재를 보통화재라고도 하며, 유류화재·전기화재·금속화재 및 가스화재에 비해 발생장소도 다양하고 인적·물적재해도 많이 수반되므로 중요시되고 있다.

특히, 일반화재는 상온에서 고체상태로 존재하는 가연물질에 의하거나 전기화재·유류화재·금속화재 및 가스화재가 원인이 되어 발생되기도 한다.

일반화재를 일으키는 가연물질의 종류와 수는 헤아릴 수 없이 많으며, 사용용도도 다양하고 성상도 상이하므로 화재의 예방을 위해서는 특별한 안전관리가 요구되고 있다.

다음은 일반화재를 일으키는 고체가연물질을 이해하기 쉽도록 성상에 따라 구분한 것이다.

① 「소방기본법시행령」 별표2의 면화류·나무껍질 및 대팻밥·넝마 및 종이부스러기·사류·볏짚류·가연성고체류·석탄·목탄류·가연성액체류·목재가공품 및 나무부스러기 등이 있다.

② 합성수지

㉠ 열경화성수지

페놀수지·규소수지·멜라민수지·요소수지 등은 열경화성수지로서 일반적으로 플라스틱이라고 부른다.

㉡ 열가소성수지

폴리에틸렌수지·폴리프로필렌수지·폴리스타이렌수지·폴리아마이드수지 등으로서, 열경화성수지와 같이 플라스틱이라고 부른다.

③ 천연섬유

④ 합성섬유

나일론·비스코스레이온·폴리에스테르·폴리아크릴 등의 섬유는 화재시 연소성이 빠르다. 또한, 연소시 유독성가스를 발생한다.

⑤ 양모·가죽·피혁

⑥ 나무

(2) 일반화재의 발생원인

일반화재는 주택·아파트·공장·작업장·음식점·여관·호텔·시장·백화점 등에서 많이 발생된다.

특히, 일반화재의 발생원인은 연료용이나 난방·공업용으로 사용하는 유류·전기 등의 취급 및 사용시의 부주의에 기인되며, 이렇게 발생된 화재는 서서히 성장되어 일반화재로 된다.

다음은 일반화재를 일으키는 원인을 나열한 것이다.

① 흡연장소가 아닌 곳에서의 담뱃불 취급부주의
② 화기 또는 열원을 취급·사용하는 아궁이·연소장치 등에서의 취급부주의
③ 어린이들의 불장난
④ 타다 남은 불티의 취급부주의
⑤ 발화원인 성냥·양초 사용시의 취급부주의
⑥ 고온의 화기 또는 열원을 사용하는 공장·작업장 등에서의 취급부주의
⑦ 감정에 의한 방화(放火)

(3) 일반화재의 예방대책

앞에서도 설명한 것과 같이 일반화재를 일으키는 가연물질의 종류와 수는 다양하므로 화기 또는 열원을 취급·사용할 때에는 화재를 일으킬 우려가 있는 가연물질과의 접촉을 멀리하고, 가연물질은 항상 지정된 장소에 저장 또는 보관하여야 한다.

특히, 화기와 열원의 취급 및 사용은 화기취급 책임자의 지시에 따라 관리 및 운영이 되어야 하며, 항상 취급 및 사용시 안전수칙을 준수하도록 하여야 한다.

2 유류화재

(1) 유류화재의 개요

유류화재는 상온에서 액체상태로 존재하는 액체가연물질인 「위험물안전관리법시행령」 별표1의 제4류위험물의 저장·취급 및 사용시 부주의에 의해서 많이 발생되고 있다.

「위험물안전관리법시행령」 별표1의 제4류위험물은 인화성액체로서 낮은 온도에서 인화하기 용이하므로 유류화재를 일으킬 위험성이 많으며, 대부분 증기를 발생시켜 연소하는 증발연소의 형태를 가지므로 화재의 진행속도가 빠른 편이다.

유류화재를 일으키는 「위험물안전관리법시행령」 별표1의 제4류위험물은 화재예방 측면에서의 안전관리를 위해 인화점의 크기 및 성분조성에 따라 유류·알코올류·동식물유류 등으로 분류되고 있다.

① 특수인화물류

이황화탄소·에테르·콜로디온 그 밖의 액체로서 인화점이 영하 21°C미만인 것.

② 제1석유류

아세톤 및 휘발유 그 밖의 액체로서 인화점이 21°C미만인 것.

③ 알코올류

메틸알코올·에틸알코올·프로필알코올 등과 같이 1분자내의 탄소의 원자수가 5개이하인 포화 1가알코올(퓨젤유 및 변성알코올을 포함한다)로서 알코올 수용액의 농도가 60 용량%이상인 것을 말한다.

④ 제2석유류

등유·경유 그 밖의 액체로서 인화점이 21°C이상 70°C미만인 것. 다만, 도료류 그 밖의 물품에 있어서는 인화성액체량이 40용량%이하이고 인화점이 섭씨 40°C이상, 연소점이 섭씨 60°C이상인 것은 제외한다.

⑤ 제3석유류

중류·클레오소오트유 그 밖의 액체로서 인화점이 70°C이상 200°C미만인 것. 다만, 도료류 그 밖의 물품에 있어서는 인화성액체량이 40용량%이하인 것은 제외한다.

⑥ 제4석유류

기계유·실린더유 그 밖의 액체로서 인화점이 200°C이상인 것. 다만, 20ℓ이하의 불연성용기에 수납, 밀전하여 지정수량 미만의 양을 저장·취급하고 있는 것과 도료류 그 밖의 물품으로서 인화성액체량이 40용량%이하인 것을 제외한다.

⑦ 동·식물유류

1기압과 20°C에서 액체로 되는 동·식물유를 말하며, 불연성용기에 수납, 밀전되고 저장·보관되어 있는 것을 말한다.

(2) 유류화재의 발생원인

유류화재를 발생시키는 액체가연물질은 대부분 상온이하의 인화점을 가지므로 가연성의 증기를 발생시키고, 이 가연성의 증기가 공기와 적당히 혼합된 상태인 연소범위에 들어가게 되어 발화원인 열이나 화기에 접촉되면 쉽게 인화되어 화재를 발생시키는 것으로서, 다음과 같이 4가지로 크게 구분되고 있다.

① 유류표면으로부터 발생된 증기가 공기와 적당히 혼합되어 연소범위내에 있는 상태에서 점화원인 열 또는 화기가 접촉되었을 때
② 유류를 취급·사용하는 기기·기구 등에 주유하던 중 조작하는 사람의 부주의로 인하여 흘러나온 유류나 난방기기·기구에서 새어나온 유류에 점화원인 화기나 열이 접촉되었을 때
③ 석유난로·보일러 등의 유류기기·기구를 장시간 과열시켜 놓고 자리를 비우거나 관리가 소홀하여 부근의 가연물질에 인화하였을 때
④ 연소기구·난방기구의 전도, 가연물질의 낙하 등에 의해 발화될 때

(3) 유류화재의 예방대책

① 석유난로 등 열기구는 「열」자나 「KS」 표시의 공산품규격에 의한 품질검사 합격표시가 있는 제품을 구입하도록 하며, 연료탱크는 기름의 양을 알 수 있는 유량표시장치가 부착되어 있는 열기구를 선택한다.
② 석유난로나 풍로 등에 주전자 등을 올려놓아 물이 끓어 넘쳐 화원에 닿게 되면 이상연소를 일으키기 쉬우므로 세심한 주의가 필요하다.
③ 열기구는 본래의 사용목적이외의 다른 용도로 사용하지 말아야 한다.
④ 열기구는 사용도중 다른 장소로 이동하지 않도록 한다.
⑤ 석유난로·풍로·버너 등은 사용도중 전도되지 않도록 안전조치를 한다.
⑥ 열을 발산하는 기구의 받침은 열이 잘 전달되는 금속제를 피하고, 석면과 같이 차열성능이 있는 불연재료의 받침을 사용한다.
⑦ 석유난로나 풍로를 점화시킨 후 장시간 자리를 비우는 일이 없도록 한다.
⑧ 유류는 유류이외의 다른 물질과 함께 저장하여서는 아니 되며 성냥불·연탄불·담뱃불과 같은 화기를 절대로 가까이 하여서는 아니 된다. 특히, 가솔린 등 인화성이 높은 물질은 적당한 용도에 맞게 사용하여야 한다.
⑨ 열기구 주변이나 가까운 장소에 가연성물질을 비치하여서는 아니 되며, 한 방향으로 열기가 나가도록 되어 있는 열기구의 경우에는 가연물을 그 방향으로부터 1 m이상의 이격거리를 유지한다.
⑩ 액체가연물질로부터 발생되는 증기의 양을 억제시켜야 하며, 공기 중에서 연소범위의 농도를 형성하지 않도록 환기시설을 하거나 통풍을 양호하게 하여야 한다.

3 전기화재

(1) 전기화재의 개요

전기화재는 전기를 취급·사용하는 기기·기구인 변압기·전동기·전열기·전등·전기장판 등의 취급부주의 및 사용방법 미숙 등에 의해서 발생되며, 발생빈도로 보아 전열기·전기장판 등의 사용이 많은 동절기에 많이 발생되고 전체 화재의 발생건수 중 35~40%를 점유하고 있다.

전기화재는 C급화재로서 전기가 유인(誘因)되어 발화한다는 의미의 화재가 아니고 전기기기·기구가 설치되어 있는 장소에서의 화재로서 화재가 발생하는 데 필요한 발화원(착화원) 역할을 한다.

또한, 전기화재는 일반화재·유류화재를 일으키는 발화원의 역할을 하기도 하며, 최종적으로 일반(A급)화재 및 유류(B급)화재가 된다.

2013년도 국내에서 발생된 화재건수 40,932건 중 전기적 요인에 의해서 발생된 화재는 10,103건으로 전체의 24.7%를 점유하고 있어 전기로 인한 화재가 얼마나 많은 비중을 차지하고 있는 가를 알 수 있다.

(2) 전기화재의 발생원인

전기화재의 발생원인은 전기기기·기구의 합선(단락)에 의한 화재가 가장 많으며, 그 다음이 누전·과전류·절연불량·스파크 등으로 나타나고 있다. 그 외에 지락·접속부과열·낙뢰·열적경과·정전기스파크(spark) 등이 있다.

주요 발화원인은 배선불량, 전기기기·기구의 과열, 전기기구의 불량·전기장판·난로·담요·다리미 등의 이동식 절연기, 건조기·전기로 등의 고정식 전열기에 의한다.

① 단락(합선)

전기화재(C급화재)를 일으키는 원인 중 가장 많은 비중을 차지하고 있는 단락은 보통 합선이라고 부르는 것으로, 2개의 전선이 어떠한 원인에 의해 서로 접촉되는 현상이다. 이러한 경우 대부분의 전압이 그 접촉부에 걸리게 되고 접촉부의 낮은 저항치에 의해서 매우 큰 전류가 흐르게 되는 데 이 전류는 전압실내부의 배선인 경우에도 보통 1,000암페어(A)이상이 된다.

이러한 전류는 대단히 많은 열을 발생하며, 일반적으로 단락(합선)이 되는 순간 폭음과 함께 단락지점이 떨어지게 되며, 이렇게 단락사고가 발생되었을 경우의 화재는 다음과 같은 유형에 의해서 발화되어 진행된다.

㉠ 적열된 전선이 주위에 있는 인화성물질 또는 가연성물질에 접촉되어 발화한다.
㉡ 단락지점에서 발생한 스파크로 주위의 인화성가스 또는 물질을 발화한다.
㉢ 단락지점이외의 전선피복이 연소하여 발화하는 경우 등이 있다.

위와 같은 유형의 전기화재를 일으키는 단락사고는 순간적으로 발생하는 것이므로 퓨즈나 전기차단기가 작동하지 아니하는 경우도 있으며, 전기설비·장치 등을 사용하지 않은 경우에도 전선에 전압이 걸려 있으면 전류가 흐르게 되므로 발생할 수 있다. 또한, 단락회로가 구성되어 있는 상태에서 전원이 투입되는 경우에는 보통회로 중의 가장 약한 부분에서 발열과 용융단절이 일어나게 된다.

단락사고가 발생하는 예로는 작업장·창고 등에 가설된 전선이 노화되어 단락되는 경우 또는 박스 내부의 나사가 진동·충격으로 조임이 풀리거나 느슨하게 되어 단락되는 경우를 볼 수 있다.

스테이플로 옥내의 배선을 고정하였을 때 절연피복이 파손 또는 손상되어 단락되는 경우, 전열기의 고장 또는 불량으로 과열되어 피복이 용융되어 단락되는 경우 등이 자주 발생되고 있다.

단락사고는 전선과 전선사이에서 발생되는 단락이외에 전동기 등의 전선이 층간 단락을 일으키는 경우도 있는 데 이 경우에는 전동기가 과열되어 발화하거나 단락에 의한 과전류로 인하여 회로의 다른 부분에서 발화하기도 한다.

단락은 전선이 매우 낮은 저항치로 접촉되는 현상을 말하는 것이며, 약간의 저항을 갖는 등의 불안정한 단락에 대해서는 혼촉이라는 말을 사용하는 데 이러한 혼촉현상은 간헐적인 스파크(spark)를 발생하고 이내 단락내지 단선으로 진전될 가능성이 많다.

② 과전류

전선에 전류가 흐르게 되면 줄의 법칙($W=I_2R_t$)에 의한 열이 발생하는 데 이 열은 평상시에 발열과 방열이 평형을 이루게 된다. 그러나 일정용량 이상의 전류가 전선에 흐르게 되면 전선에서의 발열이 커져서 피복의 변형·변질·발화 또는 전선의 적열과 용해단절에 까지 이르게 된다. 그리하여 전선은 그 종류에 따라 안전기준에 의해 허용전류가 정하여져 있으며, 이러한 허용전류를 초과한 전류를 과전류라고 한다.

이와 같은 과전류가 흐르게 되는 원인에는 규격미달의 전선을 사용하거나 과부하가 걸리게 되는 경우가 가장 많으며, 전기회로의 일부분에서 단락·지락·누전 등의 전기사고가 원인이 되는 경우도 있다.

특히, 발화는 일반적으로 전기회로 중의 가장 약한 부분이나 열의 방산조건이 나쁜 부분에서 일어나게 된다.

단락에 의해서 전기화재가 발생된 예를 들면 다음과 같다.

㉠ 전선코드의 스테이플 부분에서 단락이 일어나 과전류의 발생으로 전선의 코드가 발화하게 된 경우
㉡ 냉장고·모터 등 전기 소모량이 많은 부하를 동시에 사용함으로써 과전류가 흘러 발화하게 된 경우
㉢ 모터 내에 들어 있는 베어링의 마찰저항 증가로 과전류 상태가 되어 전선에서 발화하는 경우

③ 지락

전기화재를 일으키는 원인 중 지락(地落)은 전류가 대지를 통하는 점이 단락과 다르다. 이 경우 전류가 대지를 통하기 때문에 지락사고시의 전류크기는 지락지점의 저항값에 의해서 결정되며, 이러한 접지저항값은 전선의 저항값에 비하여 대단히 크므로 단락에서와 같은 큰 전류는 거의 흐르지 않는다.

다음은 지락에 의해서 전기화재가 발생되는 유형을 설명한 것이다.

㉠ 지락전류가 금속체 등을 타고 흘러 발열·발화한다.
㉡ 지락지섬에서 빌생힌 스파크(spark)가 발화원이 되어 주위의 물질을 발화한다.
㉢ 지락전류가 과전류 또는 접속부과열 등의 사고를 유발시키는 경우 등으로 발생된다.

④ 누전

지락사고외에 전류가 대지로 흐르는 사고로서 누전사고가 있는 데 누전은 전선이나 전기기기·기구 등에서 절연이 파괴되어 누설전류가 주위의 물질을 따라 대지로 흐르는 현상이다. 이러한 누전은 양상이 여러가지이지만 기본적으로 전류가 주위의 물질로 누설되기 시작한 지점(누전점)과 이러한 누설전류가 대지로 유출된 지점(접지점) 이외에 발열하여 발화의 원인이 된 지점(발화부)의 3가지 요소가 있게 된다.

과거의 실례에서 보는 것과 같이 흔히 전기의 누전점이 되는 지점들은 지붕의 철판·물받이통, 동력선의 파이프 입구, 접속함·전선의 피복이 손상된 곳 등이며, 접지점은 수도관·전선관, 가옥의 기초, 전기나 통신설비를 위한 접지선 등을 들 수 있다.

전기누전의 발화부는 철망라스, 함석이나 철판의 이음새, 벽에 박힌 못, 파이프(전선배관)의 접속부 등을 들 수 있다.

화재가 발생한 구체적인 사례로는 인입선이 함석지붕 또는 금속제의 간판 등에 접촉되어 누설전류를 형성하여 물받이 함석통을 따라 대지로 흘러서 함석판의 이음새에서 발화하게 된 경우, 매입전선관 내의 전선피복의 불량으로 누전이 발생하여 모터·

라스 등에서 발열 또는 발화한 경우가 있다.

특히, 누전사고에서의 누설전류의 크기는 누전지점과 누전경로 그리고 접지지점의 저항에 의하여 결정되는 데 화재가 발생하였을 때의 누전전류 크기는 대략 수~수십 암페어(A) 정도가 된다.

누전에 의한 화재의 경우 때로는 1 A미만의 작은 전류에서도 화재가 발생할 수 있기 때문에 누전에 대해서는 퓨즈나 전류차단기가 100% 안전하다고 말할 수는 없다. 더욱이 누전경로가 옥내의 인입개폐기를 거치지 않을 경우에는 퓨즈나 전류차단기와는 아무런 관계가 없게 되며, 옥내의 인입개폐기나 그 밖의 스위치를 개방하여 두었다 하더라도 누전회로의 조건만 갖추면 화재가 발생할 수 있게 된다.

⑤ 절연불량

옥내배선 및 배선기구의 절연체는 대부분이 유기물질로 되어 있는 데 일반적으로 유기물질은 시간이 많이 경과하게 되면 그 절연성이 점차 떨어지게 된다. 이러한 전선의 탄화현상은 처음에는 일부분에서 시작되는 데 탄화에 의하여 이 부분의 절연저항이 소멸되면 미소전류가 흘러 국부 가열현상이 일어나게 된다.

전선에서 발생되는 열의 양이 주위로의 방산열보다 많게 되면 점차적으로 축적되어 탄화하는 부분이 다른 곳으로 확대된다. 또한, 미소(미량)전류가 증가함에 따라 스파크에 의한 고온가열이 함께 발생하게 되며, 단계적으로 전선에서의 절연파괴현상이 일어나 마침내는 절연체의 연소 또는 전선의 단락현상에 다다른다. 이러한 탄화현상은 단락·혼촉, 접속부의 과열, 스파크(spark) 등의 현상이 발생하는 과정에서 함께 일어나기도 한다.

전선의 절연불량에 의해서 화재가 일어났을 경우 화재의 출화부는 보통 밀폐되거나 공기의 유통이 불량한 장소가 대부분인 데 부하를 사용하고 있지 아니 하는 경우라도 전압이 공급되어 있으면 발화에 이르는 경우가 있다.

전선이 현저하게 굽혀진 지점이나 스위치 등의 개폐에 의해 발생하는 스파크의 영향을 받는 지점 등이 절연불량이 되어 전기화재를 일으킨다.

⑥ 전기스파크(spark)

전기스파크는 전기기기·기구를 사용하기 위해서 스위치를 작동하거나 콘센트를 플러그에 꽂거나 뽑을 때, 전기회로가 단락될 때, 전기기기·기구의 접속부분의 접촉이 불량할 때 등 여러가지의 경우에서 발생하는 데 이 때 전기스파크 가까이에 인화성의 가스·증기 또는 고체가 존재하고 있을 때에 그 물질에 발화되어 화재가 된다.

분진이 많이 발생되는 장소인 제분공장·방직공장 등에서 스위치의 내부에 분진이 쌓여 스위치의 개폐시에 발생된 스파크에 의해 발화되는 경우, 전동기의 스위치를 개폐할 때에 발생된 스파크에 의해 발화되는 경우, 전동기의 스위치를 끊을 때나 세탁기·냉장고 등의 최초 작동시에 발생하는 스파크, 단자박스·소켓·삽입나사의 이음새 부분의 접촉불량으로 발생하는 스파크 등이 주위의 가연성물질에 착화(발화)되는 경우 등 스파크에 의한 화재는 의외로 발생빈도가 높다.

⑦ 접속부과열

전선과 전선·전선과 단자 또는 접촉면 등의 도체에서 도체의 접촉상태가 불완전하며, 특별한 접촉저항을 나타내어 발열·발화하게 된다.

이 발열은 처음에는 국부적이지만 그 부분에 산화·열팽창·수축 등의 현상이 겹쳐서 접촉면이 거칠어지므로 접촉저항이 점차 증대되어 마침내는 적열상태가 되어 발화의 원인이 된다.

접속부의 과열에 위한 발화는 접속부가 전기가 흐르고 있는 상태에서 과열되어 부근에 있는 착화물을 점화시키는 것인 데 정상적인 부하전류에서도 발생하지만 가능성은 더욱 증대된다.

다음은 접속부과열이 원인이 되어 전기화재를 일으키는 유형을 설명한 것이다.

㉠ 코드를 도중에 접촉하였을 때 그 접촉상태가 불량하여 발열함으로써 코드에서 발화하는 경우

㉡ 유기질 전기접속기의 접속부 등에서 조임이 풀려 접촉저항의 증가로 과열됨으로써 유기질의 절연물이 발화하는 경우

㉢ 전선과 철선(철면)과의 접속부분이 과열됨으로써 발화하는 경우 등이 있다.

⑧ 낙뢰

낙뢰는 벼락을 말하는 것으로서 정전기를 띤 구름과 대지사이의 방산현상이다. 낙뢰의 높은 전압과 큰 전류는 직접 화재를 유발하기도 하며, 전기회로에 침입하여 절연체 등을 파손시켜 2차적인 화재를 일으키기도 한다.

⑨ 열적경과

전등·전열기 등의 발열체를 열의 방산이 잘 되는 곳에 사용하면 열의 축적이 일어나 주위의 가연물을 발화시킨다.

전기다리미의 플러그를 뽑지 않고 오래 방치하여 화재가 발생한 경우, 전기담요가 장시간 방치되어 온도의 급상승으로 발화한 경우 등이 한 예이다.

⑩ 정전기스파크(spark)

정전기는 물질의 마찰에 의하여 발생하는 것으로 전위(전압)가 높아질 경우 방전을 일으켜 스파크가 발생하기도 한다. 이러한 스파크의 에너지가 가연성물질의 점화에너지(활성화에너지)보다 높게 되면 그 물질을 발화시켜 화재를 일으킨다.

정전기스파크에 의해서 발생되는 화재에는 고무피막기의 스파크에 의한 화재, 롤러의 스파크에 의한 화재 등이 대표적이다.

(3) 전기화재의 예방대책

① 전기기기·기구 등을 구입할 때에는 「전」자나 「KS」 마크의 표시가 있는 신용있는 회사의 제품을 선택한다.

② 전기기기·기구 등을 설치할 때에는 전기설비기술기준령이 정하는 기준에 적합하게 한다.

③ 적당한 용량의 전기제품을 선택하여야 한다.

④ 자동온도조절기 등의 자동제어기가 부착되어 있는 것은 정상적인 제어가 되고 있는 지를 확인한 후 사용한다.

⑤ 바닥면·벽면 등에 전선을 설치할 때에는 손상을 받지 않도록 가요전선관·금속관 등에 넣어서 매입하도록 한다.

⑥ 비닐장판이나 양탄자 밑으로 전선이 지나지 않도록 한다.

⑦ 전기담요는 자주 밟거나 접혀지지 않도록 하고 각종 장식용 트리 등에 설치한 소형전구는 너무 장기간 켜 두지 않아야 하며, 전구를 보온용으로 사용하는 일이 없도록 한다.

⑧ 전열기용 전선은 비닐전선을 사용하지 말고, 열에 견디는 내열고무 절연전선을 사용한다.

⑨ 플러그와 콘센트는 견고하게 제조되어 있으며, 서로 접촉하는 부분의 연결이 잘 될 수 있는 것을 선택하여 사용한다.

⑩ 전기개폐기용 퓨즈는 적정용량의 것을 사용한다.

⑪ 한 개의 콘센트와 소켓에 여러가지의 선을 연결하거나 다량의 전기기구를 사용하지 않도록 한다.

⑫ 플러그를 제거할 때에는 전선을 잡아당기지 말고, 반드시 플러그 몸체를 잡고 제거한다.

4 금속화재

(1) 금속화재의 개요

금속화재는 D급화재로서 「위험물안전관리법시행령」 별표1의 철분·마그네슘·금속분류 등의 가연성고체, 칼륨·나트륨·알킬알루미늄·알킬리튬·알칼리금속(칼륨 및 나트륨 제외)류, 알칼리토금속류, 알킬알루미늄 및 알킬리튬을 제외한 유기금속화합물류, 금속수소화합물류, 금속인화합물류, 칼슘 또는 알루미늄의 탄화물류 등의 금속(자연발화성물질 및 금수성물질)에 의해서 발생된다.

위의 철분·마그네슘·금속분류에 대한 정의는 다음과 같다.

① 철분

철분이란 50 μm의 표준체를 통과하는 것이 50중량%이상인 것을 말한다.

② 마그네슘

마그네슘이란 마그네슘 또는 마그네슘을 함유한 것 중 2 mm의 체를 통과하지 아니 하는 덩어리를 제외한 것을 발한다.

③ 금속분류

금속분류란 알칼리금속·알칼리토류금속·철 및 마그네슘 이외의 금속분을 말하며, 구리·니켈분과 150 μm의 체를 통과하는 것이 50중량%미만인 것을 제외한다.

(2) 금속화재의 발생원인

금속 및 금속의 분·박·리본 등에 의해서 발생되는 금속화재(D급화재)로 인한 재산 및 인명피해는 일반화재·유류화재 등에 비하여 적은 편이나 앞으로 금속을 이용하는 제련·가공·연마·세공분야의 공업이 발달함과 동시에 금속화재로 인한 피해는 급격하게 증가되리라 본다.

대부분의 금속은 연소시 많은 열을 발생하며, 나트륨(Na)·칼륨(K)·알루미늄(Al) 등은 발화점이 낮아 화재를 발생시킬 위험성이 다른 금속에 비하여 높으므로 이들을 이용한 가공·연마·세공작업시 열의 축적 및 분진의 발생방지에 최선을 다하여야 한다.

(3) 금속화재의 예방대책

① 금속의 가공시 금속분(분·박·리본을 포함)의 발생을 억제한다.
② 금속의 가공시 가공기계나 공구에 의해서 발생되는 열의 축적을 방지한다.

③ 금속을 가공하는 기계실, 공작실에는 금속의 분·박·리본이 공기 중에 부유하지 않도록 항상 외부와 환기가 잘 되도록 환풍시설을 하여야 한다.

④ 금속을 가공하는 기계실, 공작실에는 건조한 상태가 되지 않도록 적정한 습도를 유지한다(금수성물질은 제외한다).

⑤ 자연발화성의 금속은 보호액 또는 저장용기에 넣어 밀전하여야 한다.

⑥ 금수성의 금속 및 금속의 분·박·리본은 물 또는 습기와 접촉되지 않도록 하여야 한다.

5 가스화재

(1) 가스화재의 개요

가스화재는 E급화재로서 에너지의 원천이 되는 연료용 가스에 의해서 주로 발생되고 있으며, 이를 취급·사용하는 사람의 부주의나 불안정한 상태에 기인되고 있다.

가스화재로 인한 인명·재산상의 손실은 일반화재·유류화재 및 전기화재와 더불어 급격하게 증가되고 있으며, 폭발과 함께 폭굉을 동반하기 때문에 많은 사상자(사망자 및 부상자)가 발생되고 있다.

가스는 대부분 기체상태로 존재하며, 불규칙하게 운동하고 있으므로 저장·취급이 곤란하다. 또한, 연소(폭발)범위가 넓으므로 발화원이 존재하면 화재를 일으킬 위험성이 다른 가연성물질에 비하여 높은 편이다.

가스화재를 일으키는 가연성가스는 압축·액화·용해가스로 존재하며, 국내에서는 화재의 진행특성이 유사한 유류화재에 포함시켜 B급화재로 취급하고 있다.

특히, 상온에서 기체상태로 존재하는 가스는 가스가 가지는 성질에 따라 가연성·불연성가스 및 독성가스로 구분되며, 상태에 따라 압축·액화가스 및 용해가스로 구분된다.

① 가스의 구분

㉠ 가연성가스

수소·메탄·에탄·프로판·부탄·프로필렌·부타다이엔·아세틸렌·암모니아·아세트알데하이드·아크릴로나이트릴·에틸아민·벤젠·에틸벤젠·에틸렌·염화메탄·사이안화수소·황화수소·이황화수소 그 밖의 가스로서 폭발한계(공기 또는 산소와 혼합된 경우에 있어서의 농도한계를 말한다)의 하한의 10%이하인 것과 폭발한계의 상한과 하한의 차가 20%이상인 것을 말한다.

㉡ 압축가스

수소·산소·질소 등과 같이 고압에 의하여 저장될 수 있는 가스를 말한다.

㉢ **액화가스**

이산화탄소·액화석유가스·액화프로판·액화부탄·액화프로필렌·액화부틸렌·액화부타다이엔 등과 같이 비점이 영하 78°C이상이 되는 가스를 말한다.

㉣ **용해가스**

아세틸렌과 같이 용제에 용해시켜 저장·취급 및 사용하는 가스를 말한다.

㉤ **불연성가스**

이산화탄소·삼산화황·오산화인·질소 등과 같이 산소와 반응하지 아니하거나 반응한다 하더라도 산화흡열반응을 일으키는 가스를 말한다.

㉥ **독성가스**

포스겐·염소·이산화황·일산화탄소·사이안화수소·암모니아·이황화수소 등과 같이 허용농도(mg/m^3, ppm)가 200 ppm이하인 가스를 말한다.

② 폭발한계(폭발범위)

폭발한계를 폭발범위·연소범위·연소한계·가연범위 및 가연한계라고도 하며, 가연성가스가 폭발(연소)을 일으킬 수 있는 농도범위(한계)를 말한다.

가연성가스의 폭발한계는 공기 중에서의 폭발한계(용량%)와 순수한 산소 중에서의 폭발한계(용량%)로 구분되며, 순수한 산소 중에서의 폭발한계는 공기 중에서의 폭발한계보다 넓다.

다음의 표 1-16은 우리 주위의 중요한 가연성가스의 공기 중에서의 폭발한계(용량%)를 나타낸 것이며, 표 1-17은 순수한 산소 중에서의 중요한 가연성가스의 폭발한계(용량%)를 나타낸 것이다.

단일 가스로 폭발성이 있는 것에는 산화에틸렌·오존·고압아세틸렌 등이 있으나 대부분의 경우 가연성가스와 지연성가스(조연성가스)가 적당한 비율로 혼합한 경우에 폭발하여 화재를 발생한다. 예를 들면, 상온·상압 하에서 수소가 공기 중에서 전 용량의 4%에서 75%까지의 농도(V%)로 혼합되는 경우 그 일부분에 불꽃 등으로 점화하면 전체에 화염이 확산되나 4용량%(V%)미만, 75용량%(V%)이상의 조성을 가질 때에는 점화원을 접촉하여도 폭발을 일으키지 않는다.

가연성가스의 폭발한계에 있어서 낮은 쪽의 농도를 폭발하한계(V%), 높은 쪽의 농도를 폭발상한계(V%)라고 한다.

가스의 폭발(연소)에서 한계농도 부근의 연소는 완만하게 진행하는 것이 많으나 도중에 조건이 변하여 점차적으로 빨라질 수도 있으므로 안전관리의 측면에서 보면 폭발범위 또는 폭발한계라고 하는 것이 더 적합하다.

표 1-16 중요한 가스의 공기 중에서의 폭발한계

가스의 종류	폭발한계(V%)		가스의 종류	폭발한계(V%)	
	하한계	상한계		하한계	상한계
부탄	1.8	8.4	아세트알데하이드	4.1	57.0
펜탄	1.4	7.8	에테르	1.9	48.0
헥산	1.2	7.4	아세톤	3.0	13.0
에틸렌	2.7	36.0	산화에틸렌	3.0	80.0
수소	4.0	75.0	산화프로필렌	2.0	22.0
일산화탄소	12.5	74.0	이황화탄소	1.2	44.0
메탄	5.0	15.0	염화비닐(모노머)	4.0	22.0
에탄	3.0	12.0	아세틸렌	2.5	81.0
프로판	2.1	9.5	벤젠	1.4	7.1
프로필렌	2.4	11.0	톨루엔	1,4	6.7
부텐-1	1.7	9.7	사이클로프로판	2.4	10.4
아이소부틸렌	1.8	9.6	사이클로헥산	1.3	8.0
1,3-부타다이엔	2.0	12.0	메틸알코올	7.3	36.0
암모니아	15.0	28.0	에틸알코올	4.3	19.0
황화수소	4.3	45.0	아이소프로필알코올	2.0	12.0
브롬메틸	10.0	15.0	아이소부탄	1.8	8.4
석탄가스	5.3	32.0	염화메틸	8.1	17.4
트라이메틸아민	2.0	11.6	다이메틸에테르	3.4	27.0

※ 아세틸렌·산화에틸렌은 100용량%에서도 폭발한다.

표 1-17 중요한 가스의 순수한 산소 중에서의 폭발한계

가스의 종류	폭발한계(V%)		가스의 종류	폭발한계(V%)	
	하한계	상한계		하한계	상한계
수소	4.0	94	프로필렌	2.1	53
메탄	5.1	59	사이클로프로판	2.5	60
에탄	3.0	66	에테르	2.0	82
에틸렌	2.7	80	암모니아	15.0	79
일산화탄소	12.5	94	아세틸렌	2.5	93

특히, 가스의 폭발한계 내에서도 격렬한 폭발과 폭음을 생성하는 조성한계가 있으며, 이러한 현상은 폭발에 비하여 위험성이 크므로 폭굉(detonation, 爆轟)이라 한다.

㉠ **폭발한계에 영향을 주는 인자(因子)**

가연성가스의 폭발범위에 영향을 주는 것에는 온도·압력 및 용기의 크기와 모양 등이 있다.

- **온도**
  온도가 상승하면 폭발한계의 하한계(V%) 값은 거의 변하지 않고, 상한계(V%) 값이 상승하므로 위험성이 증대된다.
- **압력**
  압력이 상승하면 폭발한계의 하한계(V%) 값은 거의 변하지 않고, 상한계(V%) 값이 상승하므로 위험성이 증대된다.
  예를 들면, 1기압에서 메탄(CH_4)의 폭발상한계는 15용량%(V%)이지만 압력이 40기압으로 상승하면 폭발상한계는 46용량%(V%)까지 확대된다.
- **용기의 크기와 모양**
  가연성가스를 저장·사용하는 용기가 작으면 가연성가스가 폭발한계(공기 또는 산소) 내에 존재한다 하더라도 폭발하지 않으며, 발화한다 하더라도 화염을 전파하지 않고 도중에서 소멸된다.

㉡ 혼합가스의 폭발하한계(L)

공기 중 또는 순수한 산소 중에서 가연성가스는 단독으로 존재하기도 하며, 또는 여러가지의 가스가 혼합되어 혼합가스 상태로 존재하는 경우도 있다.

한 가지 상태로 순수하게 존재한다면 앞의 표 1-16의 공기 중 또는 표 1-17의 산소 중에서의 폭발한계 하한계(V%) 값이 25%(1/4)이하로 희석하여 주면 화재의 발생 위험은 없다.

특히, 혼합가스의 경우는 혼합되어 있는 각각의 가연성가스에 대한 부분 용량이 가지는 폭발하한계 값을 이용하여 전체의 혼합가스에 대한 폭발하한계 값을 산출하여 사용하여야 한다. 그러므로 혼합성가스의 폭발하한계 값 산출은 르샤틀리에(Le Chatelier)의 폭발성 혼합가스의 폭발한계 산출방정식을 이용한다.

다음은 르샤틀리에의 폭발성 혼합가스의 폭발한계 하한계 값을 산출하는 산출방정식을 나타낸 것이다.

$$\frac{100}{L} = \frac{V_1}{L_1} + \frac{V_2}{L_2} + \frac{V_3}{L_3} + \cdots\cdots + \frac{V_n}{L_n}$$

여기서, L : 혼합가스의 폭발하한계(V%)
$V_1,\ V_2,\ V_3$: 혼합가스 중의 각 성분에 대한 용량(V%)
$L_1,\ L_2,\ L_3$: 혼합가스 중의 각 성분에 대한 폭발하한계 값(V%)
이다.

예제 1-1

액화석유가스를 사용하는 공장에서 취급 부주의로 인하여 액화석유가스가 누설되고 있다. 이 액화석유가스의 폭발하한계(V%) 값을 산출하시오. (단, 액화석유가스는 프로판 92V%, 부탄 5V% 및 에탄으로 구성되어 있다. 또한, 프로판·부탄 및 에탄의 폭발하한계 값은 2.1V%, 1.8V% 및 3.0V%이다.)

풀이

액화석유가스의 폭발하한계(L) 값은 다음의 식에 의해서 산출된다.

$$\frac{100}{L} = \frac{V_1}{L_1} + \frac{V_2}{L_2} + \frac{V_3}{L_3}$$

$$= \frac{92}{2.1} + \frac{5}{1.8} + \frac{3}{3.0}$$

$$L = \frac{100}{47.858} = 2.1\text{ V\%}$$

∴ 2.1 V%

ⓒ **혼합가스의 폭발상한계(U)**

폭발성 혼합가스의 폭발상한계 값도 폭발성 혼합가스의 폭발하한계 값 산출방법과 같이 르샤틀리에의 폭발성 혼합가스의 폭발한계(상한계)를 산출하는 산출방정식을 이용한다.

다음은 르샤틀리에의 폭발성 혼합가스의 폭발한계(상한계) 값을 산출하는 방정식을 나타낸 것이다.

$$\frac{100}{U} = \frac{V_1}{U_1} + \frac{V_2}{U_2} + \frac{V_3}{U_3} + \cdots\cdots + \frac{V_n}{U_n}$$

여기서, U : 혼합가스의 폭발상한계(V%)

$V_1,\ V_2,\ V_3$: 혼합가스 중의 각 성분에 대한 용량(V%)

$U_1,\ U_2,\ U_3$: 혼합가스 중의 각 성분에 대한 폭발상한계 값(V%)이다.

예제 1-2

액화석유가스를 사용하는 음식점에서 취급 부주위로 인하여 액화석유가스가 누설되고 있다. 이 액화석유가스는 프로판 70V%, 부탄 27V% 및 에탄으로 구성되어 있다면 폭발상한계(V%) 값은 얼마나 되겠는가? (단, 프로판·부탄 및 에탄의 폭발상한계 값은 9.5V%, 8.4V% 및 12.0V%이다.)

풀이

액화석유가스의 폭발상한계(U) 값은 다음의 식에 의해서 산출된다.

$$\frac{100}{U} = \frac{V_1}{U_1} + \frac{V_2}{U_2} + \frac{V_3}{U_3}$$

$$= \frac{70}{9.5} + \frac{27}{8.4} + \frac{3}{12.0}$$

$$= 10.832707$$

$$U = \frac{100}{10.832707} = 9.23\ \text{V\%}$$

∴ 9.23 V%

예제 1-3

액화천연가스를 사용하는 발전소에서 LNG 공급기기의 고장으로 인하여 액화천연가스가 대기에 누설되었다. 이 액화천연가스의 공기 중에서의 폭발하한계 값(V%)과 폭발상한계 값(V%)을 구하시오. (단, 액화천연가스는 메탄 80V%와 수소 15V% 및 에탄으로 구성되어 있다. 또한, 공기 중에서의 메탄의 폭발한계는 5.0~15.0V%, 수소의 폭발한계는 4.0~75.0V% 및 에탄의 폭발한계는 3.0~12.0V%이다.)

풀이

액화천연가스(LNG)의 폭발한계의 하한계 값(V%)과 상한계 값(V%)은 다음의 식에 의해서 산출된다.

① 액화천연가스의 폭발하한계(L)

$$\frac{100}{L} = \frac{V_1}{L_1} + \frac{V_2}{L_2} + \frac{V_3}{L_3}$$

$$= \frac{80}{5.0} + \frac{15}{4.0} + \frac{5}{3.0}$$

$$= 21.41666$$

$$L = \frac{100.00}{21.41666} = 4.66926\ \text{V\%}$$

$$\fallingdotseq 4.67\ \text{V\%}$$

∴ 4.67 V%

② 액화천연가스의 폭발상한계(U)

$$\frac{100}{U} = \frac{V_1}{U_1} + \frac{V_2}{U_2} + \frac{V_3}{U_3}$$

$$= \frac{80}{15.0} + \frac{15}{75.0} + \frac{5}{12.0}$$

$$= 5.94999$$

$$U = \frac{100.00}{5.94999} = 16.8067\ \text{V\%}$$

$$\fallingdotseq 16.81\ \text{V\%}$$

∴ 16.81 V%

㉣ 폭발한계 측정방법

- 버너법
  버너위에 일정한 화염이 가능한 혼합기체와 조성의 한계치를 결정하는 방법이다.
- 전파법
  원통형 또는 구형의 용기 내에 혼합가스를 주입하여 일부분에서 점화하여 화염이 전체에 전파하는 한계의 조성을 결정하는 방법으로 주로 대기압 하에서 측정한다.

㉤ 폭발한계를 측정하는 데 영향을 주는 요소

- 점화원
  폭발한계에 도달하기 위해서는 충분한 에너지가 필요하며, 이러한 에너지를 공급하여 주는 원천이 되는 것을 말한다.
- 측정용기의 직경
  폭발성 혼합가스의 폭발한계를 측정할 때 사용하는 측정용기의 직경을 말한다.
- 화염의 전파방향
  수직으로 된 관의 하단에서 점화하는 방법을 사용한다.
- 온도
- 압력
  공기 중에서 천연가스의 폭발한계(V%)를 측정하는 경우 Jone의 압력 의존식은 다음과 같다.

$$L = 5.0 - 0.7\log P$$
$$U = 14.9 + 20.4\log P$$

여기서, L : 폭발한계의 하한계 값(V%)
U : 폭발한계의 상한계 값(V%)
P : 압력(atm)
이다.

③ 위험도(degree of hazards, H)

가연성가스가 화재를 일으키는 위험성에 대한 척도를 나타내는 것으로서 폭발범위의 상한계와 하한계로부터 산출되는 제한수치이다.

가연성가스의 위험도(H) 값이 클수록 화재의 위험성이 높다.

다음은 가연성가스의 위험도를 산출하는 방정식을 나타낸 것이다.

$$H = \frac{U-L}{L}$$

여기서, H : 위험도(degree of hazards)
U : 폭발한계의 상한계 값(V%)
L : 폭발한계의 하한계 값(V%)
이다.

예제 1-4

아세틸렌의 위험도(H)는 얼마인가? (단, 아세틸렌의 폭발상한계는 81.0V%이며, 하한계는 2.5 V%이다.)

풀이

아세틸렌의 위험도(H)는 다음의 식에 의해서 산출된다.

$$H = \frac{U-L}{L}$$

$$= \frac{81.0-2.5}{2.5} = 31.4 \qquad \therefore\ 31.4$$

예제 1-5

가연성기체인 일산화탄소(CO)·수소(H_2)·암모니아(NH_3)·부탄(C_4H_{10}) 등이 있다. 이들의 가연성 기체에 대한 위험도(H)를 산출하고 위험성이 큰 것부터 차례대로 나열하시오. (단, 공기 중에서 일산화탄소의 폭발한계는 12.5~74.0V%, 수소의 폭발한계는 4.0~75.0V%, 암모니아의 폭발한계는 15~28.0V%, 부탄의 폭발한계는 1.8~8.4V%이다.)

풀이

가연성기체의 위험도는 다음의 식에 의해서 산출된다.

① 일산화탄소(CO)

$$H_{CO} = \frac{U-L}{L} = \frac{74.0-12.5}{12.5} = 4.92$$

② 수소(H_2)

$$H_{H_2} = \frac{U-L}{L} = \frac{75.0-4.0}{4.0} = 17.75$$

③ 암모니아(NH_3)

$$H_{NH_3} = \frac{U-L}{L} = \frac{28.0-15.0}{15.0} = 0.87$$

④ 부탄(C_4H_{10})

$$H_{C_4H_{10}} = \frac{U-L}{L} = \frac{8.4-1.8}{1.8} = 3.67$$

∴ 수소 > 일산화탄소 > 부탄 > 암모니아

다음의 표 1-18은 중요한 가연성가스(액체 포함)에 대한 위험도(H)를 나타낸 것이다.

표 1-18 중요한 가연성가스의 위험도

가스의 종류	위험도	가스의 종류	위험도
수소	17.8	에테르	24.3
메탄	2.0	아세톤	3.3
에탄	3.0	산화에틸렌	25.7
프로판	3.5	산화프로필렌	10.0
부탄	3.7	이황화탄소	35.7
일산화탄소	4.9	염화비닐(모노머)	4.5
아세틸렌	31.4	벤젠	4.1
암모니아	0.9	톨루엔	3.9
프로필렌	3.6	메틸알코올	3.9
황화수소	9.5	에틸알코올	3.4
펜탄	4.6	아이소부탄	3.7
헥산	5.2	사이클로헥산	5.2

※ 이황화탄소(CS_2)·아세틸렌(C_2H_2)은 위험도 값이 크므로 다른 가연성가스에 비하여 화재의 위험성이 높은 편이다.

④ 폭굉(detonation, 爆轟)

배관내 또는 공간에 체류되어 있는 폭발성 혼합가스가 폭발한계내에 있을 때 이 혼합가스의 일부분에 화염이 있으면 인접한 부분의 미연소가스가 현저한 온도상승을 일으키고, 이 때문에 연소속도는 점차적으로 가속화되어 폭연(爆煙)이라는 현상이 일어난다.

조건에 따라서 이 화염의 속도는 음속(소리의 속도)을 초과하는 일정한 속도에 도달되는 데, 이러한 현상을 폭굉(detonation)이라고 하며, 폭굉속도는 가연성가스의 종류, 혼합가스의 종류, 혼합가스의 압력·조성 등에 따라서 일정한 값을 가지게 된다.

특히, 가연성가스의 연소시 정상적인 연소속도는 보통 0.03~10 m/s정도이며, 폭굉의 연소속도는 1,000~3,500 m/s정도 된다.

예를 들면, 수소(H_2)와 산소(O_2)의 혼합기체($2H_2+O_2$)는 1기압의 경우 2,800 m/s정도의 연소(폭굉)속도를 갖는다.

폭굉이 일어나면 충격파를 수반하므로 이 충격파에 의해서 일어나는 재해는 폭연에 의한 경우보다 크다.

다음의 그림 1-3은 가연성가스의 연소현상에 있어서의 화염의 전파속도를 나타낸 것이다.

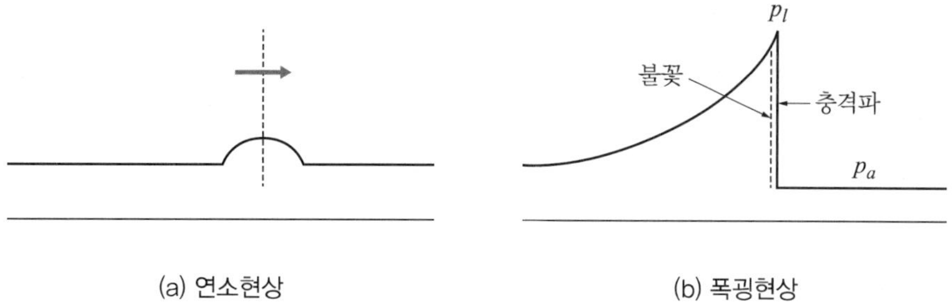

그림 1-3 가연성가스의 연소 및 폭굉현상

가연성가스 및 혼합성가스에 착화되어도 가스가 가지고 있는 조성에 따라 연소가 일어나도 폭굉까지 성장되지 않는 경우도 있으며, 폭굉이 발생한다 하더라도 폭굉의 범위는 폭발범위보다 좁다. 예를 들면, 폭발사고 현장에서 멀리 떨어진 건축물의 유리창이 깨지는 것은 폭굉의 작용에 의한 것이다.

다음의 표 1-19는 우리 주위의 중요한 가연성가스의 공기 또는 순수한 산소 중에서의 폭굉한계(범위)를 나타낸 것이다.

표 1-19 중요한 가연성가스의 공기 중 또는 순수한 산소 중에서의 폭굉한계

공기 중(V%)			순수한 산소 중(V%)		
가스의 종류	하한계	상한계	가스의 종류	하한계	상한계
수소	18	59	수소	15.5	92.6
메탄	6.5	12	메탄	6.3	53
에테르	2.8	4.5	아세틸렌	3.5	92
아세틸렌	42	50	일산화탄소	38	90
일산화탄소	15	70	에틸에테르	2.6	40
			프로필렌	2.5	50
			프로판	2.5	42.5
			n-부탄	2.1	38
			암모니아	25.4	75

⑤ 액화석유가스의 감지용 가스

연료용·공업용으로 많이 사용되고 있는 액화석유가스는 대부분 프로판(C_3H_8)과 부탄(C_4H_{10})으로 구성되어 있으며, 비중이 공기의 1.5~2.0배정도 되므로 대기 중에 누설되면 지면 또는 바닥면에 체류하므로 화재의 위험성이 높다.

액화석유가스의 안전한 취급 및 사용을 위해 액화석유가스 내에 감지용 가스인 향료를 넣어 액화석유가스의 누설시 쉽게 감지될 수 있도록 하고 있으며, 감지용 가스로는 멜캅탄(CH_3SH)이 사용되고 있다. 또한, 액화석유가스의 감지용 가스인 멜캅탄의 희석비율은 액화석유가스 전 용적의 1/1,000이다.

(2) 가스화재의 발생원인

가스는 열량이 높고 사용하기가 편리하여 연료용으로 많이 이용되고 있는 것으로서 열효율이 좋은 에너지원(源)으로 취급되고 있으나, 고체·액체가연물질에 비하여 비점이 낮고 상태가 불안정하며, 점화에너지의 값이 작아 화재발생이 빈번하다.

가스는 공기와 일정한 비율로 혼합되어 있을 때 착화되면 급속히 연소 또는 폭발하기 때문에 매우 위험하므로 취급·사용시 세심한 주의가 필요하다.

① 아파트·주택 등에 설치된 가스용품의 취급·사용시 부주의에 의한다.
② 가스용기 운반 중 용기취급자의 안전관리기술 부족으로 인한 충전용기의 전도·낙하 등의 충격에 의한다.
③ 가스배관의 부식으로 인한 가스배관 폭발에 의한다.
④ 가스배관의 정압기 고장으로 인한 과량의 가스가 공급되어 가스압력이 증가될 경우에 의한다.
⑤ 가스를 취급·사용하는 사람들의 취급부주의에 의한다.
⑥ 가스기기·기구 등의 제품 및 시설불량에 의한다.
⑦ 가스기기·기구를 다량으로 취급하는 음식점·다방 등 요식업소와 공장·작업장 등에서 가스 취급관리자의 안전관리기술 부족으로 인한 관리소홀에 의한다.

(3) 가스화재의 예방대책

① 가스사용시설에서의 주의사항

가스화재를 예방하기 위해서 가스사용시설 등에서는 다음의 사항을 준수하여야 한다.

㉠ 가스사용시설에서의 통풍을 양호하게 한다.
㉡ 가스사용기기·기구에 적합한 연료만을 사용한다.
㉢ 가스사용시 가스가 누설되고 있는가를 확인한다.
㉣ 가연성물질 등을 가스기기·기구 주위에 두지 않는다.
㉤ 콕을 작동하여 불이 점화되었는 가를 확인한다.
㉥ 파란불꽃이 되게 공기의 양을 조절한다.

ⓢ 가스기구의 사용시 자리를 비우지 않는다.
ⓞ 사용 후 콕과 중간밸브는 잠그고, 외출시에는 가스용기의 밸브를 잠근다.
ⓙ 가스기기·기구 사용시 자리를 비우지 않는다.
ⓒ 가스사용시설의 설치·보수는 반드시 허가를 받은 업소의 기술자에게 의뢰한다.
ⓚ 가스사용시설의 밸브, 콕 부분에 비누거품을 발라 가스의 누설 유무를 확인한다.
ⓣ 가스사용시설에 설치한 가스누설경보기의 작동여부를 확인한다.

② 가스가 누설되었을 때의 주의사항

제2편 방재론의 제4장의 2의 [4] '가스시설의 안전관리'에서도 설명을 하겠지만 가스 화재를 예방하기 위해서는 가스시설로부터 가스가 누설되었을 때에 다음과 같은 사항을 준수하여야 한다.

㉠ 창문을 열어 환기시킨 후 실내에 누설된 가스를 밖으로 내보낸다.
㉡ 연소시의 콕·중간밸브·용기의 밸브를 폐쇄시킨다.
㉢ 전기기구는 절대로 만져서는 아니 되며, 개폐기의 전원스위치는 전류가 흐르지 않도록 한다.
㉣ 가스가 누설된 장소주위에 점화원이 될 수 있는 열원을 제거한다.
㉤ 가스판매업소에 즉시 연락하여 안전조치를 받아야 한다.

Chapter 2

연소의 이론 및 형태

1 연소이론

1 연소의 이론 및 학설

(1) 연소의 이론 및 메커니즘

연소란 가연성물질(상온에서 기체·액체·고체상태의 가연물질)이 최소점화(발화)에너지의 공급 하에 공기 중의 산소 또는 산화제와 반응하여 외부로 열과 빛을 발생하면서 산화하는 현상을 말하며, 이러한 연소의 발열반응이 계속되면 이 때 발생되는 열에 의해서 가연물질이 고온화되어 연소는 계속된다.

이렇게 고온화되어 있는 가연물질내의 탄소·수소·산소 등의 원자 또는 분자의 운동에너지가 증가함으로써 활발한 운동에 의해 그 온도에 해당하는 열복사선이 발생한다.

이러한 연소반응에 의해서 발생되는 열복사선은 온도가 상승되면 파장이 점점 짧아지면서 가시광선 영역의 파장에 이르면 발광반응을 감지할 수 있게 된다.

다시 말하면 연소는 열과 빛을 수반한 급격한 화학반응의 일종이라고 할 수 있다. 이러한 연소의 화학반응은 연소할 수 있는 가연물질이 공기 중의 산소뿐만 아니라 산소를 함유하고 있는 산화제, 할로겐족의 염소와 같은 조연성(지연성)가스 및 오존과의 반응에서도 일어난다고 본다.

가연물질이 산화반응을 하는 금속과 같이 공기 중의 산소와 점화원(활성화에너지) 존재하에 열과 빛을 동반하는 연소반응이 진행되고 있는 동안 연소반응에 필요한 공기 중의 산소의 양을 15용량%(학자에 따라서는 16용량%라고도 한다)이하로 억제하게 되면 연소반응이 일어나지 않는다.

가연물질이 산소공급원인 공기·오존 또는 산화제와의 화학적 반응을 일으키기 위해서는 활성화에너지(최소점화에너지)가 필요하며, 이러한 활성화에너지라 함은 가연물질이 원계(原系)로부터 생성계를 향하여 화학반응을 일으키기 위해서 일정한 크기의 열을 필요로 하는 데 이 때 필요한 열량의 크기를 말한다.

가연물질의 활성화를 위해서 필요한 활성화에너지를 점화에너지·점화원·발화원 또는 최소점화(착화)에너지라고 한다.

가연물질의 활성화를 위해 필요한 에너지는 충격·마찰·고온표면·자연발화·단열압축·전기불꽃·정전기·화학열(산화열·분해열·용해열 등)·자외선·충격파·낙뢰(번개)·나화(裸火) 등에 의해서 공급되고 있다.

특히, 가연물질이 연소하면 가연물질을 구성하는 주성분인 탄소(C)·수소(H) 및 산소(O)에 의해 일산화탄소(가연물질의 불완전연소시)·이산화탄소(가연물질의 완전연소시) 및 수증기(H_2O)를 발생한다.

다음은 탄소(C) 1 kg·mol이 연소하는 경우 공기 중의 산소의 공급이 불충분하여 불완전연소반응이 일어날 때와 공기 중의 산소의 공급이 충분하여 완전연소반응이 일어날 때의 연소반응식을 설명한 것이다(불완전연소시에 생성된 일산화탄소의 완전연소반응 포함).

① 불완전연소시의 연소반응식

$$C + \frac{1}{2}O_2 \rightarrow CO + 26.4\ \text{kcal}$$

② 완전연소시의 연소반응식

$$C + O_2 \rightarrow CO_2 + 94.05\ \text{kcal}$$

$$CO + \frac{1}{2}O_2 \rightarrow CO_2 + 67.65\ \text{kcal}$$

표 2-1 가연물질의 종류별 연소열

가연물질	분자식	상태	연소열(kcal/kg)
메탄	CH_4	기체	212.80
에탄	C_2H_6	기체	372.82
프로판	C_3H_8	기체	530.60
n-부탄	C_4H_{10}	기체	687.64
n-펜탄	C_5H_{12}	기체	845.16
n-헥산	C_6H_{14}	기체	1,002.57
에틸렌	C_2H_4	기체	337.15
프로필렌	C_3H_6	기체	491.99
1-부텐	C_4H_8	기체	649.38
1-펜텐	C_5H_{10}	기체	806.70
1-헥산	C_6H_{12}	기체	964.24
아세틸렌	C_2H_2	기체	310.62
벤젠	C_6H_6	기체	789.08
		액체	780.98
1,3-부타다이엔	C_4H_6	기체	607.49
사이클로헥산	C_6H_{12}	기체	944.77
		액체	936.86
에틸벤젠	C_8H_{10}	기체	1,101.13
메틸사이클로헥산	C_7H_{14}	기체	1,099.13
		액체	1,091.13
스타이렌	C_8H_8	기체	1,061.90
톨루엔	C_7H_8	기체	943.58
흑연	C	고체	94.05
일산화탄소	CO	기체	67.63
수소	H_2	기체	68.32
유황	S	고체	70.9
메틸알코올	CH_3OH	액체	173.7
에틸알코올	C_2H_5OH	액체	327.0
식초산	CH_3COOH	액체	207.0
초산에틸	$C_2H_5OCOCH_3$	액체	538.0
안식향산	C_6H_5COOH	고체	771.8
나프탈렌	$C_{10}H_8$	고체	1,231.1
과당	$C_6H_{12}O_6$	고체	1,350.0

또한, 위의 표 2-1은 가연물질 1 kg·mol이 25°C, 1기압하에서 연소할 때의 연소열의 값을 나타낸 것이다.

가연물질이 연소하려면 최소점화에너지인 발화온도(착화온도)·인화온도(액체가연물질에 많이 사용되는 온도) 외에 연소온도가 있다.

(2) 연소와 관련된 온도

① 발화온도(착화온도)

가연물질이 연소하기 시작하는 최저의 온도를 발화온도 또는 착화온도라 하며, 기체·액체 및 고체가연물질은 모두 발화온도를 가지고 있다. 다시 설명하면 가연물질의 발화온도란 자기 스스로 연소를 시작하는 최저온도를 말한다.

표 2-2 가연물질의 발화온도

가연물질	발화온도(℃)	가연물질	발화온도(℃)
목재	410~450	이황화탄소	100
종이류	405~410	산화에틸렌	429
목면	400~410	아크릴로나이트릴	481
메탄	537	암모니아	651
모직	500~510	염화메틸	632
고무	440~450	유황	232
피혁	495	에틸알코올	363
셀룰로이드	180	에틸렌	450
목탄	320~370	황린	30
수소	500	휘발유	257
에탄	474	사이안화수소	538
프로판	432	부탄	365
일산화탄소	609	펜탄	260
아세틸렌	305	메틸알코올	385
벤젠	562	천연가스	482~632
적린	260	폴리프로필렌	570
톨루엔	480	사불화에틸렌	530
나프탈렌	526	염화초산비닐	454
아황화탄소	90	폴리염화비닐리덴	532
프로필렌	455	나일론	532
헥산	223	아크릴섬유	560
폴리에틸렌	349	질산셀룰로오스	141
스타이렌아크릴로나이트릴	454	폴리아마이드	424
폴리스타이렌(입상)	491	폴리에스테르	483~488
폴리스타이렌	488~496	실리콘수지	550~564

예를 들면, 고체가연물질의 발화온도는 기체가연물질의 발화온도보다 낮으며, 발화온도가 낮다고 하는 것은 작은 열에너지에 의해서 연소가 가능하다는 뜻이다.

발화온도는 대부분 상온에서 고체상태로 존재하는 가연물질을 연소시킬 때 많이 사용되고 있으며, 액체·기체가연물질에 대해서도 사용하는 경우가 있다.

앞의 표 2-2는 우리 주위의 중요한 가연물질의 발화온도(℃)를 나타낸 것이다.

그리고 다음의 표 2-3은 가연물질이 1기압 하에서 발화하는 데 필요한 최소점화에너지(mJ)의 값을 나타낸 것이다.

표 2-3 가연물질의 최소점화에너지

가연물질	최소점화에너지(mJ)	가연물질	최소점화에너지(mJ)
아세틸렌	0.044	이황화탄소	0.015
에탄	1.58	*n*-부탄	0.38
암모니아	0.77	프로필렌	0.282
아세트알데하이드	0.38	*n*-헥산	0.95
아세톤	1.15	*n*-펜탄	0.49
아이소옥탄	1.35	황화수소	0.077
아이소부탄	0.52	나이트로메탄	0.31
아크롤레인	0.13	프로필렌옥사이드	0.19
에틸렌	0.096	프로피온알데하이드	0.32
에틸아민	0.48	비닐아세틸렌	0.082
에틸렌옥사이드	0.105	톨루엔	2.5
사이클로펜탄	0.54	사이클로헥산	1.38

② 인화온도

가연물질을 가열하면서 한 쪽에서 조그마한 불씨·불꽃 등을 접촉시키든가, 전기스파크와 같은 점화원을 안겨주면 발화온도보다도 낮은 온도에서 연소하기 시작한다. 이와 같이 불꽃을 가까이 하였을 때 불꽃을 잡아당겨 연소를 시작하는 것을 인화(引火)라고 하며, 인화가 일어나는 최저의 온도를 그 가연물질의 인화온도라고 한다.

인화온도는 주로 상온에서 액체상태로 존재하는 「위험물안전관리법시행령」 별표1의 제4류위험물(석유류, 수용액의 가연물질, 용제류) 등의 연소하기 쉬운 상태의 정도를 측정하는 데 사용된다.

액체가연물질에 대한 인화온도는 비중·점도 등이 낮을수록, 주위의 온도·압력 등이 높을수록 낮아진다.

특히, 「위험물안전관리법시행령」 별표1의 제4류위험물(인화성액체) 중 석유류를 제

1·2·3 및 4석유류로 구분하는 것은 인화온도의 크기에 따른 것이며, 인화온도가 낮을수록 낮은 온도에서 증기를 발생하여 불꽃이나 불씨를 잡아당겨 연소하므로 위험성이 증대된다.

이를테면, 제1석유류인 휘발유(가솔린)의 인화점은 영하 20°C이하로서 제2석유류인 등유의 인화점이 30~60°C에 비하여 낮으므로 휘발유가 등유보다 연소하기 쉽고, 화재에 대한 위험성이 크다는 것을 알 수 있다. 또한, 상온에서 액체상태로 존재하는 액체가연물질은 인화하기 위해서 가연성증기를 발생하여야 하며, 가연성증기가 공기 중에서 연소범위를 형성하여 연소범위의 하한계 값인 인화점에 불꽃이나 불씨가 접촉하였을 때 비로소 연소현상이 일어난다.

다음의 표 2-4는 우리 주위에서 많이 사용되는 액체가연물질의 인화온도(°C)를 나타낸 것이다.

표 2-4 액체가연물질의 인화온도

액체가연물질	인화온도(℃)	액체가연물질	인화온도(℃)
에테르	−45	아닐린	75.8
이황화탄소	−30	나이트로벤젠	87.8
콜로디온	−18	글리세린	160
아세트알데하이드	−37.7	방청유	200
아세톤	−18	에틸벤젠	−40
가솔린	−20~−43	메틸알코올	11
벤젠	−11.1	에틸알코올	13
톨루엔	4.5	사이안화수소	−18
등유	30~60	나이트로에탄	28
아세트산	42.8	나이트로글리세린	1
장뇌유	47.4	피리딘	20
중유	60~15	초산에틸	−4
클레오소오드유	74	아릴알코올	21

③ 연소온도

상온에서 액체상태로 존재하는 액체가연물질이 연소상태를 5초이상 유지하는 온도로서 일반적으로 인화온도보다 10°C정도 높다.

액체가연물질의 연소는 액체가연물질의 표면으로부터 증발된 증기가 연소하는 것이므로 불꽃이나 불씨에 인화되었다 하더라도 계속적인 연소현상을 유지하기 위해서는 어느 정도 지속적인 연소에 필요한 온도가 요구되므로 계속적으로 액체가연물질을 연소시키기 위해서는 연소온도 이상이 되도록 하여야 한다.

다음의 표 2-5는 우리 주위에서 많이 사용되고 있는 액체가연물질의 연소온도(°C)를 나타낸 것이다.

표 2-5 액체가연물질의 연소온도

액체가연물질	연소온도(℃)	액체가연물질	연소온도(℃)
에테르	−35	아닐린	85.8
이황화탄소	−20	나이트로벤젠	97.8
아세톤	−8	글리세린	170
톨루엔	14.5	에틸벤젠	−30
에틸알코올	23	메틸알코올	21

(3) 연소불꽃의 색상

가연물질이 연소할 때에는 공기 중의 산소(산화제 또는 조연성물질)의 공급량에 따라 완전연소와 불완전연소를 하게 된다.

가연물질의 완전연소시에는 공기의 공급량이 충분하기 때문에 연소불꽃도 휘백색을 나타내며, 이때의 불꽃온도는 보통 1,500°C에 이르게 된다.

그러나 공기 중의 산소의 공급량이 부족하게 되면 불완전연소하며, 이때의 연소불꽃의 온도는 담암적색에 가까운 색상을 나타낸다. 또한, 불완전연소생성물인 일산화탄소를 많이 발생하므로 연소온도는 낮고, 일산화탄소에 의해서 질식사하는 경우가 있으므로 주의하여야 한다.

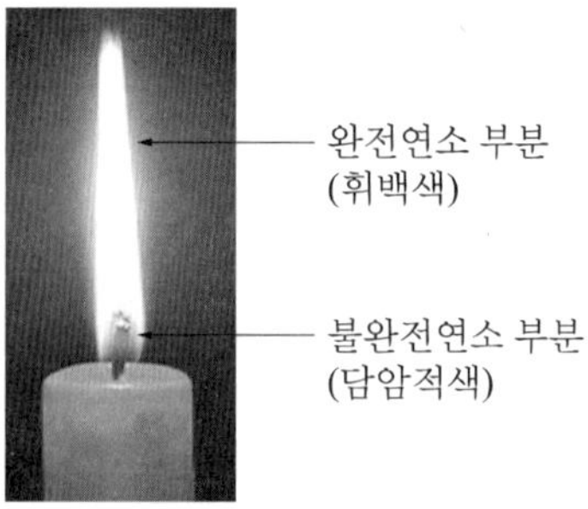

그림 2-1 촛불의 연소색상

앞의 그림 2-1은 증발연소 형태를 가지는 고체파라핀(양초)의 연소시 불꽃의 색상을 나타낸 것이며, 다음의 표 2-6은 가연물질의 연소시에 발생하는 연소불꽃의 색상에 따른 연소온도(℃)를 나타낸 것이다.

표 2-6 연소불꽃의 색상에 따른 연소온도

연소불꽃의 색상	연소온도(℃)	연소불꽃의 색상	연소온도(℃)
담암적색	600	황적색	1,100
암적색	700	백적색	1,300
적색	850	휘백색	1,500
휘적색	950		

(4) 연소에 관한 학설

가연물질의 연소에 관하여서는 많은 학자들이 그 이론을 발표하였으며, 화재로부터의 안전을 위해 가연물질의 연소에 관한 학문의 연구가 계속되어 오고 있다.

가연물질의 연소에 관한 많은 학설 및 이론 중 방화공학 측면에서 많이 사용되고 있는 몇 가지 학설에 대해서 설명하고자 한다.

① 아레니우스(Arrhenius)의 이론

가연물질이 연소하는 경우 연소온도의 상승에 따라 연소속도가 급격하게 진행된다는 이론이다.

$$V = C^{-\frac{E}{RT}}$$

$$\ln V = \ln C - \frac{E}{RT}$$

여기서, V : 반응속도
C : 빈도계수
E : 활성화에너지
T : 반응온도
R : 기체상수
이다.

위의 식에서 보는 것과 같이 분자의 충돌하는 횟수가 많으며, 활성화에너지가 적고 반응속도가 높을수록 연소의 반응속도가 빠르다는 것을 나타내고 있다.

특히, 상온 부근에 있어서의 온도가 10°C 상승함에 따라 반응속도는 2~3배 상승되며, 100°C가 상승하면 10°C의 10배가 되므로 연소반응속도는 210배 또는 310배가 되어 우리가 상상할 수 없을 정도의 기하급수적으로 진행되어 감을 알 수 있다.

② 르샤틀리에(Le Chatelier)의 원리

평형을 이루고 있는 어떤 계의 온도 또는 압력과 같은 반응인자의 하나가 변화한다면 그 계는 될 수 있는 대로 그와 같은 변화를 일으키게 한 영향을 제거시키고자 하는 방향으로 이동한다는 학설이다.

③ 라부아지에(Lavoisier)의 이론

"모든 가연물질이 연소하기 위해서는 산소를 필요로 한다."는 연소이론을 발표하였으며, 인으로 연소실험을 실시하여 인이 연소하면 오산화인(P_2O_5)인 연소생성물이 발생한다는 것을 입증하였다.

④ 프리스틀리(Priestley)의 이론

가연물질 내부에는 플리지스톤이 함유되어 있으며, 플리지스톤은 극히 작은 입자로서 플리지스톤이 가연물질의 연소현상을 일으킨다는 학설(가설)이다.

2 연소의 3요소

가연물질(기체·액체 및 고체상태의 가연물질)이 연소하기 위해서는 산소를 공급하는 산소공급원(공기·오존·산화제·지연성가스) 및 활성화에너지(최소점화에너지·발화원)가 있어야만 정상적인 연소의 화학반응을 유지할 수 있다. 이와 같이 연소반응의 유지를 위해서 사용되는 가연물질·점화원 및 산소공급원을 연소의 3요소라고 한다. 다음의 그림 2-2는 연소의 3요소인 가연물질·점화원 및 산소공급원의 삼각관계를 나타낸 것이다.

그림 2-2에서 보는 것과 같이, 연소의 3요소인 가연물질·산소공급원·점화원이 동시에 존재하면 연소가 일어나지만 연소반응이 일어나는 온도는 가연물질의 형태와 성상에 따라 다르다. 발화원인 열원이나 화기가 가연물질에 인화 또는 착화(발화)하여 계속적인 연소현상을 가져오며, 필요이상의 재해나 재앙을 일으킬 경우 이것을 화재(해로운 불)라 하므로 가연물질의 연소현상에 대한 사람들의 특별한 제어가 요구된다 하겠다.

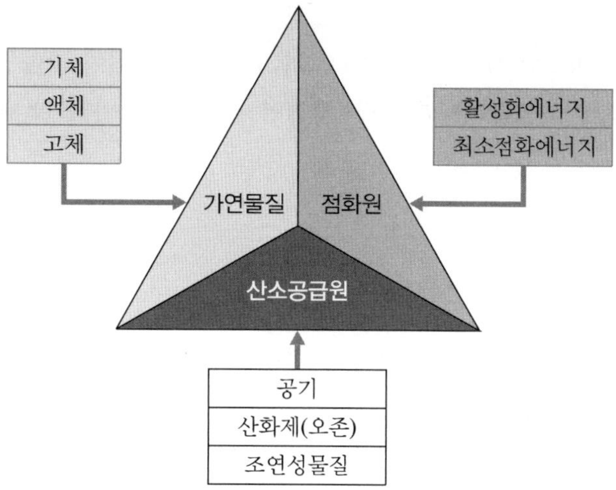

그림 2-2 연소의 3요소

(1) 가연물질

연소나 화재현상을 일으키는 가연물질을 설명하면 정확하게는 가연성물질 중 산화되기 쉬운 물질이라고 할 수 있다.

물질이 산화되기 쉽다는 것은 연소하기 용이하다는 것을 말하며, 연소에 필요한 활성화에너지의 양이 적고 발열반응열이 크다는 뜻과 같다고 할 수 있다. 결국에는 적은 에너지로서도 연소를 시작할 수 있는 활성화 상태에 도달하여 발화에 이르게 됨과 동시에 발열반응열이 크기 때문에 그것에 의해서 그 물질 내의 반응되지 않은 부분도 활성화하여 쉽게 연소하게 된다.

가연물질에는 금속·비금속을 비롯하여 유기화합물질의 대부분이 이에 해당된다. 이에 비하여 불연성물질은 반대로 산화하기 어려운 것(활성화에너지의 양이 큰 물질)으로서 반응열의 양이 물·흙(이미 산화되어 더 이상 산화되지 아니 하는 물질)과 같이 작은 것을 말한다.

① 가연물질의 구비조건

가연물질이 되기 위해서는 다음과 같은 조건을 구비하여야 한다.

㉠ 연소반응을 일으키는 점화원의 활성화에너지의 값이 적어야 한다.
㉡ 일반적으로 산화되기 쉬운 물질로서 산소와 결합할 때 발열량이 커야 한다.
㉢ 열의 전도도 값이 적어야 한다(열의 축적이 용이하다).

㉣ 연쇄반응을 일으킬 수 있는 물질이어야 한다.

㉤ 지연성(조연성)가스인 산소·염소(Cl_2)와의 결합력이 강한 물질이어야 한다.

㉥ 산소와 접촉할 수 있는 비표면적이 큰 물질이어야 한다.

위와 같은 가연물질의 구비조건을 갖춘 것에는 탄소·수소·산소 등으로 구성된 유기화합물이 많다.

② 불연성물질(가연물질이 될 수 없는 것)

㉠ 이미 산소와 결합하여 더 이상 산소와 화학반응을 일으킬 수 없는 물질

이산화탄소(CO_2)·오산화인(P_2O_5)·삼산화황(SO_3)·삼산화크롬(CrO_3)·산화알루미늄(Al_2O_3)·산화안티몬(Sb_2O_3)·규조토(SiO_2) 등은 완전산화물질이므로 더 이상 산소와 반응하지 않는다.

다음은 탄소(C)와 인(P)이 산소와 반응하여 산화물을 생성하는 화학반응식을 나타낸 것이다.

$$C + O_2 \rightarrow CO_2 + Q\,\text{kcal}$$

$$2P + 2.5O_2 \rightarrow P_2O_5 + Q\,\text{kcal}$$

㉡ 산화흡열 반응물질

산소와 화합하여 산화물을 생성하나 산화발열반응을 하지 않고, 질소와 같이 산화흡열반응을 하는 물질을 말한다.

다음은 질소와 산소의 산화흡열반응식을 나타낸 것이다.

$$N_2 + 0.5O_2 \rightarrow N_2O - 19.5\ \text{kcal}$$

$$N_2 + O_2 \rightarrow 2NO - 43.2\ \text{kcal}$$

㉢ 주기율표 8족의 불활성기체

주기율표의 8족에 속하는 불활성기체를 O족 원소물질이라고도 하며, 이들의 물질은 활성(결합력)이 없으므로 산소와 결합하지 못한다. 또한, 주기율표의 8족에는 헬륨(He)·네온(Ne)·아르곤(Ar)·크립톤(Kr)·제논(Xe)·라돈(Rn) 등이 있다.

㉣ 자체가 연소하지 아니하는 물질

흙·돌(石)과 같이 물질 그 자체가 연소하지 않는 것도 불연성물질로 취급한다.

(2) 산소공급원

가연물질의 연소시 산소를 공급하는 점화원에는 공기·산화제(오존·산소를 함유하고 있는 물질)·조연성가스(Cl_2·F_2)·자기연소성물질(가연물질이 연소에 필요한 산소를 함유하는 경우) 등이 있다.

일반적으로 공기 중에 함유되어 있는 산소(O_2)의 양은 용량으로 계산하면 전체 공기의 양에 대하여 21용량%(V%)이며, 질량으로 계산하면 23중량%(W%)로 존재하고 있다.

다음의 표 2-7은 산소를 함유하고 있는 공기의 조성을 나타낸 것이다.

산화제란 분자 내에 많은 양의 산소를 함유하는 위험성이 있는 물질(화학약품)을 말하는 것으로 단독으로 폭발할 수도 있으며, 가연물질과의 혼합 또는 접촉에 의해서 화재의 위험을 가져오기 때문에 저장·취급 및 사용을 법으로 규제 또는 제한하고 있다.

이러한 법의 규제 또는 제한을 받는 물질에는 염소산염류(유황·목탄, 마그네슘 분말 등), 과산화물(과산화나트륨·과산화칼륨 등), 초산염류(초산암모늄) 등이 있다.

자기연소성물질이란 연소에 필요한 산소공급원인 산소를 함유하는 물질로서 연소속도를 대단히 빠르게 하며, 폭발적인 연소현상을 일으키는 물질을 말한다.

표 2-7 공기의 조성

조성비율 \ 성분	산소	질소	이산화탄소	희가스
용량(V%)	20.99	78.03	0.03	0.95
중량(W%)	23.15	75.51	0.04	1.30

① 나이트로글리세린[$C_3H_5(ONO_2)_3$]

다이너마이트의 원료로 사용되며, 이 다이너마이트는 나이트로글리세린을 규조토(SiO_2)에 흡수시킨 것으로서 폭약으로 사용되고 있다.

② 흑색화약

탄소(C)·유황(S) 및 초석(KNO_3)의 혼합물로서 초석에서 산소를 공급하며, 폭약으로 사용되기 때문에 저장·취급 및 사용에 관하여 법으로 규제 또는 제한하고 있다.

$$2KNO_3 + 1.5C \rightarrow 1.5CO_2 + N_2 + K_2O_3 + 180\ \text{kcal}$$

$$2KNO_3 + 2S \rightarrow K_2SO_4 + SO_2 + N_2 + 178\ \text{kcal}$$

③ 나이트로셀룰로오스[$C_6H_7O_2(ONO_2)_3$]

셀룰로오스에 질산을 가하여 나이트로화반응을 일으켜 제조한 자기연소성물질로서 폭약의 뇌관(면화약)으로 사용하고 있다.

④ 트라이나이트로톨루엔[$C_6H_2CH_3(NO_2)_3$]

트라이나이트로톨루엔을 TNT라고도 하며, 톨루엔에 질산을 가하여 나이트로반응을 일으켜 제조한 자기연소성물질로서 폭약으로 사용된다. 그러나 페놀(C_6H_5OH)에 질산을 가하여 나이트로화반응에 의해서 제조된 피크르산[$C_6H_2OH(NO_2)_3$]은 자기반응성물질에 해당되지 않는다.

다음의 그림 2-3은 질산의 나이트로화 반응에 의해서 제조된 트라이나이트로톨루엔(TNT)과 피크르산의 구조를 나타낸 것이다.

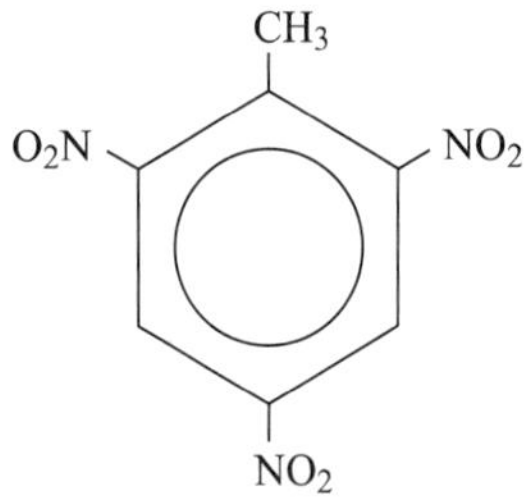

(a) 트라이나이트로톨루엔

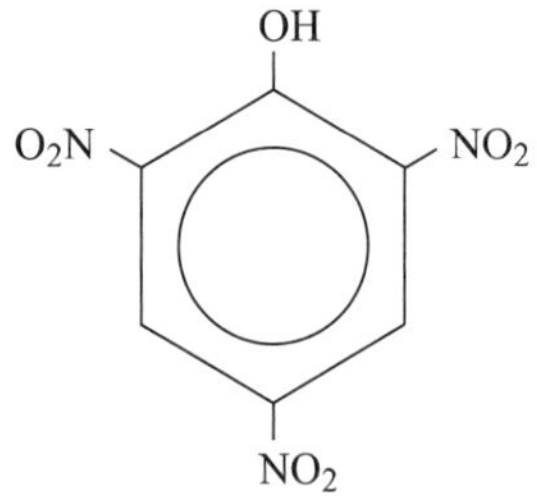

(b) 피크르산

그림 2-3 트라이나이트로톨루엔과 피크르산

(3) 점화원(착화원)

점화원을 활성화에너지(최소점화에너지)라고도 하며, 생성계를 형성하는 데 필요한 에너지로서 그 형태는 열적·기계적·전기적·화학적 어느 것이든 좋지만 보통 이러한 것은 열의 형(形)으로 가연물질에 부여된다.

점화에너지의 강도는 온도로 표시되며, 일반적으로 발화점이라고 일컬어지는 척도는 이 점화에너지를 비교하기 위한 하나의 방법이다.

가연물질이 연소반응을 시작할 때 가하여지는 활성화에너지에는 충격 및 마찰·나화·고온표면·자연발화·단열압축·전기불꽃·정전기·산화열(발열량)·자외선·충격파 등이 있다.

① 충격 및 마찰

2개이상의 물체가 서로 충격·마찰을 일으키면서 열에너지를 발생시켜 순간적으로 온도가 최대 1,000°C까지 상승할 수 있으므로 특히 유의하여야 한다.

인화성물질이 저장된 장소에는 여러가지의 공구류에서 마찰이 발생할 우려가 많으므로 유의하여야 하며, 사용하는 공구류는 동(Cu), 베릴륨(Be) 또는 알루미늄브론즈(동) 합금으로 된 공구를 사용하여야 한다.

② 나화(裸火)

나화(裸火)란 항상 화염을 가지고 있는 열 또는 화기로서 가장 주의하여야 하는 점화원이다.

③ 고온표면

고온표면의 중요한 것은 작업장의 화기, 작업장 외의 화기, 가열로, 건조장치, 굴뚝, 연기, 전기설비, 기계설비, 낙뢰(벼락) 등으로서 항상 화재의 위험성이 내재(內在)되어 있으므로 주의하여야 한다.

④ 자연발화

발화원(착화원)이 없어도 원면·고무분말·셀룰로이드·석탄, 플라스틱의 가소제, 금속가루·황인 등의 경우 장시간 일정한 장소에서 저장하면 열이 발생되며, 발생된 열을 축적함으로써 발화점까지 온도가 상승되어 나타나는 현상이다.

자연발화를 일으키는 원인에는 산화열·분해열·흡착열·중합열·발효열 등이 있다.

⑤ 단열압축

내부와 외부와의 열의 출입을 차단하여 압축하는 형태로서 디젤엔진이 대표적이다.

디젤엔진의 기관에서 압축비를 13～14가 되게 단열압축시키면 500°C까지 상승하게 된다. 또한, 고압가스를 사용하는 장치에서 밸브를 급히 폐쇄시키게 되면 단열압축열이 발생되는 경우가 있으므로 주의하여야 한다.

⑥ 정전기(靜電氣)

㉠ 정전기의 형태

정전기는 2개이상의 물질이 결합하거나 접촉한 후 떨어질 때 양(+)전기와 음(−)전기로 대전되며, 움직이지 않고 조용하게 축적된다. 이렇게 되는 경우 정전기의 전압은 1,000～10,000볼트(V)정도까지 발생하므로 가연물질의 착화가 가능하다.

또한, 정전기는 액체유동·분출가스·인체 등에 의해서도 대전되므로 주의하여야 한다.

- 액체의 유동에 의한 대전
  인화성액체는 대부분 전기의 불량도체이므로 정전기가 발생할 우려가 많으며, 고유저항이 높으면 대전현상이 일어나기 쉬우므로 인화성액체의 유동에 의한 대전이 없도록 하여야 한다. 특히, 용기 또는 저장탱크의 충전작업시 탱크로리 위에서 금속봉으로 액면을 측정하는 행위 등은 하지 않는 것이 좋다.
- 분출가스의 대전
  순수한 가스가 분출될 때에는 양전기, 음전기의 대전이 잘 발생하지 않지만 이 분출가스가 분진 또는 무상입자를 에어로졸로서 함유하게 되면 양(+)전기, 음(−)전기로의 대전이 쉽게 이루어진다.
- 인체에 의한 대전
  인체에 의한 대전도 기후환경, 작업장 내의 조건 등에 따라 다르지만 전기저항이 큰 신발을 신고 습도가 40%(상대습도)이하의 상태에서 대리석과 같은 절연체 위를 걸어가면 1,000~1,500 V로 대전된다. 따라서 정전기의 발생이 우려되는 장소에서의 탈의장은 설치하지 않는 것이 이상적이다.

㉡ 정전기의 발생원인

마찰에 의해서 발생되는 정전기는 다른 물질사이에서의 마찰은 물론 같은 종류의 물질사이에서의 마찰에서도 발생하는 데 정전기의 발생량은 두 마찰물질의 대전서열이 멀수록, 마찰의 정도가 심할수록 증가하게 된다.

정전기는 석유류 제품인 유류를 저장·취급하거나 운반 또는 관로를 통하여 이송하는 경우에 많이 발생되며, 특히 다음의 경우 마찰의 정도가 심하여 많은 양의 정전기가 발생하게 된다.

- 유속이 높을 때
- 필터 등을 통과할 때
- 낙차(落差)가 일어날 때
- 비전도성 부유물질이 많을 때
- 와류(eddy)가 생성될 때
- 물이 침전할 때

㉢ 정전기의 축적

생성된 정전기는 지면이나 다른 물질로부터 절연되어 있을 경우 축적되게 된다.

실험에 의하면 절연저항이 1 MΩ이상이면 정전기가 흘러가지 못하여 축적되며, 석유류 물품에 생성된 정전기는 전기전도도가 10,000 picosiemens/meter이하이면 정전기가 축적되는 것으로 나타나 있다. 또한, 전도도가 10,000 picosiemens/meter 이상이면 정전기가 생성되자마자 다시 결합하게 되므로 축적되지 않고 소멸된다.

다음의 표 2-8은 물질의 종류에 따른 전기전도도를 나타낸 것이다.

표 2-8 물질에 따른 전기전도도

물질명	전도도(picosiemens/meter)	반감기 값(초)	저항(ohm-m)
고순도물질	0.01	1,500	10^{16}
경질유	0.01～1,000	1.5～1,500	10^{16}～10^{13}
중질유	1,000～100,000	0.00015	10^{11}～10^{9}
증류수	100,000,000	4×10^{-6}	10^{6}

㉣ 정전기 예방대책

마찰전기인 정전기를 방지하기 위한 예방대책은 다음과 같다.

- 접지시설을 한다.
  정전기의 예방대책으로 가장 중요한 것으로서 정전기의 발생이 우려되는 장소에 접지시설을 하여 정전기로 인한 재해를 사전에 방지하여야 한다. 특히, 인화성물질인 「위험물안전관리법시행령」 별표1의 제4류위험물을 저장·취급하는 설비·장치·기기 등은 동으로 접지시키고, 접지저항은 1～3 Ω이하가 되도록 정기적으로 접지상태를 점검하여야 한다.
- 공기를 이온화한다.
  실내의 공기를 양(+)이온, 음(−)이온으로 이온화하여 정전기의 발생을 예방한다.
- 습도를 70%이상으로 한다.
  정전기는 습도가 낮거나 압력이 높을 때 많이 발생하므로 실내의 경우 실내의 상대습도를 70%이상으로 하여 정전기의 발생을 방지하여야 한다.
- 전도체 물질을 사용한다.
  전기의 저항이 큰 물질은 대전(양전기와 음전기로 대전)이 용이하게 일어나므로 역으로 전기의 양도체나 반도체물질을 사용하거나 약품 등을 사용하여 전기의 전도성을 증가시키기도 한다. 특히, 작업장에서는 바닥면을 전도성물질로 하고 작업화의 재질은 고무보다 가죽이 효과적이며, 고무재질인 경우에는 카본블랙이 다량 함유되어 있는 것이 효과적이다.
- 정전기 발생을 억제한다.
  접촉하는 전기의 전위치를 적게 하여 정전기의 발생을 억제시킨다.

⑦ 전기불꽃

전기불꽃은 전기기기·기구 등을 사용하는 장소에서 발생되는 불꽃현상으로서 폭발성 혼합가스 등에 점화하여 화재를 발생시키는 경우가 많다.

전기불꽃은 일반적으로 스파크에 의한 방전, 고전압에서 의한 방전 및 접점스파크 등으로 구분되고 있다.

다음은 전기불꽃 에너지방정식을 나타낸 것이다.

$$E = \frac{1}{2}CV^2$$
$$= \frac{1}{2}QV \quad (Q = CV\text{이므로})$$

여기서, E : 전기불꽃 에너지
C : 전기용량
V : 방전전압
Q : 전기량
이다.

전기의 누전, 전구의 파괴시 단락(합선)·단선·접촉불량·회로의 개폐시 등에서 발생되며, 극히 짧은 시간에 방전이 일어난다.

높은 전위차를 가진 물체를 대전시키면 공기는 절연이 파괴되고 코로나 방전이 발생하며, 전위가 더욱 높게 되면 스파크가 발생되는 데 공기 중에서는 약 400 V(볼트) 이상이 되면 일어날 수 있다.

접점스파크는 자동제어기의 경우 릴레이의 접점, 모터의 정류자 등에서 접점의 개폐시에 아주 작은 스파크가 발생된다.

3 연소의 4요소

연소의 4요소란 연소의 3요소인 가연물질(기체·액체 및 고체가연물질), 산소공급원(공기·오존·산화제·조연성물질 등), 점화원(활성화에너지·최소착화에너지·발화원) 외에 연속적으로 연소를 진행하기 위한 연쇄반응을 말한다. 그러므로 연소의 4요소를 구성하는 가연물질·산소공급원·점화원은 연소의 3요소에서 설명되었으므로 제외하고 연속적인 연소의 연쇄반응에 대해서만 설명하고자 한다.

연속적인 연소의 연쇄반응은 가연물질에 점화원인 활성화에너지를 공급할 경우 가연물질 내부에 함유되어 있는 수소·산소성분에 의해서 발생되는 수소·산소원자가 활성화되어 H^*와 OH를 생성시킴으로써 활성화된 H^*, OH가 이웃하고 있는 가연물질에 화염을 전파시켜 계속적으로 연소상태가 유지되도록 하는 것을 말한다.

다음은 가연물질 내부에 함유되어 있는 수소(H)·산소(O)에 활성화에너지를 공급하는 경우 수소분자가 수소원자로 활성화된 후 산소(O_2)와 반응하여 활성화된 산소원자(O^*)와 수산기(OH)를 생성시키는 과정과 활성화된 수소기(H^*)와 수산기(OH)가 연속적인 연소의 연쇄반응을 일으키는 메커니즘을 설명한 것이다.

$$H_2 + 2e \rightarrow 2H^*$$

$$H^* + O_2 \rightarrow OH + O^*$$

$$OH + H_2 \rightarrow H_2O + H^*$$

$$O^* + H_2 \rightarrow OH + H^*$$

또한, 다음의 그림 2-4는 연소의 4요소인 가연물질·점화원·산소공급원 및 연속적인 연쇄반응의 상관관계를 나타낸 것이다.

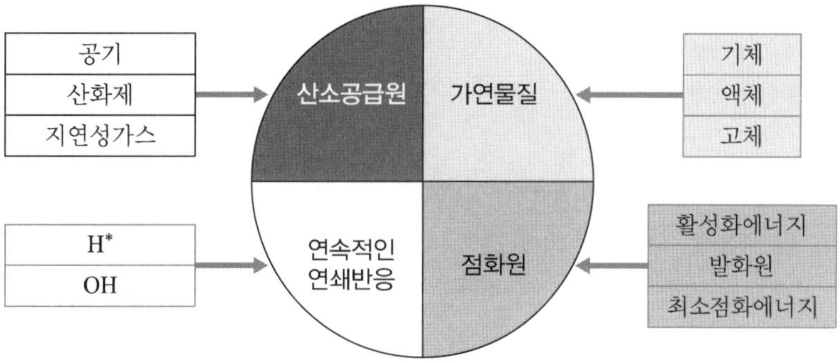

그림 2-4 연소의 4요소

2 연소형태

연소의 형태는 기체가연물·액체가연물 및 고체가연물을 구성하는 분자의 구조·성분원소·물성 등에 따라 다르며, 연소하는 상태에 따라 정상연소와 비정상연소로 구분된다. 가연물질의 정상적인 연소반응이 진행되면 아레니우스(Arrhenius)의 화학반응속도론에 의하여 연소가 진행된다.

1 기체가연물질의 연소형태

(1) 기체가연물질의 연소

기체가연물질은 대부분이 연소하기 전에 1차적으로 가스화 반응이 일어나서 가스화된 가연물이 공기와 혼합되어 폭발범위 이내로 된다. 그러므로 적은 공기비로도 완전연소가 가능하며, 폭발의 위험이 따른다.

기체가연물질은 이미 가스화된 상태이므로 공기와 폭발범위 이내로 혼합하는 과정에서 보통 미리 혼합하여 연소하는 혼합연소와 공기 중에 가연성기체를 분출·연소하는 확산연소의 두 종류가 있다.

일정량의 가연성기체에 산소를 접촉시키면 산소와 접촉하고 있는 부분부터 불꽃을 내면서 연소하는 과정이 일정할 때를 확산연소라 한다. 또한, 기체가연물질이 정상적으로 연소할 때를 정상연소라 하고, 많은 양의 가연성기체와 산소가 혼합되어 일시에 폭발적인 연소현상을 일으킬 때 이것을 비정상연소라 한다. 특히, 기체가연물질의 연소에 있어서의 연소생성물은 대부분의 경우 기체이지만 액체나 고체상태의 연소생성물이 발생되기도 한다.

예를 들면, 탄소함유량이 많은 물질이 산소의 공급이 불충분한 상태에서 연소하였을 때에는 많은 양의 탄소입자가 생기며, 연소생성물 중에 액체나 고체의 작은 인자가 들어있을 때에는 온도가 낮아지면 백색 또는 흑색으로 보이는 것이 많은 데 이것이 바로 연기이다. 여기에서 기체의 연소가 액체가연물질 또는 고체가연물질의 연소에 비해서 가장 큰 특징은 연소시의 이상현상인 폭굉(爆轟)이나 폭발을 수반한다는 것이다.

즉, 기체는 산소의 공급방법에 따라서 안정된 정상연소를 하든가, 폭발적 양상을 나타내는 비정상연소를 하든가 한다. 예를 들면, 알코올램프 등 일정량의 가연성기체(알코올의 증발기체)에 산소를 서서히 부여하는 경우는 정상연소이다. 그러나 가연성기체와 산소를 혼합시켜서 점화하면 혼합기체의 반응속도는 점차로 크게 되어 이윽고 폭발하게 된다. 이에 대해서 액체나 고체는 산소를 어느 정도 공급한다고 해도 비정상연소, 즉 폭발을 일으키지 않는 것이 큰 특징이다. 다음의 표 2-9는 확산연소 형태를 가지는 중요한 가연성가스의 폭발범위(공기 중에서)·발화온도 및 비점(b.p.)을 나타낸 것이다.

표 2-9 기체가연물질의 폭발범위·발화온도 및 비점

기체가연물질	폭발범위(V%)		발화온도(℃)	비점(℃)
	하한계	상한계		
아세틸렌	2.5	81.0	305	−84.0
암모니아	15	28.0	651	−33.4
일산화탄소	12.5	74.0	609	−191.5
에탄	3.0	12.0	474	−88.6
에틸렌	2.7	36.0	450	−103.7
중수소	4.9	75.0	400	−248.2
수소	4.0	75.0	500	−252.9
부탄	1.8	8.4	365	−0.5
프로판	2.1	9.5	432	−42.1
메탄	5.0	15.0	537	−161.5
황화수소	4.0	44.0	260	−59.6
프로필렌	2.0	11.1	455	−47.0
트라이메틸아민	2.0	11.6	190	2.9
브롬메틸	10.0	15.0	535	3.6

2 액체가연물질의 연소형태

(1) 액체가연물질의 연소

액체가연물질의 연소는 액체 자체가 연소하는 것이 아니라 액체의 표면으로부터 증발된 증기가 연소하는 것이다.

특히, 액체가연물질이 휘발성인 경우는 외부로부터 열을 받아서 증발하지만 액체가 비휘발성이거나 비중이 커 휘발하기 어려운 경우에는 높은 온도에서 열분해하여 그 분해가스가 연소하는 것이다. 즉, 전자의 연소반응을 증발연소라 하고, 후자의 연소형태를 분해연소라 한다.

일반적으로 액체의 연소는 증발연소를 하며, 액체표면으로부터 발생된 증기의 비중은 공기보다 무거워 지면에 체류될 우려가 있으므로 위험하다.

액체가연물질의 증발연소속도 및 분해연소속도는 액체가연물질로부터 증발되어 나오는 증기의 증발속도 및 증기의 분해속도에 의해서 결정된다.

증발연소의 연소형태를 보면 액체가연물질의 표면으로부터 발생된 증기와 공기가 혼합물의 층을 이루고 각 층에 있어서의 증기의 농도는 액체의 표면에 가까울수록 크고, 위쪽(바깥쪽)으로 갈수록 적어진다.

여기에서, 가연성증기와 공기의 혼합물의 폭발범위가 증기의 농도 $C_1 \sim C_2$ 사이에 있다고 가정하면, 이때 이 부분에 가열된 물체가 접촉됨으로써 폭발이 일어나고 이 열에 의하여 C_2(인화점) 이하의 부분에 있는 증기층에 확산된다.

이와 같이 증발연소에 있어서의 발화는 액체표면의 확산층 속에 있는 폭발범위의 농도를 가진 증기층에서 일어나므로 이 층을 발화층이라고 하며, 액체의 온도가 낮아지면 증기압, 즉 증기의 발생속도가 감소하고 발화층의 위치가 그림과 같이 표면에 닿은 상태가 되었을 때 발화층의 하단 C_2가 C_1의 부분이 포화증기층과 겹쳐서 결국 발화층이 없어지고 증기층에 착화되지 않게 된다.

따라서, 가연물질의 인화점이란 주어진 물질의 포화증기와 공기와의 혼합물의 조성이 반드시 폭발범위의 하한계인 C_1에 도달하는 온도라고 할 수 있다. 또한, 액체가연물질 중에서 액적(液滴)연소를 하는 것도 있다.

점도가 높은 중유와 같은 액체가연물질의 액적연소란 점도가 높아 사용이 곤란한 액체를 가열·열분해 등의 방법으로 점도를 낮게 하여 분무기 등을 사용, 액체의 입자를 안개모양으로 분출하여 액표면을 넓게 함으로써 공기와 접촉을 양호하게 하여 연소시키는 방법이다.

다음의 그림 2-5는 액체가연물질로부터 발생한 증기가 공기 중에 확산하여 폭발범위를 형성시켜 연소하는 것을 나타낸 것이다.

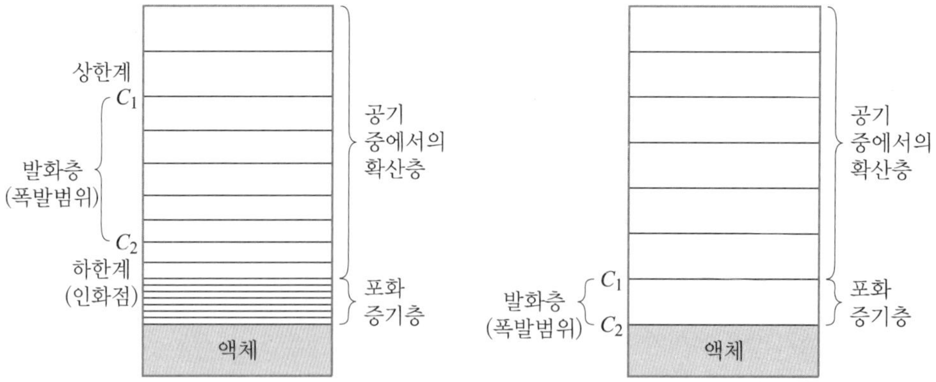

그림 2-5 액체가연물질의 폭발범위와 공기 중에서의 확산층

(2) 연소형태의 종류

① 가연성액체의 증발연소

액체가연물질의 연소는 액체표면에서 증발된 증가만이 연소하는 것으로서 액체 자체의 연소는 그렇게 높지 않으며, 비점에 도달하지는 않는다.

액체가연물질의 표면은 연소열에 의하여 차차 온도가 상승하지만 이 경우 액체가연물질을 아래·위로 저어 주면 차가운 액체가 액표면으로 올라와 증발이 감소되어 불이 꺼지는 수도 있다. 그러나 액체의 온도가 인화점 이상이 되면 액표면으로부터 많은 양의 증기가 증발되므로 오히려 연소가 활발하여 진다.

② 중질유의 확산연소

중질유인 중유나 경유를 완전연소시키기 위하여 가는 분출구로부터 안개모양으로 분출시켜 작은 입자로 만들어 연소시키는 것은 액체표면을 대단히 넓게 하여 수열 및 기화속도를 크게 하기 위해서이다.

중유나 경유입자를 작은 입자로 함으로써 짧은 시간 내에 연소를 종료시키려는 데 있다.

특히, 가솔린이나 등유 등은 먼저 기화기로 완전히 가스화시켜 연소시킴으로써 액적연소보다 한층 빠른 연소속도를 얻을 수 있다.

③ 중유의 분해연소

점도가 높고 비중이 큰 중질유인 중유를 열분해시켜 탄소의 수가 적은 등유·가솔린 등으로 변경하여 증기를 발생케 함으로써 연소가 잘 이루어지게 하는 연소의 형태이다.

특히, 분해연소는 상온에서 고체상태로 존재하고 있는 고체가연물질의 연소형태이나 중유와 같이 비중이 크고, 점도가 높은 액체가연물질의 경우도 분해연소의 형태를 보여 준다.

다음의 표 2-10은 우리 주위의 중요한 액체가연물질의 인화점·발화점·증기비중 및 비점을 나타낸 것이다.

▌표 2-10 중요한 액체가연물질의 인화점·발화점·증기비중 및 비점

액체가연물질	인화점(℃)	발화점(℃)	증기비중 (공기=1)	비점(℃)
메틸알코올	11	385	1.1	64.7
헥산	22	223	3.0	68.7
벤젠	11	498	28	80.1
펜탄	40	260	2.5	36.1
피리딘	20	482	2.7	115.5
이황화탄소	−30	90	2.6	46.3
나이트로글리세린	1	270	7.8	125
나이트로벤젠	88	482	4.3	211.0
스타이렌	32	490	3.6	145.2
테레판유	35	253.3	4.8	148.9
사이클로펜탄	7	380	2.4	49.3
초산	39	46.3	2.1	118.1
사이안화수소	−18	538	0.9	26.0
초산메틸	−10	454	2.8	57.3
휘발유	−20∼−43	257.2	3∼4	37.8
의산에틸	−20	455	2.6	54.2
옥탄	13	206	3.9	125.7
에틸벤젠	15	432	3.7	136.2
에틸알코올	13	363	1.6	78.3

3 고체가연물질의 연소형태

(1) 고체가연물질의 연소

고체가연물질은 열이 가해져서 활성화에너지를 얻게 되면 1차적으로 증발할 수 있는 가연물질은 증발연소를 일으키며, 다음으로 열분해하여 분해연소가 일어나고 나머지 남은 고형물은 표면연소를 한다.

고체가 연소할 경우에 관련되는 물리량으로서는 예를 들어, 목재의 경우 함수율·비중·비열·열전도율 등에 의해서 연소의 난이도가 결정된다.

함수율은 목재의 중량에 대한 함유수분의 백분비이지만 비중을 나타낼 때의 조건으로서 들어오게 된다. 예를 들면, 소나무의 비중은 생재(生財)의 함수율이 25%이상일 때 0.9,

건재(乾材)의 함수율이 15%일 때 0.52정도이다. 그리고 이 비중이 열전도율(kcal/m · h · °C)에 관계되지만 목재의 열전도율은 대체로 0.1~0.15이고, 이것에 의해서 열분해하여 착화(발화)한 다음 연소한다.

목재의 연소는 목재 내부에 함유되어 있는 수분의 양, 열의 공급방법, 연소실의 기상조건 등에 따라 다르다.

다음의 그림 2-6은 목재의 가열로부터 발화될 때까지의 과정을 온도의 구분에 따라 나타낸 것이다.

다음의 표 2-11은 우리 주위의 중요한 목재의 인화점(°C)을 나타낸 것이며, 표 2-12는 목재의 밀도와 발화점(°C)을 나타낸 것이다.

또한, 다음의 표 2-13은 목재의 상태에 따른 목재의 발화 및 연소에 대한 설명이다.

목재가 방사열에 의해서 가열되든가 또는 고온의 공기에 의해서 가열될 때 100~260°C에서는 수분이 증발하고 난 후 열분해가 시작되어 260°C정도의 온도를 초과하면 목재 내부에 있는 특수성분이 휘발하여 증기를 발생한다. 또한, 열분해가 왕성하여져서 목재에 착화(발화)되면서 연소하기 시작한다.

목재의 연소가 시작되면 공기의 공급이 충분할 때까지 또한, 이미 발생된 연소열이 목재의 다음의 부분을 발화점까지 온도를 높이는 한 계속된다.

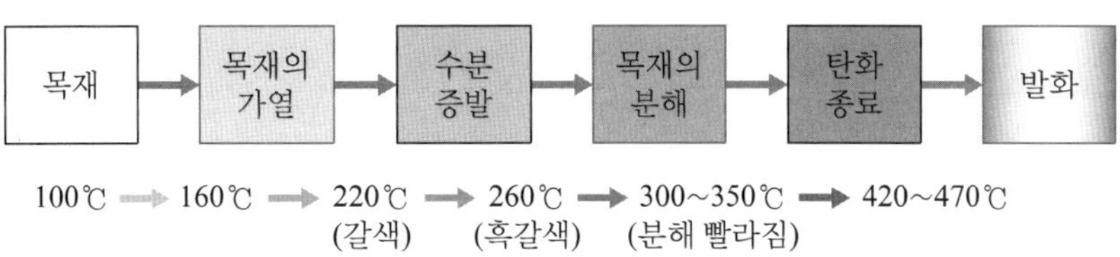

그림 2-6 목재의 연소과정

표 2-11 중요한 목재의 인화점

목재의 종류	인화점(℃)	목재의 종류	인화점(℃)
오동나무	269	삼나무	264~270
계수나무	270	자작나무	263~265
적송	263	느티나무	264
소나무	253	밤나무	260~272
삼목	240	낙엽송	271
나한백	259		

표 2-12 목재의 밀도 및 발화점

목재의 종류	밀도	발화점(℃)	목재의 종류	밀도	발화점(℃)
미국노송	0.36	468	적송	0.42	430～435
계수나무	0.50	455	은행나무	0.54	445
노송나무	0.35	446	느티나무	0.76	426
벚나무	0.36	442	오동나무	0.32	435
밤나무	0.68	460	북가시나무	0.97	441
미송	0.53	445	산벚나무	0.66	430
회양목	0.86	447	가문비나무	0.42	437

표 2-13 목재의 상태에 따른 목재의 발화 및 연소

목재의 상태 \ 발화와 연소	빠르다	늦다
내화성, 방화성	없는 것	있는 것
건조상태	수분이 적은 것	수분이 많은 것
두께, 굵기	얇은 것, 가는 것	두꺼운 것, 굵은 것
형상(둥근 것·4각형)	4각형	둥근 것
표면	거친 것	매끈한 것
페인트	칠한 것	칠하지 않은 것
색	흑색	백색

목재의 발화점(착화점)은 목재의 종류와 그 형상, 가열속도, 가열원, 공기의 공급량 등 여러가지의 조건에 따라서 다르지만 1×1×0.5 cm^3의 시험편에 의한 실험에 의하면 약 420～470°C, 나뭇조각과 같은 작은 형태의 것은 230°C에서 이루어진다고 한다. 여기에서, 연소의 제1단계에서는 발열반응으로서 가스·증기 등 열분해에 의한 생성물을 발생해서 연소하고, 제2단계에서는 고형물인 탄화된 목탄이 연소하게 된다.

목재의 열분해에 의한 생성가스로서는 가열온도가 160～350°C에서 일산화탄소(CO)·이산화탄소(CO_2) 등, 350～432°C에서는 수소가스·아세틸렌 등이 그 성분으로 포함된다.

목재가 표면으로부터 가열되면 점차 내부로 탄화가 진행되는 데 탄화와 비탄화부와의 경계는 많은 경우 명확하며, 온도로 말하면 약 300°C에 해당된다. 또한, 이 탄화층은 일종의 단열층으로서의 역할을 한다. 그리고 목재의 연소 중에 공기의 유통이 좋으며, 연소속도가 빠르게 되어 표면온도의 상승과 합하여 탄화층 표면이 신속하게 탄화(炭火)하는 과정을 거치면서 다음에 연소가 진행된다.

(2) 연소형태의 종류

상온에서 고체상태로 존재하는 고체가연물질은 연소시 분해연소, 표면연소, 증발연소, 자기연소(내부연소)의 형태를 갖는다.

① 분해연소

목재·종이·섬유·플라스틱·고무류 등과 같은 고체가연물질을 가열하면 복잡한 경로를 거체 열분해한 다음 열분해되어 나온 분해가스 등이 연소하는 분해연소의 형태를 갖는다.

열분해에 의해서 생성되는 중요한 열분해물질에는 일산화탄소(CO)·이산화탄소(CO_2)·수소(H_2)·메탄(CH_4)·메틸알코올(CH_3OH) 이외에 탄화수소·카르복실산·알데하이드류 등이 있다.

분해생성물이 가연성기체일 때에는 열분해 생성물에 착화되어 불꽃을 발생하면서 연소하지만 열분해 생성물이 불연성의 액체라든가, 가연성의 기체인 경우 발화에 충분한 에너지가 공급되지 못하게 되면 연소하지 않고 점화원으로부터 달아나 버리기도 한다. 이러한 현상이 목재나 종이 등을 가열하였을 때 볼 수 있는 탄화현상이다.

목재나 석탄과 같은 고체를 가열하면 열분해가 일어나서 가연성의 열분해 가스가 발생한다. 또한, 이렇게 발생된 열분해 가스는 공기 중의 산소와 혼합하여 연소범위 내의 혼합기체를 만들면 점화원으로부터 활성화에너지가 공급되어 연소가 시작된다.

혼합기체에 연소가 일어나면 이 연소열에 의하여 고체의 열분해는 계속 일어나서 가연물질(고체·액체 및 기체)이 없어질 때까지 계속된다. 이와 같이, 고체가 증기와 함께 연소하는 것에는 목재와 같은 고체가연물질이 대표적이다.

② 표면연소

목탄·코크스·금속분(분·박·리본 포함)과 같은 고체가연물질이 열분해도, 증발도 하지 않고 고체표면에서 산소와 반응하여 연소하는 현상을 표면연소 또는 직접연소라고 한다.

이들 고체가연물질을 공기 중에 방치하면 그 표면에 질소나 산소 등의 기체분자가 흡착되어 고체의 표면은 가연물의 분자와 지연물의 분자와의 혼합계를 이룬다. 여기에 발화(착화)에너지를 공급하면 두 분자는 반응을 일으키게 된다. 이를 테면, 고체인 코크스에 발화에너지를 공급하면 탄소(코크스)의 연소는 1차적으로 공기 중의 산소가 흡착되고 이어서 불안정한 산화탄소(C_nO_m)가 생기며, 2차적으로 높은 온도에서 분해하여 일산화탄소(CO) 또는 이산화탄소(CO_2)가 유리되는 것이라 생각된다.

표면연소 형태를 가지는 코크스의 연소속도는 산소(O_2)분자와 탄소(C)표면에서의 확산속도에 의하여 결정된다.

다음은 코크스(C)의 연소온도에 따른 1차·0차 연소반응시의 화학반응식을 나타낸 것이다.

㉠ 1,300℃ 이하에서의 1차 반응

$$4C + 3O_2 \rightarrow 2CO_2 + 2CO$$

㉡ 1,500℃ 이상에서의 0차 반응

$$3C + 2O_2 \rightarrow CO_2 + 2CO$$

코크스의 표면연소는 1차적으로 이산화탄소(CO_2)가 생기며, 높은 온도가 되면 일산화탄소(CO)의 생성비율이 증가하게 된다.

특히, 고체가연물질의 열전도율은 기체·액체가연물질에 비하여 크므로 열전달이 쉽게 일어난다.

고체가연물질인 코크스에 연소가 일어나면 흡착되어 있는 산소는 소비되고 새로운 공기 중에서 산소가 공급되지만 산소는 고체표면에 생긴 연소생성물의 층을 통하여 외부로 빠져 나가야 하므로 연소생성물에 따라 연소속도가 달라진다. 그러므로 표면연소 형태를 가지는 고체가연물질의 연소속도는 산소의 공급 및 고체가연물질의 표면적에 관계되므로 연소생성물이 발생되는 연소의 경우는 그 반응속도가 비교적 느리다.

③ 증발연소

유황·나프탈렌·승홍($HgCl_2$)·요도 등과 같은 고체가연물질을 가열하면 열분해를 일으키지 않고 그대로 증발하며, 증발된 증기가 연소하거나 먼저 융해된 액체가 기화하여 증기가 된 다음 연소한다.

고체가연물질의 증발연소는 액체가연물질의 증발연소 형태와 같다.

④ 자기연소

「위험물안전관리법시행령」 별표1의 제5류위험물인 질화면(나이트로셀룰로오스)·TNT(트라이나이트로톨루엔)·나이트로글리세린(다이너마이트의 원료) 등은 외부로부터 연소에 필요한 산소를 공급받지 않고 내부에 함유되어 있는 산소를 공급받아 연소하는 자기연소의 형태를 갖는다. 이와 같이, 가연물질 내부에 함유되어 있는 산소를 공급받아서 연소하므로 내부연소라고도 한다.

내부연소 형태를 가지는 「위험물안전관리법시행령」 별표1의 제5류위험물은 연소가 시작되면 내부에 함유되어 있는 산소의 공급이 신속하기 때문에 연소속도가 급격하게 진행되며, 대부분 폭발성을 지니고 있으므로 폭발성물질로 취급되고 있다. 특히, 질산에틸·나이트로글리세린은 상온에서 액체이지만 자기(내부)연소를 일으킨다.

다음의 표 2-14는 우리 주위의 중요한 고체가연물질의 인화온도(°C) 및 발화온도(°C)를, 표 2-15는 공기 중에서 기체가연물질의 최저발화온도(°C)를 나타낸 것이다.

다음의 표 2-15에서 보는 바와 같이 메탄계열의 포화탄화수소의 경우 탄소의 수가 증가함에 따라 최저발화온도(°C)가 낮아지며, 탄소의 수가 동일한 탄화수소의 경우 직선사슬을 가진 탄화수소에 비하여 가지를 가진 탄화수소의 최저발화온도(°C)가 낮아짐을 알 수 있다.

표 2-14 중요한 고체가연물질의 인화온도 및 발화온도

고체가연물질	인화온도(℃)	발화온도(℃)	고체가연물질	인화온도(℃)	발화온도(℃)
폴리염화비닐	391	454	황인	-	30
폴리스타이렌	345~360	490~495	유황	207.2	232.2
페놀수지	520~540	570~580	안식향산	121	570
실리콘수지	490~530	550~565	파라알데하이드	36	235
목재	260~300	400~450	비페닐	113	540
멜라민수지	480~500	620~640	무수프탈산	152	570
나프탈렌	79	526	레졸신	127	608
적린	-	260	스테아린산	196	395
장뇌	65.6	466	안트라센	121	540

표 2-15 공기 중에서 기체가연물질의 최저발화온도

기체가연물질	최저발화온도(℃)	기체가연물질	최저발화온도(℃)
메탄	537	프로필렌	455
에탄	472	톨루엔	480
프로판	432	사이클로헥산	245
n-부탄	287	메틸알코올	385
n-펜탄	260	에틸알코올	363
n-헥산	223	1-프로판올	412
n-헵탄	204	1-부탄올	343
n-옥탄	260	일산화탄소	609
아이소옥탄	415	수소	500
헥사데칸	202	산화에틸렌	429
아세틸렌	305	초산	463
에틸렌	450	폼알데하이드	424
벤젠	498	암모니아	651

다음의 표 2-16은 기체가연물질의 최대연소속도(cm/s)와 기체농도(V%)와의 관계를 나타낸 것이다.

표 2-16 기체가연물질의 최대연소속도(cm/s)와 기체농도(V%)

기체가연물질	최대연소속도(cm/s)	기체농도(V%)
2,2-다이메틸프로판	33.3	2.85
2-메틸프로판	34.9	3.48
2,2-다이메틸부탄	35.7	2.43
2,2,3-트라이메틸부탄	35.9	2.15
2,3-다이메틸부탄	36.3	2.45
메탄	37.0	9.98
부탄	37.9	3.52
펜탄	38.5	2.92
헥산	38.5	2.51
헵탄	38.6	2.26
2-메틸-1-프로펜	37.5	3.83
에탄	40.1	6.28
프로판	43.0	4.56
1-헥산	42.1	2.67
1-펜텐	42.6	3.07
2-메틸부탄	36.6	2.89
에틸렌	75.0	7.43
프로필렌	43.8	5.04
1-부텐	43.2	3.87
아세틸렌	154.0	9.80
프로필	69.9	5.86
벤젠	40.7	3.34
메틸알코올	55.0	12.40
일산화탄소	43.0	52.0
수소	291.2	43.0

3 연소의 특성

1 연소의 특징

(1) 연소반응의 메커니즘

가연물질이 점화원의 존재하에 공기 또는 산화제(산소를 공급하는 물질) 등으로부터 산소를 공급받아 연소반응을 일으키고 외부로 빛(화염이나 불꽃)과 열을 발생할 때 이것을 산화발열반응이라고 한다. 그러나 가연물질이 산소와 반응하기 위해서 외부로부터 계속적으로 열을 공급받는 경우 이것을 산화흡열반응이라고 하며, 일반적으로 가연물질의 산화발열반응과는 달리 반대방향(逆)으로 산화반응이 진행되기 때문에 연소반응이라 하지 않고 소화반응이라고 한다.

다음은 어떠한 가연물질이 공기 또는 산화제와 일정한 점화원 존재하에서 연속적인 산화반응을 일으키는 산화발열반응과 외부로부터 반응에 필요한 열을 연속적으로 공급받아 연소를 계속 진행하는 산화흡열반응을 설명한 것이다.

① 산화발열반응

$$\mathrm{C + O_2 \rightarrow CO_2} + Q\,\mathrm{kacl}$$

② 산화흡열반응

$$\mathrm{N_2 + 2O_2 \rightarrow 2NO_2} - Q\,\mathrm{kacl}$$

다음의 그림 2-7은 가연물질의 연소반응과정과 연소반응시 외부로 발생하는 반응열(연소열)을 나타낸 것이다.

그림 2-7에서 보는 것과 같이 연소는 일반적으로 가연물질이 연소반응이 일어날 정도의 활성화에너지(1)를 공급받아 활성화상태가 된 후에 연소하면서 에너지(2)를 방출한다. 이러한 과정에서 외부로 방출된 에너지(2)는 주위의 가연물질을 다시 활성화시키고 남은 양의 에너지는 연소열(Q)로서 축적 또는 발산하면서 연소가 계속된다.

이때의 연소반응속도는 아레니우스(Arrhenius)의 화학반응속도론에 의해 연소반응온도는 가속적으로 상승한다.

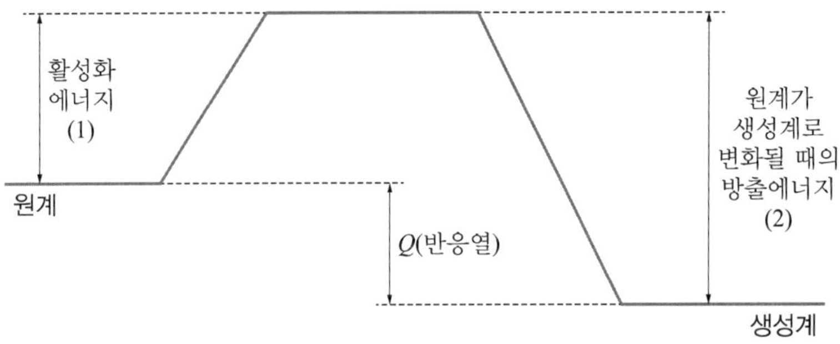

그림 2-7 가연물질의 연소반응과정과 반응열

2 연소온도

(1) 이론연소온도

가연물질이 연소할 때 가연물질의 저발열량에 의해서 이론적으로 결정되는 온도를 이론연소온도라 하며, 다음의 식에 의해서 산출된다.

$$t = \frac{H_l + Q}{G \times C}$$

여기서, H_l : 가연물질의 저발열량(kcal/kg)
Q : 가연물질 및 공기의 현열(kcal/kg)
G : 연소가스량(Nm^3/kg)
C : 연소가스의 평균 정압비열($kcal/Nm^3 \cdot °C$)
t : 이론연소온도(°C)
이다.

다음의 그림 2-8은 로진-펠링(Rösin-Fenling)의 이론연소 최고온도를 산출하는 J_t 선도를 나타낸 것이다.

로진-펠링의 J_t 선도에 의해서 결정되는 이론상 최고연소온도는 기체·액체 및 고체가연물질에 대해서 비교적 잘 맞는다.

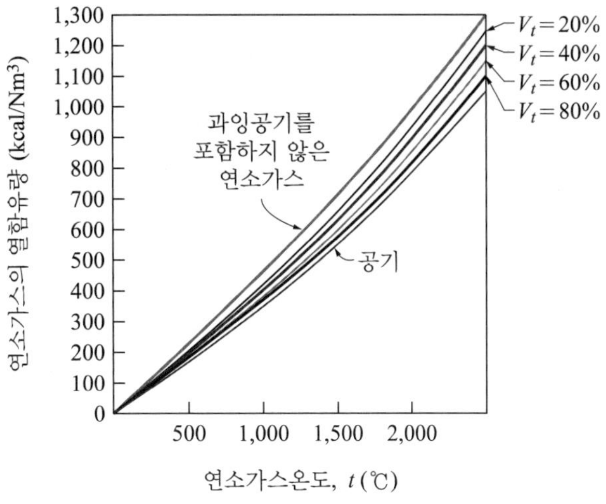

그림 2-8 연소가스의 J_t 선도

J_t 선도에 있어서 수평축은 연소가스의 온도를 의미하며, 수직측은 연소가스 1 Nm^3의 함유열량 J(kcal/Nm^3)이다. 또한, 원점(0점)에서 위쪽 방향으로 그러진 곡선은 연소가스 내의 공기량 $V_1 = (L - L_1)/G$를 퍼센트(%)의 수치를 나타낸 것이며, L는 가연물질 1 kg 또는 1 Nm^3의 연소에 필요한 실제공기량(Nm^3/kg, Nm^3/Nm^3)을 나타낸 것이다. 그리고 G는 연료 1 kg 또는 1 Nm^3을 연소하는 경우에 발생하는 실제의 연소가스량이며, 최하단의 선은 공기에 관한 것이다.

λ를 공기의 비라 하면 $L = \lambda L_1$이므로 이 J_t 선도를 사용하여 여러가지의 가연물질에 대하여 공기비 및 연소가스 1 Nm^3의 함유하는 열량을 알면 연소가스의 온도가 산출된다. 또한, 연소공기를 예열한 경우에는 아래의 선으로부터 공기의 함유량이 산출되고, 이것을 더하여 연소가스가 함유하는 전체의 열량을 구하면 된다.

(2) 화재실의 온도

가연물질이 연소하고 있을 때 연소실의 온도는 다음의 식에 의해서 산출된다.

$$t = \frac{\eta H_l + Q - Q_1}{G \times C}$$

여기서, η : 연소효율

H_l : 가연물질의 저발열량

Q : 가연물질 및 연소공기의 현열

Q_1 : 복사·전도·대류 등에 따르는 손실열
G : 가연물질의 중량
C : 가연물질의 평균 정압비열
이다.

가연물질이 연소하는 연소실(화재실)의 온도를 높이고 연소를 효율적으로 유지하기 위해서는 가연물질 및 연소용 공기의 현열(Q)을 크게 하고, 손실열(Q_1) 및 가연물질의 중량(G)을 작게 하여야 한다.

(3) 연소온도에 영향을 주는 인자(因子)

가연물질의 연소온도에 영향을 주는 인자에는 공기비, 산소의 농도, 연료의 저발열량, 연소가스량 등이 있다.

① 공기의 비(m)

공기의 비가 증가하면 산화염을 형성하여 발생하는 열량은 많아지나 연소가스량이 더욱 많아지므로 이론연소온도(t)는 낮아진다.

② 산소(O_2)농도

연소용으로 공급되고 있는 공기 중에 산소의 농도가 높아지면 연소가스량이 적어지므로 이론연소온도는 높아진다.

③ 연료의 저발열량(H_l)

발열량이 증가하려면 연료의 성분 중 탄소(C)·수소(H) 등의 연소물질이 많아지므로 연소하여 발생되는 연소가스량도 많아 이론연소온도에는 영향을 거의 미치지 않는다.

④ 연소가스량

연소가스량이 커지면 발열량과 공기비가 많아지므로 이론연소는 낮아진다.

(4) 연소용 공기량

가연물질을 연소시키기 위해서 사용되는 공기의 양에는 실제공기량, 이론공기량, 과잉공기량, 이론산소량, 공기비(m) 등이 있다.

① 실제공기량

가연물질을 실제로 연소시키기 위해서 사용되는 공기량으로서 이론공기량보다 그 값이 크다.

② 이론공기량

가연물질을 연소시키기 위해서 이론적으로 계산하여 산출한 공기량이다. 특히, 이론공기량은 실제공기량보다 적다.

③ 과잉공기량

가연물질을 완전연소시키기 위해서 사용된 실제공기량에서 이론적 계산에 의해서 산출된 공기량을 차감하여 얻은 공기량이다.

과잉공기량 = 실제공기량 − 이론공기량

④ 이론산소량

가연물질을 연소시키기 위해서 필요한 최소의 산소량이다. 특히, 이론산소량은 이론공기량 중의 산소의 양을 말하는 것으로 다음의 식에 의해서 산출된다.

$$\text{이론산소량} = \text{이론공기량} \times \frac{21}{100}$$

⑤ 공기비(m)

가연물질을 완전연소시키기 위해서 공급된 실제공기량을 이론공기량으로 나누어 얻은 비를 말하는 것으로 다음의 식에 의해서 산출된다.

$$\text{공기비}(m) = \frac{\text{실제공기량}}{\text{이론공기량}}$$

일반적으로 기체·액체·고체가연물질에 대한 공기비(m)는 다음과 같다.

㉠ 기체가연물질 : 1.1～1.3

㉡ 액체가연물질 : 1.2～1.4

㉢ 고체가연물질 : 1.4～2.0

(5) 연소용 공급공기

가연물질을 연소시키기 위해서 공급되는 공기는 1차공기와 2차공기로 구분된다.

① 1차공기

가연물질이 활성화에너지의 존재하에 최초로 연소를 일으키기 위해서 필요로 하는 공기를 1차공기라 한다.

② 2차공기

연소를 정상적으로 진행하기 위해서 외부로부터 공급되는 공기를 2차공기라 한다.

(6) 연소방정식

탄소(C)와 수소(H)로 구성된 탄화수소계 가연성가스에 대한 연소방정식은 일반적으로 다음과 같이 나타낼 수 있다.

$$C_mH_n + \left(m + \frac{n}{4}\right)O_2 \rightarrow mCO_2 + \frac{n}{2}H_2O$$

위의 식에서 보는 바와 같이 가연성가스인 C_mH_n을 완전히 연소시키면 이산화탄소(CO_2)와 물(H_2O, 수증기)이 발생된다. 그러나 공급되는 공기의 양이 부족하면 불완전연소하여 일산화탄소(CO)가 발생되며, 일산화탄소는 불완전연소물질이면서 가연성가스로서 사람 혈액 속의 헤모글로빈과 결합하여 산소의 공급을 방해 또는 질식사를 일으키므로 배기·환기에 세심한 주의가 필요하다. 그러므로 가스를 사용하는 가스순간온수기·가스난로·가스보일러 등을 설치할 경우에는 설치장소·설치방법 등을 준수하여야 한다.

특히, 일산화탄소(CO)와 사람의 혈액속에 들어 있는 헤모글로빈의 결합력은 산소보다 250배정도 강한 편이다.

① 탄화수소계 가연성가스의 완전연소식

㉠ 프로판(C_3H_8)

$$C_3H_8 + 5O_2 \rightarrow 3CO_2 + 4H_2O + 530\ \text{kcal}$$

㉡ 부탄(C_4H_{10})

$$C_4H_{10} + 6.5O_2 \rightarrow 4CO_2 + 5H_2O + 700\ \text{kcal}$$

㉢ 메탄(CH_4)

$$CH_4 + 2O_2 \rightarrow CO_2 + 2H_2O + 213\ \text{kcal}$$

앞의 연소방정식에서 보는 바와 같이 액화천연가스의 주성분인 메탄이 연소할 때에는 2몰의 산소가 필요하지만 프로판은 5몰, 부탄은 6.5몰로서 메탄에 비하여 2~3배의 산소가 필요한 것을 알 수 있다. 이것을 공기로 환산하면 메탄은 9.5(2÷0.21)배, 프로판은 24(5÷0.21)배 및 부탄은 31(6.5÷0.21)배 공기가 필요함을 알 수 있다. 또한, 앞의 연소방정식에서의 경우에서 보는 바와 같이, 이론적으로 필요한 공기량을 이론공기량이라 하며, 실제로 가연물질(가연성가스)을 연소시키기 위해서는 더 많은 양의 공기가 필요하므로 이것을 실제공기량이라 한다.

이론공기량·실제공기량 및 과잉공기량에 대해서는 앞의 '(4) 연소용 공기량'을 참조하기 바란다.

다음의 표 2-17은 가연성가스의 종류별 이론공기량(Nm^3/Nm^3, Nm^3/kg)을 나타낸 것이다.

표 2-17 가연성가스의 종류별 이론공기량

가연성가스의 명칭	분자량	이론공기량	
		Nm^3/Nm^3	Nm^3/kg
메탄	16.043	9.524	13.304
에탄	30.070	16.667	12.421
프로판	44.097	23.810	12.100
부탄	58.124	30.953	11.934
펜탄	72.151	38.096	11.833
에틸렌	28.054	14.286	11.412
프로필렌	42.081	21.429	11.412
부텐	56.108	28.572	11.412
펜텐	70.135	36.715	11.731
아세틸렌	26.038	11.905	10.246

3 연소속도

(1) 연소속도의 개요

연소는 가연물질의 산화발열반응으로서 고체·액체가연물질과 공기와의 접촉산화 및 기체가연물질과 공기와의 접촉으로 인한 혼합산화가 높은 온도의 분위기 속에서 이루어지는 과정이다.

가연물질의 연소속도와 연소과정의 관계를 알아보면 다음과 같다.

고체·액체가연물질과 기체가연물질인 가스층에 공기가 공급되어 접촉되면 연소가 시작되어 연소생성물을 생성하고, 생성된 연소생성물 중에 불연성물질인 질소(N_2)·수증기

(H_2O)·이산화탄소(CO_2) 등의 농도가 높아져서 산소가 가연물질에 공급되는 것을 방해 또는 억제시킴으로써 연소속도가 감소된다. 그러므로 가연물질의 연소속도는 다음과 같은 사항에 영향을 받는다.

① 산화반응을 일으키는 속도
② 발생된 열이 퍼져나가는 열의 일산속도
③ 새로운 산소가 연소가스층과 교체되어 가연물질과 접촉하는 속도
④ 액체가연물질인 경우 액면의 하강속도 및 증기의 증발속도

그러므로 가연물질의 연소속도는 위의 4가지 인자 중 어느 쪽의 반응속도가 빠른가에 의해서 정해진다.

일반적으로 연소속도는 연소실 내에서 연소가 정상적으로 진행되고 있는 경우 화학적인 산화반응이 일어나는 속도가 크므로 공기 중의 산소가 가연물질과 접촉하는 속도를 연소속도로 결정하는 경우가 많다.

(2) 연소속도에 영향을 주는 연소불꽃

가연물질의 연소시에 발생하는 불꽃(화염)은 공기 중의 산소·산화제 등으로부터 충분한 산소의 공급에 의한 산화염(불꽃)과 불충분한 산소의 공급에 의한 환원염(불꽃)으로 크게 구분된다.

① 산화염(불꽃)

산소의 공급이 충분하기 때문에 완전연소할 경우에 많이 발생하는 불꽃으로서 발열량이 크며, 불꽃의 색상도 휘백색으로서 연소온도도 높다. 그러므로 열의 일산속도가 크므로 가연물질의 연소속도를 빠르게 한다.

② 환원염(불꽃)

산소의 공급이 불충분하기 때문에 화재실(연소실)의 심부(深部) 또는 불완전연소시에 많이 발생되는 불꽃으로서 발열량이 적으며, 불꽃의 색상도 암적색으로서 연소온도가 낮다.

그러므로 열의 일산속도가 작으며, 가연물질의 연소속도를 느리게 한다.

(3) 반응속도에 영향을 주는 인자

① 온도

㉠ 온도가 높아질수록 반응속도가 상승한다(흡열반응·발열반응에 관계없이 상승한

다).

㉡ 온도가 10°C 높아지면 반응속도는 약 2배가 상승한다.

② 압력

기체일 경우 압력을 증가시키면 단위부피 중의 입자수가 증가하므로 기체의 농도가 증가하여 반응속도가 상승한다.

③ 촉매

촉매는 자기자신은 변화하지 않고 반응속도를 변화시키는 물질로서 정촉매와 부촉매로 구분된다.

㉠ 정촉매 : 활성화에너지를 낮추어 반응속도를 빠르게 한다.

㉡ 부촉매 : 활성화에너지를 높여 반응속도를 느리게 한다.

④ 농도

반응속도는 반응하는 물질들의 몰농도의 곱에 비례한다.

$$aA + bB \underset{V_2}{\overset{V_1}{\rightleftarrows}} cC + dD \text{에서 } V_1 = K_1[A]^a[B]^b,\ V_2 = K_2[C]^c[D]^d \text{이다.}$$

⑤ 반응물질의 성질

㉠ 물질의 이온사이의 반응속도는 빠르다.

㉡ 공유결합 화합물질의 반응속도는 느리다.

㉢ 반응하는 물질이 많으면 충돌할 가능성이 적어 반응속도는 느리다.

4 연소상의 문제점

(1) 연소상태

① 완전연소

기체·액체가연물질 및 고체가연물질이 완전연소하기 위해서는 공기 중의 산소 또는 산화제 등으로부터 충분한 양의 산소(O_2)가 공급되어야 한다.

가연물질의 종류별 상태·분자량·구성원소·분자구조·함유수분 등에 따라 필요한 산소의 양이 다르며, 연소시의 기상조건·연소방법 등에 의해서도 공급되는 산소의 양이 달라진다.

특히, 가연물질이 완전연소하기 위해서는 이론공기량보다 많은 실제공기량 및 실제 산소량이 요구되고 있으며, 고체가연물질의 완전연소에 필요한 산소의 양은 액체·기체가연물질에 비하여 많다.

가연물질이 완전연소할 때에는 가연물질을 구성하는 주성분인 탄소·수소·산소 등에 의해 이산화탄소(CO_2)·수증기(H_2O)가 많이 발생되고, 유독성가스인 일산화탄소(CO)의 발생은 극히 미약한 편이다.

특히, 상온에서 기체상태로 존재하는 기체가연물질은 대부분 완전연소한다.

② 불완전연소

가연물질로부터 열분해되어 나온 열분해가스 또는 증발된 가연성가스 등과 같은 가연성분이 산화반응을 완전히 완료하지 않으므로 일산화탄소(CO)·그을음 등이 생기는 연소상태를 불완전연소라 한다.

불완전연소가 이루어지는 원인으로서는 공급되는 공기의 양이 부족할 때, 연소생성물의 배기가 불량할 때 및 공급되는 가연물질의 양이 많을 때 등이 있다.

가연물질의 연소시 불완전연소를 하면 유독성가스인 일산화탄소(CO)·그을음(매연) 등이 많이 방출되기 때문에 공급하는 공기의 조절, 연소 폐가스의 배출 등에 주의하여야 한다.

③ 정상연소

가연물질의 연소시 충분한 공기의 공급이 이루어지고 연소시의 기상조건이 양호할 때에는 정상적인 연소가 이루어지므로 화재의 위험성이 적으며, 연소상의 문제점이 발생되지 않고 연소장치·기기 및 기구에서의 열효율도 높다.

④ 비정상연소

가연물질의 연소시 공기의 공급이 불충분하거나 기상조건이 좋지 않아 정상적으로 연소가 이루어지지 않고 이상현상이 발생되므로 화재의 위험성이 많으며, 연소상의 문제점이 많이 발생함으로써 연료를 취급·사용하는 연소장치·기기 및 기구의 안전관리에 주의가 요구된다.

다음의 그림 2-9는 가연물질의 정상연소시와 비정상연소시의 연소불꽃의 상태를 나타낸 것이다.

그림 2-9 연소불꽃의 상태

(2) 연소의 이상현상

가연물질의 연소시에 나타나는 이상현상에는 리프트(리프팅), 백파이어 및 블로오프가 있다.

① 리프트(lift) 또는 리프팅(lifting)

연소기구인 버너에서 가연물질이 연소할 때 혼합기의 유출속도가 연소속도보다 크게 되면 불꽃(화염)이 버너의 노즐에 정착되지 않고, 떨어져서 연소하는 이상 연소현상이다.

특히, 이러한 경우 최초의 점화 때에는 버너의 노즐에 완전한 점화를 할 수 없다.

이러한 연소의 이상현상을 리프트 또는 리프팅이라고 한다. 또한, 버너의 노즐에서 리프팅 현상이 일어나는 원인은 노즐의 축소, 공급하는 가연물질의 과대, 1차공기량 등이 너무 많은 데 있다.

리프트(리프팅) 현상이 발생되면 연소하는 불꽃이 사라지지 않더라도 연소가 완전히 되지 않으므로 일산화탄소가 발생되기 때문에 충분히 주의하여 점검·수리를 하여야 한다.

② 황염(yellow tip)

분젠식 버너에서 1차공기가 부족하면 내부 노즐의 선단에 적황색 부분이 늘어나는 데 이것은 공기부족에 의한 불완전연소의 전형적인 예이다.

③ 백파이어(back-fire)

대부분 기체가연물질인 가스를 연소시킬 때 발생되는 이상연소현상으로서 연소 중에 버너의 노즐에서 혼합기류의 분출되는 속도가 연소속도보다 늦어짐으로 인하여 연소불꽃이 버너의 내부로 진입하는 데 양이 많으면 폭음을 동반한다. 이러한 이상연소현상을 역화(逆火) 또는 플래시백(flash-back)이라고도 한다.

백파이어가 발생하는 원인으로서는 혼합가스량의 과소, 노즐의 부식(노즐구멍의 확대), 버너의 과열 등이 있다. 이와 같이 이상연소인 경우는 정상연소일 때와는 달리 일산화탄소(CO)가 많이 방출되기 때문에 충분히 주의하여 점검·수리하여야 한다.

④ 블로오프(blow-off)

가연물질의 연소시 연소불꽃의 주위 또는 불꽃의 기저부(최하단 부분)에 대한 공기의 유동(움직임)이 강해지면 연소불꽃이 버너의 노즐에 정착하지 않고 떨어지게 되어 결국 사라져버리는 현상을 블로오프라 한다. 또한, 블로오프는 다른 요인에 의한 것이므로 리프트와 구별된다.

5 연소와 연기

(1) 연기의 개요

화재에 의한 인명피해는 열에 의한 소사(燒死) 보다는 가연물질의 연소로 인하여 발생된 연기에 의한 질식사(窒息死)가 많다.

고체가연물질인 목재의 연소인 경우 제1단계에서는 열반응 가스·증기 등 열분해에 의한 생성물을 발생시키면서 연소하고 연소과정에서 생성되는 물질로서 가열온도 150~350°C에서 이산화탄소(CO_2)·일산화탄소(CO) 등, 350~432°C에서는 수소(H_2)·아세틸렌(C_2H_2) 등이 성분으로서 포함된다는 것은 제2장의 2의 [2] 고체가연물질의 연소형태에서도 설명한 바 있다.

기체가연물질의 연소에 있어서도 액체·고체상태의 연소생성물이 발생하는 데 예를 들면, 탄소함유량이 많은 가연물질이 산소가 부족한 상태에서 연소할 경우에는 다량의 탄소입자가 생성된다.

이와 같이, 고체·기체가연물질이 연소될 경우 생성되는 연소생성물 중에 고체나 기체의 작은 입자가 들어 있을 때 온도에 의해서 작은 입자를 육안으로 볼 수 있는 상태가 되는 데 이것을 이른바 연기라고 한다.

화재분야에서의 연기는 거의 탄수화물 등의 유기화합물이고, 연소조건에 따라서 다르지만 공기 중에 많은 양의 연소생성가스, 연소하지 아니한 탄화수소·수적(水滴)·타르적(tar滴) 등의 응축생성물을 부유시킨다. 이러한 경우 공기 중에 안정하게 부유하는 조건을 고려하여 고체·액체상태의 입자직경이 0.01 μm에서 수십 μm의 것을 연기라고 부르고 있다.

연기라고 하는 것은 위에서 설명한 것과 같이 어느 의미에서 막연한 상태의 것이지만, 이것을 양적으로 취급할 경우가 자주 일어난다. 그러하기 때문에 연기를 여러가지의 연소생성물이 함유된 큰 집합체로서 다루게 되고, 양적으로 취급하기 위한 연기농도(감광계수)의 표시방법이 필요하게 된다.

특히, 단위부피당에 존재하는 작은 입자 등을 하나의 장소에 모으면 어느 정도의 용적·중량·개수가 되느냐 하는 표현방법으로서 중량농도와 개수농도라고 하는 기본적인 연기의 농도 산출방법이 된다.

또한, 연기의 농도(감광계수)와 가시거리(m)의 관계에 대해서는 '제3장 2의 1 연기의 행위'를 참고하기 바란다.

가연물질의 연소생성물인 연기는 이산화탄소(CO_2)·수증기(H_2O) 외에 불완전연소생성물인 일산화탄소(CO)·질소산화물(NO_x)·황산화물(SO_x)·인산화물(PO_x) 등의 유독성가스를 포함하고 있으므로 화재시 사람들에게 질식사·실명·호흡장애, 인지능력감소 등의 피해를 크게 주기 때문에 방재대책상 중요한 문제가 되고 있다.

(2) 연기의 성분

우리의 주위에는 많은 가연물질이 있으며, 이러한 가연물질은 연소할 때 가연물질을 구성하는 주성분·부성분에 의해서 여러가지의 연소생성물인 연기를 발생하고 있다.

다음의 표 2-18은 가연물질인 섬유류·합성수지·나무·종이 등이 연소할 경우에 발생되는 연기내의 연소생성물의 성분을 나타낸 것이다.

Ⅰ **표 2-18** 가연물질의 연소시 연소생성물의 성분

가연물질	연소생성물의 성분
양모 · 고무 · 목재류	아황산가스(SO_2)
셀룰로오스질산염 · 암모니아질산염	이산화질소(NO_2)
석탄 · 코크스	일산화탄소(CO)
멜라민수지 · 요소수지	암모니아(NH_3)
폴리스타이렌(스티로폼)	벤젠(C_6H_6)
양모 · 고무 · 피혁	황화수소(H_2S)
석유제품 · 유지 · 비닐론	아크롤레인(C_2H_3CHO)
명주 · 양모 · 우레탄	사이안화수소(HCN)
나무 · 나일론 · 페놀수지	알데하이드(R-CHO)
천연가스 · 석유류	카본블랙(C)
탄소성분이 함유되어 있는 물질	일산화탄소 · 이산화탄소
폴리염화비닐(PVC)수지	염화수소(HCl)

Chapter

3 불과 연기의 행위 및 특성

1 불(火)의 행위 및 특성

1 불의 행위

(1) 불의 특징

불은 연소의 3요소인 가연물질·점화원 및 산소공급원이 화학반응인 연소반응을 일으킬 때 발생되는 빛 또는 화염을 말하는 것으로서, 인류가 지구상에 존재하면서 최초로 사용되어 온 자연으로부터 얻은 신비의 선물이다.

불은 인류가 사회생활을 영위하기 위해서는 무엇보다 중요한 에너지원인 동시에 우리의 식생활에 없어서는 아니 되는 열원으로서 그 사용용도는 이루 말할 수 없이 다양하며, 취급·사용하는 사람들에 따라 유용하게 이용되기도 하나 인적·물적재해를 가져와 인류에게 공포의 분위기를 조성하기도 한다.

현재에 와서는 불을 과학적 방법으로 사용함으로써 예기치 못하였던 원자력의 개발과 항공·우주산업의 발전을 이룩하게까지 하였으며, 공업분야에 다양하게 이용됨으로써 그 위력 및 행위는 다른 물질에 비하여 지대하다 하겠다.

특히, 불은 인류사회에 유익하게 이용되기도 하나 때에 따라서는 악마로 변신하여 사람을 사상(사망 또는 부상)케 하며, 많은 재산의 손실을 초래하게 함으로써 불이 인류사회에 미치는 영향을 이루 말할 수 없다 하겠다. 또한, 불은 직접적으로는 인명의 안전을 위협하고 죽음에까지 이르게 하며, 간접적으로는 정신적인 동요를 일으켜 재해시 사람의 행동을 패닉(panic)상태로 빠지게 하여 결과적으로 피난행동을 방해하게 한다.

2 불의 특성

(1) 건축물화재의 특성

발화의 원인은 첫번째 담배를 피우다 버린 담배꽁초이지만 화재에 이르기까지는 반드시 가연물질인 종이·섬유류(커튼·침구·의복 등)·내장재료 등의 연소물이 필요하다. 이러한 연소물질에 점화원인 열원이나 화기가 접촉하여 연소하면서 불을 발생하며, 이러한 불의 성장시 실(室)의 온도와 시간과의 관계를 나타내면 다음의 그림 3-1과 같다.

건축물의 실내에서 화재가 발생할 때 특히, 중요한 점은 플래시-오버(flash-over)현상이다.

이것은 실내에 수납되어 있는 가연물질이 연소에 의해서 온도를 상승시키고 많은 양의 가연성가스를 발생하는 연기를 생성시키며, 어느 정도 시간이 경과하게 되면 그 실내의 온도상승에 의해 일시에 가연물질이 연소를 하여 화재의 진행을 순간적으로 건축물실내 전체에 확산시키는 현상이 일어나게 된다.

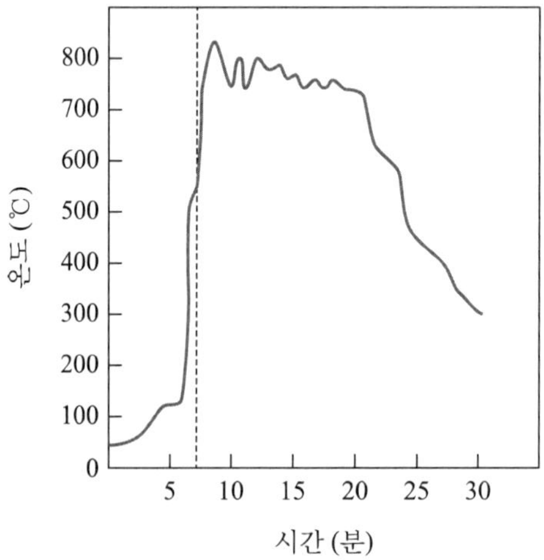

그림 3-1 불의 성상과 실내온도의 변화

건축물실내 화재에서의 경우 플래시-오버(FO)가 발생하는 시점의 실내온도는 실내의 가연물질에 다라서 다르지만 대체적으로 800～900°C가 된다.

건축물에서의 피난행동은 반드시 플래시-오버 이전에 완료하지 않으면 아니 되지만 층에서의 화재의 발견 또는 통보가 늦어져 피난시기를 상실하게 되면 생각지 못하는 무서운 결과를 초래하게 된다.

3 산불의 행위 및 특성

(1) 산불의 개요

산불이 발생하는 중요원인은 화산의 폭발·낙뢰(번개) 그 밖의 기상조건에서 오는 이상기후에 의한 자연발화 등 자연적인 원인도 있으나 화전민의 개간산업, 어린이들이 불장난, 등산객의 화기취급·사용시의 부주의 등에 의한 인위적(人爲的)인 원인이 대부분으로, 산불화재 사건의 건수나 피해액으로 보아도 외국에 비하여 산불화재가 많은 비중을 차지하고 있는 것이 우리나라의 실정이다.

(2) 산불의 발생원인

① 가옥화재시 산으로의 비화(飛火)
② 숯가마의 굴뚝에서 나오는 불티
③ 산에서 어린이들의 호기심에 의한 불장난
④ 등산객이 버린 담뱃불·성냥불 등에 의한 발화
⑤ 전기기관차에서 튀어나오는 불티
⑥ 산에서의 잔화(殘火)처리 미숙
⑦ 조림·개간·벌초예정지 등에서 불의 취급부주의에 의한 비화(飛火)

(3) 산불의 형태

산불은 발생형태에 따라 지표화·지중화·수관화 및 수간화 형태의 산불로 구분된다.

① 지표화(地表火) 형태

산림의 지면에 떨어져 있는 낙엽(落葉)·낙지(落枝)·관목(灌木) 등이 연소하는 형태의 산불로서 불티가 날아가 지간화(地幹火)·수간화(樹幹火)로 확대될 위험이 있다.

② 지중화(地中火) 형태

위도가 높은 지방에서 자주 발생되는 산불의 형태로서 지면아래에 있는 석탄층·갈탄층·아탄층 등의 유기물질이 연소하는 것을 말한다.

③ 수관화(樹冠火) 형태

산림의 표면, 즉 나뭇가지 부분부터 연소되는 것을 말하며, 그 피해는 막심하다.

④ 수간화(樹幹火) 형태

수목의 중심인 나무기둥 부분이 연소하는 것을 말하며, 대체로 지표화로 인하여 발생하지만 때때로 낙뢰(번개)에 의해서도 발생된다.

(4) 산불의 위치를 판단하는 방법

① 시계도(視界圖)·평면도(平面圖)의 데생에 의한 방법
② 횡단면도(横斷面圖)와 고·저각에 의해서 구하는 방법
③ 2개이상의 감시소로부터의 방위각의 교차점에 의한 방법
④ 파노라나 횡단측정
⑤ 사진촬영

(5) 산불의 특성

산에 불이 발생되면 새로 나무를 심어 조림한 산림지역이나 한창 성장기(成長期)에 있는 작은 나무 또는 갓 심어 놓은 치목(稚木) 등에 막대한 피해를 입히는가 하면 한번 산불이 발생한 지역에는 나무의 종자가 거의 전멸하거나 피해를 입은 나무는 이용할 수 없게 되며, 산불로 인한 직접적인 영향을 받지 않았다고 하여도 근접한 산림지역의 나무들을 점차 고사(枯死)하게 한다.

특히, 산불은 습도가 높고 바람이 없는 여름보다 습도가 낮고 바람이 강한 겨울철에 많이 발생된다. 또한, 겨울철에 발생하는 산불은 화세가 강하여 소화하기가 어렵고, 강한 바람에 의해 급속히 확대되어 이웃하여 있는 주택에까지 피해를 주는 경우가 있으므로 산불로 인한 인적·물적피해는 이루 말할 수 없다 하겠다.

2 연기(煙氣)의 행위 및 특성

1 연기의 행위

(1) 연기의 특징

연기는 가연물질이 온도가 낮고 공기의 공급이 불충분한 장소에서 연소하는 경우 많이 발생하며, 이러한 장소에는 발생하는 연소생성물인 연기속에는 인체에 유해한 유독성가스가 많이 함유되어 있다. 또한, 낮은 온도에서 가연물질이 연소할 때에 발생되는 연기에는 연소되지 아니한 미립자가 함유되어 있어 농도가 짙으며, 낮은 온도하의 연소에서는 연소가스가 냉각되기 쉬우므로 액적(液滴)입자로 되기 쉽다.

특히, 가연물질의 연소시에 공급되는 공기의 양이 부족하면 불완전연소하여 일산화탄소·이산화탄소·수증기 외에 식초산·개미산·폼알데하이드·메탄·메틸알코올 등의 액체물질이 생성되며, 이러한 물질이 열분해하여 탄소입자를 다량으로 생성함으로써 연기의 농도가 짙고 검게 보인다.

긴축물에 실치된 개구부의 면적이 적거나 설치되어 있다 하더라도 개구부로서 정상적으로 기능을 발휘하지 못하는 경우 연소생성물인 연기는 건축물의 내부에 갇혀있기 때문에 자유롭게 대기속으로 확산하지 못하여 주로 인체에 해를 끼치게 된다.

건축물의 화재시에 발생하는 연기는 화재실에서 복도·계단전실(부실)·계단 또는 덕트를 통하여 상층으로 올라가 건축물내부에 확산되며, 공기가 유통할 정도의 틈만 있으면 어느 장소든지 스며들어 건축물내부의 구석구석까지 스며들게 된다.

출화점에서 발생한 화재실의 연기는 부력을 얻어 천장면에 이르게 되어 바닥면의 열기류에 의하여 사방으로 확산하여 두꺼운 층을 형성하면서 실내에 가득차게 되고, 창문이나 그 밖의 개구부를 통하여 빠져나가게 된다.

건축물의 실내가 플래시-오버(FO)에 이르면 가연물질의 급격한 연소로 인하여 다량의 가스가 방출되고 온도가 상승하게 된다. 따라서, 연기는 열팽창되어 더욱 큰 압력으로 확산된다. 이러한 화재시의 연기는 건축물내의 사람들에게 피난을 저해하는 중요한 요인이 된다.

화재시의 연기는 피난하려는 사람에게 시각적인 장애와 의식불명 또는 질식 등 생리적인 치명상을 주게 된다.

연기로 인한 시각적인 장애는 주로 연기속의 주성분인 탄소입자로 인하여 광선이 차단되어 피난유도표지나 출입구를 찾기 어렵게 되는 한편 연기로 인한 눈의 기능장애도 일으키게 된다. 또한, 연기에 의한 사람의 시각장애는 연기의 농도에 의해서 좌우되며, 감광계수(C)로 표시한 연기의 농도와 가시거리(m)는 반비례의 관계를 가지게 된다.

일반적으로 사람들의 피난에 지장을 주게 되는 가시거리의 한계치를 연기의 농도로 환산하면 다음의 표 3-1과 같다.

표 3-1 연기의 농도(감광계수)와 가시거리

감광계수(C)	가시거리(m)	상태
0.1	20～30	연기감지기가 작동할 정도의 연기농도
0.3	5～10	건물내부에 익숙한 사람이 피난에 저장을 느낄 정도의 연기농도
0.5	3～4	어둠침침한 것을 느낄 정도의 연기농도
1.0	1～2	거의 앞이 보이지 않을 정도의 연기농도
10	0.2～0.5	화재최성기 때의 연기농도, 유도등이 보이지 않을 정도의 연기농도
30		출화실(出火室)에서 연기가 분출될 때의 연기농도

위의 표 3-1에서 보는 것과 같이 건축물내부에 익숙하지 못한 사람인 경우 연기의 농도(감광계수)가 0.1이하, 건축물내부에 익숙한 사람인 경우 연기의 농도(감광계수)가 0.3이하가 되면 사람이 피난하는 데 지장이 없다.

화재시 건물내부의 연기로 인한 의식불명 또는 질식은 사람의 생리적인 기능장애로서, 그 대표적인 것은 연기속의 유해성분인 일산화탄소(CO)가스로 인한 중독증상과 산소의 호흡량 부족으로 인한 근육의 활동이나 정신활동의 저하로서 움직일 수 없거나 의식이 몽롱한 결과를 가져오게 된다.

특히, 석유화학공업의 발달에 의해서 생산되는 합성수지 · 고무류 등에는 탄소 · 수소 및 탄소 외에 유독성분인 황 · 인 · 질소 등이 함유되어 있으므로 연소시에는 이산화탄소(CO_2) · 일산화탄소(CO) · 수증기(H_2O) 외에 아황산가스(SO_2) · 질소산화물(NO_x) · 인산화물(PO_x) 등이 함유된 연기가 발생되며, 유독성가스인 아황산 · 인산화물 · 질소산화물 등은 사람을 질식사하게 하거나 생체리듬을 파괴하여 질병을 유발시키는 행위를 한다.

또한, 사람들은 화재시 심리적으로 연기를 봄으로써 공포에 떨거나 광란상태로 되어 비정상적인 행동을 하는 경우도 있다.

2 연기의 특성

(1) 연기의 일반적 성상

연기란 가연물질·내장재료 등이 가열에 의해 열분해를 일으켜서 외부로 방출시키는 열분해 생성물이며, 연기의 입자와 가스로 분류된다.

건축물에서의 경우 피난계획상 연기가 사람들이 피난행동을 저해하는 요인이 되고, 연기입자는 사람들의 눈으로 볼 수 있는 시야(視野)를 저하시켜서 피난행동 및 소화활동을 현저하게 저하시킨다. 또한, 연기속에 함유되어 있는 일산화탄소(CO)·포스겐($COCl_2$) 등의 유독성가스는 앞의 '연기의 행위'에서 설명한 것과 같이 사람의 생명을 위협한다.

이러한 연기속의 유독성가스 외에 연기를 봄으로써 화재의 발생을 인지하게 되어 정신적으로 긴장 또는 패닉(panic)상태에 빠지게 하여 2차적인 재해를 발생시키는 원인도 되고 있다.

최근에 축조되고 있는 내화건축물에서는 합성수지인 플라스틱계의 재료가 많이 사용되어 난연처리를 한 재료는 연소 그 자체는 억제되고 있지만, 많은 양의 연기입자 및 유독성가스를 발생한다. 그러므로 건축물의 피난계획에 있어서는 연기의 발생억제 또는 안전구획으로 연기의 유동확산의 제어가 중요시 되고 있다.

(2) 피난계획상 유의하여야 할 연기의 성상

① 가연물질의 연소시에 생성되는 연기입자의 크기는 0.01 μm～수십 μm 정도로서 공기보다 대부분 가볍기 때문에 상층부로 확산되지 않도록 층마다 방화문을 설치한다.

② 연기는 자기자신이 열에너지에 의해 유동확산하여 수평방향으로 0.5～10 m/s, 수직방향으로 2～3 m/s의 속도로 이동한다.

③ 연기의 유동확산은 벽과 천장을 따라 진행하며, 계단·덕트 등의 샤프트(竪穴)가 있으면 급속히 상층으로 이동하여 상층계를 오염시키지만 실내에 있어서의 연기농도는 상층으로부터 점차적으로 아래층으로 충만되는 것이 보통이다. 그리고 다음의 그림 3-2는 위층으로부터의 연기가 아래층으로 전달되는 현상을 나타낸 것이다.

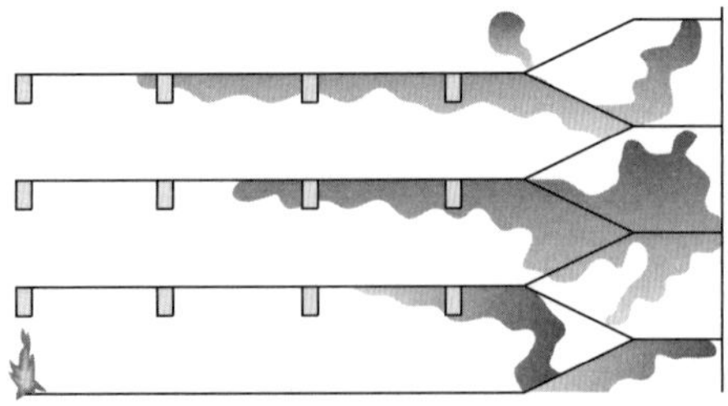

그림 3-2 연기의 전달현상

(3) 연소생성물의 성상

가연물질을 구성하는 주성분 및 부성분에 의해 연소시에 발생하는 연소생성물에는 일산화탄소·이산화탄소·아황산가스·암모니아·아크롤레인·사이안화수소·불화수소·염화수소·취화수소·알데하이드·포스겐·일산화질소·이산화질소·벤젠 등이 있다.

① 일산화탄소(CO)

탄화수소·셀룰로오스로 구성된 가연물질인 종이·나무·석탄·석유류·고무류 등이 불완전연소할 때 발생되는 유독성가스로서 독성의 허용농도는 50 ppm(mg/m^3)이다. 또한, 일산화탄소는 무취·무미의 환원성이 강한 가스로서 상온에서 염소와 작용하여 유독성가스인 포스겐($COCl_2$)을 생성하기도 하며, 인체내의 헤모글로빈과 결합하여 산소의 운반기능을 약화시켜 질식케 한다.

다음은 일산화탄소가 상온에서 염소와 반응하여 포스겐가스를 발생시키는 화학반응식을 나타낸 것이다.

$$CO + Cl_2 \rightarrow COCl_2$$

다음의 표 3-2는 일산화탄소의 공기 중에서의 농도에 따른 흡입시간과 중독증상에 대하여 설명한 것이다.

표 3-2 일산화탄소의 공기 중에서의 농도에 따른 흡입시간과 중독증상

공기 중의 농도(%)	흡입시간과 중독증상
0.02	2~3시간이면 앞머리 부분에 가벼운 두통증상을 느낀다.
0.04	1~2시간이면 앞머리에 통증·구토증세가 나타나고, 2.5~3.5시간이면 뒷머리에 통증을 느낀다.
0.08	45분이면 두통·현기증·구토증·경련이 일어나고, 24시간이면 실신한다.
0.16	20분이면 두통·현기증·구토 등이 일어나고, 2시간이면 사망한다.
0.32	5~10분이면 두통·현기증이 일어나고, 30분이면 사망한다.
0.64	1~2분이면 두통·현기증이 일어나고, 15~30분이면 사망한다.
1.28	1~3분이면 사망한다.

② 이산화탄소(CO_2)

탄화수소·셀룰로오스로 구성된 가연물질인 종이·나무·석탄·석유류·고무류 등이 완전연소할 때 발생하는 연소생성물로서 독성의 허용농도는 5,000 ppm(mg/m^3)이다. 또한, 이산화탄소는 무색·무미의 기체로서 비중이 공기보다 무거우며, 불연성이고 지연성(조연성)도 없다.

이산화탄소의 독성은 일산화탄소의 독성에 비하여 1/100정도 된다.

③ 아황산가스(SO_2)

유황이 함유되어 있는 물질인 중질유·동물의 털·고무 등이 연소할 때 발생되는 연소생성물로서 유독성이 있어 호흡하면 질식사 할 우려가 있다. 특히, 아황산가스는 유황이 연소할 때 많이 생성되므로 유황을 연소시켜 황산을 제조하는 공장에서의 호흡을 방지하여야 한다.

특히, 유황은 무색의 자극성 냄새를 가진 유독성기체로서 공기보다 약 2.5배 무겁다.

④ 암모니아(NH_3)

열경화성수지인 멜라민수지·요소수지·나일론 등이 연소할 때 발생되는 연소생성물로서 유독성이 있으며, 상온·상압에서 강한 자극성을 가진 무색의 기체로서 물에 잘 용해한다.

특히, 비료공업·냉매공업분야에 많이 사용되고 있으므로 이러한 공장에서는 암모니아(NH_3)를 흡입하지 않도록 주의하여야 한다.

⑤ 아크롤레인(C_2H_3-CHO)

석유제품·유지류 등이 연소할 때 발생되는 연소생성물로서 유독성이 있어 독성가스로 취급되고 있으며, 10 ppm(mg/m^3)이상이 될 경우 사람을 치사시킨다.

⑥ 사이안화수소(HCN)

질소성분을 가지고 있는 합성수지, 동물의 털(毛), 인조견 등의 섬유가 연소할 때 발생되는 연소생성물로서 독성이 강하여 유독성가스로 취급하고 있다.

⑦ 불화수소(HF)

합성수지인 불소수지가 연소할 때 발생되는 연소생성물로서 무색의 자극성 있는 기체이며, 유독성이 강하여 독성가스로 취급되고 있다.

특히, 모래·유리를 부식시키는 성질이 있으며, 독성의 허용농도는 3 ppm(mg/m^3)이다.

⑧ 염화수소(HCl)

염소성분이 함유되어 있는 염화비닐수지, 건축물에 설치된 전선의 피복체가 연소할 때 발생되는 연소생성물로서 유독성이 있어 독성가스로 취급하고 있다.

특히, 염화수소는 물에 녹아 염산이 되는 것으로 독성의 허용농도는 5 ppm(mg/m^3)이다.

또한, 염화수소는 향료·염료·의약·농약 등의 제조에 이용되고 있으며, 부식성이 강하여 철근콘크리트내의 철근을 녹슬게 하여 건축물의 붕괴를 일으킬 우려가 있다.

⑨ 취화수소(HBr)

방염수지류 등이 연소할 때 발생되는 연소생성물로서 유독성이 있어 독성가스로 취급되고 있으며, 독성의 허용농도는 5 ppm(mg/m^3)이다.

상온·상압에서 무색의 자극성을 가지는 기체로서 물에 잘 용해한다.

⑩ 알데하이드(R-CHO)

나일론·폴리에스테르섬유, 페놀수지·나무 등이 연소할 때 생성되는 연소생성물로서 유독성이 있다.

⑪ 포스겐($COCl_2$)

열가소성수지인 폴리염화비닐(PVC)수지류 등이 연소할 때 발생되는 연소생성물로서 발생량은 그리 많지 않다.

특히, 포스겐가스는 유독성이 큰 맹독성가스로서, 독성의 허용농도는 0.1 ppm(mg/m^3)이다. 또한, 포스겐가스는 앞에서도 설명한 것과 같이 상온·상압하에서 일산화탄소와 염소가 반응하여 생성하기도 한다.

⑫ 일산화질소(NO)

질소성분이 함유되어 있는 폴리우레탄·질산셀룰로오스(셀룰로이드) 등이 불완전연소할 때 발생되는 연소생성물로서 유독성이 있어 독성가스로 취급되고 있다.

특히, 일산화질소의 성상은 이산화질소(NO_2)의 성상에 준한다.

⑬ 이산화질소(NO_2)

질소성분이 함유되어 있는 폴리우레탄·질산셀룰로오스(셀룰로이드) 등이 완전연소할 때 발생되는 연소생성물로서 유독성이 강하여 작은 양의 기체를 흡입하여도 단시간내에 인체에 치명적이다. 또한, 이산화질소는 질산암모늄·질산염류 등의 화재시에도 발생되며, 질산을 가열하여도 발생되므로 이산화질소의 흡입방지에 주의하여야 한다.

⑭ 벤젠(C_6H_6)

폴리스타이렌인 스티로폼과 같이 벤젠기가 함유되어 있는 가연물질이 연소할 때 발생되는 연소생성물로서 유독성이 강하여 독성가스로 취급되고 있으며, 독성의 허용농도는 25 ppm(mg/m^3)이다.

특히, 벤젠은 공기 중에 2%정도 함유되어 있을 경우 5~10분내에 사망할 정도의 위험이 있으며, 2,000 ppm(mg/m^3)이상에서는 급성중독을 일으킨다. 또한, 액체에 접촉하면 피부에서도 흡수하므로 맨손으로 접촉하는 것을 피하여야 한다.

3 산소(O_2)농도 저하로 인한 영향

(1) 산소의 특징 및 인체에 미치는 영향

화재시 가연물질의 연소로 인하여 공급되는 산소의 양이 부족함에 따라 산소의 농도가 저하됨으로써 안전한 장소로 피난 또는 대피하지 못한 사람은 인체에 많은 영향을 받게 된다.

다음의 표 3-3은 산소농도 저하시 농도에 따른 인체에 대한 영향을 설명한 것이다.

▎**표 3-3** 산소농도 저하시 인체에 대한 영향(증상)

산소의 농도(%)	증상
21	정상
18이하	산소결핍
16~12	맥박이나 호흡수의 증가, 정신집중에 노력이 요구된다. 또한, 세밀한 근육작동이 잘 되지 않는다.
14~9	판단력이 저하되며, 흥분상태 및 불안정한 정신상태가 나타난다. 또한, 취한 상태, 체온상승 치아노제(Zyanose), 자기상태를 느낄 수 없고 당시의 기억을 할 수 없는 기억상실증 현상이 발생된다.
10~6	의식불명 · 중추신경장애 · 경련 · 치아노제 현상이 발생된다.
6이하	혼수 → 호흡이 느려짐 → 호흡정지 → 6~8분 후에 심장정지

Chapter

4 물질의 화재위험

1 가연물질의 화재위험

1 가연물질의 화재특성

(1) 고체가연물질의 화재특성

화재는 거대한 연소현상으로서 인류가 사회생활을 영위하는 데 필요로 하지 아니하는 재해를 가져다주는 해로운 불(유익하지 아니한 거대한 연소현상)이므로 소화할 필요성이 있는 가연물질의 연소행위이다.

화재를 수반하기 위해서 가장 중요한 것은 계속적으로 많은 열과 빛을 외부로 발생시키는 발열반응의 가연물질이 필요하며, 이들의 가연물질은 대부분 상온에서 고체상태로 존재하고 있다.

고체가연물질이 화재를 일으키기 위해서는 연소의 3요소 또는 4요소가 함께 존재하여야 하며, 이들의 요소 중 1가지이상의 요소가 변화 또는 제거된다면 더 이상의 연소현상을 유지할 수 없게 되어 결국에는 자기 스스로 소화된다.

고체가연물질이 화재를 일으키는 형태는 크게 다음과 같이 분류된다.

- 가연물질이 화염이나 고온의 물체에 의해서 가열될 때
- 가연물질에 화염이나 고온의 물체가 접착될 때
- 가연물질에 화염의 분말이나 불티와 같은 작은 화원이 접착될 때

고체가연물질인 나무·종이·플라스틱·섬유·고무류 등에 의한 화재를 앞에서도 설명한 바와 같이 일반화재 또는 보통(A급)화재라 하며, 모든 화재 중 가장 빈번하게 발생되므로 식별하기 편리하도록 백색(흰색)으로 표시하고 있다. 또한, 건축물 화재 역시 건축기술 및 재료가 발전되기 전에는 목재를 사용한 건축물이 많아 건축물에 화재가 발생되면 빠른 시간내에 전소하는 화재특성인 단기고온의 형태를 나타내는 것이 대부분이었다. 이러한 목조건축물의 단기고온형태의 화재특성은 불에 연소되기 쉬운 목재(나무)로 축조되었기 때문이라 생각된다.

일반화재를 일으키는 가연물질에는 수많은 종류의 가연물질이 존재하고 있으나 일반적으로 많이 사용되는 목재·종이·합성수지(plastics)·섬유·고무류 등에 대해 그 특성을 설명하고자 한다.

① 목재(나무)

목재는 과학문명이 발달되기 전까지 건축물로부터 일반적으로 사용하는 일상생활용품까지 모든 요소마다 중요한 역할을 해왔으며, 인류의 의식주에 있어서 가장 소중한 것으로서 인간과 친밀한 관계를 유지하여 왔다. 이러한 목재(나무)는 사용하는 용도에 따라 그 형태가 원형에서부터 다각형에 이르기까지 다양하며, 크기 역시 크고 작은 여러가지의 모양으로 사용되어 왔으므로 화재시 연소하는 데 다소(多少)의 차이는 있을지라도 금속에 비하여 화재의 위험성이 대단히 높은 편이다.

목재의 이러한 물리적 형태나 성상은 목재가 연소하는 데 필요한 요소로서 발화의 용이도(容易度)와 소진율(燒盡率)에 많은 영향을 준다. 그러므로 목재의 형태가 원형인 통나무에 비하여 사각형인 대들보나 기둥이 화재시 쉽게 연소·발화하거나 연소하는 것은 사각형의 대들보·기둥이 원형의 통나무에 비해 산소와 접촉할 수 있는 비표면적이 넓기 때문이다. 또한, 굵고 둥근 목재가 얇고 조각 난 목재 또는 대팻밥·톱밥 등에 비하여 발화 및 연소시간이 많이 요구되는 현상도 산소와 접촉할 수 있는 목재의 비표면적의 크기에 관계되고 있다 하겠다.

특히, 목재가 화재시 쉽게 연소되는 데 소요되는 시간인 소진율에 따라 목재의 선택이 중요시되고 있으며, 소진율을 증가시키기 위하여 목재에 화염 및 열에 견디는 내열성이 높은 재료를 부착하거나 난연성을 증가시키기 위해 방염제(방염도료 또는 방염

액)를 도포(도장)하여 사용하기도 한다. 또한, 목재는 구리·은·철과 같은 금속에 비하여 열전도율이 낮아 열의 축적이 용이하므로 화재시 쉽게 연소하는 단점이 있다.

목재를 구성하는 성분은 주성분과 부성분으로 구분되고 있으며, 주성분인 탄소(C)·수소(H)·산소(O)가 연속적인 연소를 일으켜 화재를 가져오게 하고 있다.

또한, 부성분으로 목재내에 함유되어 있는 질소(N)·인(P)·황(S)은 목재의 화재시 인체에 해로운 유독성가스인 연소생성물을 생성케하므로 화재시에 발생되는 연소생성물 및 연기를 흡입하지 않도록 주의하여야 한다.

그러나 목재가 연소하기 위해서는 목재내에 함유되어 있는 수분의 양에 따라 목재의 소진율이 다르다. 예컨대, 수분이 많이 함유되어 있는 생나무와 수분이 전혀 함유되지 않은 나무(말라죽은 나무 또는 잘 건조된 나무)가 동일한 조건하에서 연소를 한다면 수분이 많이 함유된 생나무의 소진율이 크다는 것은 목재(나무)내에 함유되어 있는 수분이 목재의 연소에 얼마나 많은 영향을 주고 있는가를 쉽게 알 수 있다.

또한, 목재내에 어느 정도의 수분을 함유하여야만 연속적인 연소의 연쇄반응을 일으키므로 목재의 종류 및 형태에 따라 목재의 함유수분량이 다르다. 그리고 목재의 함유수분이 15%를 초과하게 되면 발화원이 아무리 존재한다 하더라도 쉽게 연소하지 않고 목재내부에 함유되어 있는 수분이 연소한계 수분함유량 이하가 될 때까지 지연된다. 그 후 수부이 일정량이상 증발되면 목재의 연소는 계속되므로 50%이상의 수분을 함유한 목재라도 이미 연소되고 있는 목재로부터 활성화에너지를 공급받게 되므로 연소는 계속 진행된다.

목재의 연소특성은 목재가 수분을 함유하고 있으므로 점화원을 공급하는 불꽃에 짧은 시간 접촉하는 것보다는 열원을 오랫동안 공급하는 것이 좋으며, 어느 경우에는 발화점이상의 열원을 공급하더라도 쉽게 연소하지 않는 경우도 있다.

특히, 목재를 발화점이상으로 가열하면 목재는 열원(점화원)에 의해 수증기를 발생시킨 다음 열분해가 일어나면서 탄화과정을 거쳐 발화한다. 이 과정에서 연소의 3요소인 산소와 점화원이 충분히 공급된다면 이산화탄소(CO_2)·수증기(H_2O)가 발생되나 이들의 공급이 불충분하게 되면 유독성가스인 일산화탄소(CO)·수증기가 발생된다.

다음의 표 4-1은 목재를 발화점이상으로 가열할 경우 온도에 따른 열분해과정의 특성을 나타낸 것이다.

표 4-1 목재의 가열온도에 따른 열분해과정의 특성

목재의 가열온도(℃)	목재의 열분해과정의 특성
100～200	수증기·개미산(폼산)·아세트산(초산) 등이 발생된다.
200～300	수증기(발생되는 수분)의 발생이 감소되며, 연소생성물인 일산화탄소가 발생되기 시작한다.
300～500	서서히 목재가 분해하여 가연성가스를 발생시키며, 연소의 발열반응이 진행되기 시작한다.
500이상	목재의 연소반응이 정상적으로 진행된다(연소생성물로서는 이산화탄소·수증기·일산화탄소 등이 있다).

② 종이

종이는 문화와 문명이 발전할수록 그 사용량이 증대되며, 사용하는 용도에 따라 여러 가지의 종이가 개발되어 사용되고 있다.

종이는 제조하는 공정·재료·사용용도·저장성 등에 따라 그 형태와 성상이 다르나 목재에 비하여 화재를 일으킬 위험성이 크며, 화재발생시 빠른 시간내에 연소하므로 화재예방상 안전관리가 중요한 과제라 하겠다. 그러므로 종이조각(종이류)을 「소방기본법시행령」 별표2에서 특수가연물로 규정하여 저장·취급 및 사용에 최선을 다하도록 하고 있다.

종이류는 산소와 접촉할 수 있는 비표면적이 다른 가연물질에 비하여 크며, 적은 활성화에너지에 의해서도 화재를 일으킬 위험성이 높으므로 점화원이 되는 열원이나 화기와의 접촉에 주의하여야 한다. 또한, 종이조각이나 지분(종이분진)은 작은 착화원에 의해서도 화재를 발생시킬 위험이 있으므로 각 시설 및 장치에 일정한 양 이상의 종이분진(지분)이 함유되지 않게 하여야 하며, 충분한 물을 분사하거나 공기 중의 수분의 양을 조절하여 정전기로 인한 화재예방에 최선을 다하여야 한다.

③ 합성수지(plastics)

합성수지는 석유화학공업의 발달로 인하여 개발되어 인류사회에 많은 도움을 주고 있는 제품 및 재료로서 그 종류는 이루 말할 수 없다 하겠다. 또한, 합성수지는 석유화학공업의 세분화·계열화 등에 힘입어 인간의 의식주에 주로 사용될 수 있도록 그 제품의 성능(품질)·수명·강도·색상 등이 다양화 되고 있으며, 이들의 특성에 적합하도록 합성수지의 합성·가공과정에서 충전제·안정제·착색제·보강제·가소제 등을 첨가하여 제조하고 있다.

합성수지는 제조·합성 및 가공공정에 첨가되는 여러가지의 첨가제 등에 의해 물리적·화학적성질을 갖게 된다. 그러므로 석유화학공업에 의해서 생산되는 합성수지는 대부분 열에 약하며, 연소성이 있는 가연물질이지만 이들을 구성하는 성분의 원자배열·구조, 연결쇄의 길이, 분자량의 크기 등에 의해 화재에 대한 저항력이 상승되기도 한다.

플라스틱은 그 자체를 구성하는 성분·첨가제 등이 많아 이들 제품·재료에 대한 발화점 역시 다양하며, 화재시 연소특성도 여러가지의 형태로 보여주고 있으나 대부분의 플라스틱은 분해연소를 하면서 많은 유독성가스를 발생하므로 특히 화재시 신속하고도 정확한 대피 및 피난방법이 강구되어야 할 것으로 본다.

합성수지는 그 자체를 구성하는 원자의 종류 및 수량·배열상태·용융점·분해온도 등에 의해 화재시에 발생하는 연기의 양이 많고 적으며, 외부로 발생하는 열량 역시 일정하지 않으므로 각각의 합성수지의 특성을 이해하여 화재발생시 적절한 안전대책을 수립하기란 용이하지 않다 하겠다.

합성수지는 화재시 연소하는 특성에 따라 열가소성수지(thermo plastics)와 열경화성수지(thermosetting plastics)로 크게 구분되고 있다.

특히, 화재시 열에 의해서 발포되는 플라스틱은 다른 형태의 합성수지에 비해 화재시 가혹성이 큰 편이다.

폴리염화비닐(PVC)·폴리에틸렌(PE)은 열가소성수지로서 화재시 열에 의해 쉽게 용해하며, 용해시 중합상태의 고분자의 고리가 깨어지면서 인화성의 액체가연물의 화재특성을 보여주므로 위험하다.

열경화성수지에는 페놀수지(석탄산수지)·규소수지·멜라민수지·요소수지 등이 있으며, 열가소성수지에는 폴리염화비닐(PVC)수지·폴리에틸렌(PE)수지·폴리스타이렌(PS)수지·폴리프로필렌(PP)수지 등이 있다.

④ 섬유

섬유는 인류의 의식주에 있어서 없어서는 아니되는 중요한 것으로서 인류가 지구상에 태어났을 때부터 밀접한 관계를 맺어 왔다.

섬유는 추운 겨울 인간의 신체보호를 위해서 어떠한 물질보다 중요한 역할을 하여 왔으며, 식품으로부터 건축자재에까지 널리 사용되고 있다. 예를 들면, 우주과학분야인 인공위성(로켓)내부의 원료로도 사용되고 있으며, 인류가 사회생활에 필요한 식료품·의복·건축자재 및 의학정밀기기 등 여러분야에도 다양하게 자리잡고 있다. 이러한 섬유는 나무·목화·누에고치·동식물 등의 천연(天然)으로부터 얻어지는 천연섬유와 석탄·석유화학공업 등의 발달로 인하여 얻어지는 합성섬유로 크게 구분되고 있다.

이러한 천연섬유·합성섬유 등은 섬유를 구성하는 원료의 성분, 구조, 화학적·물리적특성에 따라 그 자신이 장·단점을 가지고 있어 이러한 특성을 필요로하는 분야에 적합하게 사용되고 있다.

천연섬유·합성섬유를 구성하는 성분은 대부분 탄소(C)·수소(H)·산소(O) 등으로 되어 있으며, 화재발생시 연소성이 높아 「소방기본법시행령」 별표2에서 특수가연물로 규정하고 있다. 예를 들면, 천연섬유인 면은 그 구성요소가 식물성이어서 담뱃불·성냥불 등과 같이 작은 열원이 공급되더라도 빠른 시간내에 연소되며, 연소과정에서 특유한 연소특성을 보여줌으로써 연소생성물에 의한 인체의 질식이 우려되고 있다.

다음은 자연으로부터 얻어지는 천연(자연)섬유와 석탄·석유화학공업의 발달에 의해서 부수적으로 얻어지는 합성섬유의 특성에 대해서 설명한 것이다.

㉠ 천연섬유

천연섬유는 면·견직물과 같이 자연의 식물체로부터 얻을 수 있는 식물성섬유와 동물의 가죽·털(毛)로부터 얻을 수 있는 동물성섬유로 구분된다.

- 식물성섬유
  식물성섬유의 대표적인 것에는 면·견직물 등이 있으며, 이들은 나무와 같은 식물성물질의 셀룰로오스로부터 얻어지므로 화재시 빠른 시간내에 연소하여 연소생성물인 이산화탄소(CO_2)·일산화탄소(CO)·수증기(H_2O) 등을 발생한다. 또한, 식물성섬유는 화재시 합성섬유처럼 용융하거나 용해하지 않고 완전히 타서 없어지는 연소특성을 가지고 있다.

- 동물성섬유
  동물성섬유는 식물성섬유와는 달리 동물의 가죽·털(毛) 등에 의해서 얻어지며, 주성분은 단백질로 되어 있으므로 면·견직물 등의 화재에 비하여 연소속도가 느리다. 또, 연소에 필요한 발화점도 식물성섬유에 비하여 높은 편이다.
  특히, 식물성섬유인 면의 발화점은 380~420°C이지만 동물성섬유인 양의 털로부터 얻어지는 양모(羊毛)의 발화점은 550°C이상이 된다.

㉡ 합성섬유

합성섬유는 석탄·석유화학공업 등의 발달로 인하여 수많은 종류의 섬유가 개발되어 사용됨으로써 인류의 의식주에 많은 변화를 가져오게 하였으며, 인류의 의식주 문화의 향상을 이룩하게 하였다. 그러나 합성섬유는 식물성·동물성섬유와는 달리 여러가지의 성분이 화학적으로 합성되어 제조되었으므로 화재시 인체에 해로운 유독성가스를 발생시킴으로써 인체의 질식사를 초래하게 된다.

합성수지에는 비닐론·나일론·비스코스레이온·데드론 등의 섬유가 있으며, 이들 중에는 자연에서 얻어지는 셀룰로오스를 주체로 하여 화학적으로 변형시켜 제조된 것도 있으나 대부분 새로운 합성공법에 의해서 제조되고 있으므로 화재시 천연섬유의 연소특성이 아닌 특수한 연소특성을 보여주고 있다. 특히, 합성섬유의 연소특성은 연소하기전에 용융 또는 용해한다.

다음의 표 4-2는 합성섬유와 합성섬유의 제조에 사용되는 합성수지(plastics)류에 대한 화재시의 연소특성을 설명한 것이다.

표 4-2 합성섬유 및 합성수지류의 화재시 연소특성

구분		화재시의 연소특성
합성섬유	폴리에스테르	연소가 빠르며, 256～330°C에서 용해한다. 또한, 발화점은 450～485°C이다.
	나일론	연소가 빠르며, 용융한 다음 연소한다. 용융점은 160～260°C이며, 발화점은 425°C이상이다.
	비스코스레이온	식물성섬유의 연소특성과 유사하게 연소한다.
합성수지	아크릴수지	연소시 용융한다. 용융점은 235～330°C이며, 발화점은 560°C이다.
	아세테이트수지	불꽃에 접촉되면 용융하기도 하며, 용융하여 연소도 한다. 발화점은 475°C이다.
	올레핀수지	연소속도가 느리며, 용융하여 연소한다. 발화점은 570°C이다.
	불화탄소계수지	연소가 계속되지 않으나 용융점은 327°C이상이며, 발화점은 600°C 이상이다.
	페놀수지	용융하지 않고 연소한다.
	고무(합성)	용융하지 않고 연소한다.

다음의 표 4-3은 합성수지·합성섬유 등의 인화온도(°C)와 발화온도(°C)를 나타낸 것이다.

▎표 4-3 합성수지·합성섬유 등의 인화온도·발화온도

합성수지·합성섬유 및 원료명	인화온도(℃)	발화온도(℃)
아크릴로나이트릴 스타이렌	366	454
폴리스타이렌(발포제)	346	491
폴리스타이렌(입상)	296	491
폴리스타이렌	345~360	488~496
폴리염화비닐리덴	532	532
염화초산비닐	320~340	435~557
폴리염화비닐	391	454
폴리에틸렌	341	349
사불화에틸렌	-	530
폴리프로필렌	-	570
메틸공중합물	329	485
폴리메타크릴산메틸	280~300	450~462
아크릴(섬유)	-	560
질산셀룰로오스	141	141
초산셀룰로오스	305	475
폴리아마이드(나일론)	421	424
나일론66(섬유)	-	532
페놀수지(유리섬유적층)	520~540	571~580
멜라민수지(유리섬유적층)	475~500	623~645
폴리에스텔수지(유리섬유적층)	346~399	483~488
실리콘수지(유리섬유적층)	490~527	550~564
경질폴리우레탄	310	416

⑤ 고무

석유화학공업·자동차공업의 발달로 인하여 천연적으로 얻어지는 천연고무로부터 합성고무에 이르기까지 수많은 종류의 고무류 제품이 생산되고 있다.

고무는 천연고무, 합성고무 모두 탄소·수소가 주성분으로 되어 있으며, 분자량 역시 거대하므로 화재시 연소하면 거대한 화염과 유독성가스를 발생함으로써 인체에 미치는 영향은 이루 말할 수 없다.

고무의 발화점은 다른 물질에 비하여 높으나 한번 연소를 시작하면 고분자물질이기 때문에 이로 인한 화재는 소화하기 힘들므로 고무류를 저장·취급 및 사용장소에서의 화기 및 열원의 취급·사용은 제한 또는 규제되어야 하며, 화재시 발생되는 연기속에는 유독성가스인 이산화황(SO_2)·이산화질소(NO_2)·일산화탄소(CO)·오산화인(P_2O_5),

연소생성물인 매연 등이 함유되어 있기 때문에 특별한 피난대책이 수립되어야 한다.

㉠ **천연고무**

천연고무의 주성분은 아이소프렌이 중합된 고분자물질이기 때문에 다른 고체가연물질에 비하여 화재발생시 거대한 연소현장을 일으킨다.

천연고무는 대부분 동남아시아의 인도네시아 · 말레이시아 · 실론 · 인도 · 파키스탄 등지에서 천연라텍스로부터 얻어진다.

㉡ **합성고무**

합성고무는 천연고무에 비하여 내유성 · 내화성 · 내마모성을 향상시킨 고무로서 독일에서 처음으로 개발되었으나 그 후 미국이 개발에 참여하여 생산시설을 확충함으로써 천연고무보다 그 사용량이 기하급수적으로 증가되고 있다.

또한, 합성고무에는 SBR · NBR · BR · IR · CR · IIR · 하이팔론 · 우레탄고무 등이 있다.

- 스타이렌 – 부타다이엔 고무(SBR)

  부타다이엔(C_4H_6)과 스타이렌(C_6H_5-C_2H_3)의 공중합체로서 전체 합성고무 소비량의 80% 정도이다.

  SBR는 내후성 · 내마모성 · 내유성 · 내노화성 등은 천연고무보다 좋으나 탄력성은 약간 떨어지며, 신발창, 각종 기정용 기구의 고무부품 및 자동차 타이어에 사용되고 있다.

- 아크릴로나이트릴 – 부타다이엔 고무(NBR)

  부타다이엔과 아크릴로나이트릴의 공중합체로서 일반적으로 나이트릴고무라 한다.

  NBR는 비교적 오래된 고무로서 내유성과 내열성을 이용하는 용도에 많이 사용되는 고무이다.

- 부타다이엔 고무(BR)

  1930년경 독일에서 처음으로 제조되기 시작한 합성고무로서 고무의 원료인 부타다이엔을 금속나트륨을 촉매로 하여 중합시켜 제조한다.

  BR는 내마모성이 우수하고 반발탄력성이 크다. 또한, 내한성 · 내노화성이 우수하여 자동차의 스노타이어용으로 많이 사용된다.

- 아이소프렌 고무(IR)

  천연고무의 성분과 동일하게 화학적으로 합성하여 제조된 고무이기 때문에 주성분이 아이소프렌으로 되어있다.

  IR는 다른 고무에 비해 신장률 · 경도 · 탄력성이 좋으며, 발열이 적어 실용적으로 사용되고 있다.

- 클로로프렌 고무(CR)

  부타다이엔과 염소를 공중합시켜 제조된 고무로서 내후성 · 내오존성 · 내열노화성 · 내유성 · 내약품성 · 접착성이 우수하여 전선용 · 접착제용 · 건축용 · 공업용 등으로 다양하게 사용되고 있다.

- **부틸 고무(IIR)**
  아이소부틸렌과 소량의 아이소프렌을 영하 100°C의 저온에서 공중합시켜 제조된 고무로서 분자의 불포화도가 낮고 자연적 내후성이 좋아 전선피복, 공업용품, 고무인 포 등의 용도에 사용되고 있다.
- **하이팔론(hypalon)**
  폴리에틸렌에 염소 및 아황산가스를 도입시켜 제조된 고무로서 내후성·내오존성·내약품성·내산화성이 좋아 타이어의 백색사이드 월, 옥외용 도료 등으로 사용된다.
- **우레탄 고무**
  폴리에스테르 또는 폴리에테르가 아이소사이아네이트와 반응하여 생성된 고무상 탄성체를 말한다.
  우레탄 고무는 기계적성질, 내노화성·내오존성·내유성·내용제성 등이 좋으나 열에는 약하며, 내수성·내습성도 나쁜 편이다. 또한, 우레탄 고무는 공업용 롤러류, 벨트, 타이펫, 솔리트 타이어용으로 사용된다.

(2) 액체가연물의 화재특성

액체가연물질이란 상온·상압(1기압)하에서 액체상태로 존재하고 있는 「위험물안전관리법시행령」 별표1의 위험물 중 제4류위험물인 인화성액체를 말한다. 이들의 인화성 액체가연물질은 대부분 화재를 일으킬 위험성을 내포하고 있기 때문에 저장·취급 및 사용시설장소에 대한 안전관리가 대단히 중요하며, 이러한 인화성액체를 「위험물안전관리법시행령」 별표1에서 규정하는 양(지정수량)이상을 저장·취급할 때에는 위험물안전관리자를 선임하여 화재예방에 최선을 다하여야 한다.

액체가연물질은 온도와 압력이 상승하게 되면 저장탱크·용기로부터 증발된 증기가 공기 중에서 일정한 연소범위(폭발범위)를 형성하여 점화원(열원 및 화기)과 접촉하여 화재를 일으키므로 인화성증기의 증발을 억제시켜야 하며, 인화성액체의 표면으로부터 발생된 증기가 공기 중에 일정량이상이 부유되지 않도록 환기·통풍시설관리에 만전을 기하여야 한다.

인화성액체로부터 증발되는 증기는 공기보다 무거우므로 실내에 있어서는 실내 바닥에 체류할 위험성이 있어 실내를 통행하는 사람은 점화원인 정전기·전기불꽃 등이 발생하지 않도록 전기기기·기구 및 조명기구 등의 안전관리에 주의하여야 한다. 특히, 인화성액체로부터 발생되는 증기는 인화성액체의 인화점·발화점·연소범위 등이 서로 다르지만 압력·온도가 상승하게 되면 인화점·발화점이 낮아지며, 연소범위가 확대되어 화재의 위험성이 증대된다.

예를 들면, 상온에서 액체인 에틸알코올의 연소범위는 공기 중에서 3.3～19.0V%(용량%)이므로 폭발한계(연소범위) 하한계 값인 3.3용량%이상, 상한계 값인 19.0용량%이하의 에탄이 공기 중에 존재하고 점화원이 접촉되었을 때 비로서 에탄의 증기가 연소할 수 있다. 만일, 공기 중에 에틸알코올의 증기가 3.3용량%미만, 19.0용량%를 초과하여 존재할 경우 점화원이 있다 하더라도 에탄은 연소를 하지 못하기 때문에 화재를 일으킬 우려가 없다. 그러므로 액체가연물질의 연소는 연소범위와 밀접한 관계가 있으며, 액체가연물질에 불꽃을 가까이 하였을 때 인화(引火)되는 인화점은 연소범위의 하한계 값에 해당된다.

액체가연물질의 증기가 연소하는 연소범위는 공기 중에서보다 순수한 산소에서가 더 넓다.

다음의 표 4-4는 상온·상압에서 액체상태인 중요한 인화성액체의 인화점·발화점·연소범위·비중·증기밀도·비점·융점을 나타낸 것이다.

표 4-4 중요한 인화성액체의 물성(특성)

인화성액체명	인화점 (℃)	발화점 (℃)	연소한계(V%)		비중 (물=1)	증기밀도 (공기=1)	비점 (℃)	융점 (℃)
			하한	상한				
아세트알데하이드	−39	175	4.0	60.0	0.8	1.5	20.2	−123.5
아세톤	−20	465	2.1	13.0	0.8	2.0	56.2	−94.8
에틸알코올	13	363	3.3	19.0	0.8	1.6	78.3	−144.5
에틸에테르	−45	160	1.9	36.0	0.7	2.6	34.5	−116.3
옥탄	13	206	1.0	6.5	0.7	3.9	125.7	−56.8
휘발유	−39	257.2	1.4	7.4	0.8	3～4	37.8	-
아세트산	39	46.3	4.0	19.9	1.0	2.1	118.1	16.6
스타이렌	32	490	1.1	6.1	0.9	3.6	145.2	−30.6
톨루엔	4	480	1.2	7.1	0.9	3.1	110.6	−95.9

인화성 액체가연물질 중 수용성인 알코올·에테르·에스테르·케톤류 등으로 인하여 화재가 발생하였을 때에는 연소중인 수용성가연물질의 농도를 연소농도 이하로 묽게 희석하여 주면 즉시 소화된다. 또한, 수용성가연물질의 화재시에는 수용성가연물질에 용해하지 아니하는 알코올형포소화약제에 의한 질식소화가 효과적이며, 다량의 물에 의한 냉각 및 희석소화도 적합하다. 수용성가연물질로 사용되는 용제류에 대해서는 "**부록 2**"를 참조하기 바란다.

수용성가연물질은 탄소·수소·산소로 구성되어 있으며, 탄소의 수에 비하여 수소의 수가 상당히 많으므로 연소현상을 일으키더라도 육안으로 식별하기 어려우며, 화재시 화재의 진행속도가 다른 액체가연물질에 비하여 빠르므로 신속한 소화방법이 강구되어야 한다.

화재를 일으킬 위험성이 있는 액체가연물질에는 휘발유·아세톤·메틸알코올·에틸알코올·등유·경유·클레오소드유·동식물유 등이 있다.

① 휘발유($C_5H_{12} \sim C_9H_{20}$)

원유정제과정에서 얻어지는 탄소수가 5개이상 9개이하가 되는 액체로서 비점이 37.8°C이며, 인화점이 영하 39°C로 낮기 때문에 화재를 일으킬 위험성이 크다.

휘발유는 물에 용해하지 않으나 유기용제에는 잘 용해되며, 발생된 증기는 공기보다 무거워 낮은 장소에 체류하기 때문에 작은 점화원만 존재하여도 화재를 일으킬 위험성이 크므로 안전관리에 최선을 다하여야 한다. 또한, 휘발유는 비전도성물질로서 전기를 흐르지 않게 하므로 이들을 취급·저장 및 사용하는 과정에서 정전기가 발생되어 축적되기 쉽기 때문에 정전기예방에 주의하여야 한다.

휘발유를 저장하는 저장용기는 액체의 누출 및 증기의 누설을 방지하고, 차고 건조한 장소로서 통풍이 양호한 위치에 저장하여야 한다. 또한, 실내에 저장하는 경우에는 누설증기가 실내에 체류하지 않도록 방폭구조로 된 환풍시설을 하여 화재가 발생하지 않도록 하여야 한다.

② 아세톤(CH_3COCH_3)

휘발성이 있으며, 무색의 자극성액체로서 비점이 56.2°C이다. 또한, 인화점이 영하 20°C이며, 발화점이 465°C로서 수용성가연물질이기 때문에 물·알코올·에테르·클로로폼($CHCl_3$)에 잘 용해된다. 그리고 유기물질을 용해시키는 유기용제로도 사용된다.

아세톤은 상온에서도 인화성증기를 발생하기 때문에 작은 점화원만 존재하여도 화재를 일으킬 위험이 있다. 특히, 공기 또는 햇빛과 접촉하면 폭발성의 괴산화물을 생성하기도 하므로 사용후에는 반드시 밀전하여 보관하여야 한다.

아세톤도 가연성액체로서 증기를 발생하므로 화재를 일으킬 위험성이 크기 때문에 방폭구조로 된 환풍시설이 되어 있는 장소에 저장하여야 한다.

③ 메틸알코올(CH_3OH)

메틸알코올은 비점이 64°C이며, 인화점이 11°C정도로서 모든 알코올 중에서 가장 낮기 때문에 작은 점하원만 존재하여도 화재를 일으킬 위험성이 크다. 또한, 탄소수에 비하여 수소의 수가 많으므로 화재가 발생되면 짧은 시간에 실전체로 급속하게 확대될 우려가 있으며, 연소불꽃도 사람의 눈으로 파악하기 어렵기 때문에 화재가 발생되지 않도록 안전관리가 필요한 액체가연물질이다.

다음의 표 4-5는 우리의 일상생활에서 많이 사용되고 있는 메틸알코올·프로필알코올·부틸알코올 및 아밀알코올의 이화학적 물성을 나타낸 것이다.

표 4-5에서 보는 바와 같이 알코올에 함유되어 있는 탄소의 수가 많을수록 폭발범위(공기 중에서)의 하한계 값이 낮아진다.

표 4-5 일상생활에서 많이 사용되고 있는 알코올류(에틸알코올 제외)

알코올명	인화점 (℃)	발화점 (℃)	비중 (물=1)	폭발범위(V%)		비점 (℃)
				하한	상한	
메틸알코올	11	464	0.8	6.0	36.0	64
프로필알코올	15	371	0.8	2.1	13.5	97
부틸알코올	37	343	0.8	1.4	11.2	117
아밀알코올	33	300	0.8	1.2	10.0	138

④ 에틸알코올(C_2H_5OH)

무색투명한 액체로서 단맛이 있으며, 물에 어떠한 비율로도 잘 용해되는 것으로서 특유한 냄새를 가지고 있다.

비점과 인화점은 메틸알코올보다 약간 높으나 메틸알코올에 비하여 사용용도 및 사용량이 많기 때문에 화재가 발생될 우려가 높다. 특히, 연소시에는 메틸알코올과 같이 연소불꽃을 육안으로 식별하기 어려우며, 연소속도도 급속도로 전달되기 때문에 화재의 위험성은 다른 액체가연물질에 비하여 높은 편이다. 특히, 농도가 높아지면 발생증기도 많아지며, 인화점도 낮아지므로 위험하다.

에틸알코올의 농도가 60V%이상이 되면 「위험물안전관리법」상 위험물로 취급되며, 20～30V%의 저농도하에서도 인화될 위험이 있으므로 저장·취급 및 사용시의 안전관리가 중요시되고 있다.

⑤ 등유(fuel oil, kerosene)

원유정제과정에서 휘발유 다음으로 얻을 수 있는 유분으로서 인화점이 43～70°C이며, 비점은 150～300°C로서 무색 또는 담황색의 액체이다. 또한, 증기의 비중은 공기에 비하여 4.5배정도로서 상온에서는 인화의 위험이 적으나 공기 중에서의 폭발범위는 0.7～5V%로서 점화원 존재시 화재를 일으킬 수 있으며, 휘발유에 비하여 안전한 편이다.

등유는 비전도성 액체가연물질로서 정전기를 일으키며, 발생된 정전기가 축적하여 방전불꽃을 일으켜 화재를 발생시킬 위험이 있기 때문에 정전기가 발생하지 않도록 하여야 한다.

⑥ 경유(diesel oil)

담황색 또는 담갈색의 액체로서 비점은 200~350°C이며, 인화점은 50~70°C로 등유에 비하여 안전관리상 위험성은 낮으나 연소범위가 1.1~6.0V%(공기 중에서)로 발생된 증기에 의하여 화재를 일으킬 위험이 있다.

경유는 디젤엔진의 연료로 많이 사용되고 있으며, 등유와 중유사이에서 유출되는 유분으로서 유동점의 값에 따라 5종류로 구분되고 있다.

경유를 저장·취급 및 사용하는 시설에는 정전기가 발생되지 않도록 정전기 예방대책을 수립하여 안전관리에 이상이 없도록 하여야 한다.

(3) 기체가연물질의 화재특성

상온(20±2°C)·상압(1기압)에서 기체상태로 존재하는 물질인 가스는 가스의 성질에 따라 가연성가스·불연성가스·조연성가스·독성가스 등으로 구분되며, 가스의 상태에 따라 액화가스·압축가스·용해가스로 구분된다. 이렇게 상온·상압에서 기체상태로 존재하는 가스는 여러가지의 성질을 가지며, 상태 또한, 불안정하여 용기 또는 탱크에 저장하는 경우 압축·액화 및 용해상태로 저장하여 사용하고 있다. 그러나 여기에서는 화재를 일으킬 위험성을 가지고 있는 가연성가스에 대해서만 설명하고자 한다.

화재를 일으킬 위험성이 있는 가연성가스에는 수소(H_2)·메탄(CH_3)·에탄(C_2H_6)·프로판(C_3H_8)·부탄(C_4H_{10})·암모니아(NH_3)·일산화탄소(CO)·에틸렌(C_2H_4)·아세틸렌(C_2H_2)·사이안화수소(HCN)·산화에틸렌(C_2H_4O)·황화수소(H_2S)·LNG(액화천연가스)·LPG(액화석유가스)·도시가스 등이 있다.

① 수소(H_2)

모든 가연성가스 중에서 비중이 가장 적으며, 불안정하여 저장 및 취급에 어려움이 많은 가스로서 색깔·맛·냄새를 가지지 않는다.

수소는 공기 중의 산소와 600°C이상에서 폭발적으로 반응하여 폭음을 내면서 수증기를 발생한다. 이러한 수소의 급격한 연소반응을 폭발이라고 하며, 수소의 폭명기라 칭하기도 한다.

다음은 가연성가스인 수소가 산소와 격렬하게 반응하여 수증기(H_2O)를 발생하며, 화재를 일으킬 때의 화학반응식을 나타낸 것이다.

$$2H_2 + O_2 \rightarrow 2H_2O + 136.6\,\text{kcal}$$

또한, 수소를 염소와 반응시키면 급격하게 반응하여 염화수소를 발생시키면서 화재를 일으킨다. 이러한 수소와 염소의 급격한 발열반응을 염소의 폭명기라고 한다.

$$H_2 + Cl_2 \rightarrow 2HCl + Q\,\text{kcal}$$

공기 중에서 수소의 폭발한계·폭굉한계 및 물성은 다음의 표 4-6과 같다.

표 4-6 공기 중에서 수소의 폭발·폭굉한계 및 물성

폭발한계 (V%)	공기 중	4.0~75.0	연소속도 (m/s)	공기 중	2.7
	순수한 산소 중	4.0~94.0		순수한 산소 중	9.0
폭굉한계 (V%)	공기 중	18.3~59	발화점(공기 중, ℃)		530이상
	순수한 산소 중	15.0~90.0	비점(℃)		−252
비중(공기=1)		0.07	분자량(g/mol)		2.016
증기밀도(0℃, 1 atm)		0.09	임계온도(℃)		−239.9

② 메탄(CH_4)

메탄은 석유화학공장에서 원유를 정제하는 과정시에 발생되는 탄화수소로서 비중이 공기보다 가벼워 실내에 누설되면 지면에 체류하지 않고, 공중으로 확산되어 퍼져나간다.

메탄의 화재위험성은 프로판·부탄에 비하여 적으며, 가연성가스이므로 화재시 육안으로 연소상태를 파악하기 어려우나 연한 청색을 내면서 연소한다.

공기 중에서 메탄의 폭발한계·폭굉한계 및 물성은 다음의 표 4-7과 같다.

표 4-7 공기 중에서 메탄의 폭발한계·폭굉한계 및 물성

폭발한계 (V%)	공기 중	5.0~15.0	발열량 (15℃)	kcal/m³	15.900
	순수한 산소 중	5.1~61.0		kcal/kg	12.400
폭굉한계 (V%)	공기 중	6.5~12.0	발화점(공기 중, ℃)		550
	순수한 산소 중	6.3~53.0	액비중(−162℃)		0.415
비중(공기=1)		0.554	비점(℃)		−161.5

③ 에탄(C_2H_6)

에탄은 석유화학공장에서 원유를 정제하는 과정시에 발생되는 탄화수소로서 비중은 공기보다 약간 무거우므로 저장탱크 또는 용기로부터 누설되면 지면에 체류하므로 화재를 일으킬 위험성이 높은 가연성의 가스이다.

에탄은 액화석유가스(LPG)에 약간 함유되어 있으나 무색·무미·무취로서 화재예방에 대한 안전관리가 요구된다. 또한, 공기 중에서 에탄의 폭발한계 및 물성은 다음의 표 4-8과 같다.

표 4-8 공기 중에서 에탄의 폭발한계 및 물성

폭발한계(V%)		비중 (공기=1)	증기밀도 (공기=1)	비점 (℃)	융점 (℃)	발화점 (℃)
하한	상한					
3.0	12	1.05	1.0	−88.6	−183.2	474

④ 프로판(C_3H_8)

프로판은 비중이 공기보다 1.53배 무거워 저장탱크 및 용기로부터 누설되면 바닥에 체류하므로 화재를 일으킬 위험이 있으며, 무색·무미·무취이므로 화재예방을 위해서는 안전관리가 중요하다.

프로판은 액화석유가스를 구성하는 주성분으로 작용하고 있으며, 비점이 영하 42.1 °C로서 상온뿐만 아니라 동절기에도 기체상태로 존재하므로 누설시 누설상태를 감지하는 가스누설경보기의 설치가 요구되는 가스이다. 그러므로 프로판을 충전하는 액화석유가스용 저장용기에는 프로판외에 감지용 가스인 멜캅탄(CH_3SH)을 전용량의 1/1,000정도 함께 충전한다. 또한, 공기 중에서 프로판의 연소범위는 2.1～9.5용량%이다.

⑤ 부탄(C_4H_{10})

부탄은 비중이 공기보다 약 2배정도 무거운 가스로서 누설되면 지면 또는 바닥에 누설되므로 화재를 일으킬 위험이 높으며, 무색·무미·무취로서 누설시에 감지를 할 수 없으므로 감지용 가스인 멜캅탄과 함께 저장하여야 한다.

부탄의 비점은 영하 0.5°C이므로 상온에서 기체상태로 존재하나 동절기에는 액체상태로 존재하므로 액화석유가스를 구성하는 프로판에 비해서는 안전하다. 또한, 공기 중에서 부탄의 폭발범위는 1.8～8.4용량%이다.

⑥ 암모니아(NH_3)

암모니아는 비중이 0.69로서 공기보다 가벼워 대기에 누설되면 상부로 날아가 공기보다 무거운 프로판·부탄에 비하여 안전하나 가연성가스로서 화재를 일으킬 위험이 있으며, 상온·상압에서 강한 자극성을 가지는 유독성가스이다. 또한, 암모니아는 산소와 연소반응을 일으키면 질소(N_2)와 수증기(H_2O)를 생성한다.

암모니아의 폭발범위는 공기 중에서 15.0～28.0용량%이며, 순수한 산소 중에서는 15.0～79.0용량%이므로 폭발범위내의 농도를 형성하지 않도록 환기 및 통풍이 잘 이루어지게 하여야 한다.

⑦ 일산화탄소(CO)

일산화탄소는 가연물질의 불완전연소시에 생성되는 비중이 0.97인 제1차 연소물질로서 공기보다 가벼우며, 산소와 반응하여 이산화탄소를 발생하므로 가연물질로 취급된다.

일산화탄소는 무색·무취의 유독성가스로서, 독성의 허용농도는 50 ppm(mg/m^3)으로 이산화탄소의 독성에 비하여 100배정도 강하며, 상온에서 염소(Cl_2)와 반응하여 유독성가스인 포스겐($COCl_2$)을 발생하므로 화재의 위험성도 중요하지만 너 중요한 것은 화재시에 발생되는 일산화탄소 자체의 유독성 및 질식성이 강하므로 인체에 호흡하지 않도록 주의하여야 한다. 또한, 일산화탄소의 공기 중 폭발한계는 12.5～74.0용량V%이다.

⑧ 염화비닐(vinyl chloride, $CH_2=CHCl$)

색깔을 가지지 아니하는 가연성기체로서 공기 중에서의 폭발범위는 3.6～33V%이며, 비점(b.p.)은 영하 13.9°C이고 용융점(m.p.)은 159.7°C이다. 특히, 염화비닐은 PVC (poly vinyl chloride)의 제조에 사용되는 물질로서 아세틸렌과 염화수소 또는 에틸렌과 염소와의 반응에 의해서 생성된다.

염화비닐의 증기는 인체에 유해하며, 그 허용농도는 50 ppm이다. 또한, 염화비닐은 연소시 이산화탄소외에 유독성가스인 일산화탄소·염소화합물 등을 발생시키므로 인체의 흡입방지에 주의하여야 한다.

⑨ 아세틸렌(C_2H_2)

아세틸렌은 비중이 0.9로서 상온에서 불안정한 가연성가스이므로 용제인 아세톤이나 DMF(다이메틸폼아마이드)에 용해시켜 저장한다.

아세틸렌은 폭발범위가 다른 가연성가스에 비하여 넓으며, 폭발하한계 값이 낮아 항상 화재를 일으킬 위험성이 존재하고 있으므로 용해가스로 취급되고 있다.

또한, 아세틸렌은 작은 압력에도 분해할 위험이 있으며, 분해반응시 외부로 많은 열을 발생하므로 다른 가연물질에 활성화에너지를 공급하여 화재를 일으키게 할 우려가 있으므로 안전관리상 세심한 주의가 요구된다.

특히, 아세틸렌의 위험도(H)는 31.4로서 가연성가스인 이황화탄소(CS_2) 다음으로 높다.

아세틸렌의 공기 중 폭발범위는 2.5～81.0용량%이며, 순수한 산소 중에서의 폭발범위는 2.5%～93.0용량%이다. 또한, 비점(b.p.)은 영하 83.6°C이며, 인화점(밀폐실)은 17.72°C이다. 그리고 자연발화온도는 335°C이다.

다음의 표 4-9는 아세틸렌의 용제로 사용되는 아세톤(CH_3COCH_3)과 다이메틸폼아마이드[$HCON(CH_3)_2$, DMF]의 이화학적 물성을 나타낸 것이다.

표 4-9 아세톤(CH_3COCH_3)과 다이메틸폼아마이드(DMF)의 이화학적 물성

이화학적 물성	CH_3COCH_3	$HCON(CH_3)_2$
분자량	58.08	73.03
비중(25°C/4°C)	0.7845	0.9442
인화점(°C)	17.9(밀폐식)	67(개방식)
융점(°C)	94.2	61.0
비점(0°C, 1 atm)	56.3	153
증기압(1 atm, 25°C)	229.2	3.7
비중발속도(초산부틸=100)	1.160	17
점도(cp)	0.332	0.802
폭발한계(공기 중에서 V%)	2.6～13.0	1.8～14.0

※ 아세톤의 아세틸렌 용해량은 15°C에서 15.5 kg/cm^{2}일 때 아세톤 1 kg당 0.595 kg이나 실제 충전량은 0.550～0.488 kg이다.

⑩ 사이안화수소(HCN)

사이안화수소의 비중은 0.94로서 공기보다 가벼워 대기에 누설되면 상부로 확산되어 날아가기 때문에 비중이 공기보다 무거운 가연성가스에 비하여 안전하나 독성이 강한 유독성가스이므로 인체의 질식이 우려된다.

사이안화수소의 발화점은 538°C이며, 인화점은 영하 17.8°C로서 공기 중에서의 폭발범위는 5.6～40.0용량%이다.

특히, 사이안화수소의 비점은 25.7°C이기 때문에 비점이상에서는 기체로 존재하므로 흡입하지 않도록 주의하여야 하며, 화염스파크 등에 의해 연소를 한다.

⑪ 산화에틸렌(C_2H_4O)

산화에틸렌의 비중은 1.53으로서 공기보다 무거워 대기에 누설되면 지면 또는 바닥에 체류하므로 화재를 일으킬 우려가 크며, 에틸렌의 산화물질로서 독성이 있어 유독성물질로 취급되고 있다.

산화에틸렌은 분해반응 및 중합반응에 의해서 폭발할 우려가 있어 안전관리가 요구되는 물질(가스)로서 공기 중에서의 폭발범위는 3.0～80.0용량%이며, 발화점은 571°C이다. 특히, 산화에틸렌의 비점은 10.44°C로서 물·알코올·에테르 및 대부분의 유기용제에 용해하며, 독성의 허용농도는 50 ppm이므로 대기에 누설시 흡입하지 않도록 주의하여야 한다.

⑫ 황화수소(H_2S)

황화수소의 비중은 1.18로서 공기보다 약간 무거워 대기에 누설되면 지면 또는 바닥에 체류하며, 달걀썩는 냄새가 나는 유독성가스로서 독성의 허용농도는 10 ppm(mg/m^3)이다.

황화수소는 공기 중에서 연소할 경우 연한 파란 불꽃을 내며, 유독성가스인 아황산가스를 생성하므로 그 자체 및 연소생성물 모두가 독성이 있으므로 인체의 접촉 및 호흡하지 않도록 주의가 요구되고 있다.

황화수소의 발화온도는 160°C이며, 비점(b.p.)은 영하 61.8°C로서 공기 중에서의 폭발범위는 4.3～45.5용량%(V%)이다.

⑬ 액화석유가스(liquefied petroleum gas, LPG)

상온·상압(20°C, 1기압)에서는 기체이지만 냉각 또는 가압에 의해서 액체상태로 상태를 변화시킨 석유가스로서 대부분 프로판(C_3H_8)과 부탄(C_4H_{10})으로 구성되어 있으며, 그 외에 에탄(C_2H_6)·프로필렌(C_3H_6)·부틸렌(C_4H_8) 등이 소량으로 함유되어 있다.

LPG는 가정용·공업용·자동차용·도시가스의 원료·냉매·용재, 화학공업의 연료 등 그 이용범위가 다양하나 대기에 누설되면 위험성이 높은 가연성기체가 되므로 안전관리에 세심한 주의가 요구되는 물질이다. 또한, 대기에 누설되면 공기와 폭발범위를 형성하여 화재를 일으키며, 구성하는 성분에 따라 다르지만 일반적으로 공기 중에서의 폭발범위는 1.8～9.5V%이다.

LPG는 사용하는 계절에 따라 비점과 발열량을 고려하여 여름철에는 프로판(C_3H_8) 65%와 부탄(C_4H_{10}) 35%의 조성비율로 공급되며, 겨울철에는 프로판(C_3H_8) 95%와 부탄(C_4H_{10}) 5%의 조성비율로 공급된다. 또한, LPG는 액화석유가스의 누설시 감지가 용이하도록 감지용 가스인 멜캅탄(CH_3SH)을 전용량의 $\frac{1}{1000}$를 첨가하여 제조되고 있으며, 감지용 가스인 멜캅탄은 마늘썩는 냄새가 나기 때문에 쉽게 감지할 수 있다. 특히, LPG의 연소시에는 일산화탄소(CO)·이산화탄소(CO_2)·탄화수소 및 그 유도체 가스가 발생되므로 환기가 불량한 장소에서는 일산화탄소에 의해서 인체의 중독이 우려되므로 주의하여야 한다.

⑭ 액화천연가스(liquefied natural gas, LNG)

석유채취과정에서 발생하는 가스로서 메탄(CH_4)과 수소(H_2)가 주성분으로 되어 있으며, 그 외에 에탄·프로판·부탄·질소·유황화합물 등이 미량으로 함유되어 있다.

이러한 석유채취 과정에서 발생되는 가스를 영하 162°C이하로 냉각시켜 액체로 상태를 변화시켜 저장용기 또는 탱크에 저장하고 있으므로 이들을 저장하는 저장용기는 초저온 저장시설과 관련하여 많은 기술적 지식이 요구되고 있다. 또한, 액화천연가스는 비중이 공기보다 가벼우므로 대기에 누설되면 상층부로 확산되는 성질을 가지고 있어 액화석유가스에 비하여 안전하나 대기 중에서 LPG보다 쉽게 폭발범위를 형성하게 되므로 안전관리에 세심한 주의가 요구된다. 액화천연가스가 연소될 때에는 LPG의 연소시와 같이 일산화탄소·이산화탄소·탄화수소 및 그 유도체 가스가 발생된다.

⑮ 도시가스(town gas)

도시가스를 석유가스의 열분해로부터 얻어지기 전까지는 1,000°C이상으로 가열된 코크스(cokes)에 수증기를 가하여 제조되므로 일명 수성가스(water gas) 또는 발생로가스(producer gas)라고도 하였다. 특히, 도시가스의 성분은 제조하는 방법에 따라 차이는 있으나 일반적으로 수소(H_2)·메탄(CH_4)·일산화탄소(CO)·에탄(C_2H_6)·프로판(C_3H_8) 등으로 되어 있다. 다음은 코크스로부터 수성가스를 제조하는 경우의 화학반응식을 나타낸 것이다.

코크스(C)와 수증기(H_2O)의 반응

$$\underset{(코크스)}{C} + \underset{(수증기)}{H_2O} \rightarrow \underset{(수성가스)}{CO + H_2} + Q\,\text{kcal}$$

현재 사용되고 있는 도시가스는 대부분 석유가스를 열분해하여 제조되며, 사용지역·용도 등에 따라 비중이 공기보다 무거운 것과 가벼운 것으로 구분되고 있으므로 대기에 누설되면 확산하여 폭발할 우려가 있어 저장·취급 및 사용장소에는 가스의 누설을 감지하는 가스화재탐지기를 필수적으로 설치하여야 한다. 도시가스의 공기 중

폭발범위는 7～60V%로서 발열량은 3,600～5,000 kcal/m^{3}정도 되며, 자연발화온도는 480～500°C이다. 또한, 도시가스의 연소생성물은 도시가스를 구성하는 성분(조성)에 따라 다소의 차이는 있으나 일반적으로 일산화탄소(CO)·이산화탄소(CO_2)·탄화수소 및 유도체·질소화합물·유황화합물 등으로 되어 있다.

⑯ 에틸렌(C_2H_4)

올레핀계 탄화수소(C_nH_{2n}) 계열에 해당되는 가연성기체로서 약간 달콤한 냄새가 있으며, 비점은 영하 104°C이고, 용융점(m.p.)은 영하 169°C인 무색으로서 비중은 공기보다 약간 가볍다. 또한, 물에는 녹기 어렵고 에테르·알코올 등에 약간 용해되며, 자연발화온도는 450°C로서 에탄 또는 석유분해로부터 얻어진다.

에틸렌의 공기 중 폭발범위는 2.7～36V%로서 대기에 누설되면 공기와 혼합되어 폭발을 일으킬 위험성이 강하므로 안전에 주의하여야 한다. 또한, 에틸렌은 독성을 가지지 않지만 공기 중의 산소의 농도를 희박하게 하거나 저하시켜 산소결핍현상을 일으키기도 하며, 마취성을 가지므로 인체의 흡입방지에 주의하여야 한다.

⑰ 합성가스(synthesis gas)

수소(H_2)와 일산화탄소(CO)의 비가 2 : 1정도 되는 원료가스(raw gas)로서 공업용·의료용으로 사용되는 암모니아의 합성·메틸알코올·요오드 등의 용도에 널리 이용되며, 코크스·석탄·석유·천연가스 등으로부터 얻어진다. 이러한 합성가스가 연소되면 일산화탄소·이산화탄소·탄화수소 및 그 유도체 가스 등이 발생된다.

⑱ 메틸아민(methylamine)

메틸아민은 아미노기(NH_2)에 치환되는 메틸기(CH_3)의 수에 따라 모노메틸아민(CH_3NH_2), 다이메틸아민[$(CH_3)_2NH$] 및 트라이메틸아민[$(CH_3)_3N$]으로 구분되고 있으며, 모두 상온에서 유독성이 있는 기체로서 공기와 혼합하여 폭발성 혼합물을 생성시키므로 화재의 위험성이 높다.

다음의 표 4-10은 메틸아민의 유도체인 모노메틸아민, 다이메틸아민 및 트라이메틸아민의 특성을 나타낸 것이다. 또한, 다음의 표 4-11은 그 밖의 가연성가스에 대한 폭발범위(공기 중에서) 및 특성에 관한 설명이다.

표 4-10 메틸아민 유도체의 특성

구분	CH_3NH_2	$(CH_3)_2NH$	$(CH_3)_3N$
용융점(°C)	−93.5	−92.2	−117.1
비점(°C)	−6.3	6.9	2.9
인화점(°C)	−12	−15	-
액비중	0.67	0.66	0.64
폭발범위(V%) (공기 중)	4.9~20.7	2.8~14.4	2,0~12
허용농도(ppm)	10	0	10
사용용도	의약·염료·농약	탈모제·살충제	의약·이온화교환수지의 원료

표 4-11 그 밖의 가연성가스의 폭발범위 및 특성

물질명칭	폭발범위(V%)	화학식	특성
에틸아민	3.5~14.0	$C_2H_5NH_2$	상온에서 무색의 기체로서 암모니아와 유사한 냄새를 가진다.
산화프로필렌	2.1~22.0	C_3H_6O	액 비중은 0.83이며, 인화점은 영하 7.2°C이다. 또한, 허용농도는 100 ppm의 자극성이 있는 물질이다.
에틸벤젠	1.0~6.5	$C_6H_5C_2H_5$	자일렌[$C_6H_4(CH_3)_2$]의 구조 이성질체로서 석탄타르 등으로부터 얻을 수 있으며, 유독성의 물질이다.
아세트알데하이드	4.0~60.0	CH_3CHO	에틸알코올(C_2H_5OH)을 산화하여 얻을 수 있으며, 자극성 냄새를 갖는다. 허용농도는 200 ppm이다.
사이클로프로판	2.5~10.5	C_3H_6	무색의 기체로서 녹는점(m.p.)은 영하 126°C이며, 끓는점(b.p.)은 영하 34°C이다.
메틸에테르	3.5~27.0	CH_3OCH_3	향긋한 냄새를 가진 무색의 기체이다.

⑲ 그 밖의 가연성가스

2 가연물질 화재시의 이상현상

(1) 플래시-오버(flash-over)

고체가연물질인 나무(목재)·종이·섬유류 등으로 축조된 목조(木造)건축물과 내화(耐火)건축물의 옥내(屋內) 또는 실내(室內)에서 화재가 발생되었을 때 일어나는 현상으로서 화재가 발생된 화원(火源)을 중심으로 화재가 서서히 진행하다가 어느 정도 시간이 경과함에 따라 화재가 성장되어 실내전체에 화염이 확산되는 이상상태의 화재를 말한다.

특히, 플래시-오버를 순발적인 연소확대현상이라고도 한다.

다음은 목조건축물과 내화건축물의 화재시에 나타나는 화재의 이상현상인 플래시-오버에 대한 설명이다.

① 목조건축물

목조건축물은 대부분 화재시 연소하기 쉬운 목재·종이·섬유·합성수지 등에 의해서 축조되어 있으므로 화재가 발생되면 빠른 시간내에 전소(全燒)하는 단기고온의 화재특성을 가지고 있다. 그러나 이러한 목조건축물의 화재도 처음에는 화재가 발생된 화원을 중심으로 서서히 진행하며, 어느 정도 시간이 경과하게 되면 성장하여 실내의 전체에 화염을 확산하게 된다. 이렇게 실내의 전체에 화염을 확산시켜 비로소 거대한 연소현상인 본격적인 화재로 전환하는 것을 목조건축물에서의 플래시-오버라 한다.

목조건축물에서의 플래시-오버는 다음의 그림 4-1에서 보는 바와 같이 화재발생으로부터 5～6분경에 나타나며, 이때의 실내온도는 800～900℃정도이다.

또한, 화재의 진행과정으로 볼 경우 발염착화와 화재의 출화(出火)사이이다.

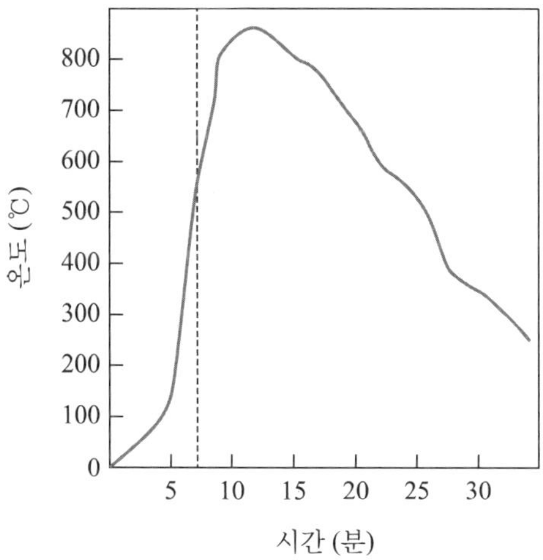

그림 4-1 목조건축물에서의 플래시-오버

② 내화건축물

내화건축물은 화재가 발생하여도 화재의 열에 연소되기 어려운 철근콘크리트·철골철근콘크리트 등의 재료로 되어 있으므로 플래시-오버의 발생이 목조건축물처럼 빨리 나타나지 않는다.

특히, 내화구조의 건축물은 실내에 화재가 발생하더라도 연소하는 데 많은 시간이

소요되며, 본격적인 화재가 시작되는 최성기까지의 시간도 많이 소요되므로 플래시-오버는 화재발생 후 20~30분경에 나타난다.

내화건축물에서 플래시-오버는 일반적으로 성장기와 최성기사이에서 발생된다고 볼 수 있으나 사람들의 견해에 따라서는 제1성장기와 제2성장기사이에서 발생된다고 말할 수도 있다.

그림 4-2는 내화건축물의 화재진행과정 중 이상현상인 플래시-오버가 발생되는 시기를 나타낸 것이다.

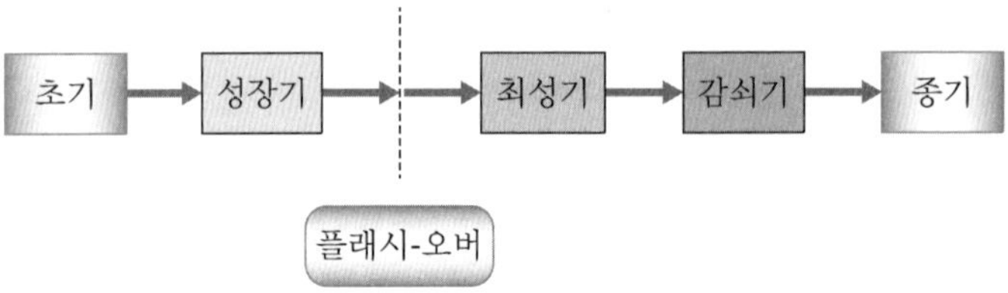

그림 4-2 내화건축물에서의 플래시-오버

(2) 오일-오버(oil-over)

액체가연물질인 제4류위험물을 저장하는 저장탱크에서 화재가 발생하는 경우 나타나는 이상현상으로서 저장탱크내에 저장된 제4류위험물의 양이 내용적의 1/2이하로 충전되어 있을 때 화재로 인하여 저장탱크내의 유류를 외부로 분출하면서 탱크가 파열되는 것을 말한다.

오일-오버는 액체가연물질인 제4류위험물(인화성액체)의 화재시 나타나는 이상현상인 보일-오버(boil-over)·슬로프-오버(slop-over) 및 프로스-오버(froth-over)에 비하여 그 위험성이 상당히 크며, 인명피해를 수반하므로 저장탱크의 화재시에는 화재의 초기단계에서 소화가 이루어지도록 하여야 한다.

(3) 보일-오버(boil-over)

액체가연물질인 제4류위험물 중 석유류가 혼합되어 있는 원유를 저장탱크에 저장하는 경우 물 또는 수분이 외부로부터 침투하거나 원유 자체에 함유되어 물이 저장탱크표면에서 발생된 화재의 열을 공급받아 저장탱크내부에 저장되어 있는 원유와 함께 탱크밖으로 흘러넘치게 하는 이상현상을 보일-오버라 한다.

보일-오버를 일으키는 원유의 성분은 화재발생시 연소가 용이한 탄화수소(C_mH_n)로서 분자량이 작은 가솔린(휘발유)으로부터 분자량이 거대하게 큰 중질유·아스팔트유까지 모든 유류가 혼합되어 있으므로 각각의 성분에 따라 끓는점(비점)과 인화점도 다르며, 화재시 연소특성도 서로 상이하다.

보일-오버는 원유를 저장하는 저장탱크의 액표면을 덮고 있던 지붕이 개방되든가 날아가 버린 상태에서 번개(낙뢰)·마찰열·정전기 등이 열원이 되어 일어나는 경우가 있다.

보일-오버의 현상은 처음에는 저장탱크와 유면에서 연소가 서서히 진행하다가 어느 정도 시간이 경과하게 되면 저장탱크내에 남아 있던 유류가 유면으로부터 열을 받아 외부로 넘쳐흐르거나 윗부분으로 일시에 분출하여 비산하는 형태로서 저장탱크외부로 넘쳐흐르는 경우는 저장탱크 주위에 넘쳐흐른 유류에 의해서 예기치 못하였던 대규모의 화재를 동반하는 경우도 있으며, 저장탱크상부의 윗부분으로 분출·비산하는 경우에는 상부공간에 큰 화구(火口, fire ball)를 형성하여 주위에 많은 복사열을 공급함으로써 많은 인적·물적 피해를 가져다준다.

또한, 보일-오버는 물과 원유가 혼합되어 에멀션(emulsion) 상태를 이르고 있는 경우에도 저장탱크상부에 있는 유면으로부터 공급되는 열과 열파(熱波)에 의해서 에멀션상태의 유류가 증발하면서 발생하는 경우도 있다.

특히, 원유는 생산되는 지역에 따라 원유를 구성하는 성분인 탄화수소의 혼합비율도 다르며, 원유속에 포함되어 있는 불순물도 상이하나 중질유를 많이 함유할수록 보일-오버 현상이 일어날 수 있는 확률이 높으며, 이것은 중질유속에 물이 많이 함유될 수 있기 때문이다.

(4) 프로스-오버(froth-over)

프로스-오버는 인화성액체인 석유류 화재시에 발생되는 이상현상인 오일-오버, 보일-오버에 비하여 위험성이 적으며, 점성을 가진 뜨거운 유류표면의 아랫부분에서 물이 비등할 경우 비등하는 물이 저장탱크내의 유류를 외부로 넘쳐흐르게 하는 현상으로, 다른 이상현상보다는 발생횟수가 많으나 직접적으로 화재를 발생하지는 않는다.

프로스-오버(froth-over)의 한 예로서는 뜨겁게 가열된 점성이 큰 아스팔트유를 물이 들어 있는 탱크에 넣을 때 뜨거운 아스팔트유에 의해 탱크내부가 점점 뜨거워져 내부에 있는 물을 끓게 함으로써 물이 비등하면서 탱크내의 아스팔트유를 탱크외부로 넘쳐흐르게 하는 데 이러한 이상현상을 말한다.

(5) 슬로프-오버(slop-over)

물보다 끓는점(비점)이 높은 점성을 가진 석유류나 식용유에 물이 접촉될 때 석유류·식용유의 표면온도에 의해 물이 수증기가 되어 팽창·비등함에 따라 주위에 있는 뜨거운 일부의 석유류·식용유를 외부로 비산시키는 현상을 말한다.

특히, 슬로프-오버 현상은 수분이 들어있는 밀가루 또는 쌀가루를 입힌 고기류를 끓는 식용유에 넣어 튀기거나 야채를 끓는 식용유에 넣어 익힐 때 발생되며, 이때 고기류나 야채내에 들어있는 수분이 비등하면서 주위에 있는 뜨거운 식용유를 밖으로 튀어나오게 한다.

밀가루나 쌀가루를 입힌 고기류를 뜨거운 식용유에 넣어 익힐 때 식용유 그릇(냄비)에서 요란한 소리를 내는 것은 밀가루나 쌀가루 속에 들어있는 수분이 밖으로 비등·팽창할 때 일부분의 수분이 식용유에 의해서 급격히 증발하므로 발생되는 현상이라 할 수 있다.

(6) 폭굉(爆轟, detonation)현상

폭굉은 상온에서 기체상태로 존재하는 기체가연물질의 폭발과정에서 발생되는 이상연소현상으로서 그 특징은 폭발을 일으키는 기체가연물질의 종류와 성상에 따라 다르나 일반적으로 다음과 같다.

① 충격파에 의해 유지되는 화학반응의 일종이다.
② 반응의 전파속도가 그 물질내에서 음속(音速, 소리의 속도)보다 빠른 것을 말한다.
③ 물질내에서 충격파가 발생하여 화학발열반응을 일으키고, 또한 계속적으로 발열반응을 유지하는 것이다.
④ 반응의 전파속도가 1,000～3,500 m/s로서 굉음(轟音)을 낸다.

위에서 보는 바와 같이 기체가연물질인 가연성가스가 공기 또는 순수한 산소 중에서 폭발할 때에 이상연소현상인 폭굉을 동반하여, 폭발보다 더 위험한 폭굉현상을 일으킴으로써 기체가연물질은 인류에게 많은 인명피해(폭발로 인한 사망 또는 부상) 및 재산피해를 주기 때문에 폭굉현상이 발생되지 않도록 안전관리에 최선을 다하여야 한다.

표 4-12 중요 가스의 공기 또는 산소 중에서의 폭굉범위

가스의 명칭	공기 중에서의 농도(V%)		순수한 산소 중에서의 농도(V%)	
	하한	상한	하한	상한
수소	18.3	59.0	15.0	90.0
일산화탄소	15.0	70.0	38.0	90.0
암모니아	-	-	25.4	75.0
메탄	6.5	12.0	6.3	53.0
아세틸렌	4.2	50.0	3.5	92.0
에틸에테르	2.8	4.5	2.6	40.0

표 4-13 아세틸렌의 압력변화에 따른 폭굉속도

압력(kg/cm^2)	폭굉속도(m/s)	압력(kg/cm^2)	폭굉속도(m/s)
5	1,050	20	1,500
10	1,100	25	1,600
15	1,320		

표 4-14 폭약류의 폭굉속도

폭약 및 기폭제	폭굉속도(m/s)	폭약 및 기폭제	폭굉속도(m/s)
TNT	6,870	질화납	5,300
피크르산	7,260	뇌홍	5,400
나이트로글리세린	8,625		

앞의 표 4-12는 공기 또는 순수한 산소 중에서 폭굉을 일으키는 중요한 가연성가스의 농도(V%)범위를 설명한 것이다.

그리고 위의 표 4-13은 아세틸렌의 압력(kg/cm^2)변화에 따른 폭굉속도(m/s)를 설명한 것이며, 표 4-14는 폭약류의 종류에 따른 폭굉속도(m/s)를 설명한 것이다.

(7) 블레비(BLEVE)현상

블레비현상이란 가연성가스를 액화시켜 저장한 저장탱크내의 액화가스가 누설되어 저장탱크상부에 부유 또는 확산하여 있다가 착화원과 접촉할 경우 폭발을 일으키며, 이것으로 인하여 저장탱크 또는 저장용기가 파열되어 그 내부에 있던 액화가스가 공중으로 확산하면서 화구(火口)형태의 폭발현상을 보여줄 때를 말한다. 또한, 블레비(BLEVE)는 Boiling Liquid Expanding Vapor Explosion의 약자(略字)이다.

액화가스를 저장하는 용기 또는 탱크의 블레비현상을 예방하기 위해서는 저장용기 또는 탱크의 외부를 물 그 밖의 물질을 사용하여 냉각시켜 급격한 증기의 팽창을 억제하거나 방지하여야 한다.

(8) 훈소화재(smoldering)

내화건축물의 화재시에 나타나는 이상화재현상으로 화재시 공기 중의 산소의 공급이 불충분하여 화재의 진행속도가 느려 외부에서 보기에는 화재가 진행되지 않고 있는 것 같이 보인다.

이러한 화재현상은 실내의 가연물질이 연소하더라도 연소생성물인 일산화탄소·이산화탄소·수증기 등의 배출이 정상적으로 되지 않고 실내의 화재장소에 충만되어 있거나 실

내의 화재장소에 설치되어 있는 개구부가 폐쇄되어 외부로부터 공기의 공급이 불충분하여 발생하는 경우가 많다.

특히, 훈소화재(smoldering)의 특성은 다음과 같다.

① 거의 밀폐된 구조로 된 실내의 화재시에 많이 발생한다.
② 신선한 공기의 공급이 불충분하여 연소가 거의 정지 또는 매우 느리게 진행된다.
③ 훈소 중에도 열축적은 계속되어 외부에서 공기가 갑자기 유입될 때에는 급격한 연소가 일어날 수 있는 상태를 말한다.

그러므로 실내에서의 화재가 훈소화재 상태를 유지할 때에는 화재가 발생된 실내의 출입문이나 개구부 등을 갑자기 개방하지 말고 서서히 개방하여 급격한 화재의 화염발생 방지에 최선을 다하여야 하며, 실내에 충만되어 있는 연기를 외부로 배출시킨 다음 화재진입상 안전하다고 판단되었을 때 서서히 접근하여 소화하여야 한다.

(9) 화재로 인한 건축물의 손실

목조건축물이나 내화건축물에 화재가 발생하였을 때에는 화재의 원인조사 또는 피해조사를 위하여 화재의 손실정도를 구분하기 위하여 건축물의 화재형태를 부분화재, 반소화재 및 전소화재로 구분한다.

① 부분화재

부분화재란 건축물에 화재가 발생하여 건축물의 10%이상 20%이하가 소손된 상태를 말한다.

② 반소화재

반소화재란 건축물에 화재가 발생하여 건축물이 20%이상 70%이하가 소손된 상태를 말한다.

③ 전소화재

전소화재란 건축물에 화재가 발생하여 건축물이 70%이상이 소손되었거나 70%이하라 할지라도 재수리하여 사용이 불가능하도록 소손된 상태를 말한다.

3 화재를 일으키는 열원 등

(1) 열원의 정의

열원(에너지)이란 연소의 3요소 중의 하나인 가연물질이 연소할 수 있도록 도와주는 점화원(활성화에너지)으로 사용되는 것으로서, 기계열·화학열·전기열·태양열 등으로 구분된다.

(2) 열원의 종류

① 기계열원(에너지)의 종류

㉠ 압축열(에너지)

상온에서 기체상태인 가스를 고압용기에 저장하기 위해서 압축을 하거나 자동차·발전기 등의 내연기관에서 연소가스(공기와 연료의 혼합체)를 압축할 경우 외부로 많은 열을 발생하는 데 이러한 기계적 열에너지를 압축열이라고 하며, 이러한 압축열은 주위에 있는 가연물질에 열에너지를 공급하여 화재를 일으키는 원인이 되기도 한다.

특히, 자동차의 엔진이나 냉동기의 냉동장치는 가스의 압축공정을 이용한 기계설비로서 대표적인 한 예를 보여주고 있다. 그러므로 이러한 기계설비에서 발생되는 열이 필요하지 않을 경우에는 그 주위에 열에너지의 냉각장치를 설치하여 압축열이 외부로 발생되지 않도록 하여야 한다.

다음의 표 4-15는 사람들이 많이 사용하는 중요 가스의 압축시에 사용하는 윤활유에 대한 설명이다.

표 4-15 중요 가스의 압축용 윤활유

가스의 명칭	윤활유	가스의 명칭	윤활유
산소	물 또는 10%이하의 글리세린 수	메틸클로라이드	화이트유
아세틸렌	양질의 광유	아황산가스	화이트유
염소	농유산	수소	순광물성유
이산화탄소	양질의 유		

㉡ 마찰열

기계적열에너지 중 가장 일반화되어 있는 열원(에너지)으로서 2가지이상의 고체물질을 서로 부딪치거나 마찰시킬 때 발생된다.

마찰열은 마찰시키는 물체의 크기·속도·방법 등에 의해 발생되는 열에너지 값이 다르다. 또한, 기계적에너지로서 어느 정도 열원으로 사용되는가 등에 따라 마찰열의 위험성이 고려된다.

마찰열은 금속으로 만들어진 기기·기구 등을 다듬기 위하여 그라인더에 접촉시키거나 비전도체(불량도체) 물질을 서로 마찰시켰을 때 얻어지는 열은 기계적에너지인 마찰열의 한 예이다. 또한, 롤러를 벨트에 의해서 회전시킬 경우 발생되는 열 또한, 마찰열의 한 예이다.

㉢ **마찰스파크(spark)**

마찰스파크는 위의 마찰열에서 설명한 것과 같이 금속으로 제조된 기기·기구 등을 그라인더에 접촉시켜 다듬질하는 경우 사람의 육안으로 파악이 가능하며, 이때 발생되는 불꽃(스파크)의 크기는 그라인더의 속도와 접촉하는 물체의 면적 등에 따라 결정된다.

금속물체의 마찰시에 발생하는 스파크는 마찰과정에서 생성되는 금속의 작은 입자가 마찰시 발생하는 높은 열을 공급받아 공기 중의 산소와 화학연소반응을 일으키며, 이때 발생하는 열에 의해 금속의 작은 분말이 고온으로 되어 백열상태를 보여주는 것이다.

마찰시에 발생되는 스파크가 가지는 열은 순간적인 열로서 발생 즉시 없어지므로 발화원 또는 활성에너지 값이 적은 솜·면부스러기·가연성가스 또는 분진, 폭발성물질의 경우에는 화재의 위험성이 있으나 그 외의 가연물질은 활성화에너지의 값이 크므로 쉽게 연소하지는 않는다.

특히, 작은 활성화에너지 값에 의해 화재를 일으킬 위험이 있는 가연성가스나 분진, 면부스러기·인화성액체·폭발성물질 등을 저장·취급하거나 사용하는 장소에서는 마찰스파크의 발생을 방지하기 위해 전기의 불량도체를 마찰시키거나 그라인더의 작업 등을 가급적 제한 또는 규제하여야 한다.

② 화학열원(에너지)의 종류

㉠ **분해열**

분해열(分解熱)은 2가지이상의 물질이 화학반응을 일으켜 생성된 물체(화학적으로 반응되어 생성된 물질)가 주위의 온도·압력·반응조건 등에 의해 2가지이상의 물질로 분해할 때 외부로 방출되는 열로 정의된다.

분해열을 발생하는 물질은 대부분 상온·상압에서는 안정된 상태로 존재가 가능하나 온도·압력의 상승에 따라 분해하면서 폭발을 유발하는 경우도 있으며, 이러한 분해열을 발생시키는 물질에는 제5류위험물, 폭약, 아세틸렌, 산화에틸렌 등이 있다. 예를 들면, 아세틸렌을 용기에 저장하는 경우 압력을 25 kg/cm^{2}이상으로 압축하면 아세틸렌이 탄소와 수소로 분해하면서 외부로 많은 열을 발생하면서 폭발을 동반하며, 폭약의 뇌관(면화약)으로 사용되는 나이트로셀룰로오스는 분해하여 외부로 많은 열을 발생함과 동시에 폭발을 수반하므로 위험하다.

다음은 1몰의 아세틸렌이 탄소와 수소로 분해할 때의 분해방정식을 설명한 것이다.

$$C_2H_2 \rightarrow 2C + H_2 + 54\ \text{kcal}$$

위와 같이 분해열을 발생하는 물질은 대부분 분해시 많은 열을 외부로 방출하며, 폭발을 동반하여 인적·물적재해를 유발시키고 또한, 주위에 있는 가연물질에 활성화에너지를 공급함으로써 화재를 발생시킬 위험이 많아 이들 물질의 안전관리가 중요하다 하겠다.

㉡ **중합열**

중합열은 대부분 석유화학공업의 발달에 의해서 생산되는 고분자 석유화학제품의 원료인 염화비닐모노머(VCM)·에틸렌모노머(EM)·스타이렌모노머(SM) 등을 한 장소에서 장기간 저장하는 경우 서로 중합되거나 또는 다량체의 제조를 위해 중합반응을 시킬 때 외부로 방출되는 열로 정의된다.

많은 양의 단량체를 고분자물질로 중합할 때에는 외부로 방출(발산)되는 중합열 에너지의 값이 크므로 중합반응 주위에는 중합열의 발생을 방지하기 위하여 냉각장치 등을 설치하는 경우도 있으며, 그렇지 아니한 경우에는 적합한 예방대책을 수립하여 화재안전에 최선을 다하도록 하여야 한다.

㉢ **흡착열**

흡착열은 어떠한 물질이 흡착반응을 일으킬 때 주위로 발생하는 열로서 연소열·분해열 등에 비하여 그 양의 크기 및 이로 인한 위험성은 적지만 가연물질에 활성화에너지를 공급하여 화재를 일으킬 위험성이 있으므로 취급·관리에 주의하여야 한다. 예를 들면, 활성탄·목분탄 등은 흡착반응을 일으키며, 이러한 흡착반응시 외부로 열을 발생한다.

㉣ **발효열**

발효열은 식물성물질을 일정한 장소에 장기간 저장하는 경우 발효반응을 일으키고, 발효반응시 외부로 열을 발생하여 주위의 가연물질에 점화원 역할을 하여 화재를 발생시킬 우려가 있다. 예를 들면, 퇴비를 공기의 유통이 양호하지 아니한 장소에 장기간 저장하게 되면 퇴비가 발효반응을 일으켜 외부로부터 활성화에너지의 공급없이 발화하여 화재를 일으키기도 한다.

㉤ **용해열**

용해열은 기체·액체·고체상태의 물질이 용매에 용해할 때 외부로 발생되는 열로서 용매의 종류와 용매인 액체에 용해하는 용질의 종류에 따라 용해열의 값이 다르다. 예를 들면, 진한황산을 묽은황산으로 희석하기 위해 진한황산에 약간의 물을 가하였다면 진한황산이 용매가 되며, 물이 진한황산에 용해하는 용질의 역할을 한 결과가 되며, 만일 이러한 반응은 상당히 위험함과 함께 외부로 많은 용해열을 발생하게 된다.

용해열은 대부분 학교의 화학실험실·연구소 등에서 화학실험을 하기 위해서 비커·플라스크·무기질용기 등에 용매와 용질을 넣어 희석시키거나 반응시킬 때 비커·플라스크 등의 표면이 뜨거운 것은 이러한 용해열에 기인된 것이라 본다.

㉥ **연소열**

연소열은 기체·액체·고체상태의 가연물질이 공기 중의 산소 또는 산소공급원 등으로부터 산소의 공급을 받아 연소를 할 때 외부로 발생하는 열로서 가연물질을 구성하는 탄소·수소 수의 비와 반응하는 산소의 양에 따라 그 값이 다르다.

고체가연물질은 기체·액체가연물질에 비하여 탄소·수소의 수 및 연소에 필요한 산소의 양이 많고 이로 인한 연소열 역시 크므로 고체가연물질 주위에는 화재를 일으킬 위험성이 있는 가연물질을 저장·취급하지 않아야 한다. 또한, 가연물질의 화재시 화재의 가혹도(severity of fire)는 가연물질이 연소시에 발생하는 총 열량뿐만 아니라 가연물질의 연소속도에 의해서 결정되기 때문에 연소속도가 빠른 기체가연물질로 인한 화재는 폭발과 함께 많은 인적·물적피해를 가져다준다.

다음의 표 4-16은 기체·액체가연물질 1몰(mol)이 연소할 때 외부로 발생하는 연소열 값을 설명한 것이다.

표 4-16 기체·액체가연물질 1몰의 연소열 (단위: kcal/kg)

가연물질의 명칭	연소열	가연물질의 명칭	연소열
수소	68.4	메틸알코올	173.7
메탄	212.8	에틸알코올	327.0
에탄	373.0	벤젠	783.4
아세틸렌	11.2		

③ 전기열원(에너지)의 종류

㉠ 유전(流轉)발열

유전발열이란 전류가 흐르고 있는 전선의 절연피복체의 기능이 저하되거나 절연능력이 100%를 발휘하지 못하는 경우 미세한 전류가 절연피복체를 뚫고 흐르며, 이렇게 하여 흘러나오는 누설전류에 의해서 저항발열이 발생되는 데 이러한 발열현상을 말한다. 그러므로 유전발열은 전선을 절연피복체로 사용하는 외부의 피복체의 재질 및 두께에 의해서 유전열의 크기가 다르며, 이러한 유전열은 양이 미약하여 주위에 있는 가연물질의 화재위험성은 극히 적은 편이다.

또한, 유전발열은 전선의 피복체가 불량하거나 강한 전류가 흐르는 고주파의 교류에서 발생하는 경우가 많다.

㉡ 저항발열

저항발열은 전기열에너지를 취급하는 전기기기·기구에서 가장 많이 발생되는 발열현상으로 규정된 전선에 흐르는 전류의 양을 과도하게 증가시킬 경우 많은 전류가 일시에 흐르지 못하고 전선의 저항값을 크게 하여 전선 등을 발열시킨다. 이렇게 하여 발생된 저항발열은 주위의 가연물질에 활성화에너지를 공급하여 화재를 일으키기도 한다.

전기기기·기구 중 저항발열의 대표적인 것은 백열전구이다.

백열전구는 일상생활에 전등으로 사용되는 전기기구로서 저항값이 큰 필라멘트가 적열되도록 한 것이다.

또한, 전기난로도 저항값이 큰 필라멘트의 저항발열을 이용한 것이며, 적외선램프의 필라멘트도 전기의 저항발열을 이용한 것으로 작동온도를 낮게 하여 적열시킨 것이다.

㉢ 정전기발열

2이상의 물질이 서로 결합한 후 떨어지거나 접촉하였다가 떨어질 때 발생하는 전기로서 양(+)전기와 음(−)전기로 대전되어 있으며, 움직이지 않고 조용히 있는 전기라는 뜻에서 정전기(靜電氣)라고 한다. 그러나 전기의 부도체(불량도체)의 취급·사용시에 발생되는 정전기의 양은 극히 적으며, 발생하다 하여도 적은 양이기 때문에 화재를 발생시킬 우려는 적은 편이다.

정전기는 특히 비전도성물질인 석유류 등을 저장·취급 및 운반하거나 배관을 통하여 흐르게 할 경우에 많이 발생하므로 이러한 정전기의 발생을 방지하기 위해서는 접지시설을 하여야 한다.

인화성액체, 가연성의 증기·가스 등은 작은 활성화에너지에 의해서도 인화 또는 발화가 가능하므로 이들을 저장·취급 및 사용하는 장소에서의 정전기에 의한 발열은 많은 위험성을 내포하고 있기 때문에 정전기 예방에 세심한 주의가 필요하다. 그러나 정전기는 화재를 일으키는 점화원의 역할을 하나 주위에 있는 가연물질을 가열시키지는 않는다.

㉣ **아크(arc)발열**

아크는 전류가 흐르는 전선이 끊겨 회로가 차단되거나 전선의 접점이 불량하여 전류의 흐름이 중단될 경우에 발생되며, 이러한 경우에 주위로 일시에 많은 열을 발생시켜 가연물질에 발화원을 공급하는 현상을 아크발열이라고 한다.

아크발열은 순간적으로 고온을 유지하기 때문에 화재의 위험성이 높은 인화성액체, 가연성의 증기·가스 등에 활성화에너지를 공급하여 화재를 발생시키는 경우가 있다.

㉤ **유도(誘導)발열**

전류가 흐르는 도체주위에 자장의 변화가 발생되면 도체에 전위차가 일어나 전류가 흐르게 되며, 전류가 흐르는 도체의 저항에 의해 열이 발생될 경우 이러한 열을 자장의 변화에 의해서 유도되었다 하여 유도(誘導)발열이라고 한다.

고주파 전류가 흐르는 코일내에서 가열하면 자장의 변화가 일어나 유도발열 현상이 발생되며, 교류전류가 흐르는 전선주위에 자계의 변화가 일어나 이와 평행한 다른 전선에 유도전류가 발생되고, 이러한 유도전류를 정상적으로 흐르지 못하는 경우 유도발열 현상이 발생된다.

4 물질의 열전달

(1) 열전달의 정의

지구상에 존재하는 물질은 그 자체가 불에 연소하지 아니하는 불연성물질, 불에 연소하는 가연성물질, 열을 잘 전달하는 도체, 열을 전달하지 않는 부도체 및 한 쪽 방향으로만 전도성이 있는 반도체 등 그 종류는 이루 헤아릴 수 없이 많다.

화재가 발생되면 많은 연소생성물과 열을 외부로 발생하며, 이 열은 전도·대류·복사의 3가지 방법에 의해 이웃한 가연물질에 열을 전달한다.

그러므로 소방에 있어서 화재를 예방하기 위해서는 열원 또는 화원으로부터 발생되는 열을 가연물실에 진달히지 않도록 열의 전도·대류 및 복사방지에 주의하여야 한다.

(2) 열전달 방법

① 전도

열을 전달하는 방법 중 가장 대표적인 것으로서 열전도체인 금속 등에 의해서 열을 전달하는 방식을 말한다. 예를 들면, 금속인 철·구리로 제조된 가늘고 긴 봉(棒)의 끝을 고온의 용광로나 전열기속에 넣으면 용광로나 전열기의 고온이 금속막대를 통하여 전달되어 금속막대 전체가 고온으로 된다. 이러한 열의 전달방법을 전도라고 하며, 열의 전도는 대부분 고체물질과 고체물질간의 열전달방식으로 많이 사용된다.

고체물질사이의 열전도는 온도차·접촉면적·접촉시간이 클수록 많이 이루어지며, 고체표면이 거칠고 열전도도 값이 우수한 물질일수록 열의 전도가 용이하다.

열을 전달하는 방식인 전도는 금속과 비금속 또는 결정체와 결정을 가지지 않는 물질에 있어서 약간의 차이가 있다.

㉠ 고체금속 및 결정체물질

결정체물질이나 고체금속 내부에는 열을 전달하는 자유전자가 있으며, 이 자유전자는 온도의 상승 및 열파(熱波)에 의해서 자유롭게 활동하여 고온의 열을 저온을 가지고 있는 물질에 전달한다.

㉡ 비금속 및 비결정체물질

비금속 및 결정을 가지지 않는 물질인 경우 이들을 구성하는 분자들이 온도의 상승에 따라 활동성이 증가되므로 심한 진동이 발생되며, 점진적으로 인접한 분자들과 충돌하여 그 운동에너지의 일부를 이웃한 분자들에게 전달하여 열의 이동을 일으켜 열을 전달하게 한다.

위와 같이 열을 전달하는 방식은 금속과 비금속인 경우 이들을 구성하는 분자들의 구조와 배열에 따라 다르나 열전도에 의한 열전달의 기본법칙은 다음과 같이 속도식으로 표현할 수 있다.

$$\text{열전달 속도} = \frac{\text{기력}}{\text{저항}}$$

여기에서, 기력(起力)이란 온도가 다를 때만 열이 흐르므로 고체를 가로지르는 온도차를 말한다.

열의 전도에서는 푸리에(Fourier)의 법칙을 많이 사용하는 데 이것은 균질성의 것으로서 정상적인 열의 흐름에 있어서 적용된다.

다음은 열전도에서 많이 사용되는 푸리에의 법칙을 설명한 것이다.

$$\frac{dQ}{d\theta} = -\frac{KAdt}{dL}$$

여기서, Q : 전도되는 열(cal)

θ : 전도하는 데 필요한 시간(sec)

K : 비열항수(열전도율, cal/m^2·s·°C)

A : 열전달 경로의 단면적(cm^2)

L : 열전달 길이(cm)

t : 온도차(°C)

$\frac{dt}{dL}$: 열전달 경로의 온도구배

이다.

위의 식에서 $\frac{dQ}{d\theta}$를 열전달 경로의 단면적(A)으로 나누어 얻은 값을 열유율이라고 하며, 다음과 같은 표현된다.

$$\frac{dQ}{d\theta} = 정수 = q = -\frac{KAdt}{dL}$$

② 대류

열의 전달방법 중 대류현상은 기체물질과 기체물질사이, 액체물질과 액체물질사이에서 열을 전달하는 것으로서 온도의 상승 또는 하강에 따라 기체·액체물질의 밀도차가 발생되며, 물질의 밀도값이 큰 것은 무거워 아랫부분에 존재하고 밀도값이 작은 것은 가벼워 상부로 올라가게 됨으로써 열교환이 일어나게 되는 것이다.

기체의 열전달 방법인 대류는 자연대류와 강제대류로 구분된다.

㉠ **자연대류**

거실안에서 난로·전열기 등을 설치하여 가동하였을 때 거실내에 뜨거운 열을 전달하므로 차가운 공기는 밀도가 커 아랫부분으로, 뜨거운 공기는 밀도가 작아 위로 올라감에 따라 거실내의 공기가 자연적으로 순환하여 거실내의 온도가 점차 따뜻하게 되는 현상이다. 또한, 주전자·그릇에 물을 넣고 가스레인지·곤로 등에 끓일 때 차가운 물은 아래로, 뜨거운 물은 위로 올라가 주전자·그릇내에 들어 있는 물 전체가 뜨거워지는 현상도 자연대류에 해당된다.

ⓛ **강제대류**

송풍기·배연기 등을 건축물에 설치하여 건축물내로 신선한 공기를 강제로 불어넣어 주거나 건축물의 화재시 실내에서 발생된 연기를 옥외의 장소로 강제로 배출시켜 주는 현상을 강제대류라 한다.

열의 대류현상은 열의 전도현상과 같이 간단하거나 일정한 법칙에 의해서 열을 전달하지 않고 복잡한 형태로 열을 전달하기 때문에 열대류에 대해서 정의하기는 어려우며, 이것은 액체 또는 기체의 여부, 이들의 비열·점성·밀도·열전도도 등에 관계된다.

③ 복사

열전달방법 중 전도와 대류는 열을 공급하는 물질이 있으며, 일정한 경로를 통하여 열을 전달한다. 그러나 복사는 전도·대류와는 달리 열전달방법이 불규칙하고 전달하는 경로에 존재하고 있는 많은 물질들에 의해서 정상적으로 전달하지 못하는 경우도 있다.

예를 들면, 태양으로부터 발생되는 열복사에너지가 지구에 도착하기까지는 대기권을 통과하여야 하며, 대기권을 구성하고 있는 여러가지의 기체층을 통과함으로써 열복사에너지는 흡수·반사현상을 일으켜 지구에 도착하는 열은 극히 미약하다.

특히, 단원자분자(대칭을 이루는 분자)인 산소·수소·질소층을 통과할 때에는 열복사에너지가 정상적으로 통과되지만 이원자이상의 원소로 구성된 이산화탄소·이산화질소·일산화탄소 그 밖의 오염물질 등의 층을 통과할 때에는 많은 열의 손실이 발생되고 통과경로 역시 지장을 받는다.

태양으로부터 발생되는 열복사에너지는 전파속도가 빛의 속도와 거의 동일하며, 투과력이 강하고 직진하는 성질을 가지고 있다. 그러나 태양으로부터 발생되는 열복사에너지는 이산화탄소·수증기·이산화질소 층을 통과하거나 이들의 양은 대기권에 극히 미량으로 존재하므로 열복사에너지의 통과에 크게 영향을 주지 않으나 대기권에 이산화탄소·수증기 등이 많이 함유되어 있게 되면 통과에 많은 지장을 준다.

그러므로 습도가 많은 날이나 비가 오는 날 화재가 발생되면 맑고 바람이 많은 날에 비하여 화재의 위험성이 적은 이유도 수증기에 의해 열복사에너지가 흡수되기 때문이다.

건축물·공작물 등의 화재시 물을 분무하는 물분무소화설비를 사용하여 소화를 하게 되면 이러한 화재에서 발생되는 열복사에너지를 흡수하거나 분산 또는 차단시켜 더 이상 화재가 진행되지 않는다.

복사체(흑체)로부터 발생되는 복사열에너지는 스테판-볼츠만(Stefan-Boltzmann)의 법칙에 따르며, 그 양은 복사표면의 절대온도의 4제곱에 비례한다. 다음은 스테판-볼츠만의 열복사에너지 식을 나타낸 것이다.

$$q = bAt^4(\epsilon\sigma T^4) = \epsilon bAT^4$$

여기서, q : 단위시간당 방사되는 복사에너지
ϵ : 보정계수
A : 복사표면의 넓이
b 또는 σ : 스테판-볼츠만의 상수
T : 절대온도(°K)
이다.

또한, 온도차가 있는 두 물체(흑체)에서 저온(T_2)의 물체가 고온(T_1)의 물체로부터 흡수하는 복사열(Q) 산출시 스테판-볼츠만의 법칙을 적용하면 다음과 같다.

$$Q = aAF(T_1^4 - T_2^4)$$

여기서, Q : 흡수하는 복사열
a : 스테판-볼츠만의 상수
A : 단면적
F : 기하학적 factor(인자)
T_1, T_2 : 물체의 절대온도
이다.

2 위험성물질(위험물 포함)의 화재위험

1 위험성물질의 정의 및 분류

(1) 위험성물질의 정의

위험성물질이란 화재를 일으켜 인적·물적재해를 수반하게 하거나 인체 또는 동·식물에 위해를 끼쳐 피해를 발생하게 하는 것으로서 그 종류는 이루말할 수 없이 많다 하겠다.

이러한 위험성물질은 특히 사람에 의해서 제조되는 화학약품, 연료용으로 사용되는 유류·가스, 폭약(폭발물 포함), 자연에서 얻어지는 물질 등에 다양하게 존재하고 있다.

(2) 위험성물질의 분류

① 우리나라의 경우

국내에서는 이러한 위험성물질의 저장·취급 및 사용시 안전사고 예방을 위해 위험물안전관리법, 고압가스안전관리법, 총포 및 화약류단속병, 독극물안전관리법 등을 제정하여 시행하고 있다.

위험물안전관리법에서는 위험성물질인 위험물을 유별성상에 따라 제1류로부터 제6류까지 6종류로 구분하며, 고압가스안전관리법규에서는 상온에서 가스인 물질을, 총포 및 화약류단속법규에서는 폭발성이 많은 화학류를, 독극물(유독물)안전관리법규에서는 유독성물질 등에 대한 사항을 규정하고 있다.

② 일본의 경우

일본에서는 위험성물질을 안전하게 저장·취급하기 위하여 위험성물질을 발화성·인화성·가연성·폭발성·산화성·금수성·강산성·부식성·유독성·유해성 및 방사성물질로 분류하고 있으며, 이들의 위험성물질에 대한 정의(정도)는 다음 표 4-17과 같다.

표 4-17 일본의 위험성물질에 대한 분류표(일본화학회 방재전문위원회 제정)

번호	위험성의 구분	위험성의 정의(정도)
1	발화성	물과 접촉하여 발화 또는 공기 중에서의 발화점이 40°C미만인 것
2	인화성	가연성가스 또는 인화점이 30°C미만인 것
3	가연성	인화점이 30°C이상 100°C미만인 것. 다만, 인화점이 100°C이상일지라도 발화점이 낮은 것
4	폭발성	5 kg의 중량을 가지는 낙추(落搥)로 1 m미만의 높이에서 자연낙하시킬 때 분해폭발 또는 가열에 의해서 분해폭발하는 것
5	산화성	가열·압축 또는 강산·알칼리 등의 첨가에 의해 강한 산화성을 나타내는 것
6	금수성	흡습 또는 물과 접촉시 발열 또는 발화, 유독가스 등을 발생하는 것
7	강산성	무기 또는 유기의 강산성
8	부식성	인체에 접할 때 피부나 점막을 강하게 자극하고 손상시키는 것
9	유독성	흡수독성을 주체로 흡수허용농도 50 ppm미만 또는 경구치사량 30 mg/m^{3}미만인 것
10	유해성	흡수독성을 주체로 흡입허용농도 50 ppm이상 200 ppm미만 또는 50 mg/m^{3}이상 200 mg/m^{3}미만의 것, 또는 경구치사량이 30 mg이상 300 mg미만인 것
11	방사성	원자핵 파괴변화에 의해 전리방사선을 방출하는 것

③ 미국의 경우

㉠ **미국운수성의** DOT(department of transportation) **규칙**

미국운수성의 규칙에 의해서 위험성물질을 안전하게 수송하기 위해서 위험성물질을 다음과 같이 14가지로 분류하고 있다.

- 화학류
- 유독물A
- 불연성가스
- 산화제
- 부식성액체
- 부식성고체
- 가연성액체
- 방사성물질
- 가연성가스
- 인화성액체
- 가연성고체
- 유독물B
- 자극성물질
- 그 밖의 통제된 물질

㉡ **미국방화협회**(NFPA, national fire protection of association)**에 의한 위험성의 등급**

미국방화협회에서는 위험성물질을 다음과 같이 건강위험성, 화재위험성 및 반응위험성의 3가지 등급으로 분류하고 있다.

다음의 표 4-18은 미국방화협회가 제정한 위험성의 등급을 나타낸 것이다.

또한, 미국방화협회에서는 위험성물질을 저장·취급하는 저장소·취급소 및 공장에 화재가 발생하였을 때 소화활동이 원활하게 이루어지도록 하고, 수송에 편리하도록 위험물의 위험성을 3등급으로 하여 다음과 같이 색상을 부여하고 있다.

- 건강위험성(health hazards) : 청색
- 반응위험성(reactivity hazards) : 황색
- 화재위험성(flammability hazards) : 적색

표 4-18 미국방화협회가 제정한 위험성의 등급

위험성의 등급		위험성의 정도(정의)
건강 위험성	4등급	극단적으로 단시간의 노출에 의해서도 사람을 치사시키거나 혹은 현장에서 의료가 가해져도 후에 중대한 건강장애를 남기는 물질
	3등급	단시간의 노출의 경우 현장에서 의료가 가해져도 일반적으로 중대한 장애 또는 후에 중한 장애가 남는 물질
	2등급	강한 노출 또는 지속적인 노출의 경우 일반적으로 의식상실이 일어나가나 혹은 현장에서 의료가 가해지지 않으면 후에 장애가 남을 우려가 있는 물질
	1등급	노출에 의해 자극작용을 받지만 의료가 가해지지 않아도 후에 남는 장애가 경미한 물질
	0등급	화재시 노출이 있어도 통상의 가연성의 위험성이 이상의 위험성을 나타내지 않는 물질
반응 위험성	4등급	그 자신이 용이하게 폭발을 일으키는 것, 혹은 상온·상압하에서 폭발적인 분해 또는 반응을 일으키는 물질
	3등급	그 자신이 폭발 또는 폭발적 분해를 일으키지만 폭발시키기 위해서는 강력한 기폭원 또는 제한된 상태에서 가열시킬 필요가 있는 물질 및 물과 폭발적으로 반응하는 물질
	2등급	그 자신의 상태가 불안정하여 용이하게 화학반응을 일으켜 폭발에 이르는 물질 및 물과 격렬하게 반응하거나 또는 물과 접촉하여 폭발성 혼합물을 형성하는 물질
	1등급	그 자신은 안정하지만 고온·고압의 상태가 되면 불안정하게 되는 물질 및 물과 반응하여 다소 비열하지만 그 정도가 심하지 않는 물질
	0등급	그 자신은 상온에서도 재차 화재에 노출된 상태에서도 안정한 물질 및 물과의 반응이 없는 물질
화재 위험성	4등급	상온·상압하에서 급속히 또는 완전히 기화하거나 혹은 용이하게 확산하는 물질
	3등급	통상의 온도하에서 착화되는 액상 또는 고체상의 물질
	2등급	착화시키기 위해서는 약간 가열되거나 또는 비교적 높은 온도까지 가온할 필요가 있는 물질
	1등급	착화시키기 위해서 예열할 필요가 있는 물질
	0등급	불연성물질

2 위험성물질의 성상 및 안전관리

(1) 발화성(發火性)물질의 성상(性狀) 및 안전관리

발화성물질에는 「위험물안전관리법시행령」 별표1의 제2류·제3류위험물 등이 해당된다.

일반적으로 가연성물질은 공기 중에서 그 물질을 발화점이상의 온도로 일정시간 동안 가열하면 발화하는 것으로 만일 이 발화점이 상온에 가까운 것이면 그 물질을 용기에서 꺼내는 순간에 발화할 위험이 있다.

공기 중에서 자연적으로 발화하는 것에는 발화온도가 30°C인 황인이 있으며, 이 황인은 비교적 온도가 높은 여름철 햇빛을 받게 되면 발화하기 때문에 보호액인 물속에 저장하여야 한다.

또한, 최근에 플라스틱 제조의 중합(重合)촉매로 사용되는 트라이메틸알루미늄[$Al(CH_3)_3$] 등도 발화점이 낮은 것의 하나로서 공기 중에서 꺼내면 즉시 발화하므로 앰풀(ampule)에 넣어서 공기와 접촉하지 않도록 저장한다.

물과 반응하기 쉬운 물질 중에는 물과 접촉할 때 반응열을 발생하거나 가연성가스를 발생하는 것이 있다.

예를 들면, 나트륨은 물과 반응하여 수소를 발생하는 동시에 현저하게 발열하므로 물과 접촉한 순간에 발화하여 나트륨 자신이 연소하기 시작한다.

나트륨은 공기 또는 물과의 접촉을 피하기 위하여 석유류속에 저장한다. 때때로 용기가 부식되어서 석유가 유출되어 나트륨이 노출된 곳이 침수되거나 또는 물이 누설하여 물과 접촉하면 발화한다. 또한, 나트륨(Na)이나 칼륨(K)을 저장하는 저장창고에서 발화하는 것은 이와 같은 원인에 의한 경우가 많다.

나트륨(Na)·칼륨(K)외에 리튬·나트륨아말감·나트륨아마이드·붕수소화나트륨·붕수소화리튬 등이 있다.

발화성물질은 일반적으로 공기에 직접 접촉하지 않도록 밀봉하고, 다른 위험성물질과 격리하여 저장하여야 한다.

특히, 발화성물질을 저장·취급 및 사용에 있어서는 안전기구를 사용하고 직접 피부에 접촉하지 않도록 하여야 한다.

(2) 인화성(引火性)물질의 성상 및 안전관리

메탄·아세틸렌·프로판·황화수소·수소·수성가스·석탄가스 등의 가연성가스는 화염 등의 발화원에 접촉하면 쉽게 인화하여 가스화재 또는 가스폭발을 일으키므로 가연성가스는 모두 이 분류(分類)에 속한다.

일반적으로 사용되고 있는 연료에는 석탄가스·액화석유가스(LPG)·도시가스·액화천연가스(LNG) 등이 있으며, 합성연료나 시료(試料)로서 그 밖의 여러가지 가연성가스를 사용하는 경우가 많이 있다. 이들의 가연성가스는 실험적으로 발생시켜 사용하는 경우도 있고, 액화가스 또는 압축가스로 고압용기에 저장하여 두었다가 필요에 따라 사용하기도 한다. 이러한 경우 화재의 발생을 예방하기 위해서는 발화원이 되는 화기나 열원의 관리를 철저히 하는 동시에 폭발성 혼합가스가 생성되지 않도록 충분한 화재예방대책이 요구되고 있다.

비등점이 낮은 가연성액체(인화성액체로서 「위험물안전관리법시행령」 별표1의 제4류위험물)는 상온(20±2°C)에서 증발하여 가연성의 증기를 발생하며, 이들의 가연성증기는 앞에서 설명한 가연성가스와 동일한 성질을 가지는 것으로 취급하여야 한다.

가연성액체의 위험성은 액체의 종류에 따른 인화점에 의하여 결정되는 데 인화점이 30°C미만인 것은 대부분 상온에서 인화의 위험성이 있는 것으로 인화성액체라 하여 이 분류에 넣어 취급한다.

물론 인화성물질의 분류속에는 액체뿐만 아니라 승화(昇化)에 의하여 가연성증기를 발생하는 나프탈렌·파라알데하이드·요도·장뇌·승홍 및 응고점이하의 벤젠 등의 인화성고체도 포함된다.

인화성액체 중에는 이황화탄소·벤젠·톨루엔·자일렌·에틸아민·피리딘·초산에틸·초산아밀·아세톤·메탄올·에탄올·아이소프로필알코올·부탄올·*n*-헥산·가솔린·등유·경유 등과 그 밖의 여러가지 탄화수소류·에테르류·알데하이드류·케톤류·에스테르류·아민유·나이트로화합물 등의 유기화합물이 포함된다.

(3) 가연성(可燃性)물질의 성상 및 안전관리

일반적으로 가연성물질이라 하면 연소하는 성질을 갖는 모든 물질을 말하는 것으로서 위에서 설명한 발화성물질 및 인화성물질은 물론 목재·종이·헝겊·석탄·도료·파라핀·중유 등까지도 포함된다. 그러나 여기에서는 주로 작업에 사용하는 화학약품 중에서 비교적 연소의 위험성이 큰 것을 가리키는 의미로서 발화성 및 인화성물질을 제외하고 인화점이 30°C이상 100°C미만인 가연성물질로 한정하여 생각하기로 한다. 이들의 물질 중에는 인화성액체에서 설명한 것과 같은 분자구조를 갖는 아주 많은 유기화합물이 포함되고, 이들의 거의 대부분이 액체이다.

앞에서 설명한 가연성액체는 상온에서는 인화하기 어렵지만 온도가 상승하여 인화점 이상이 되면 인화성액체와 동일한 인화위험성을 가지므로 이들을 취급할 때에는 세심한 주의를 하여야 한다.

특히, 가연성액체를 사용하는 화합·혼합·용해반응 등에 있어서 가열할 필요가 있는 경우에는 그 위험성은 앞에서 설명한 인화성액체와 조금도 다를 바가 없다.

가연성액체는 상온에서는 인화하지 않는다고 하지만 이것이 다공질(多孔質)의 재료로 사용되는 종이·헝겊·로프 등에 스며들면 상온에서도 쉽게 발화하여 연소하기 시작한다.

많은 양의 폐액을 배수구에 흘러보내는 것은 위험하므로 절대로 금지하여야 하며, 많은 양의 인화성액체 및 가연성액체의 저장은 「위험물안전관리법시행령」 별표1의 위험물 중 제4류위험물의 저장·취급 및 사용규정에 적합하게 취급하여야 한다.

(4) 폭발성(爆發性)물질의 성상 및 안전관리

폭발성물질의 대표적인 것은 화약류이며, 이것은 조그마한 압력이나 충격 또는 가열에 의해서 폭발한다.

작업장에서 취급하는 폭발성물질 중에는 질산에틸·트라이나이트로톨루엔·나이트로에탄·나이트로메탄·피크린산·피크린산암모늄·헥산나이트로다이페닐아민·헥사나이트로다이페닐아민칼슘·질산구아니딘·질산요소·질산암모늄·과염소산암모늄 등이 있다. 이들 물질은 강한 충격을 받거나 가열하면 폭발할 우려가 있으므로 될 수 있는 한 소량씩 취급하고, 필요이상으로 작업장에 저장하지 말아야 한다.

이와 같은 폭발성물질은 「위험물안전관리법시행령」 별표1의 위험물로 취급하고 있으며, 폭발성이 강한 질산에 의해 나이트로화되어 있으므로 충격주의, 화기엄금의 주의사항을 항상 부착하여야 한다.

특히, 최근에 와서 라디칼(radical) 중합개시제(開始濟)로 사용되는 과산화벤조일·과산화메틸·에틸케톤 등의 각종 유기화합물은 모두 충격이나 가열·마찰 등에 의하여 폭발을 일으키는 경우가 있으므로 이 분류속에 포함시킨다.

가연성가스는 공기 중에서 폭발범위의 농도를 형성하게 되면 점화원의 존재하에 폭발을 일으킨다.

다음은 분해폭발·중합폭발·분해폭발과 중합폭발을 동시에 일으키는 물질에 대한 설명이다.

① 분해폭발

분해폭발을 일으키는 물질에는 아세틸렌(C_2H_2)·과산화물·과염소산칼륨($KClO_4$) 등이 있다.

㉠ 아세틸렌

아세틸렌(C_2H_2)은 공기 중에서 분해폭발을 일으킬 수 있는 위험성이 가장 큰 가연성의 가스이다. 그러므로 분해폭발시에 발생되는 분해열은 화재를 일으킬 위험성이 높다. 특히, 아세틸렌을 1기압보다 높은 압력으로 압축하면 $C_2H_2 \rightarrow 2C + H_2$로 분해되면서 외부로 54 kcal의 열을 발생하므로 이 열에 의해서 폭발을 일으킬 위험이 있다. 그러므로 아세틸렌은 다공성용기에 용제인 아세톤과 DMF(다이메틸폼아마이드)가 들어 있는 상태에서 충전하고 있다. 또한, 아세틸렌은 동·은·수은 등과 반응하여 금속아세틸라이드를 생성하며, 이때 생성된 아세틸라이드는 극히 불안정하므로 충격에 의해 심한 분해폭발을 한다.

아세틸렌(C_2H_2)과 동(Cu)과의 반응

$$2C_2H_2 + 2Cu \rightarrow Cu_2(C_2H_2)_2$$

(아세틸렌) (동) (동아세틸라이드)

㉡ **염소산칼륨**

산과 접촉하면 분해하여 아염소산(ClO_2)이 생성되고, 아염소산(ClO_2)은 공기와 혼합하면 바로 폭발하는 성질을 가지고 있으므로 염소산칼륨과 황산의 접촉은 위험하다.

㉢ **과산화물**

불안정하기 때문에 분해폭발을 일으키기 쉬우며, 가열·충격 및 마찰에 민감하다. 에테르의 경우에는 공기 중의 산소를 흡수하여 그 내부에 과산화에테르를 생성하고, 증류시에는 농축된 과산화에테르의 폭발이 발생된다.

② **중합폭발**

분자내부에 2중결합 또는 3중결합의 불포화탄화수소가 분자사이에 서로 중합반응을 일으기며, 이 과정에서 생성되는 중합열에 의해서 중합폭발을 일으킨다. 그러므로 중합반응을 일으키는 물질에는 부타다이엔·염화비닐·산화에틸렌·사이안화수소 등이 있다.

㉠ **부타다이엔**

분자식은 C_4H_6로서 분자내에 2중결합이 2개 들어 있으므로 이들이 서로 중합반응을 일으키므로 중합폭발할 위험이 있다.

㉡ **염화비닐**

분자식은 C_2H_3Cl로서 폴리비닐클로라이드(PVC)의 제조에 사용되는 물질이지만, 중합과정에서 발생되는 중합열에 의해 중합폭발을 일으킬 위험이 있다.

㉢ **산화에틸렌**

수산화나트륨(NaOH) 등과의 접촉에 의해 급격한 중합을 일으켜 폭발하는 경우가 있다.

㉣ **사이안화수소**

불안정하고 급격한 중합반응을 일으키면서 폭발을 일으킬 위험이 있다. 사이안화수소는 저장용기에 충전하고 60일이 경과되면 착색(색상)여부를 확인하여 갈색으로 착색되었으면 재충전하여 사용하여야 한다. 만일, 사이안화수소가 갈색으로 착색되면 중합반응이 일어났으므로 중합열에 의해 화재를 발생시킬 위험이 있으므로 주의하여야 한다.

③ 분해·중합폭발

산화에틸렌(C_2H_4O)은 불포화탄화수소인 에틸렌에 산소가 결합된 것으로 분해폭발과 중합폭발을 동시에 일으켜 화재를 발생시킬 위험성이 높으므로 가열·충격 또는 마찰되지 않도록 하며, 일정한 장소에서 장기간 저장하지 않아야 한다.

(5) 산화성(酸化性)물질의 성상 및 안전관리

산화성물질이란 가연물질에 산소를 공급하여 화재를 발생하게 하거나 금속 등에 산소를 공급하여 녹을 슬게하거나 부식시켜 사용할 수 없도록 하는 물질을 말한다.

이러한 산화성물질은 기체·액체 및 고체상태의 물질로 존재한다.

기체상태의 산화성물질에는 산소·염소·아산화질소 등의 모든 조연성가스가 해당되며, 압축산소외에 액화산소·액화염소 등은 산화성물질로서 매우 강한 산화성을 갖는다. 예를 들면, 압축 산소용기의 감압변(減壓弁) 등에 윤활유를 사용하면 산소에 의해서 발화하여 철제(鐵製)부분이 연소되어 고압가스가 분출되는 경우가 있으므로 산소의 고압가스용기에 부착되는 압력계·밸브·배관 등에 주유(注油)하는 것은 절대로 금지하여야 한다.

액화산소가 목재와 같은 다른 가연성의 다공질재료에 스며들면 충격 등에 의하여 큰 폭발을 일으키는 수가 있으며, 액화염소는 유기물과 접촉하면 발화하거나 폭발을 일으킨다. 이 외에도 액상인 브롬(Br)·과산화수소 등도 산화성을 가지고 있다. 또한, 고체인 산화성물질에는 강산화성 산의 염류가 있다.

산화성물질에는 염소산칼륨·과염소산암모늄·과산화바륨·과망간산칼륨·요오드산나트륨·과요오드산나트륨·크롬산암모늄·중크롬산암모늄·질산은·아염소산나트륨·아질산칼륨 등의 많은 염류가 있으며, 그 외에 유리(遊離)상태의 강산화성 산이 있다.

예를 들면, 과염소산·산화크롬·질산·발연질산·발연황산 등이 있다.

물론 위에서 설명한 염류도 황산 등이 강산과 혼합하면 유리상태의 강산화성 산을 생성하는 데 이들 유리상태의 산은 매우 불안정하므로 이들을 접촉하는 것은 위험하다. 따라서 유리상태의 강산화성 산과 염류는 구별하여 생각할 필요가 있다.

과망간산칼륨과 농(濃)황산의 혼합물은 여기에 접촉하는 종이조각을 연소시키기에 충분한 산화력을 갖고 있는 데 이 조작 중에 종이가 탄화되어 생성된 탄소가 섞여 들어가서 다시 종이조각을 접촉시킬 때 폭발을 일으키는 수가 있다. 이 때 유리기구 같으면 파손되어 파편에 의한 상태 특히, 실명(失明)같은 중대한 부상을 입을 수가 있다.

산화성물질은 일반적으로 환원성물질과의 혼합에 의하여 위험을 발생시키는 데 이와 같은 위험을 혼합위험이라고 부르기도 한다.

「위험물안전관리법시행령」 별표1의 위험물 중 제1류위험물은 산화성고체이며, 제6류위험물은 산화성액체이므로 이 분류의 산화성물질에 포함시킨다.

(6) 금수성(禁水性)물질의 성상 및 안전관리

「위험물안전관리법시행령」 별표1의 위험물 중 제3류위험물이 주로 해당되며, 공기 중의 수분을 흡수하거나 물과 접촉하는 경우 발화 또는 발열한다. 또한, 자연발화성물질은 앞에서 설명한 것과 같이 자연적으로 발열 또는 발화하므로 금수성물질에 포함시켜 저장·취급 및 관리하여야 한다. 예를 들면, 칼륨·나트륨·리튬·알킬알루미늄 등은 발화성 및 금수성물질의 양쪽 성질을 모두 가지므로 특히 주의하여야 한다. 이것들 외에 금수성으로 생각되는 것에는 염화유황·무수염화주석·염화인·과산화나트륨·클로로설폰산·오산화인·탄화칼슘·발연황산·마그네슘분말·수소화리튬 등이 있으며, 인화칼슘·인화알루미늄·인화아연 등과 같이 습기를 흡수하거나 물과 접촉할 때 유해가스를 발생하는 것도 있다.

이들의 물질은 물과 혼합할 때 혼합위험을 나타내는 것으로서 금속제 또는 유리로 만든 용기 등에 밀전하여 저장·취급한다.

(7) 강산성(强酸性)물질의 성상 및 안전관리

황산·질산·염산·과염소산·불화수소산·유리상태의 o-인산(오쏘 인산), 염화초산·이염화초산·삼염화초산 등이 있다. 이들의 위험성물질은 산성을 나타내고 있기 때문에 금속재료를 부식시키거나 또는 금속과 작용하여 가연성의 수소가스를 발생시켜 화재를 일으킬 위험성이 있으므로 저장·취급시 주의하여야 한다.

인체에 접촉하면 피부나 점막을 부식시키는 작용이 심하며, 물과 접촉하면 대부분의 경우 발열하고 앞에서 설명한 것과 같이 산화성의 염류와 접촉하면 강산화성의 산을 유리시켜 폭발의 위험을 가져온다. 그러므로 「위험물안전관리법시행령」 별표1의 위험물 중 산화성고체인 제1류위험물과 산화성액체인 제6류위험물이 여기에 해당된다.

3 위험물의 유별성상

(1) 위험물의 정의

위험물이란 인체에 유해를 주거나 화재를 일으킬 위험성이 있는 것으로서 대통령령으로 정하는 인화성 또는 발화성물품인 「위험물안전관리법시행령」 별표1의 제1류에서부터 제6류까지 45종류의 물질을 말한다.

「위험물안전관리법시행령」에서는 이들의 물질을 물리·화학적성질 및 위험성이 유사한 물질인 산화성고체(제1류위험물), 가연성고체(제2류위험물), 자연발화성 및 금수성물질(제3류위험물), 인화성액체(제4류위험물), 폭발성물질(제5류위험물) 및 산화성액체(제6류위험물) 등의 6종류로 분류하고 있다.

(2) 위험물의 유별 성상 및 저장·취급 등

① 제1류위험물의 성상 및 저장·취급 등

㉠ 종류(품명)

제1류위험물에는 염소산염류·아염소산염류·과염소산염류·무기과산화물류·브롬산염류·질산염류·요오드산염류·삼산화크롬산·과망간산염류·중크롬산염류 등이 있다.

㉡ 일반적인 성상

산화성고체로서 상온에서 고체상태로 존재하며, 반응성이 강하여 열이나 충격·마찰 및 다른 약품과의 접촉시 쉽게 분해한다.

산화성고체는 분해시 외부로 많은 열을 방출함으로써 가연물질의 연소를 돕는 조연성물질의 역할도 하며, 때때로 폭발하는 경우도 있다.

㉢ 저장 및 취급방법

- 산화되기 쉬운 물질, 산 등으로부터 격리하여야 한다.
- 화재의 위험이 있는 곳으로부터 떨어진 장소에 저장한다.
- 용기가 파손되지 않도록 하고, 밀봉하여 저장한다.
- 이물질의 혼입을 방지하고, 위험물의 누출을 막는다.
- 가열·마찰·충격을 피한다.
- 분해작용을 하는 이물질과의 접촉을 피한다.

㉣ **소화방법**

- 알칼리금속의 과산화물은 금수성이 있으므로 마른모래 등을 사용한 질식소화를 해야 하며, 물을 사용해서는 아니 된다(과산화물은 물과 반응하면 산소를 방출한다).
- 위험물의 자체분해로 방출된 산소는 가연물의 연소를 돕기 때문에 연소속도가 빠르고, 열분해가 활발해지므로 제1류위험물의 분해를 방지하기 위해서는 물로 냉각시켜 소화하여야 한다.
- 자체 화재시에는 주위의 가연물에 다량으로 물을 뿜어서 연소확대를 막도록 해야 한다.
- 질산염류의 화재시에는 유독가스가 발생되므로 소화작업에 특별한 주의가 요구된다.

② 제2류위험물의 성상 및 저장·취급 등

㉠ **증류(품명)**

제2류위험물에는 황화인·적인·유황·철분·마그네슘·금속분류 등이 있다.

㉡ **일반적인 성상**

가연성고체는 상온에서 고체상태로 존재하며, 산화제와 접촉하면 마찰 또는 충격으로 급격하게 폭발할 수 있는 가연성·이연성물질로서 비교적 낮은 온도에서 착화하기 쉬운 가연물질이기 때문에 화재시에는 연소속도가 매우 빠르다.

또한, 화재시 유독성가스를 많이 발생하고 금속분은 물과 반응하여 수소를 발생하기도 하며, 산과 접촉시 발열한다.

㉢ **저장 및 취급방법**

- 점화원으로부터 멀리하고 가열을 피한다.
- 산화제와의 접촉을 피한다.
- 강한 독성이 있으므로 취급에 주의하여야 한다.
- 금속분은 산 또는 물과의 접촉을 피한다.
- 저장용기의 파손, 위험물의 누설에 주의하여야 한다.

㉣ **소화방법**

- 주수에 의한 냉각소화를 하여야 한다(금속분 제외).
- 금속분의 화재시에는 마른모래를 사용한 피복소화가 효과적이다. 철분·마그네슘·금속분류의 화재시 주수소화를 하게 되면 물과 반응하여 발열반응을 하면서 수소를 발생하므로 마른모래를 사용하여야 한다.

③ 제3류위험물의 성상 및 저장·취급 등

㉠ 종류(품명)

제3류위험물에는 칼륨·나트륨·알킬알루미늄·알킬리튬·알칼리금속류 및 알칼리토금속류·유기금속화합물류·금속수소화합물류·금속인화합물류 및 칼륨 또는 알루미늄의 탄화물류 등이 있다.

㉡ 일반적인 성상

자연발화성 및 금수성물질로서 상온에서 고체상태로 존재하며, 접촉시 발열만 하는 것, 가연성가스를 발생하는 것, 급격히 발화하는 것 등의 성질을 갖는다. 특히, 칼륨·나트륨 등은 공기 중에서도 연소하는 가연성의 성질이 있다.

㉢ 저장 및 취급방법

- 용기의 파손 및 부식을 막으며, 수분과의 접촉을 방지한다.
- 보호액속에 위험물을 저장할 경우 위험물이 보호액 표면에 노출되지 않게 주의한다.
- 가연성가스를 발생하는 위험물은 화기에 주의한다.
- 많은 양을 한 장소에 저장하지 말고, 소분하여 여러장소에 저장한다.
- 황인은 공기 중에서의 산화를 피하기 위하여 물속에 저장한다.

㉣ 소화방법

- 마른모래 및 금속화재(D급화재)용 분말소화기를 사용하여 소화하여야 한다.
- 발화·금수성물질이므로 물을 충전한 소화기구를 사용할 수 없다(단, 황인의 화재시에는 물에 의한 소화가 가장 효과적이다).

④ 제4류위험물의 성상 및 저장·취급 등

㉠ 종류(품명)

제4류위험물에는 특수인화물류·제1석유류·알코올류·제2석유류·제3석유류·제4석유류·동식물유류 등이 있다.

㉡ 일반적인 성상

인화성액체는 상온에서 액체상태로 존재하거나 비교적 낮은 온도에서 액체로 되는 물질로서 대단히 인화되기 쉽고 물보다 가벼우며, 물에 쉽게 용해되지 않는다. 특히, 인화온도와 연소범위의 하한이 낮은 것이 특징이며, 위험물에서 발생하는 증기는 공기보다 무겁다. 또한, 일반적인 발화온도가 낮고 폭발범위의 하한계 값이 낮다.

㉢ **저장 및 취급방법**

- 인화점이하로 온도를 유지한다.
- 용기의 파손으로 인한 누설을 방지하고, 저장 및 취급시 인화성액체나 증기의 누설에 주의한다.
- 불티·불꽃·화기 그 밖의 열원의 접근을 피한다.
- 증기의 발생을 억제 또는 증기를 높은 장소로 배출시키거나 통풍이 잘 이루어지도록 한다.
- 사고에 대비하여 누설액 부피·표면적·누출증기량 등을 고려하고, 인화 및 발화를 방지하기 위한 조치를 하여야 한다.

㉣ **소화방법**

- 가연성액체의 소화는 산화제 역할을 하는 공기의 공급을 차단하거나 가연물질을 제거하여 소화한다.
- 알코올류와 같은 수용성위험물은 특수한 안정제를 가한 알코올형포소화약제를 사용하여 소화한다.
- 수용성가연물질인 알코올류·알데하이드류·케톤류·에테르류·에스테르류이외의 제4류위험물은 포말·이신화탄소·할로겐화합물·분말소화약제를 이용한 소화방법이 적합하다.
- 비중이 물보다 무거운 화재시에는 물을 무상으로 방사하는 물분무소화설비도 적합하다.

⑤ 제5류위험물의 성상 및 저장·취급 등

㉠ **종류(품명)**

제5류위험물에는 유기과산화물류(다이아이소프로필퍼옥시다이카보네이트·아세틸퍼옥사이드·벤조일퍼옥사이드·호박산퍼옥사이드), 질산에스테르류(나이트로셀룰로오스·나이트로글리세린·질산에틸·나이트로글리콜), 셀룰로이드류(질화도가 낮은 나이트로셀룰로오스에 장뇌와 알코올을 녹여 교질상태로 만든 것), 나이트로화합물류(트라이나이트로톨루엔·트라이나이트로페놀 또는 피크린산·다이나이트로벤젠·다이나이트로톨루엔·다이나이트로페놀), 나이트로소화합물(파라다이나이트로소벤젠·다이나이트로소레조르신), 아조화합물류, 다이아조화합물류(다이아조다이나이트로페놀, 질화납 또는 아지화연)·하이드라진유도체(하이드라진·염산하이드라진·황산하이드라진)가 있다.

㉡ 일반적인 성상

- 자기자신이 연소에 필요한 산소를 가지고 있기 때문에 외부로부터 산소의 공급이 없어도 점화원(발화원)만 있으면 연소 또는 폭발을 일으킬 수 있는 자기연소성물질로서 모두 유기화합물이며, 유기과산화물류를 제외하고는 질소를 함유한 유기질소화합물이다.
- 대부분 물에는 잘 용해되지 않으며, 물과 반응하지 않는다.
- 가연성의 액체 또는 고체물질과 연소할 때에는 많은 양의 가스를 발생한다.

㉢ 위험성

- 불안정한 물질로서 공기 중에서 장기간 저장시 분해반응을 일으키며, 분해열의 축적에 의해서 자연발화의 위험이 있다.
- 작은 점화원에 의해서도 연소폭발을 일으키며, 연소속도가 빠르고 폭발적이다.
- 가열·충격·마찰에 예민하며, 강산화제 또는 강산류와 접촉시 위험성이 현저히 증가한다.
- 연소시에 발생하는 가스는 유독하며, 밀폐된 건물내에서 화재발생시 매우 위험하다.
- 유기과산화물류는 그 내부에 과잉산소가 함유되어 있으므로 매우 상태가 불안정하며, 농도가 높은 것은 가열·직사광선·충격·마찰 등에 의해서 폭발할 위험성이 높다.

㉣ 저장 및 취급방법

- 용기의 파손 및 균열에 주의한다.
- 화재시 소화가 어려우므로 소량씩 나누어 저장한다.
- 점화원 및 분해를 촉진시키는 물질로부터 멀리 이격시켜 저장한다.
- 안정제(용젤 등)가 함유되어 있는 것은 안정제의 증발을 막고 증발되었을 때에는 즉시 보충하여야 한다.
- 운반용기 및 포장외부에 '화기엄금'·'충격주의' 같은 주의사항을 표시한다.

㉤ 소화방법

- 화재장소로부터 연소하지 않은 가연물질을 안전한 장소로 이동시킨다.
- 자기연소성물질이기 때문에 이산화탄소·할로겐화합물·분말·포소화약제 등에 의한 질식소화는 효과가 없으며, 많은 양에 의한 냉각소화가 가장 효과적이다.
- 초기화재 또는 소량의 화재시에는 분말에 의해서 일시에 화염을 제거하여 소화할 수 있으나 재발화가 염려되므로 최종적으로는 물에 의해서 냉각소화하여야 한다.
- 밀폐된 공간내에서 화재가 발생하였을 때에는 반드시 공기호흡기를 착용하여 유독가스에 질식되지 않도록 한다.
- 화재시 폭발위험이 존재하므로 화재의 소화시에는 충분한 안전거리를 유지하며, 접근

시에는 화재의 상태나 폭발성 여부에 따라 방수방법을 선택하여 적용시키되 방수시에는 무인방수포 등을 이용하여 화재를 소화한다.

⑥ 제6류위험물의 성상 및 저장·취급 등

㉠ 종류(품명)

제6류위험물에는 과염소산·과산화수소·황산·질산 등이 있다.

㉡ 일반적인 성상

산화성액체로서 상온에서 액체상태로 존재하며, 산소를 많이 함유하고 있는 강산화제이므로 물과 접촉시 발열한다(과산화수소를 제외하고는 강한 산성을 갖는다). 유기물질과 혼합하면 그것을 산화시키며, 때로는 유독성가스도 발생시켜 옷·금속 등을 부식시키므로 저장·취급 및 사용시 주의가 필요하다.

㉢ 저장 및 취급방법

- 가연물질이나 분해촉진을 유발하는 약품류와는 접촉을 피한다.
- 용기의 파손으로 위험물이 누출되어 다른 물질과 혼합 또는 접촉되지 않도록 하고 용기에 옮겨 담을 경우 물과 접촉하면 발열하므로 물과의 접촉을 피하며, 잘 밀봉하여 관리한다.

㉣ 소화방법

- 마른모래나 이산화탄소 등을 사용하여 소화한다.
- 경우에 따라서는 분무상태의 물, 위급할 때에는 다량의 물로 희석한다.
- 위험물의 유출시에는 마른모래를 뿌리거나 중화제로 중화시킨다.

4 위험물의 화재위험

위험물은 국내에서도 「위험물안전관리법」으로 사용·저장 및 취급 등에 대하여 규제하고 있으므로 안전관리에 최선을 다하고 있으나 그 종류나 특성이 다양하고 사용·취급·저장시 불안정한 행위 및 행동에 의해서 화재의 발생이 빈번하며, 화재발생시 그 특성에 따라 소화방법도 상이하므로 많은 주의를 하여야 한다.

이러한 위험물은 화재에 대한 출화위험·연소확대위험·소화곤란위험·손상위험 등을 가지고 있으므로 이들의 위험성에 대해서 다음과 같이 설명하고자 한다.

(1) 출화위험

① 인화의 위험

위험물 중 제4류위험물 등은 대부분 상온(常溫)에서 액체상태로 존재하며, 인화점이 낮으므로 낮은 온도에서도 인화할 위험성이 높다.

㉠ 작은 화원에서 인화한다.

㉡ 먼 거리에서도 인화하며, 저온에서 인화한다.

㉢ 수분과 반응하여 인화성가스를 발생한다.

㉣ 혼합·접촉에 의해 발화하기도 하며, 다른 물질을 발화시킨다.

② 발화의 위험

위험물은 발화하기 용이하고 다른 물질에 활성화에너지를 공급하여 발화시키는 성질이 강하다.

㉠ 저온에서 발화하고 작은 가열에 의해서도 발화한다.

㉡ 충격·마찰 및 혼합·접촉에 의해 발화되고, 다른 물질을 발화시킨다.

③ 자연발화의 위험

외부로부터 가열이 없어도 일정한 장소에 장기간 저장하는 경우 내부의 반응열이 축적되어 온도가 상승함으로써 발화점에 도달하여 발화한다.

㉠ 공기 중의 산소와 반응하여 산화함으로써 자연발화한다.

㉡ 수분과 반응하여 자연발화한다.

㉢ 분해 또는 혼합하여 발열하고, 자연발화하거나 자연발화시킨다.

(2) 연소확대위험

위험물화재는 위험물 그 자체가 가지고 있는 특성에 의해 연소·폭발의 위험성이 크며, 연소가 시작되면 단시간내에 연소확대의 위험성이 크다.

① 이연성(易燃性)

㉠ 발화의 에너지값이 적어도 연소가 용이하다.

㉡ 연소열 및 연소속도가 크다.

㉢ 낮은 농도의 산소하에서도 연소한다.

㉣ 연소시의 온도가 높으며, 질식성가스인 이산화탄소(CO_2)·이산화질소(NO_2) 중에서도 연소한다.

② 속연성(速燃性)

㉠ 가연성가스·미분자·미세한 방울을 생성한다.
㉡ 고농도의 산소를 방출한다.
㉢ 분자내 연소가 일어나며, 혼합·접촉에 의해 발화한다.

③ 초기소화 곤란성

㉠ 물에 의한 소화가 곤란하며, 저농도의 산소 중에서도 연소한다.
㉡ 연소성이 강하고 연소가 용이하므로 초기의 소화가 곤란하다.

(3) 손상위험

위험물은 일반가연물질과는 달리 인화·폭발의 위험성이 강하므로 소화활동을 저해하고 소방력을 약화시켜 인명·재산상의 피해를 확대시킨다.

① 대인위험

사람(인체)에 대한 위험한 작용으로 위험물 자체가 위험성을 가지거나 연소나 소화시에 생성되는 물질이 위험성을 가지고 있다.

㉠ 중독위험
위험물 또는 위험물로부터 발생되는 가스·증기 등이 인체(사람)의 피부·소화기계통·호흡기계통을 통하여 체내로 흡수되어 생리기능에 장애를 주고 중독증상을 나타낸다.

㉡ 질식위험
위험물의 연소로 인하여 발생된 가스에 의해서 산소의 결핍현상이 일어나거나 질식성·유독성가스의 방출에 의해 사람이 질식될 위험이 있다.

㉢ 부식위험
피부·점막 등과 접촉하는 경우 자극·염증 등을 일으키고 강산·강알칼리를 생성시킨다.

㉣ 화상위험
일반적인 화재에 의한 화상과는 달리 치료가 어려운 화상을 일으키는 것이 있고 고온·위험물의 생리작용에 의해서 또는 내부로의 침투에 의해서 화상을 일으킬 위

험이 있다.

㉤ **외상위험**

화상이나 부식외에 폭풍에 의한 폭압이나 비산물로 인하여 외상을 초래하고 고온의 복사로 인하여 각막을 손상시킨다.

② 대물위험

물체에 대한 위험한 작용으로 물질파괴·변형·변질을 일으키며, 열량이 높은 경우는 발화한다. 또한, 의류·장신구 등의 물품가치를 상실한다.

㉠ **부식위험**

금속이나 목재 등을 부식시키는 위험물이 있으며, 물·습기 또는 혼합에 의해서 강산·강알칼리를 생성하기도 한다.

㉡ **가열위험**

위험물의 발열반응에 의해서 다른 물질에 대한 변형·변질을 일으키며, 위험물의 화재시 에너지나 생성물이 작용하는 경우가 있다.

㉢ **파손위험**

위험물의 화재시에 사용되는 소화약제에 의해 또는 소화작업으로 인하여 피연소물질에 피해를 유발한다. 특히, 연소(화재)가 격심하기 때문에 폭발을 야기시키는 위험물의 파손은 현저하다.

(4) 소화곤란위험

위험물의 화재시에는 일반적으로 소화하기 곤란하므로 위험물의 유별 성상(性狀)에 따라 적합한 소화약제와 소화방법을 선택하여 적용하여야 한다. 그렇지 않으면 사람이나 물건에 대한 손해가 크고 피해가 증대하게 된다.

① 물에 대한 위험

위험물 화재시에 위험물의 유별 성상에 관계없이 물을 소화약제로 사용하는 경우 오히려 화재를 확대시킬 우려가 있으므로 주의하여야 한다.

㉠ 발열하며, 고온이 발생된다.
㉡ 발화 또는 폭발한다.
㉢ 부식성이 강한 강산·강알칼리를 생성한다.
㉣ 유독 또는 유해한 물질을 생성된다.
㉤ 주수(注水)에 의한 비산·부유하고 화재면을 확대한다.

② 고온위험

산소와의 친화력이 강한 위험물(질)은 격렬하게 연소하며, 고온을 낸다. 그러므로 고온으로 인한 열상·화상·용융 등이 일어난다.

③ 연소의 계속 위험성

위험물은 일반적인 화재보다도 나쁜 조건에서 연소를 계속하고 조건에 따라서는 화재 확산의 위험성이 있다.

④ 연기의 발생

화재시 목재가연물질에 비해 많은 양의 연기를 발생시키는 위험물이 있으며, 이 때 발생되는 연기에 의해 피난자의 피난행동이 부자연스럽고 소화활동상 대책이 필요하다.

⑤ 폭발성

폭발성 위험물의 화재시에는 화재의 규모에 따라 소화방법을 유효적절하게 적용하되 직접 대응하는 것보다는 간접 대응방식을 선택하여야 한다.

5 위험성을 나타내는 인자(因子)

(1) 위험성을 나타내는 인자의 정의

화재의 위험성은 기체·액체 및 고체상태의 가연물질 자신이 가지고 있는 융점(녹는 온도), 비등점(끓는 온도), 비중(공기 또는 물을 1로 한다), 점성(黏性), 물과의 혼합성, 전기전도도, 연소열(발열반응열)의 크기에 따라 정해진다.

특히, 융점·비등점·비중·점성·물과의 혼합성·전기전도도는 물리적인 변화를 가져오는 인자이며, 연소열은 화학적인 변화를 가져오는 인자이다.

(2) 위험성을 나타내는 인자의 종류

① 융점(m.p.)

상온에서 고체상태의 물질은 융점을 가지고 있으며, 융점이 낮을수록 위험성이 높아진다. 다만, 온도상승에 의해서 용융하는 성질을 가지는 고체가연물질에 한한다.

특히, 파라핀·유지·나프탈렌·요도·승홍 등은 상온에서 고체이나 온도의 상승에 의해 용융하여 가연성의 액체가 된 후 증기를 발생하여 화재를 확대시킨다.

② 비등점(b.p.)

상온에서 액체인 인화성물질의 비등점은 고체물질에 비하여 낮으며, 비등점이 낮을수록 위험성이 높아진다. 또한, 위험성을 함유하고 있는 물질은 비교적 비등점이 낮다.

③ 비중(比重)

비중값이 낮은 물질일수록 위험성이 높아진다. 그러므로 「위험물안전관리법시행령」 별표1의 제4류위험물인 인화성액체의 비중은 일반적으로 물보다 낮다.

④ 점성(黏性)

점성값이 낮아질수록 위험성이 높아진다.

특히, 인화성액체의 점성은 온도의 상승에 따라 낮아지며, 낮은 온도에서 증발하기 용이하므로 화재의 위험이 높다.

⑤ 물과의 혼합성

물과 혼합되기 쉬운 가연성액체를 물과 혼합시켜 희석하면 증기압이 낮아지며, 인화점이 상승한다. 또한, 물에 희석하면 정전기를 방지할 수 있다.

⑥ 전기전도도

전기전도도 값이 낮을수록 위험성이 크다.

특히, 전기전도도가 낮은 인화성액체는 저장·취급 및 운반시 유동 또는 여과시 정전기를 발생하기 쉬우므로 액체의 비저항은 $10^{12}\,\Omega\cdot$cm이하가 되게 하여야 한다.

⑦ 연소열

연소시 외부로 발생하는 연소열의 값이 큰 것일수록 위험성이 증대되므로 연소열의 값이 큰 가연물질은 저장·취급 및 사용시 특별한 주의가 요구된다.

특히, 나트륨·칼륨·마그네슘·알루미늄의 화재시에는 물을 방사하는 소화설비나 포소화설비는 부적합하며, 이들의 소화약제와 반응하면 가연성가스인 수소를 발생하고, 이때 발생하는 열에 의해 화재를 더욱 확산시킨다.

6 화재의 위험성과 관계되는 인자(因子)

(1) 화재의 위험성에 영향을 주는 인자(因子)의 형태

화재는 대부분 화기 또는 열원을 취급·사용하는 사람들의 불안정한 행위 및 행동에 의해서 발생되고 있다. 그러나 화재는 실화(失火)에 의해서만 발생하지 않고, 방화(放火)에 의해서 발생되는 화재도 기하급수적으로 증가하고 있다.

특히, 화재를 일으킬 위험성을 가지고 있는 화기 및 열원은 일반적으로 작업장 화기, 고온물체, 일반화기, 기계적인 열원, 전기적 열원(원인 포함), 물리·화학적 열원(원인 포함), 자연발화, 혼합발화 등으로 구분된다.

① 작업장 화기

공장·작업장 등에서 물품을 제조·수리 또는 정비하기 위하여 사용되는 화기인 용접이나 융단(철판·파이프 등을 절단하는 행위)의 불똥·불티에 의해서 화재를 일으킬 위험성이 있다.

② 고온물체

사람들의 의·식·주에 관계되는 화로, 곤로, 건조장치, 연돌, 연도(굴뚝) 등은 고온물체로서 화재의 위험성이 높다.

③ 일반화기

일반화기에는 불티·흡연·취사·소각 등이 있으며, 사람들의 일상생활과 밀접한 관계가 있다.

④ 기계적 열원

기계적인 열원에는 운전 중인 기계가 과열되었을 때 발생되는 열·마찰열·충격열·단열압축열 등이 있다.

⑤ 전기적 열원

전기기계·기기 및 기구를 취급·사용하는 경우 전기기구나 배선의 과열, 누전, 단락, 과부하, 절연불량, 접점스파크, 지락, 낙뢰(번개), 정전기, 전기불꽃, 유전발열, 저항발열, 유도발열, 마찰스파크 등에 의해서 화재를 일으킬 위험성이 있다.

⑥ 물리·화학적 열원

화재를 일으키는 열원은 다음과 같이 물리·화학적 방법에 의해서 발생된다.

㉠ 물리적 방법에 의한 열원

마찰열·충격열·단열압축시의 열·정전기·전기 등은 물리적 방법에 의해서 생성되는 열원이다.

㉡ 화학적 방법에 의한 열원

화합·분해·혼합·부가·중화·산화방법에 의해서 생성되는 산화열(연소열 포함)·분해열·중합열·흡착열·발효열 등은 화재를 일으킬 위험성이 있다.

⑦ 자연발화(自然發火)

㉠ 자연발화의 정의

자연발화란 가연물질을 일정한 장소에 오랜기간 동안 저장하는 경우 저장장소의 환경이 불량하여 저장된 가연물질(기체·액체 및 고체상태의 가연물질)이 산화·분해·중합·흡착·발효반응을 일으켜 많은 열을 발생하며, 이때 발생된 열을 대기 중의 외부로 발산하지 않고 축적하게 하여 발화하는 현상을 말한다. 또한, 준자연발화란 가연물질이 물 또는 습기, 공기와 접촉하는 경우 급격하게 발열·발화하는 현상을 말한다.

㉡ 자연발화를 일으키는 조건

- **발화되는 물질보다 주위의 온도가 높을 것**
  발화되는 가연물질의 발화점보다 가연물질을 저장·취급하는 장소의 주위 온도가 높으면 가연물질의 장기간 저장으로 인하여 발생되는 열이 외부로 방출되지 않고 축적되게 된다.
- **표면적 또는 공기와 접촉할 수 있는 비표면적이 넓을 것**
  가연물질의 크기가 큰 것보다는 작은 것으로 미분될수록 표면적이 크게 되어 공기와 접촉할 수 있는 비표면적이 넓어지므로 자연발화를 일으키기 용이하다.
- **열의 전도율이 낮을 것**
  열을 외부로 전달할 수 있는 열전도율의 값이 작을수록 열의 축적이 용이하므로 자연발화가 쉽게 일어난다. 그러므로 열의 전도체보다는 비전도체(불량도체)에 의한 자연발화가 대부분이다.
- **화학반응을 일으키기 용이한 것으로서 발열량이 클 것**
  저기자신 또는 공기 등과 화학반응을 쉽게 일으키며, 화학반응시 외부로 발생하는 반응열의 값이 클수록 자연발화하기 쉽다.

ⓒ **자연발화의 형태**

가연물질을 일정한 장소에서 장기간 저장하는 경우 가연물질의 특성에 따라 다음과 같이 5가지 형태로 자연발화가 일어난다.

- **분해열에 의한 발화**
  나이트로셀룰로오스·셀룰로이드·산화에틸렌 등의 물질을 장기간 보관(저장)하게 되면 자기자신이 분해되면서 이 과정에서 발생되는 열을 축적하여 자연발화를 일으킨다.
- **산화열에 의한 발화**
  석탄분말·고무분말·건성유·불포화탄화수소 등의 물질을 장기간 저장하게 되면 공기 중의 산소와 반응하여 산화되면서 외부로 산화열을 발생시키므로 이 과정에서 발생된 열이 축적되어 자연발화를 일으킨다.
- **중합열에 의한 발화**
  사이안화수소·폴리염화비닐모노머·플라스틱 가소제 등의 물질을 장기간 저장하게 되면 이들의 분자와 분자가 서로 중합되면서 외부로 열을 발생시키므로 이 과정에서 발생된 열에 의해서 자연발화가 일어난다.
- **흡착열에 의한 발화**
  활성탄·목분탄(목탄분말) 등의 물질은 많은 기공과 넓은 비표면적을 가지고 있으므로 주위로부터 많은 물질을 흡착하는 과정에서 열이 발생되며, 이 때 발생된 흡착열을 축적하여 자연발화를 일으킨다.
- **미생물에 의한 발화**
  퇴비·먼지 등의 물질속에는 미생물이 존재하므로 이것이 발효반응을 일으키며, 이 과정에서 발생하는 발효열이 축적되어 자연발화를 일으킨다.

ⓔ **자연발화에 영향을 주는 인자(요인)**

- 공기의 유동상태
- 가연물질로부터 발생하는 발열량
- 열의 전도율
- 가연물질의 수납 및 퇴적방법
- 열의 축적(축적된 열)
- 수분

ⓜ **자연발화에 영향을 주는 열의 발생속도**

외부로 발생되는 열의 발생속도는 반응속도와 발열량과의 곱으로 정의되며, 발열량이 크다 하더라도 반응속도 값이 적으면 열의 발생속도가 작게 된다. 또한, 열의 발생속도에 영향을 주는 인자(요인)에는 온도·수분·발열량·표면적·촉매물질 등이 있다.

- **온도**
  주위온도가 상승하면 반응속도가 증가하기 때문에 열의 발생량이 많아진다. 이 경우 일반적으로 반응속도는 온도의 상승에 따른 속도의 증가가 현저하게 나타난다.
- **수분**
  수분이 자연발화와 관계가 있는 반응의 대부분은 대체로 촉매적 작용을 가지고 반응속도를 가속화한다. 따라서, 수분이 어느 정도 존재하면 가연물질이 가연발화하기 용이하지만 너무 많이 존재하면 자연발화하는 데 지장을 주게 된다. 그러므로 수분도 적당한 양을 함유하게 되면 열의 전도성도 좋아진다.
- **열의 발열량**
  가연물질로부터 발생되는 발열량이 클수록 열의 축적이 크다.
- **표면적**
  일반적으로 산화반응의 반응속도는 산소의 양에 비례하기 때문에 산소를 함유하는 물질을 제외한 물질로서 산소량을 적게 가지고 있거나 전혀 가지고 있지 아니한 물질인 경우에는 자연발화가 일어나지 않는다. 또한, 산소의 공급과 열의 축적과는 반대의 관계에 있기 때문에 분발상이나 섬유상의 물질이 내부에 다량의 공기를 포함하는 경우에는 더욱 더 자연발화가 일어날 가능성이 크다. 특히, 반응계에 액체 또는 고체가 들어 있는 경우 반응속도는 표면적에 비례하므로 표면적이 클수록 자연발화하기 용이하고 액체 또는 분말이 섬유포나 종이 등에 부착되어 있는 경우 자연발화가 쉽다.
- **촉매물질**
  자연발화가 일어나는 초기과정에는 여러가지의 물질에 의한 촉매작용이 있으며, 열을 발생하는 반응에 촉매적 작용을 가진 물질이 존재하면 반응속도는 빠르게 진행된다.

ⓑ 자연발화의 예방대책(방지대책)

자연발화를 일으키기 쉬운 물질은 그 특성·용도, 화학적 성분 및 구조 등을 고려할 때 예방대책으로는 많지만 일반적으로 사용되고 있는 몇 가지 예방대책을 설명하면 다음과 같다.

- 자연발화를 일으키는 물질을 저장·취급하는 장소에는 햇볕을 받지 아니하는 곳으로서 통풍을 양호하게 하여야 한다.
- 자연발화는 물질의 자연발화속도와 열의 확산속도 간의 평형이 깨어져 열이 축적되어 발생되는 것이기 때문에 통풍이나 환기 및 저장방법 등을 고려하여 열의 축적을 방지하여야 한다.
- 습기·수분 등은 물질에 따라 촉매작용을 하므로 습도가 높은 곳을 피하며 저장하여야 한다.
- 반응속도가 자연발화의 발생에 많은 영향을 주므로 자연발화가 일어날 우려가 있는 물질을 저장·취급하는 장소의 주위온도를 낮게 하여야 한다.
- 활성이 강한 제3류위험물인 황린은 상온 부근인 30°C에서 자연발화할 우려가 있으므

> 로 물속에 저장하여야 하며, 금속칼륨(K)·나트륨(Na) 등은 석유류 중에 저장하여 공기와의 접촉을 통한 산화방지와 발화를 방지하여야 한다.

⑧ 혼합혼촉발화(混合混觸發火)

㉠ 혼합혼촉발화의 정의

일반적으로 혼촉발화란 2종류이상의 물질이 혼촉하는 것에 의해 위험한 현상이 발생되는 것을 말하지만 이 경우 모두 발화의 위험쪽은 아니며, 유해위험도 포함된다. 특히, 2종류이상의 물질이 혼촉하여 발화위험을 초래하는 과정을 고려하면 2종류이상이 접촉만하고 있던가 또는 상당히 강한 혼촉에 의해서 정도의 차이는 있겠으나 용해·확산·증발 등의 물질이동에 따라서 반응이 진행되고 그 계(系) 전체로서 열의 발생과 외부로 방산함에 따라 발화하여 재해에 이른다.

혼촉발화의 현상을 분류하면 다음과 같다.

- 혼촉에 의해 폭발성 혼합물을 형성한다.
- 혼촉하면 즉시 반응이 일어나 발열·발화나 폭발에 이른다.
- 혼촉 후 일정시간이 경과하면 급격히 반응이 일어니 발열·발화나 폭발에 이른다.
- 혼촉에 의해 발열·발화하지만 본래의 물질에 의해 발화하기 쉬운 혼합물을 형성한다.

예를 들면, 질산(HNO_3)과 암모니아(NH_3)의 혼촉과 과염소산염($MClO_4$)과 황산(H_2SO_4)의 혼촉 등에는 각각 농도가 크거나 혼촉되어 속도가 갑자기 빨라지면 즉시 발열·발화 또는 폭발하여 위의 '②'와 같이 된다. 또한, 각각의 농도가 적거나 느리게 혼촉하면 질산과 암모니아는 반응하여 질산암모늄(NH_4NO_3)을 생성하며, 과염소산염과 황산이 반응하여 염소산(ClO_3)을 생성하여 폭발성 혼합물을 형성한다.

질산과 암모니아의 혼촉시 반응

$$HNO_3 + NH_3 \rightarrow NH_4NO_3 + Q\,\text{kcal}$$

과염소산염과 황산의 혼촉시 반응

$$MClO_4 + H_2SO_4 \rightarrow MSO_4 + H_2O + ClO_3 + Q\,\text{kcal}$$

안전대책면에서 볼 경우 위의 4종류의 분류 중 가장 중요한 것은 혼촉하면 즉시 반응이 일어나 발열·발화나 폭발에 이르거나 혼촉 후 일정기간이 경과하면 급격하게 반응이 일어나 발열·발화하거나 폭발을 가져온다. 특히, 주의를 필요로 하는 것은 각 성분 자체로서 어떠한 위험성이 없다고 생각될 것도 혼촉하면 위험성을 가지는 것도 있다. 또한, 어떠한 화학약품의 조합이 혼촉발화의 위험성을 나타내는가에 대해서는 정확하게 알려지고 있지는 않으나 이들에 대한 상세한 검토를 하여 각 성분의 단독폭발성·가연성·금수성·강산성·자연발화성·인화성 등 어떠한 성질을 갖는다는 것을 대략 알 수가 있다.

㉡ 혼합혼촉물질의 위험특성

화학약품의 물질특성에서 혼촉위험을 그 특성에 의해 크게 분류하면 다음과 같다.

- 산화성염류와 강산의 혼촉위험
  염소산염($MClO_3$)·아염소산염($MClO_2$)·과망간산염($MMnO_4$) 등은 진한황산(c-H_2SO_4)과 접촉하면 각각 불안정한 아염소산($HClO_2$)·염소산($HClO_3$)·과염소산($HClO_4$)·과망간산($HMnO_4$) 또는 무수물(Cl_2O_4·ClO_3·Cl_2O·MnO 등)을 생성하여 강한 산화성을 만들고 가연물질이 존재하면 이것을 착화시켜 그 자신으로 자연분해를 일으켜 폭발하는 것이 있다. 예를 들면, 염소산칼륨($KClO_3$)에 진한황산을 혼합하면 다음과 같은 반응을 일으켜 불안정한 무수아염소산(ClO_2)를 생성한다.

  무수아염소산(ClO_2)의 생성반응

  $$6KClO_3 + 3H_2SO_4 \rightarrow 2HClO_4 + 3K_2SO_4 + 4ClO_2 + 2H_2O$$

  위의 생성물질에 가솔린(휘발유) 등과 같은 유기물질이 공존하면 이것을 폭발적으로 산화시켜 발화한다.

- 산화성물질과 환원성물질의 혼촉위험
  화학약품의 조합으로서는 일반적으로 강한 산화성을 가진 물질과 환원성을 가진 물질의 경우가 많다.

  ⓐ 산화성물질
  질산염(MNO_3)·차아염소산염($MClO$)·아염소산염($MClO_2$)·염소산염($MClO_3$)·과염소산염($MClO_4$)·과망간산염($MMnO_4$)·중크롬산염(MCr_2O_7)·무수크롬산(CrO_3)·과산화물(M_2O_2)·취소산염($MBrO_3$)·발연황산·발연질산·황산·질산·액체산소(O_2)·액체염소(Cl_2)·브롬(Br_2)·불소(F_2)·산화질소(NO)·이산화질소(NO_2) 등이 있다.

  ⓑ 환원성물질
  알코올류(R-OH)·알데하이드류(R-CHO)·탄화수소류(C_mH_n)·아민류(R-NH_2)·유기산·유지, 기타 유기물질, 금속분 등이 있다.

- 불안정한 물질을 만드는 혼촉위험
  불안정한 물질을 만드는 혼촉물질이 서로 접촉하여 화학반응을 일으켜 조건에 따라서는 극히 불안정한 물질을 생성한다.
  예를 들면, 암모니아(NH_3)가 수은(Hg)과 화합하여 폭발성이 강한 수은아마이드를 생성하여 염소(Cl)·브롬(Br) 등의 유리할로겐과 화학반응을 일으켜 불안정한 할로겐화질소를 생성한다.

불안정한 물질의 생성반응

$NH_3 + KNO_3 \rightarrow NH_4NO_3$

(암모니아) (질산칼륨) (질산암모늄)

$N_2H_4 + NaClO_2 \rightarrow Na_3N$

(하이드라진) (아염소산나트륨) (질화나트륨)

$C_6H_5C_2H_5 + O_2 \rightarrow$ 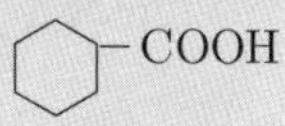

(에틸벤젠) (산소) (과안식향산)

$CH_3CHO + O_2 \rightarrow CH_3COOH$

(아세트알데하이드) (산소) (과초산)

㉢ 혼촉발화의 예방대책

- 인화성 및 가연성물질의 양은 되도록 적게 한다.
- 인화성액체 또는 가스가 존재하는 실내에서 사용하는 화기는 안전관리에 철저를 가한다.
- 혼촉발화의 위험성이 있는 물질은 필요한 만큼 저장·취급한다.
- 혼촉발화에 대한 평가의 결과 그 가능성이 있는 물질은 동일한 실내에서 저장·취급하지 않는다.
- 사용빈도가 매우 낮은 물품은 폐기처분한다.

⑨ 물과의 반응위험성

㉠ 알칼리금속류

'알칼리금속류'라 함은 주기율표에 있어서 제1족에 속하는 물질로서 화학적으로 가장 반응하기 쉬운 원소들을 말하는 것으로서, 이들에 관한 위험성은 통상 특별한 반응성이 따르고 있다. 제1족에 해당되는 물질(원소) 중 세슘(Cs)·루비듐(Rb)·프랑슘(Fr)은 경제성 때문에 일반의 화재와 접할 기회가 적으나 리튬(Li)·나트륨(Na)·칼륨(K)은 공업적으로 매우 유용하게 사용되므로 물과의 접촉시 안전관리에 최선을 다하여야 한다.

- 리튬

  리튬은 은백색을 지니는 주기율표 제1족 제2주기에 속하는 금속으로서 반응활성이 있는 모든 금속 중 가장 가벼우며, 도자기·주물류·살균제·표백제·의약 및 그리스 등의 제조에 사용된다. 또한, 리튬은 칼륨(K)이나 나트륨(Na)에 비하여 반응성이 느리며, 고체상태에서 반응한다.

리튬(Li)이 물과 반응할 때 생성되는 수소(H_2)는 통상 점화원에 의해 발화하는 것이 아니며, 가수분해시에 발생하는 열은 리튬에 흡수되므로 산소에 접촉되어 있어도 실온에서도 자연발화하지 않는다. 또한, 200°C이상의 온도에서는 산소 중 독특한 심홍색을 내면서 산화리튬(Li_2O)을 생성하며, 또 다른 알칼리금속과는 다르게 질소와 직접 화합한다. 특히, 리튬금속의 화재시에는 질소에 의한 소화는 효과가 없다.

다음의 표 4-19는 금속리튬의 이화학적 물성을 설명한 것이다.

금속리튬(Li)이 물(H_2O)과 반응할 때 가연성가스인 수소(H_2)를 발생시키는 반응식은 다음과 같다.

리튬(Li)과 물(H_2O)의 반응

$$\underset{(리튬)}{2Li} + \underset{(물)}{2H_2O} \rightarrow \underset{(수산화리튬)}{2LiOH} + \underset{(수소)}{H_2\uparrow} + Q\,\text{kcal}$$

표 4-19 금속리튬의 이화학적 물성

비중(20℃)	비점	용융점	융해열	기화열
0.534	1,317°C	179°C	103.2 cal/g	4,680 cal/g

금속리튬(Li)이 질소(N_2)와 직접 반응하여 질화리튬을 발생시키는 방정식은 다음과 같다.

리튬(Li)과 질소(N_2)의 반응

$$\underset{(리튬)}{6Li} + \underset{(질소)}{N_2} \rightarrow \underset{(질소리튬)}{2Li_3N} + Q\,\text{kcal}$$

리튬의 화재시에 소화약제로 건조사(마른모래)를 사용하면 건조사에는 이산화규소가 주성분으로 되어있으므로 이산화규소(SiO_2)와 산화리튬(Li_2O)이 화학반응을 일으켜 규산리튬(Li_2SiO_3)을 생성하므로 마른모래는 금속리튬의 소화약제로 부적합하다. 그러므로 금속리튬의 화재에는 염화나트륨(NaCl)분말로 소화하는 것이 가장 이상적이다.

다음은 산화리튬(Li_2O)과 마른모래(SiO_2)와의 화학반응시 규산리튬(Li_2SiO_3)을 발생시키는 화학반응식을 나타낸 것이다.

산화리튬(Li_2O)과 마른모래(SiO_2)의 반응

$$\underset{(산화리튬)}{Li_2O} + \underset{(마른모래)}{SiO_2} \rightarrow \underset{(규산리튬)}{Li_2SiO_3} + Q\,\text{kcal}$$

금속리튬(Li)의 화재시 제1종소화분말인 탄산수소나트륨($NaHCO_3$)을 소화약제를 사용하면 탄산수소나트륨의 열분해생성물인 탄산나트륨(Na_2CO_3)과 금속리튬(Li)이 화학반응을 일으켜 금속나트륨(Na)을 유리하여 본래의 리튬보다 위험성을 더욱 증대시키므로 제1종소화분말인 탄산수소나트륨($NaHCO_3$)은 금속리튬(Li)의 소화약제로 부적합하나.

다음은 금속리튬(Li)과 제1종소화분말인 탄산수소나트륨의 열분해생성물인 탄산나트륨(Na_2CO_3)과의 화학반응을 일으켜 금속나트륨(Na)을 유리시키는 반응을 나타낸 것이다.

금속리튬(Li)과 탄산나트륨(Na_2CO_3)의 반응

$$\underset{(\text{리튬})}{2\text{Li}} + \underset{(\text{탄산나트륨})}{\text{Na}_2\text{CO}_3} \rightarrow \underset{(\text{산화리튬})}{\text{Li}_2\text{O}} + \underset{(\text{탄산가스})}{\text{CO}_2\uparrow} + \underset{(\text{유리나트륨})}{2\text{Na}} + Q\text{kcal}$$

- 나트륨(Na)

나트륨(Na)은 은백색의 광택을 내는 주기율표 제1족 제3주기에 속하는 금속으로서 유기합성에서 환원제로 사용되며, 나트륨-칼륨의 합금과 나트륨아말감의 제조에 사용되기도 한다. 또한, 덩어리(괴상)로 된 나트륨의 자연발화온도는 일반적으로 115°C이상으로 사용되고 있으나 금속나트륨(Na)은 상온에서도 자연발화를 일으킬 가능성이 있다. 특히, 나트륨이 덩어리 상태가 아닌 분박·리본상태로 존재하면 공기와 접촉할 수 있는 비표면적이 크므로 더욱 자연발화의 위험성이 높아진다.

다음의 표 4-20은 금속나트륨의 이화학적 물성을 설명한 것이다.

나트륨(Na)이 공기 중의 수분 또는 습기와 반응하면 수산화나트륨(NaOH)과 가연성 가스인 수소(H_2)를 발생시키므로 화재를 일으킬 위험이 있으므로 안전관리적 차원에서 습기 또는 수분과의 접촉을 방지하도록 하여야 한다.

나트륨(Na)과 물(H_2O)과의 반응

$$\underset{(\text{나트륨})}{2\text{Na}} + \underset{(\text{물})}{2\text{H}_2\text{O}} \rightarrow \underset{(\text{수산화나트륨})}{2\text{NaOH}} + \underset{(\text{수소})}{\text{H}_2\uparrow} + Q\text{kcal}$$

표 4-20 금속나트륨의 이화학적 물성

비중(20℃)	비점	용융점	융해열	기화열
0.972	883°C	97.5°C	27.2 cal/g	1,005 cal/g

나트륨(Na)은 공기 중에서 산소와 반응하여 연소하면 황색(노란색)의 산화나트륨(Na_2O)이 생성되며, 순수한 산소 중에서는 과산화물인 과산화나트륨(Na_2O_2)이 생성된다.

특히, 나트륨은 리튬과는 다르게 높은 온도에서도 질소(N_2)와는 화학적으로 결합하지 않는다.

나트륨을 저장하는 저장용기는 화재의 위험성이 적고 습기나 수분이 존재하지 않는 건조한 장소에 저장하고 물소화약제를 사용하는 스프링클러, 옥내소화전, 물분무소화설비나 수도설비, 수증기 이송배관 등과 접촉되지 않도록 하며, 용기내부에는 석유류(등유)나 벤젠을 넣어 안전하게 취급·관리하여야 한다.

연소하고 있는 나트륨(Na)에 사염화탄소(CCl_4)소화약제로 화재를 소화하게 되면 사염화탄소(CCl_4)에 함유되어 있는 탄소(C)가 유리되어 이것이 다시 연소함으로써 화재를 더욱 확대하게 하므로 사염화탄소소화약제는 금속나트륨(Na) 화재의 소화약제로 부적합하다.

금속나트륨(Na)과 사염화탄소(CCl_4)의 반응

$$4Na + CCl_4 \rightarrow C + 4NaCl$$
(나트륨) (사염화탄소) (유리탄소) (염화나트륨)

또한, 금속나트륨(Na)의 화재시 이산화탄소를 소화약제로 사용하면 이산화탄소는 금속나트륨과 반응하여 탄소를 유리시켜 화재를 더욱 확산시키므로 소화약제로 부적합하다.

금속나트륨(Na)과 이산화탄소(CO_2)의 반응

$$4Na + CO_2 \rightarrow 2Na_2O + C$$
(나트륨) (이산화탄소) (산화나트륨) (유리탄소)

- 칼륨(K)

칼륨(K)은 은색의 광택을 가지는 주기율표 제1족 제4주기에 속하는 금속으로서 다른 알칼리금속에 비하여 반응성이 높다. 또한, 칼륨(K)은 비금속의 액체 브롬(Br)과 조금만 접촉하더라도 급격하게 폭발한다. 특히, 칼륨(K)과 물(H_2O)과의 반응은 리튬(Li)·나트륨(Na)의 반응에 비하여 상당히 격렬하고 외부로 많은 열을 발생시키며, 폭발을 일으킴에 따라 금속이 비산함으로써 안전관리에 특별한 주의가 요구된다.

다음의 표 4-21은 금속칼륨의 이화학적 물성을 설명한 것이다.

다음은 금속칼륨(K)이 물(H_2O)과 반응하여 수산화칼륨(KOH)과 가연성가스인 수소(H_2)를 생성시키는 화학반응식을 나타낸 것이다.

칼륨(K)과 물(H_2O)과의 반응

$$2K + 2H_2O \rightarrow 2KOH + H_2\uparrow + Q\,kcal$$
(칼륨) (물) (수산화칼륨) (수소)

일반적으로 물과 화학반응이 진행되고 있는 알칼리금속은 할로겐탄화수소류와도 반응한다.

표 4-21 금속칼륨의 이화학적 물성

비중(20℃)	비점	용융점	융해열	기화열
0.819	760°C	63.7°C	14.6 cal/g	496 cal/g

㉡ 마그네슘(Mg)·알루미늄(Al)·아연(Zn)·지르코늄(Zr)·티탄(Ti)

마그네슘(Mg)·알루미늄(Al)·아연(Zn)·지르코늄(Zr)·티탄(Ti)금속은 서로 비슷한 위험성을 가지고 있는 것으로서 덩어리(괴상) 상태이거나 표면에 산화물을 생성한 경우에는 위험성이 감소되나 분말 또는 미분상태에서는 대규모의 화재폭발을 가져온다. 또한, 이들의 금속은 각각 반응속도는 다르지만 물에 의해서 수소(H_2)를 유리시키는 원인이 되며, 그 화학반응은 발열적으로 진행됨으로써 자연발화하여 화염을 낸다. 특히, 금속이 물과 반응하여 수소를 생성시키는 화학반응은 인명 및 재산상에 간접적인 피해의 원인이 되며, 이러한 금속을 저장하는 용기 중에 수분이 흡입되어 반응하면 수소가 발생되어 용기내의 압력이 상승되므로 저장용기를 파괴시키게 되므로 위험하다. 특히, 이들의 연소하한계 값은 4V%(용량%)정도로서 공기와 혼합할 경우 연소폭발의 위험이 있다.

- 마그네슘(Mg)

마그네슘(Mg)은 물과 느리게 반응하나 그 반응은 격렬하게 진행되어 가연성가스인 수소(H_2)를 생성한다. 특히, 연소하고 있는 마그네슘(Mg)에 물을 방사하는 속도가 완만하면 많은 양의 수소를 발생시켜 대단히 위험하나 물을 빠른 속도로 많은 양을 방사하면 연소 중인 금속이 물에 냉각되어 연소온도가 발화점이하로 되어 연소가 정지된다. 높은 온도로 연소 중인 마그네슘에 이산화탄소를 소화약제로 사용하면 마그네슘과 이산화탄소가 반응하여 유리탄소를 발생시킨다.

금속마그네슘(Mg)과 이산화탄소(CO_2)의 반응

$$2Mg + CO_2 \rightarrow 2MgO + C$$

(마그네슘) (이산화탄소) (산화마그네슘) (유리탄소)

- 알루미늄(Al)

높은 온도로 연소하고 있는 알루미늄(Al)에 물(H_2O)·이산화탄소(CO_2)·할로겐화물을 소화약제로 사용하면 이들의 소화약제는 금속알루미늄과 다음과 같이 반응하여 가연성가스인 수소(H_2)·유리탄소(C)·이산화탄소(CO_2) 등을 발생시킨다. 그러므로 알루미늄의 화재시에는 물·이산화탄소·할로겐화물소화약제로 소화하여서는 아니 된다.

금속알루미늄(Al)과 물(H_2O)의 반응

$$2Al + 3H_2O \rightarrow Al_2O_3 + 3H_2\uparrow + Q\text{kcal}$$

(알루미늄) (물) (산화알루미늄) (수소)

금속알루미늄(Al)과 이산화탄소(CO_2)의 반응

$$4Al + 3CO_2 \rightarrow 2Al_2O_3 + 3C$$

(알루미늄) (이산화탄소) (산화알루미늄) (유리탄소)

산화알루미늄(Al_2O_3)과 할로겐화합물(CCl_4)과의 반응

$$2Al_2O_3 + 3CCl_4 \rightarrow 4AlCl_3 + 3CO_2\uparrow$$

(산화알루미늄) (사염화탄소) (염화알루미늄) (이산화탄소)

- 아연(Zn)

아연(Zn)은 수분 또는 공기 중의 산소와 반응하면 가연성가스인 수소(H_2)를 발생시키며, 발열반응을 수반하거나 수소를 발생시키지 않고 산화물만을 생성하기도 한다.

금속아연(Zn)과 물(H_2O)과의 반응

$$Zn + 2H_2O \rightarrow Zn(OH)_2 + H_2\uparrow + Q\text{kcal}$$

(아연) (물) (수산화아연) (수소)

금속아연(Zn)과 산소(O_2)와의 반응

$$\underset{(\text{아연})}{2Zn} + \underset{(\text{산소})}{O_2} \rightarrow \underset{(\text{산화아연})}{2ZnO}$$

또한, 분말상의 아연은 물과 반응하여 가연성가스인 수소(H_2)를 발생시키며, 발열반응을 일으키므로 위험하다. 그리고 분말상의 아연은 이산화탄소·할로겐화합물과도 반응한다.

금속아연(Zn)과 이산화탄소(CO_2)와의 반응

$$\underset{(\text{아연})}{2Zn} + \underset{(\text{이산화탄소})}{CO_2} \rightarrow \underset{(\text{산화아연})}{2ZnO} + \underset{(\text{유리탄소})}{C}$$

산화아연(ZnO)와 사염화탄소(CCl_4)와의 반응

$$\underset{(\text{산화아연})}{2ZnO} + \underset{(\text{사염화탄소})}{CCl_4} \rightarrow \underset{(\text{염화아연})}{2ZnCl_2} + \underset{(\text{이산화탄소})}{CO_2\uparrow}$$

- 지르코늄(Zr)

높은 온도로 연소하고 있는 지르코늄에 물(H_2O)을 소화약제로 방사하면 지르코늄과 물이 화학반응을 일으켜 가연성가스인 수소(H_2)를 발생시키며, 외부로 많은 열을 발생시키므로 위험하다. 또한, 금속지르코늄(Zr)은 이산화탄소·할로겐화합물 등과 반응을 한다.

금속지르코늄(Zr)과 물(H_2O)·이산화탄소·할로겐화물의 반응

$$Zr + 2H_2O \rightarrow ZrO_2 + 2H_2\uparrow + Q\,\text{kcal}$$
$$Zr + CO_2 \rightarrow ZrO_2 + C$$
$$ZrO_2 + CCl_4 \rightarrow ZrCl_4 + CO_2\uparrow$$

- 티탄(Ti)

티탄(Ti)은 마그네슘(Mg)이나 지르코늄(Zr)과 동일하게 자연발화의 위험이 있지만 덩어리(괴상)상태가 아닌 분말상태로 존재할 때 가능하다. 그러나 티탄금속은 일정한 발화원만 공급된다면 분말상태이거나 덩어리상태 모두 용이하게 연소한다. 또한, 높은 온도에서의 티탄과 그 산화물도 물·이산화탄소·할로겐화합물 등과 반응한다.

금속티탄(Ti)과 물(H_2O)과의 반응

$$Ti + 2H_2O \rightarrow TiO_2 + 2H_2\uparrow$$

금속티탄(Ti)과 이산화탄소(CO_2)와의 반응

$$Ti + CO_2 \rightarrow TiO_2 + C$$

산화티탄(TiO_2)과 사염화탄소(CCl_4)의 반응

$$TiO_2 + CCl_4 \rightarrow TiCl_4 + CO_2\uparrow$$

㉢ **과산화물(MO_2)**

산소(O_2)를 함유한 화합물을 과산화물이라 하며, 이것은 산화제로서 1차적인 위험성이 있다. 또한, 과산화물은 외부로부터 작은 충격이나 마찰에 의해서도 화재를 일으킬 위험성이 있으므로 안전관리에 주의를 하여야 한다. 특히, 무기과산화물은 차가운 물(냉수)에서 과산화수소(H_2O_2)를, 높은 온도의 물(연수)에서는 산소(O_2)를 발생시킨다.

과산화나트륨(Na_2O_2)과 차가운 물(H_2O)과의 반응

$$\underset{\text{(과산화나트륨)}}{Na_2O_2} + \underset{\text{(물)}}{2H_2O} \rightarrow \underset{\text{(과산화수소)}}{H_2O_2} + \underset{\text{(수산화나트륨)}}{2NaOH}$$

과산화나트륨(Na_2O_2)과 뜨거운 물(H_2O)과의 반응

$$\underset{\text{(과산화나트륨)}}{2Na_2O_2} + \underset{\text{(물)}}{2H_2O(\text{열})} \rightarrow \underset{\text{(수산화나트륨)}}{4NaOH} + \underset{\text{(산소)}}{O_2\uparrow} + Q\,\text{kcal}$$

위의 반응에서 연소의 3요소인 지연성가스인 산소(O_2)와 점화원이 존재하므로 가연물질이 추가로 공급된다면 연소를 일으킬 우려가 있으므로 가연물질과 접촉되지 않도록 주의를 하여야 한다.

㉣ **질화물**

질소를 함유한 화합물은 대부분 물과의 반응성은 거의 없으나 폭발의 위험성이 있다.

특히, 질화마그네슘(Mg_3N_2)은 물과 반응하여 암모니아(NH_3) 가스를 발생시킨다.

$$\underset{\text{(질화마그네슘)}}{Mg_3N_2} + \underset{\text{(물)}}{6H_2O} \rightarrow \underset{\text{(수산화마그네슘)}}{3Mg(OH)_2} + \underset{\text{(암모니아)}}{2NH_3\uparrow} + Q\,\text{kcal}$$

㉤ **금속탄소화물**

금속의 탄소화물은 물과 반응하여 가연성의 탄화수소를 발생시키며, 외부로 많은 열을 발생시키므로 화재를 발생시킬 위험성이 크다. 이러한 금속의 탄소화물에는 탄화칼슘(CaC_2) · 탄화베릴륨(Be_2C) · 탄화알루미늄(Al_4C_3) · 탄화마그네슘(Mg_2C_3) 등이 있다.

탄화칼슘(CaC_2, 카바이드)과 물(H_2O)과의 반응

$$CaC_2 + 2H_2O \rightarrow Ca(OH)_2 + C_2H_2\uparrow$$

(탄화칼슘) (물) (수산화칼슘) (아세틸렌)

탄화베릴륨(Be_2C)과 물(H_2O)과의 반응

$$Be_2C + 4H_2O \rightarrow 2Be(OH)_2 + CH_4\uparrow$$

(탄화베릴륨) (물) (수산화베릴륨) (메탄)

탄화알루미늄(Al_4C_3)과 물(H_2O)과의 반응

$$Al_4C_3 + 12H_2O \rightarrow 4Al(OH)_3 + 3CH_4\uparrow$$

(탄화알루미늄) (물) (수산화알루미늄) (메탄)

탄화마그네슘(Mg_2C_3)과 물(H_2O)과의 반응

$$Mg_2C_3 + 4H_2O \rightarrow 2Mg(OH)_2 + C_3H_4$$

(탄화마그네슘) (물) (수산화마그네슘) (프로핀)

ⓑ **금속인화물**

금속의 인화합물은 물과 반응하여 가연성의 포스핀(PH_3)을 발생시키며, 이때 발생되는 포스핀(PH_3)은 유독성이 있으므로 인체에 호흡되지 않도록 안전에 주의하여야 한다.

인화석회(Ca_3P_2)와 물(H_2O)과의 반응

$$Ca_3P_2 + 6H_2O \rightarrow 3Ca(OH)_2 + 2PH_3\uparrow$$

(인화석회) (물) (수산화칼슘) (포스핀)

인화알루미늄(AlP)과 물(H_2O)과의 반응

$$AlP + 3H_2O \rightarrow Al(OH)_3 + PH_3\uparrow$$

(인화알루미늄) (물) (수산화알루미늄) (포스핀)

㉦ 수소화합물

그 밖의 원소들로 구성된 물질이 수소를 함유하는 경우 이것을 수소화합물이라고 한다. 이러한 수소화합물은 물과의 반응성은 없으나 유독성 및 가연성이 강하므로 화기와의 접촉을 방지하여야 하며, 이들의 물질이 인체에 흡입되지 않도록 하여야 한다.

- 수소화합물의 분류
  - ⓐ 유황의 분자수소화물인 유화수소(H_2S)는 유독성이 강한 기체이다.
  - ⓑ 질소의 분자수소화물인 암모니아(NH_3)·N_2H_4·이산화질소(NO_2)는 유독성기체이다.
  - ⓒ 할로겐화수소인 불화수소(HF)·염화수소(HCl)는 유독성의 가스로서 위험성이 있으며, 그 수용액은 부식성이 강한 산이다.
  - ⓓ 물(H_2O)과 과산화수소(H_2O_2)는 산소의 분자수소화물이다. 또한, 과산화수소(H_2O_2)는 강력한 산화성을 가지고 있다.
  - ⓔ 인의 분자수소화물에는 포스핀(PH_3)이 있으며, 비소의 분자수소화물에는 아르신(AsH_3, Arsine)이 있다. 또한, 안티몬의 분자수소화물에는 스티빈(SbH_3, stibine)이 있다. 특히, 이들은 불안정하고 인화성이 있으며, 극단적으로 유독하므로 안전관리에 주의를 하여야 한다.
  - ⓕ 탄소의 분자화합물은 탄화수소로서 그 자체는 가연성을 가지고 있으므로 화재의 위험이 있으나 물과의 반응성은 없다.

- 물과의 반응성이 있는 수소화물

  물과 반응하면 위험성을 초래하는 수소화물에는 붕소분자수소화물·규소분자수소화물·알칼리토금속 수소화물·염과 유사한 수소화물 등이 있다.

  ⓐ 붕소분자수소화물

  붕소분자수소화물이란 붕소(B)가 수소를 함유한 화합물로서 보란(borane)이라고 한다. 이들의 붕소분자수소화물에는 10여 종류의 보란이 있으며, 실온에서 상태가 불안정하다. 특히, 다이보란(diborane)과 데카보란(decaborane)은 공업적으로 중요하며, 가연성이다.

  다음은 다이보란과 데카보란이 산소와 반응하여 산화붕소를 생성하는 화학반응식을 나타낸 것이다.

  다이보란(B_2H_6)과 산소(O_2)와의 반응

  $$B_2H_6 \quad + \quad 3O_2 \quad \rightarrow \quad B_2O_3 \quad + \quad 3H_2O$$

  (다이보란, 기체) (산소) (산화붕소) (물)

  데카보란($B_{10}H_{14}$)과 산소(O_2)와이 반응

  $$B_{10}H_{14} \quad + \quad 11O_2 \quad \rightarrow \quad 5B_2O_3 \quad + \quad 7H_2O$$

  (데카보란, 고체) (산소) (산화붕소) (물)

  다음은 다이보란과 데카보란이 물과 반응하여 가연성가스인 수소(H_2)를 발생시

키는 화학반응식을 나타낸 것이다.

다이보란(B_2H_6, 기체)과 물(H_2O)과의 반응

$$B_2H_6 + 6H_2O \rightarrow 2H_3BO_3 + 6H_2\uparrow$$

데카보란($B_{10}H_{14}$, 고체)과 물(H_2O)과의 반응

$$B_{10}H_{14} + 30H_2O \rightarrow 10H_3BO_3 + 22H_2\uparrow$$

ⓑ 규소분자수소화물

규소의 분자수소화합물을 규화수소(silane)라고 하며, 가장 간단한 것을 모노실란(monosilane)이라 한다. 이 모노실란은 기체의 수소화물이다. 또한, 다이실란(Si_2H_6)은 이화학적 성질이 다이보란과 비슷하며, 공기 중에서 자연발화하고 연소한다. 그리고 물과도 반응한다.

다음은 다이실란(Si_2H_6)이 물과 반응하여 가연성가스인 수소(H_2)를 발생하는 화학반응식과 산소와 반응하여 물을 생성하는 화학반응식을 나타낸 것이다.

다이실란(Si_2H_6)과 물(H_2O)과의 반응

$$Si_2H_6 + 4H_2O \rightarrow 2SiO_2 + 7H_2\uparrow$$

다이실란(Si_2H_6)과 산소(O_2)와의 반응

$$2Si_2H_6 + 7O_2 \rightarrow 4SiO_2 + 6H_2O$$

ⓒ 알칼리토금속 수소화물

알칼리토금속 수소화물도 알칼리금속 수소화물, 규소분자수소화물과 같이 물과 반응성이 있으나 알칼리금속보다는 반응성이 느리다. 그러나 알칼리토금속의 수소화물 중 수소화바륨(BaH_2)·수소화칼슘(CaH_2)·수소화마그네슘(MgH_2)은 비교적 물과의 반응성이 풍부한 편이다.

다음은 금속의 수소화물(MH_2)이 물(H_2O)과 반응하여 가연성가스인 수소(H_2)를 발생시키는 화학반응식을 나타낸 것이다.

금속의 수소화물(MH_2)과 물(H_2O)의 반응

$$MH_2 + 2H_2O \rightarrow M(OH)_2 + 2H_2\uparrow$$

ⓓ 염과 유사한 수소화물

염과 유사한 수소화물에는 알칼리금속의 수소화물이 있으며, 알칼리금속의 수소화물인 리튬과 나트륨의 수소화물은 화학식이 각각 LiH, NaH으로 표시되는 고체물질로 되어 있다.

이러한 알칼리금속 수소화물은 물과 반응하여 가연성가스인 수소(H_2)를 발생시킨다. 또한, 이 경우의 화학반응은 많은 반응열을 발생시키는 발열적 반응으로서 이 과정에서 발생되는 가연성가스인 수소(H_2)는 순간적으로 연소반응을 일으키므로 위험하다.

수소화리튬(LiH)과 물(H_2O)의 반응

$$LiH + H_2O \rightarrow LiOH + H_2\uparrow + Q\,kcal$$

수소화나트륨(NaH)과 물(H_2O)의 반응

$$NaH + H_2O \rightarrow NaOH + H_2\uparrow + Q\,kcal$$

다음은 수소화알루미늄리튬($LiAlH_4$)이 물(H_2O)과 접촉하여 격렬하게 반응하여 가연성가스인 수소(H_2)를 발생시키는 화학반응식을 나타낸 것이다.

수소화알루미늄리튬($LiAlH_4$)과 물(H_2O)의 반응

$$LiAlH_4 + 4H_2O \rightarrow Al(OH)_3 + LiOH + 4H_2\uparrow + Q\,kcal$$

ⓔ 유기금속화합물

탄소원소와 금속원소가 결합한 화합물을 총칭하여 유기금속화합물이라고 하며, 유기화합물의 합성과정에 있어서 화학반응의 매개물로서 중합촉매로 이용되고 있다.

공업적으로 가치가 있는 것은 탄소의 수가 1개이상 10개이하인 것으로서 약 50여 종 이상이 있으며, 우리나라의 경우 제3류위험물로 분류되고 있으나 DOT (US Department of Transportation, 미국운수성) 규약에서는 자연발화성액체 또는 고체로 분류되고 있다. 그러므로 미국운수성의 규약에 규정된 유기금속화합물에 대해서는 특별한 주의를 요하고 있다. 이러한 유기금속화합물을 성질에 따라 크게 구분하여 설명하면 다음과 같다.

i) 트라이메틸알루미늄[$Al(CH_3)_3$, tri methyl aluminum]
무색의 액체로서 물에 의해 분해하고 폭발을 일으키며, 공기 중에서 자연발화를 일으키고 연소증기는 150°C이상에서 분해된다.

ii) 트라이부틸알루미늄[$Al(C_4H_9)_3$, tri butyl aluminum]
무색의 액체로서 자연발화성이 있으며, 1°C에서 응고되고 75°C이상에서는 열에 대해서 불안정하다. 또한, 물과 반응한다.

iii) 다이메틸카드뮴[$Cd(CH_3)_2$, di methyl cadmium]
자극성 냄새를 가진 무색의 액체로서 자연발화성이 있으며, 물에 의해 분해한다. 100°C이상에서 폭발적으로 분해하며, 영하 4.2°C에서 응고한다.

iv) 사에틸납[$Pb(C_2H_5)_4$, tetra ethyl lead]
자연발화성도 없고 물과의 반응성도 없지만 가연성의 유기금속화합물로서 에틸나트륨이 물과 반응할 때 발생하는 유기물질은 가연성의 에탄이 된다.

에틸나트륨(C_2H_5Na)과 물(H_2O)의 반응

$$\underset{\text{(에틸나트륨)}}{C_2H_5Na} + \underset{\text{(물)}}{H_2O} \rightarrow \underset{\text{(수산화나트륨)}}{NaOH} + \underset{\text{(에탄)}}{C_2H_6\uparrow} + Q\,kcal$$

에틸나트륨(C_2H_5Na)과 사염화탄소(CCl_4)의 반응

$$C_2H_5Na + CCl_4 \rightarrow CH_3CH_2CCl_3 + NaCl$$

(에틸나트륨) (사염화탄소) (트라이클로로프로판) (염화나트륨)

특히, 사에틸납[$Pb(C_2H_5)_4$]을 일반적으로 "TEL"로 표기하여 사용하고 있으며, 이것은 나트륨납합금(NaPb)에 염화에틸(C_2H_5Cl)을 가하여 제조한다.

사에틸납[$Pb(C_2H_5)_4$]의 제조

$$4NaPb + 4C_2H_5Cl \rightarrow Pb(C_2H_5)_4 + 4NaCl + 3Pb$$

(나트륨납합금) (염화에틸) (사에틸납, TEL) (염화나트륨) (납)

v) 트라이에틸알루미늄[$Al(C_2H_5)_3$, tri ethyl aluminum]

트라이에틸알루미늄[$Al(C_2H_5)_3$]을 일명 알킬알루미늄이라 하며, 물과 반응하여 폭발적으로 발화 비산한다.

트라이에틸알루미늄[$Al(C_2H_5)_3$]과 물(H_2O)의 반응

$$Al(C_2H_5)_3 + 3H_2O \rightarrow Al(OH)_3 + 3C_2H_6\uparrow + Q\,kcal$$

(트라이에틸알루미늄) (물) (수산화알루미늄) (에탄)

다이에틸염화알루미늄[$(C_2H_5)_2AlCl$]과 물(H_2O)의 반응

$$3(C_2H_5)_2AlCl + 6H_2O \rightarrow 2Al(OH)_3 + AlCl_3 + 6C_2H_6\uparrow + Q\,kcal$$

(다이에틸염화알루미늄) (물) (수산화알루미늄) (염화알루미늄) (에탄)

Chapter

5 건축물의 화재특성

1 건축물의 화재성상(性狀)

1 건축물화재의 개요

(1) 건축물화재의 특징

우리나라의 건축물구조의 형태는 도시의 중심가 및 신개발지역을 제외하면 아직도 목조건축물이 많으므로 건축물의 화재성상을 설명한다고 하면 목재에 의해서 축조된 목조건축물이 기본이 된다.

특히, 목재나 가연성재료에 의해서 축조된 목조건축물은 일반주택이나 소규모의 점포가 많으며, 이러한 목조건축물에 거주하는 사람은 내화건축물에 비하여 적은 편이다.

그러나 사람들이 거주하는 독립가옥 또는 공동주택인 아파트라 하여도 바닥면적이 소규모인 독립가옥인 경우는 화재가 발생하여도 작은 범위에 한정되므로 현재의 내화구조를 가지는 대형건축물에서의 화재와 같이 많은 사상자(사망 또는 부상을 당하는 사람)가 발생하는 대참사는 일어나지 않는 대신에 소수의 피해자가 발생하는 화재의 발생건수는 통계적으로 보면 대단히 많은 설정이다.

한편, 내화건축물은 도심부 등을 중심으로 우리나라에 있어서도 급속히 증가하여 그 특징으로서는 높이가 3층이상의 것이 많고, 피난문제를 수반한다는 것과 내장재 등의 관계로 화재시에 연기가 발생하여 참사를 일으키고 있다.

특히, 내화구조의 건축물은 건축물의 규모·형태·층수·수용인원·내장재료 등에 따라 차이는 있지만 화재시 내부의 수용물에 의해서 발생하는 연소생성물인 연기 중의 유독성 가스에 의해서 질식사(死)하는 경우가 많다.

그러나 이와 같은 내화구조의 건축물화재시 사람이 질식사하는 화재현상은 건축물의 구조·형태·화재하중·환경(습도·기후·바람 등)에 따라 다르므로 내화구조의 건축물이라 하여 반드시 질식사하는 사람이 많다고 정의하기는 어렵다.

(2) 화재에 의한 건축물내 발연량(發煙量)의 시간적 변화

바닥면적 25 m^2의 콘크리트구조로 된 실내에 설치된 합판·염화비닐(PVC)·화장합판·특수난연합판 등의 가연성재료에 화재가 발생한 경우 실내에서 분출된 전체의 연기량을 측정한 결과 다음의 그림 5-1과 같다.

다음의 그림 5-1의 오른쪽 끝에 표시된 No.1에서부터 No.5까지의 번호는 화재실험에 의한 연기의 양을 나타내는 것으로서 No.1 및 No.4의 경우는 발생된 전체의 연기량이 가장 많으며, 발연하였을 때부터 약 10분이 경과한 이후에 있어서의 총 연기량은 약 24×10^3 ($C_3\times m^3$)이다. 단, C_3는 단위거리당의 감광계수를 명시한 것이다.

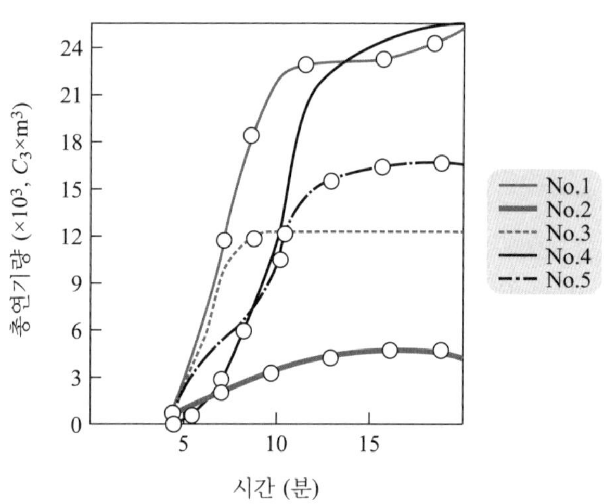

그림 5-1 화재실험에 의한 연기량

감광계수(感光係數)

연기에 의한 빛의 감쇠를 이용하여 연기의 농도를 표시할 때 감광계수를 이용한다.

연기가 없을 때의 빛의 강도를 I_o, 두께 l의 연기층을 통과하여 나온 빛의 강도를 I라고 하면, $I = I_o \exp(-C_3 l)$가 된다.

여기에서, 연기의 농도를 어떠한 값(수치)으로 가정하여 그 농도의 연기로서 충만할 수 있는 공간의 크기를 산출하면 다음과 같다.

감광계수 $C_3 = 0.1$ m(이것은 사람의 눈으로 볼 수 있는 거리로서 약 10 m의 연기의 농도에 상응한다고 한다)라고 하면 이 감광계수를 가지는 연기로서 2.4×10^5 m^2의 공간에 가득차게 된다.

건축물의 바닥으로부터 천장까지의 높이를 3 m로 하면 80,000 m^2(1,500 m^2의 방화구획 53개분)의 공간에 해당된다.

여기에서 중요한 것은 불과 25 m^2(약 8평)의 실내에 있는 내장재료가 연소한 것뿐인 데 바닥면적 약 3,500 m^2의 초고층빌딩 23개 충분을 피난하기 어렵게 만드는 데에 충분한 연기가 약 10분 동안에 발생한다고 하는 화재의 성상을 갖고 있는 상태가 된다.

건축물의 화재성상 중에서 이 연기의 성상이 가장 중요시 되는 것은 이러하기 때문이며, 건축물화재의 초기에 있어서의 연기의 감지(感知)와 피난유도의 방재계획이 얼마만큼 중요한 것인가를 명시하고 있다. 또한, 연기의 농도인 감광계수(C)에 따른 가시거리(m)는 제3장 2의 '연기의 행위와 특성 표 3-1'을 참고하기 바란다.

(3) 화재실험에 의한 화재실내 온도상승의 시간적 변화

철근콘크리트로 된 내화구조의 아파트 실내에서 화재실험을 다음의 조건에 의해서 실시하였다.

연소물질은 3평의 거실, 가연재료로서는 내장재료, 건조된 가구·기구·침구를 사용하여 화재를 발생시킨 후 거실내 각 지점에서의 온도변화 상태를 측정한 결과 다음의 그림 5-2와 같았다. 다음의 그림 5-2에서 보는 것과 같이 점화를 한 후 일정한 시간이 지난 후 급격하게 실내의 온도가 상승하는 플래시-오버(flash-over) 현상이 나타났으며, 플래시-오버(FO)에 도달하는 데까지의 시간은 그때의 연소조건 및 환경에 따라 다르지만 목재 또는 고체의 연소기구로 보아 알 수 일듯이 이 단계는 연소를 시작하였을 때인 초기단계의 발열반응으로 가연성가스·증기 등 열분해에 의한 연소생성물이 많이 발생한다.

이른바 화재의 원인으로부터 무염착화까지를 화재잠재기라고 할 수 있는 단계로서 대부분의 경우 처음에는 백색의 연기를 발생하면서 발연을 수반한다.

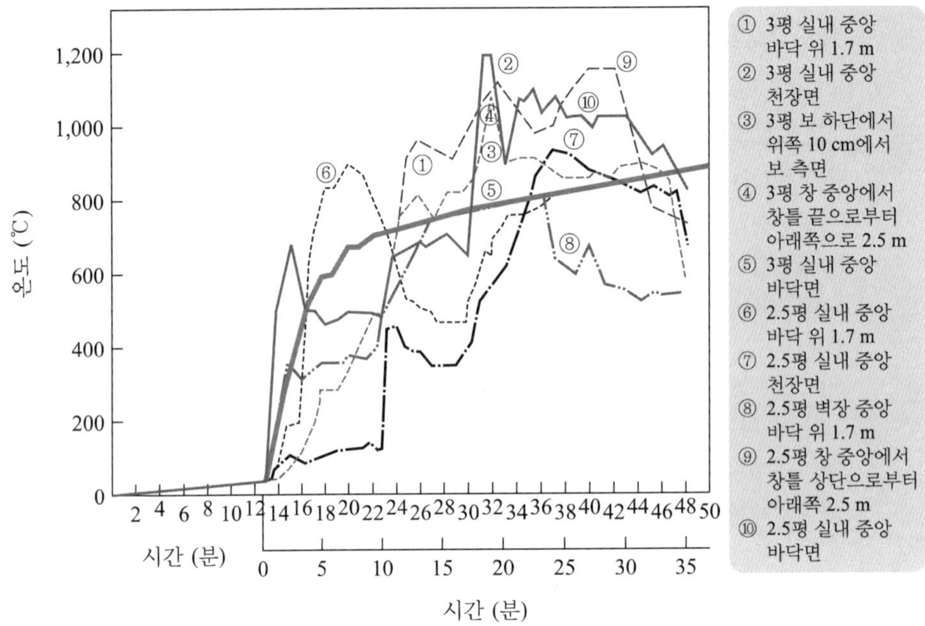

그림 5-2 화재실험에 의한 화재온도 상승의 시간적 변화

건축물에서의 화재발견은 목조건축물인 경우 화재의 원인으로부터 무염착화까지의 과정인 화재의 잠재기에서 이루어져야 하며, 내화구조의 건축물인 경우는 화재이 원인으로부터 화재의 초기단계사이에서 이루어져야 화재로부터의 인적·물적재해를 최소화할 수 있다.

2 건축물의 화재와 기상(氣象)

(1) 바람(風)의 정의

모든 기체는 항상 그 용적을 팽창하려는 성질이 있으며, 그 성질에 의해서 대기 중에서는 이류(移流) 또는 대류(對流)현상이 발생된다. 이러한 현상은 기압경도인 대기의 밀도차나 온도차에 의해서 생기게 된다. 바람은 협의적으로는 이류만을 말하며, 광의적으로는 이류와 대류를 합한 것을 말한다.

우리가 바람이 있다고 느끼는 것은 사람 또는 지구상에 존재하는 물질이 바람의 압력에 의하여 동요되는 것으로 알게 되는 데 이것은 이류에 의한 영향을 받고 있기 때문이며, 바람은 벡터(vector)량으로서 풍향과 풍속을 갖는다.

(2) 바람의 방향과 속도

바람의 방향은 바람이 불어오는 방향에 따라 보통 16방향으로 나타내는 데 풍향은 일정한 방향에서 부는 것이 아니라 항상 어떠한 폭을 가지고 불게 됨으로써 10분간의 풍향변화의 폭을 잡아서 그 시간의 풍향이라 하며, 풍향을 측정하는 데에는 풍향계를 사용한다.

바람의 속도는 보통 m/s의 단위를 사용하는 데 바람의 속도도 일정한 것이 아니므로 바람의 방향과 같이 10분동안 불어간 거리를 600초로 나누어 매초 몇 m의 풍속이라 한다. 바람의 속도를 측정하는 풍속계에는 로빈스(Robinsons) 풍속계를 사용하며, 순간풍속을 측정하는 데에는 다인스(Diens) 자기풍압계나 풍향계의 기능을 함께 지닌 에어로벤을 사용한다.

순간 최대풍속은 10분간 평균속도의 약 1.5배에 해당하나 평균풍속이 10 m/s정도일 때에도 종종 20 m/s에 가까운 순간 최대풍속이 나타나는 경우도 있다.

풍속계를 사용하지 않고 바람의 속도를 대략적으로 계산하는 편리한 방법으로는 뷰포트(Beaufort)의 풍향급수를 사용하기도 한다. 다음의 표 5-1은 뷰포트의 풍력계급에 따른 풍속(m/s)의 크기를 설명한 것이다.

표 5-1 풍력의 계급에 따른 풍속

풍급	명칭	육상상태	해면상태	풍속(m/s)
0	평온	연기가 수직으로 상승한다.	거울면과 같이 평온하다.	0~0.2
2	경풍	바람이 안면에 감지되며, 나뭇잎이 흔들리고 풍향계에도 감지된다.	바다표면에 작은 파도가 있는 것이 확실하게 보인다.	1.6~3.3
3	연풍	나뭇잎과 가는 가지가 부단히 흔들리고, 기가 가볍게 휘날린다.	작은 파도가 켜져서 거품이 생기고, 바다표면의 군데군데 흰색의 파도를 볼 수 있다.	3.4~5.4
7	강풍	나무가 전부 흔들리고, 바람에 향하여 사람이 걷는데 어렵다	파도가 부서져 생긴 물거품이 바람에 의해서 날아간다.	13.9~17.1
9	대강풍	주택에 다소 손해가 발생하며, 연통이 부러지고 기와가 벗겨진다.	큰 파도가 보다 높아지고 바람에 날리는 물결이 심하여지며, 물방울 때문에 앞이 잘 보이지 않기 시작한다.	20.8~24.4
10	태풍	피해가 막심하다.	바다 위는 물거품과 물방울로 덮이며, 바다표면은 날리는 물방울 때문에 완전히 백색으로 덮이고 눈에 보이는 거리는 완전히 악화된다.	32.7이상

(3) 계절풍

계절풍은 대륙과 바닥표면의 온도의 차이에 기인하는 것으로 중위도에서 발달한다.

겨울의 계절풍은 대륙에서 한랭건조한 기류가 해안으로 유출되는 것으로 이 때 우리나라 부근에서는 북서쪽의 계절풍이 현저해지고 한랭건조하므로 영남지방에서는 큰 화재와 감기의 위험성이 있다.

여름의 계절풍은 해안에서 습한 기류가 육지로 불어오는 것으로 육지에서는 비가 많으며, 화재의 위험성도 적게 된다.

3 건축물화재의 특성(特性)

(1) 건축물 화재확대의 주요인

화재발생시 건축물의 화재를 확대시키는 주요인에는 비화(飛火), 복사열, 화염의 접촉(접염) 등이 있다.

① 비화(飛火)

화재가 발생된 화점에서 먼 거리에 있는 지역에까지 불꽃이 날아가 발화하는 현상으로 화점으로부터 풍화(風火)방향이 약 30°의 범위로 분포하나 10～15°의 범위가 위험하다.

비화로 인한 연소는 바람이 강하고 온도가 낮은 기상조건일 때이며, 비화범위는 4 km까지 이르나 800 m의 전·후에서 흔히 발생한다.

② 복사열

화재시 화염으로부터 발생하는 복사열로 인하여 인화점에 도달하기도 한다. 복사열은 화염의 표면이 크면 클수록, 또는 지속시간이 길면 길수록 열을 받는 거리가 멀어져서 100 m이상에 달하는 경우도 있다.

③ 화염의 접촉(접염)

화재시에 발생하는 화염 또는 열의 접촉에 의해서 화재를 확대시킨다.

(2) 건축물화재의 온도-시간 표준곡선

① 목조건축물의 경우

목조건축물의 구조나 화재시의 기상(온도·압력·풍속)에 의해서 화재실의 최고온도는 1,100°C에서부터 1,340°C까지 이르게 된다.

지금까지 행하여진 수많은 화재실험을 거쳐서 목조가옥(건축물)에 대한 온도-시간 표준곡선이 정하여져 있다. 그러나 동일한 목조건축물내에서도 지면이나 1층의 마루 부근은 비교적 최고온도가 낮아서 300~500°C정도가 되는 경우도 있다. 또한, 큰 기둥이나 대들보 부근이 되면 최고온도가 높고 오래도록 계속 유지되나 이러한 특수한 장소를 제외한 부분에서는 일반적으로 다음의 그림 5-3의 화재온도-시간 표준곡선과 같이 변화한다고 보아도 좋다.

특히, 목조건축물의 화재특징은 화재가 발생하여 진화까지 내화건축물의 화재특징에 비하여 짧은 시간동안 고온을 유지하기 때문에 단기고온의 형태를 갖는다.

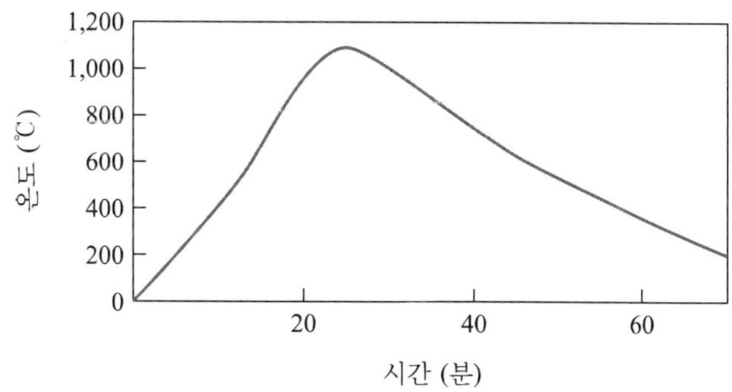

그림 5-3 화재온도-시간 표준곡선(목조건축물)

② 내화건축물의 경우

내화건축물은 불에 연소하기 어려운 철근콘크리트조 또는 철골철근콘크리트조 등에 의해서 축조된 건축물이기 때문에 화재가 발생하더라도 목조건축물과 같이 빠른 시간 내에 연소하지 않고 오랜 시간이 요구되는 화재특징을 가지고 있으므로 장기고온의 형태를 갖는다.

다음의 그림 5-4는 내화구조를 갖는 건축물의 화재시 온도-시간 표준곡선을 나타낸 것이다.

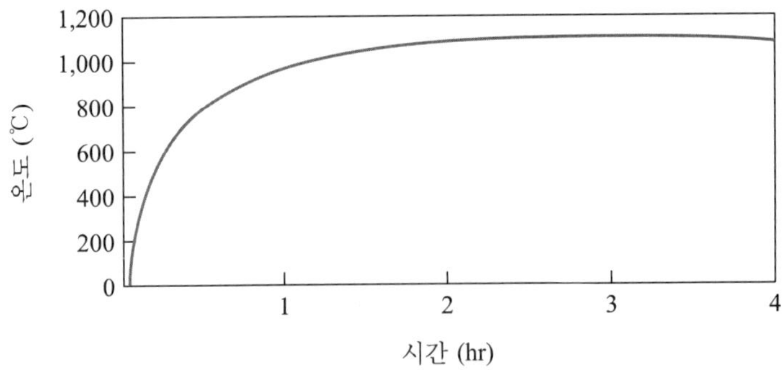

그림 5-4 화재온도-시간 표준곡선(내화건축물)

2 건축물화재의 진행상황

1 목조건축물의 화재 진행형태

(1) 화재의 진행형태

목조건축물은 주로 가연성의 재료인 목재에 의해서 축조되었으므로 화재가 발생하면 빠른 시간내에 전소하는 경향을 보여주고 있다.

목조건축물의 화재 진행과정을 정확히 설명하기는 어렵지만 방재공학을 연구하는 학자들에 따라 다음과 같이 화재 진행과정을 2가지 형태로 구분하여 설명하고자 한다.

① 화재의 출화(出火)를 기준으로 한 화재의 진행형태

무엇인가에 의해서 목조건축물에 화재가 발생하였다면 목조건축물의 화재는 다음의 그림 5-5에서 보는 것과 같이 화재의 출화를 기준으로 하여 화재의 출화전의 화재 진행과정을 화재의 전기 또는 초기화재라 하며, 화재의 출화이후의 화재 진행과정을 화재의 후기 또는 본격화재라 한다.

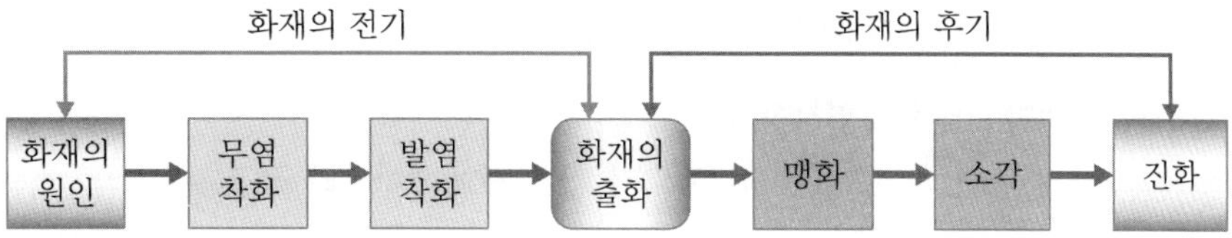

그림 5-5 목조건축물의 화재 진행형태

표 5-2 목조건축물 화재시 옥내출화와 옥외출화

구분 \ 상황	출화의 시기
옥내출화	① 보통가옥 구조시에는 천장판에 발염착화할 때 ② 간막이 불연벽체나 간막이의 불연천장인 경우의 실내에서는 그 후면판에 발염착화할 때 ③ 천장속·벽속 등에서 발염착화하였을 때
옥외출화	① 외부가 판자 등 목재사용의 가옥에서는 벽, 추녀밑의 판자나 목재에 발염착화할 때 ② 창·출입구 등에 발염착화했을 때

여기에서, 화재의 원인이라 함은 목조건축물에 화재가 발생하게 한 원인을 말하며, 무염착화(無炎着火)라 함은 가연물질이 마치 재로 덮인 숯불모양으로 불꽃없이 착화하는 것을 말한다. 또한, 발염착화(發炎着火)라 함은 무염착화 상태에 있는 가연물질에 바람을 보내주면 불꽃을 발생하면서 연소하는 형태를 말한다.

또한, 화재의 출화란 화염이 건축물에 설치된 개구부를 통하여 외부로 분출된 상태의 화재를 말하는 것으로서, 위의 표 5-2에서 보는 것과 같이 옥내출화와 옥외출화로 구분된다.

목조건축물 화재시 화재의 출화를 기준으로 하여 화재의 후기(본격화재)는 시간적으로는 대체로 일정한 화재경로를 거쳐 가지만 화재의 전기(초기화재)에서는 일정하지 않는다. 그러므로 화재의 진행과정에 대해서 각 단계별로 화재의 특성에 대해서 알아보기로 한다.

㉠ 화재의 발생원인으로부터 무염착화까지

화재의 발생원인으로부터 무염착화까지의 시간은 화재를 발생하는 원인의 종류, 화재발생장소에 따라 차이가 생기게 된다. 예를 들면, 유류화재를 일으키는 유류의 인화의 경우에는 화재의 발생원인에서부터 무염착화까지의 시간은 0으로 생각하여도 좋으나 불포화 식용유의 자연발화의 경우에는 수일에서 수주일간으로 되는 경우도 있다.

전기다리미의 통전방지(스위치를 꽂은 채로 놓아두는 것)에서는 다리미의 종류나 놓아두는 방법에 따라 매우 달라진다.

㉡ 무염착화에서 발염착화까지

목탄(木炭)인 숯에 불이 붙는 것 같은 상태에서부터 불꽃을 발생하며, 연소하기 시작하기까지의 시간은 화재의 발생원인의 종류와 그 위치에 따라서 달라진다.

㉢ 발염착화에서 화재의 출화까지

발염착화와 화재의 출화사이의 시간은 발염착화가 발생한 위치와 목조건축물의 구조로서 달라진다. 예를 들면, 한옥구조의 건축물 실내의 장판위에 발화가 되었더라도 이때에도 문창호 근처라든지 문틀 근처나 아니면 공간지대가 되든지 하면 그 양상과 화재의 출화까지의 시간은 매우 달라진다.

문창호밑에서 착화가 되었다고 하면 이때에는 약 2～5분이면 천장까지 착화한다.

이상은 전기의 각 단계에 대해서 단계별로 기술하였으나 실재의 화재의 원인조사에 있어서는 과거의 경험이나 감정 또는 실험 등에 따르는 시간으로 추정을 하게 된다.

목조건축물에서의 화재발생시 화재의 출화이후의 각 단계에서의 시간은 대체로 일정하다.

화재의 출화에서 맹화(猛火)까지는 4～14분, 맹화에서 진화까지 6～19분정도가 소요된다.

② 발화를 기준으로 한 화재의 진행형태

목조건축물에 화재가 발생하여 진화되기까지의 화재 진행과정은 다음의 그림 5-6과 같다.

목조건축물에 화재가 발생하여 완전히 진화될 때까지의 각 단계(과정)에 대한 화재의 진행형태는 다음과 같다.

㉠ 화재의 발생원인으로부터 무염착화까지

목조건축물의 화재를 발생하는 원인의 종류와 화재를 발생하는 장소에 따라 차이가 있다.

그림 5-6 목조건축물의 화재 진행형태

유류인 가솔린·등유·경유 등의 인화는 곧 불꽃을 내며, 착화하기 때문에 발염착화이다.

또한, 자연발화를 일으키는 경우에는 많은 시간(오랜 시간)을 필요로 한다.

㉡ **무염착화로부터 발염착화까지**

화재가 발생한 장소, 가연물질의 종류, 바람의 상태 등이 화재의 진행(연소속도 및 방향)을 좌우한다.

㉢ **발염착화로부터 발화(發火)까지**

통보발화라고 하는 것은 실내에 수납되어 있는 가연물질의 일부가 발염발화한 것이 아니라 정부(頂部)인 천장에 불(화염)이 닿았을 때의 시기를 말한다.

㉣ **발화로부터 최성기(最盛期)까지**

발화할 상황이 되면 화재진행(연소속도 및 방향)이 빨라진다.

목조건축물에 화재가 발생하면 처음에는 연기가 백색에서 검은색으로 변하고, 마침내는 창문 및 개구부로 분출하게 된다. 또한, 화재가 최성기에 이르게 되면 목조건축물의 천장·지붕 등이 붕괴되며, 화염·검은 연기·불꽃 등이 튀고 강한 복사열이 발생하여 최고 1,300°C까지 도달하기도 한다.

㉤ **최성기로부터 연소낙하(燃燒落下)까지**

화재의 진행과정에 있어서 목조건축물의 화재가 최성기를 지나면 지붕과 벽이 무너지고 화염의 세력은 급속히 약해지며, 대들보 등도 허물어져 드디어는 마지막 단계인 진화로까지 진행된다.

목조건축물에 화재가 발생하여 발화단계로부터 최성기까지의 소요시간은 평균 7분정도이며, 진화될 때까지 풍속이 0.3～3 m라면 13～24분이고, 풍속이 10 m이상일 때에는 10분이내가 된다.

2 내화건축물의 화재 진행형태

(1) 화재의 진행형태

내화건축물은 「건축법」 제2조 제7호에서 정하는 철근콘크리트조·철골철근콘크리트조·연와조 그 밖의 이와 유사한 구조로서 대통령령이 정하는 내화성능을 가지는 재료에 의해서 축조된 건축물로서 화재에 대한 내력이 높기 때문에 화재가 발생하더라고 인명 및 재산피해가 목조건축물에 비하여 작으며, 화재에 의해서 구조의 물성변화가 크게 발생하지 않으므로 재수리하여 사용할 수 있는 장점을 가지고 있다.

그림 5-7 내화건축물의 화재 진행형태

위의 그림 5-7은 내화건축물에 화재가 발생하여 진행하는 과정을 나타낸 것이다.

① 초기(初期)

내화건축물은 목조건축물에 비하여 밀도가 높기 때문에 연소는 완만하며, 산소의 공급이 불충분하여 연소상태가 약해지는 경우도 있다. 따라서, 내화건축물에 발생된 화재를 소화시키기 위해여 창문·출입구 등을 개방하여 많은 양의 공기가 일시에 유입되면 오히려 폭발적으로 화재를 촉진시키는 결과를 초래할 우려가 있다.

② 성장기(成長期)

내화건축물에 발생된 화재가 초기단계를 지나게 되면 공기를 공급하는 개구부 등의 유통구가 생기므로 화재는 급격하게 진행되어 개구부에는 검은 연기와 화염이 분출하게 되며, 실내는 순간적으로 화염으로 가득차게 되는 듯한 현상이 된다.

③ 최성기(最盛期)

실내의 온도가 급격하게 상승하여 최고온도에 도달하게 되며, 화재실의 온도는 보통 800～900°C를 유지하면서 외부로 검은 화염과 연기를 분출하면서 연소하는 단계를 말한다.

내화건축물에서의 최성기는 목조건축물에 비하여 장시간을 유지하며, 오랜 시간동안 고온을 유지하기 때문에 천장의 장식물이나 콘크리트가 박리되어 떨어지기도 한다.

④ 감쇠기(減衰期)

내화건축물의 화재도 최성기를 지나면 연소될 물질은 모두 연소되고 화재실의 벽·천장 등의 열정수 값도 서서히 감소함에 따라 화재의 세력도 점차 약해진다. 또한, 건축물 외부로 분출하는 화염이나 연기의 양도 육안으로 확인할 수 있도록 적어지며, 건축물에 어느 정도 접근이 가능하여지는 화재의 진행과정(단계)이다.

⑤ 종기(終期)

내화건축물에 발생된 화재도 감쇠기를 지나 종기에 이르게 되면 화재의 세력도 대부분 소멸되고, 연소생성물인 연기의 발생도 거의 정지된다. 다만, 벽·천장 등의 열정수의 작용에 의해 약간의 복사열이 발생된다.

위에서 보는 것과 같이 내화건축물에 화재가 발생되면 화재는 목조건축물의 화재와 같이 빠른 시간내에 최성기에 도달하지 않고 서서히 도달함으로써 화재의 진행속도가 느리며, 어느 정도 화재가 진행되어 최성기에 이르게 되면 오랜 시간동안 고온의 상태를 유지하게 되기 때문에 인적·물적재해방지를 위해 최성기에 이르기 전에 완전히 소화가 이루어질 수 있도록 최선을 다하여야 한다.

3 건축물화재의 발생과 그 배경

1 건축물화재의 발생원인

건축물화재는 인간의 의도에 상반되는 가연물질의 단순한 연소현상으로서 건축물 자체 및 이에 수납된 물질의 소실과 인명에 피해를 주게 된다. 이와 같은 화재의 발생은 인구가 밀집되고 산업·경제가 발전된 도시에서 그 발생빈도가 높으며, 그 규모와 피해가 증대되는 경향이 있다.

현대도시는 고밀도화·고층화·지하개발 등 그 구조와 형태, 기구 등이 다양하고 복잡하여 도시가 확대될수록 화재의 발생요인이 증대되고 있다.

따라서, 대도시에서의 건축물화재에 대한 예방과 소화는 중요시되며, 오늘날의 도시형성에 있어서 커다란 과제이기도 한다.

특히, 우리나라와 같은 여건을 가지는 도시의 건축물에 있어서는 건축물(목조건축물·내화건축물)의 화재예방과 이에 대한 대책이 더욱 절실하게 요구되는 한편 방화의식이 고조되어야 할 것으로 본다.

1970～1980년대는 근대화를 지향하는 경제와 산업의 발전으로 건설의 성수기를 맞이하게 되어 고층아파트와 크고 작은 빌딩·오피스텔 및 공장이 급증하기에 이르렀으며, 이러한 여러 용도의 건축물이 신축·증설됨에 따라 화기 및 열원의 취급·사용횟수가 증가됨으로써 화재의 발생을 많이 가져왔다.

이들의 화재에 의해 건축물의 소실은 물론 집중적인 인명피해를 보게 되어 한국형 화재특징을 낳게 되었다. 이와 같은 한국형 건축물의 화재실태는 그 예방에 있어서 무엇인가에 원인과 문제점이 있는 것으로 생각된다.

건축물의 화재는 건축물을 위협하는 자연적인 피해인 낙뢰(번개)·지진·태풍 등과는 달리 인위적인 재해의 일종이므로 사람의 행동 및 행위를 중심으로 한 화재의 발생요인에 관계되는 여러가지의 문제점의 해결이 건축물의 화재예방을 위한 대책 중의 하나이다.

2 건축물화재의 배경 및 그 연쇄성

건축물의 화재는 물리적·화학적인 단순한 연소현상으로서 가연물질과 산소와의 산화발열반응에서 비롯되고 있으나 화재의 주체인 연소는 반드시 화재를 일으키는 직접적인 원인과 그 배경이 있으며, 연쇄성을 가지게 된다.

일반적으로 건축물의 화재를 일으키게 하는 발화의 직접적인 원인을 근인(近因)이라고도 하며, 화재가 발생하게 된 배경 또는 동기를 간접원인 또는 원인(遠因)이라고 한다.

특히, 건축물화재의 직접적인 원인인 근인은 매우 다양하며, 고차원적이라고 말할 수 있다.

어느 주택화재의 예를 들어 그 원인을 살펴보면 다음과 같은 순서에 의해서 화재가 발생되어 진행된다.

주택에 설치한 유리창문이 바람에 의해서 떨어지면서 실내에 설치한 전등을 파손시켜 전구의 불이 꺼짐으로 인하여 방안이 어둡게 되어 촛불을 켜 사용하게 된다. 그 후 방안에 켜놓은 촛불이 넘어져 방안에 있는 가연물질인 이불에 옮겨 붙어 화재가 발생한 예에서 건축물화재의 직접적인 원인은 촛불로 인한 이불의 연소현상이다.

촛불을 켜게 된 동기는 전등불이 꺼진 데 있으나 창문이 떨어지지 않았다면 바람이 방안으로 침입되지 않았을 것이므로 1차적으로는 바람의 침입이 간접원인이며, 2차적으로는 창문이 파괴되거나 개방된 데에 그 원인이 있다. 또한, 촛불을 켜두었다 하더라도 초가 촛대에 안전하게 꽂혀 있었다면 불이 일어나지 않았을 것이며, 초가 넘어졌다 하더라도 이불이 가까이 있지 않았다면 화재가 일어나지 않게 된다.

이와 같이 건축물의 화재가 발생되게 한 원인을 거슬러 올라가게 되면 많은 요인들이 서로 관계를 맺고 있게 마련이다. 이와 같은 화재의 발생요인은 건축물의 화재에서 뿐만 아니라 우리주변과 일상생활속에 산재되어 있으므로 화재발생의 직접적인 원인보다 간접적인 원인이 더 중요시되고 있다. 그러나 너무도 많은 화재의 발생요인이 우리의 생활속에 산재(散在)되어 있으므로 이를 중요하게 생각하지 않을 때가 많다.

특히, 건축물의 화재뿐만 아니라 이와 관련되는 모든 화재에 있어서 화재예방을 위한 방지대책 중 가장 중요한 사항은 평소 등한시하기 쉬운 우리의 일상생활 주변에 대한 방화안전관리라 하겠다.

4 건축물의 내부화재

1 건축물의 내부화재 성상

건축물의 내부화재는 건축물의 형태·내부구조·용도, 내부에 수납되어 있는 가연물질의 양·층수·높이 등에 따라 연소성상이 크게 달라진다.

건축물의 내부화재는 목조건축물과 같이 건축물 자체 및 건축물내부의 가연물질이 연소되는 전면적인 화재와 내화구조로 된 건축물의 내부에 수납되어 있는 가연물질에 의한 공간화재로 크게 구분되며, 화재가 발생하는 기상조건·화재의 지속시간·실에 설치된 개구부의 형태 등에 따라 화재성상이 서로 다르다.

특히, 내화건축물의 화재는 어떠한 화원에 의하여 건축물내부의 가연물질이 연소확대되는 것으로서 일반적으로는 실내에 수납되어 있는 착화가연물질이 연소하면서 다른 가연물질로 옮겨 붙어 실내부의 전체로 확대되는 전면적인 화재의 형태로 변하기도 한다.

또한, 이렇게 확대된 화재는 인근에 있는 거실로 옮겨가며, 상층으로도 확대되어 건축물 전체에 화염을 전파시킴과 동시에 이웃하고 있는 건축물에 화염을 전달하기도 한다.

이와 같은 건축물의 화재에 있어서 실내에서의 화재 진행과정은 초기, 화원의 확대로부터 플래시-오버(flash-over)에 이르는 화재의 성장기, 본격적인 화재가 되는 화재의 최성기, 가연물질이 연소하여 없어지는 화재의 감쇠기 및 종기의 5단계로 나누어진다.

건축물의 내부화재는 보통 초기로부터 종기까지 5단계에 의해서 화재가 진행되므로 각 단계에서의 화재성상은 많은 요인에 의하여 달라지거나 대체적으로 다음과 같은 변화의 요인이 있다.

① 실에 수납되어 있는 가연물질의 배치상태
② 화원의 위치와 그 화원의 크기
③ 실내부에 수납된 가연물질의 양과 그 성질
④ 실에 설치된 개구부의 위치 및 크기
⑤ 실의 넓이와 그 모양
⑥ 화재시의 기상(온도·습도·압력, 기류의 방향과 속도)

화재의 위험이 많은 건축물에는 보편적으로 호텔·백화점·병원, 복합용도의 빌딩, 지하상가, 고층빌딩이 해당된다.

백화점은 그 용도상으로 볼 경우 여러가지의 가연물질이 건축물내부에 많은 양이 진열되어 있으므로 사무실의 용도로 사용되는 건축물에 비하여 약 2.5~4.5배에 이르게 된다. 그러므로 백화점에 화재가 발생하게 되면 연소시간이 길어지게 마련이다. 또한, 백화점은 여러층에 고객이 출입하게 되므로 자연적으로 화재발생의 위험이 증가하게 되며, 이로 인한 화재의 발생도 다른 건축물에 비하여 빈번하다 하겠다. 특히, 건축물의 기능상으로 볼 때 많은 전열기구, 전기기기·기구 및 열 또는 화기를 사용하는 곳이 많아지므로 이 또한 화재의 발생을 빈번하게 하는 요인이 되고 있다. 더욱이 백화점은 상품의 분실방지 및 탈색·변질방지를 위해 외부와 차단되어 있기 때문에 개구부(유리창·발코니 등)가 적게 설치되어 있어 화재발생시 제연·피난에 있어 위험성이 매우 높은 건축물이라 하겠다.

호텔이나 병원은 숙박객 및 환자병실의 취침시설과 각종 기능이 복합된 건축물이므로 화재의 발생요인이 큰 건축물이다.

특히, 입원환자의 부자유스런 행동과 객실의 사생활(privacy) 확보 등에 관련한 방화관리와 화재시의 피난 등은 건축물의 기능면에서도 많은 문제들을 안고 있으므로 화재의 위험이 큰 건축물이라 하겠다.

지하상가는 여러종류의 점포가 집합(集合)되어 있으므로 이를 모두 합하면 백화점과 동일한 내용을 가진 결과가 되므로 화재의 위험성이 높은 편이다. 따라서, 지하상가는 화재발생의 위험은 물론 화재시의 피난과 재연에 있어서는 지상의 건축물보다 더욱 큰 위험을 가지게 된다.

고층건축물의 화재는 그 건축물의 용도에 따라 화재발생의 요인과 화재성상은 다르나 저층건축물에 비하여 화재의 연소속도가 빠르며, 화재시의 피난과 소화작업이 어려우므로 고층건축물일수록 연소의 역할이 크게 나타나 화재의 위험성은 더욱 높아진다.

2 건축물의 내부화재 문제점

(1) 고층건축물 화재의 문제점

현재 건설되고 있는 고층건축물의 대부분은 철근콘크리트조·철골철근콘크리트조인 내화구조로 되어 있다.

고층의 내화건축물에서의 화재는 건축물내의 1구역에서 발생한 화재에 의한 연기가 출화점으로부터 상당히 멀리 떨어진 구획에 있는 사람에게까지 직접적으로 피해를 주는 경향이 많으며, 화재의 출화지점에서 멀리 떨어져 있는 사람이 연기를 빨리 감지하지 못한다면 피난행동에 어려움을 받게 된다.

최근의 고층 내화건축물의 경우 화재시에 발생한 인명피해의 원인을 보면 주로 연기에 의한 질식 및 중독 또는 산소결핍으로 인한 호흡장애로서 과거에 축조된 목조건축물에서 종종 볼 수 있었던 소사(燒死)가 아닌 경우가 많다.

고층건축물의 화재시에 나타나는 문제로서는 우선 구조작업에 있어서 소방차의 공중사다리가 미치지 못하는 고층건축물이 많다. 또한, 화재시 헬리콥터의 접근도 어려우며, 엘리베이터는 더구나 사용할 수가 없다. 한편, 내화구조체는 고열이 되어 내화력을 저하시키는 동시에 창의 유리, 파편 및 패널 등의 낙하에 따른 위험성도 수반한다.

건축물에 화재가 발생하였을 때 알루미늄 새시(sash)로 고정한 유리창 등은 개방할 수 없어 더욱 문제가 되며, 실내의 수납물질에 의해서 발생된 연소생성물(유독성가스 포함)인 연기는 실내에 거주하고 있는 사람에게는 물론 화재의 소화업무를 수행하는 소방대원에게도 상당한 위험을 주게 된다.

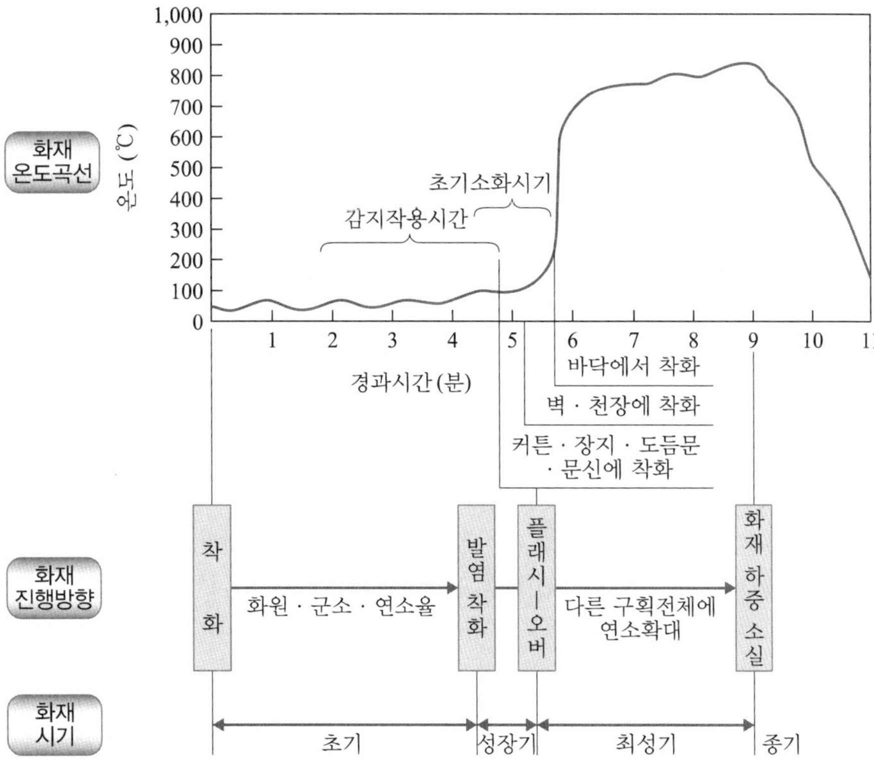

그림 5-8 건축물화재의 성상모델

고층건축물에서의 화재로 인한 피해를 최소화하기 위한 가장 효과적인 방법은 두말 할 나위없이 화재의 발생을 억제하는 것이 되겠지만 화재의 진행과정 등을 엄밀하게 분석하여 이에 따르는 제반사항에 대해 유효적절하게 대처하여야 한다.

앞의 그림 5-8은 건축물의 화재시 일반적인 화재의 진행과정을 화재의 온도-시간 표준곡선과 연관시킨 건축물화재의 성상모델을 나타낸 것이다.

플래시-오버(FO)

순발적인 연소확대현상인 플래시-오버는 고층건축물의 화재시에 나타나는 이상연소현상으로서 발화로부터 열에 의해 계체(階體)의 내장재료·가구 그 밖의 가연물질에 화염이 전파되면 그 불길이 성장하여 천장부분에까지 확대되고, 천장부근에 가연성가스가 축적되어 어느 시점에 이르러 폭발적으로 연소함으로서 건축물의 층 전체가 화염에 휩싸이면서 모든 공간을 통하여 입체적으로 화재가 확대되는 것을 말한다.

(2) 건축물화재에 있어서의 화재가혹도(severity of fire)

① 화재가혹도의 개요

건축물의 화재시 화재의 가혹도란 화재로 인하여 건축물내에 수납되어 있는 재산 및 건축물 자체에 손해 및 손상을 주는 능력의 정도를 말하는 것으로서 화재의 가혹도가 적으면 건축물과 그 건축물내에 수납되어 있는 재산에 끼치는 손해 및 손상이 적게 되며, 화재의 가혹도가 크면 이로 인하여 손상을 많이 받게되므로 피해가 크게 된다.

화재의 가혹도는 건축물내에서 화재가 발생하였을 때 건축물내의 가연물질의 양에 따라 그 정도가 정해지며, 이러한 가연물질의 양에 따라 발생되는 열에 의한 최고온도(最高溫度) 및 최고온도를 유지시키는 저속시간의 지배를 받는다. 화재의 가혹도는 화재실의 최고온도와 최고온도를 유지하는 지속시간에 의해서 강도가 정하여지므로 화재의 가혹도를 작게 하여 건축물 및 재산에 끼치는 손실을 감소시키기 위해서는 건축물내에 수납하는 가연물질의 양과 연소할 수 있는 내장재료 등을 적게 하거나 불연화하여야 한다.

② 화재의 가혹도에 영향을 주는 주요소

앞에서도 설명한 것과 같이 화재의 가혹도를 작게 하기 위해서는 건축물내에 수납하는 가연물질의 양을 적게 하여 화재가 발생하더라도 연소열의 값을 감소시켜 단위시간당 축적되는 열의 값인 화재의 강도(intensity of fire)를 작게 하여야 한다.

또한, 건축물의 단위면적당 저장하는 가연물질의 양인 화재하중(kg/m^2)의 값을 적게 하여 화재의 가혹도를 감소시켜야 한다.

건축물의 화재시 건축물 및 건축물에 수납되어 있는 재산에 손실을 끼치는 화재의 가혹도는 화재실의 화재강도와 화재하중에 의해서 많은 영향을 받으므로 이들을 화재의 가혹도를 좌우하는 주요소라 말할 수 있다.

㉠ **화재의 강도(intensity of fire)에 관계되는 주요인**

건축물에 화재가 발생되면 건축물내에 수납되어 있는 가연물질의 종류·성상 등에 따른 연소상태, 연소시 발생하는 연소열 등에 따라 화재의 강도 값이 다르다.

또한, 연소하는 가연물질의 비표면적, 외부로부터 공급하는 산소의 양, 화재의 바닥·천장·벽 등의 단열성도 화재의 강도에 관계된다.

- **가연물질의 연소열**
  건축물내에 수납되어 있는 가연물질로부터 화재시 외부로 발생하는 연소열의 값이 클수록 화재의 강도는 크게 되며, 연소열의 값이 적을수록 화재의 강도 값도 작아진다. 그러므로 연소열의 값을 적게 하기 위해서는 밀도 값이 적은 가연물질을 저장하여 화재의 강도 값을 작게 하여야 한다.
- **산소(공기)의 공급**
  가연물질은 상온에서 기체·액체·고체상태로 존재하며, 고체가연물질이 완전연소하려면 기체가연물질에 비하여 많은 양의 산소를 필요로 하므로 가연물질에 공급하는 산소의 양에 따라 화재의 강도 값도 달라진다. 그러므로 연소하는 가연물질에 공급되는 산소의 공급방법에 따라 가연물질이 완전연소, 불완전연소하기도 하므로 산소를 공급하는 화재실에 설치되는 개구부인 창·발코니, 출입문의 크기·위치·수량 등에 의해 공급되는 산소(공기)의 양이 달라진다.
- **가연물질의 비표면적**
  화재시 가연물질은 공기 중의 산소와 접촉할 수 있는 비표면적이 클수록 연소하기 용이하고 완전연소하므로 가연물질의 비표면적이 화재의 강도에 많은 영향을 준다. 예를 들면, 원형의 목재보다 얇고 길게 잘라놓은 널빤지가 산소와 접촉할 수 있는 비표면적이 크기 때문에 연소하기 용이하다. 즉, 널빤지는 원형의 통나무에 비하여 빠른 시간내에 많은 양이 연소되므로 소진율(消盡率)이 크다. 또한, 가연물질의 소진율이 크다는 것은 단위시간당 발생되는 연소열의 값이 크기 때문에 화재의 강도 값이 크다는 것을 알 수 있다.
- **화재실의 바닥·천장 등의 단열성**
  건축물에 화재가 발생하면 건축물내에 수납되어 있는 가연물질, 내장재료 등이 연소하며, 이 때 발생되는 연소열은 화재실의 바닥·천장·벽 등을 통하여 외부로 발산되거나 전달된다. 그러나 화재실의 바닥·천장·벽 등의 단열성이 양호하면 가연물질의 연소시에 발생된 연소열이 축적되고 축적된 연소열이 건축물 및 건축물내에 수납된 재산에 많은 손실을 주므로 화재의 강도에 많은 영향을 주는 주요소로 작용한다.

㉡ **화재하중(火災荷重)**

화재하중은 단위면적당 저장하는 가연물질의 양(kg/m^2)으로 정의되므로 건축물내부에 저장하는 가연물질의 양이 많게 되면 연소하는 시간도 길게 되며, 외부로 발생하는 연소열의 값도 크고 최고온도를 유지하는 지속시간도 길게 되어 화재의 강도를 크게 한다.

PART

2

방 재 론

Chapter 1

건축물의 소방안전에 관한 총론

1 건축물의 소방안전에 관련된 용어

1 「소방기본법」상의 용어

(1) 「소방기본법」상 소방안전에 관련된 용어

① 소방대상물

건축물·차량·선박(「선박법」 제1조의2 제1항에 따른 선박으로서 항구에 메어둔 선박만 해당한다)·선박건조 구조물·산림 그 밖의 인공구조물 또는 물건을 말한다.

② 소방시설

대통령령이 정하는 소화설비·경보설비·피난설비·소화용수설비 그 밖의 소화 활동설비를 말한다.

③ 소방용기계·기구 등

소방용기계·기구 및 소화약제(消火藥劑)·방염도료(防炎塗料)·방염액(防炎液) 그 밖의 대통령령이 정하는 것을 말한다.

④ 위험물

대통령령이 정하는 인화성 또는 발화성 등의 물품을 말한다.

⑤ 특수장소

공연장·집회장·식품접객업소·숙박업소·의료기간·학교·공장 그 밖의 다수인이 출입 또는 근무하는 장소로서 대통령령이 정하는 장소를 말한다.

⑥ 관계지역

소방대상물이 있는 장소 및 그 이웃지역으로서 화재의 예방·경계·진압, 구조·구급 등의 활동에 필요한 지역을 말한다.

⑦ 관계인

소방대상물의 관리자·소유자 또는 점유자를 말한다.

(2) 「소방기본법시행령」상 소방안전에 관련된 용어의 정의

① 바닥면적

「선축법시행령」 제119조 제1항 제3호의 규정에 의하여 산정한 면적을 말한다.

② 연면적

하나의 건축물의 각 층의 바닥면적의 합계를 말한다.

③ 층수

「건축법시행령」 제119조 제1항 제9호의 규정에 의하여 산정한 수를 말한다.

④ 무창층

지상층 중 다음에 해당하는 개구부의 면적의 합계가 그 층의 바닥면적의 1/30이하가 되는 층을 말한다.

㉠ 개구부의 크기가 지름 50 cm이상의 원이 내접할 수 있을 것
㉡ 그 층의 바닥면적으로부터 개구부 밑부분까지의 높이가 1.2 m이내일 것
㉢ 도로 또는 차량의 진입이 가능한 공지에 면할 것
㉣ 화재시 건축물로부터 쉽게 피난할 수 있도록 창살 그 밖의 장애물이 설치되지 아니할 것
㉤ 내부 또는 외부에서 쉽게 파괴 또는 개방이 가능할 것

⑤ 피난층

직접 지상에 통하는 출입구가 있는 층을 말한다.

⑥ 고층건축물

층수가 30층이상이거나 높이가 120 m이상인 건축물을 말한다.

⑦ 초고층건축물

층수가 50층이상이거나 높이가 200 m이상인 건축물을 말한다.

⑧ 주요구조부

「건축법」 제2조 제1항 제7호의 규정에 의한 주요구조부를 말한다.

⑨ 내화구조

「건축법시행령」 제2조 제1항 제7호의 규정에 의한 내화구조를 말한다.

⑩ 방화구조

「건축법시행령」 제2조 제1항 제8호의 규정에 의한 방화구조를 말한다.

⑪ 불연재료

「건축법시행령」 제2조 제1항 제10호의 규정에 의한 불연재료를 말한다.

⑫ 준불연재료

「건축법시행령」 제2조 제1항 제11호의 규정에 의한 준불연재료를 말한다.

⑬ 난연재료

「건축법시행령」 제2조 제1항 제9호의 규정에 의한 난연재료를 말한다.

2 「건축법규」상의 용어

(1) 「건축법」상 소방안전에 관련된 용어(用語)의 정의

① 건축설비

건축물에 설치하는 전기·전화·가스·급수·배수(配水)·배수(排水)·환기·난방·소화·배연 및 오물처리의 설비와 굴뚝·승강기·피뢰침·국기게양대·공동시청안테나·유선

방송수신시설·우편물수취함 그 밖의 국토교통부장관이 정하는 설비를 말한다.

② 지하층

건축물의 바닥이 지표면아래에 있는 층으로서 그 바닥으로부터 지표면까지의 평균높이가 해당층 높이의 2분의 1이상인 것을 말한다.

③ 주요구조부

건축물의 내력벽·기둥·바닥·보·지붕틀 및 주계단을 말한다. 다만, 사이기둥·최하층 바닥·작은보·차양·옥외계단 그 밖의 이와 유사한 것으로 건축물의 구조상 중요하지 아니한 부분은 제외한다.

④ 건축물의 용도

건축물의 종류를 유사한 구조, 이용목적 및 형태별로 묶어 분류한 것을 말한다.

⑤ 거실

건축물안에서 거주·직무·작업·집회·오락 그 밖의 이와 유사한 목적을 위하여 사용되는 방을 말한다.

(2) 「건축법시행령」상 소방안전에 관련된 용어의 정의

① 내화구조

화재에 견딜 수 있는 성능을 가진 구조로서 국토교통부령이 정하는 기준에 적합한 구조를 말한다.

② 방화구조

화염의 확산을 막을 수 있는 성능을 가진 구조로서 국토교통부령이 정하는 기준에 적합한 구조를 말한다.

③ 난연재료

불에 잘 타지 아니하는 성질을 가진 재료로서 국토교통부령이 정하는 기준에 적합한 재료를 말한다.

④ 불연재료

불에 타지아니하는 성질을 가진 재료로서 국토교통부령이 정하는 기준에 적합한 재료를 말한다.

⑤ 준불연재료

불연재료에 준하는 성질을 가진 재료로서 국토교통부령이 정하는 기준에 적합한 재료를 말한다.

3 건축물의 구조기준 등에 관한 규칙상의 용어

건축물의 구조기준 등에 관한 규칙 중 건축물의 구조 및 방화(防火)애 관련된 용어에 대한 정의는 다음과 같다.

(1) 구조내력상 주요한 부분

건축물의 기초 · 벽 · 기둥 · 바닥판 · 지붕틀 · 토대 · 사재(가새 · 버팀대 · 귀잡이 그 밖의 이와 유사한 것을 말한다) · 가로재(보 · 도리 그 밖의 이와 유사한 것을 말한다) 등의 구조부재로서 건축물에 작용하는 자중 · 적재하중 · 적설하중 · 풍하중 · 토압 · 수압 · 지진하중 그 밖의 진동 또는 충격에 대하여 그 건축물을 안전하게 지지하는 기능을 가지는 건축물의 부분을 말한다.

(2) 내수재료

벽돌 · 자연석 · 인조석 · 콘크리트 · 아스팔트 · 도자기 · 유리 그 밖의 이와 유사한 내수성이 있는 건축재료를 말한다.

(3) 주요구조부

「건축법」 제2조 제7호의 규정에 의한 주요구조부를 말한다(앞의 건축법상 방화에 관련된 용어의 정의를 참조하기 바란다).

(4) 구조내력

건축물의 구조내력상 주요한 부분인 구조부재와 그 접합부 등이 견딜 수 있는 응력을 말한다.

(5) 응력

하중 및 외력에 의하여 구조부재에 생기는 축방향력, 휨모멘트, 전단력, 비틀림 그 밖의 이와 유사한 단면력을 말한다.

(6) 허용응력도

구조부재를 구성하는 각 재료의 하중 및 외력에 대한 안전성을 확보하기 위항 부재단면의 각 부에 생기는 응력도가 초과하지 않도록 정한 한계응력도를 말한다.

(7) 내력벽 방식

수직하중과 횡력을 전단벽이 부담하는 방식을 말한다.

(8) 전단벽

벽의 면내로 횡력을 저항할 수 있도록 설계된 구조방식을 말한다.

(9) 층지진하중

밑면 전단력을 건축물의 각 층별로 분포시킨 하중을 말한다.

(10) 비구조부재

차양·장식탑·비내력벽 그 밖의 이와 유사한 것으로 구조해석에서 제외되는 건축물의 구성부재를 말한다.

(11) 대린벽

서로 이웃하여 맞붙은 2개의 다른 벽(부축벽이 있는 경우 그 높이가 부축벽이 접합되는 벽 높이의 3분의 1이상인 때에는 그 부축벽으로 나누어지는 양측의 벽을 포함한다)을 말한다.

(12) 벽

두께에 직각으로 측정한 수평치수가 그 두께의 3배를 넘는 수직부재를 말한다.

(13) 기둥

높이가 최소 단면치수의 3배 혹은 그 이상이고, 축 압축하중을 주로 지지하는 데 쓰이는 부재를 말한다.

(14) 경량골재

기건상태일 때의 무게가 1 m^3당 1.1 t이하인 가벼운 골재를 말한다.

(15) 구조용 강재

원형강·형강·강관·경량형강·강관·레일 그 밖의 이와 유사한 재료로서 구조용재로 쓰이는 강재를 말한다.

(16) 조합응력

휨 및 축 방향력에 의한 응력을 조합한 것을 말한다.

(17) 유효단면적

인장재의 모든 단면적에서 편심의 영향이나 리베트·볼트 등 접합에 의한 결손 단면적을 뺀 등가단면적을 말한다.

(18) 고정하중

건축물의 주요구조부와 이에 부착·고정되어 있는 비내력부분 및 각종 시설·설비 등의 중량으로 인한 수직하중을 말한다.

(19) 적재하중

건축물의 각 실별·바닥별 용도에 따라 그 속에 수용·적재되는 사람·물품 등의 중량으로 인한 수직하중을 말한다.

4 소방기술기준에 관한 규칙상의 용어

소방기술기준에 관한 규칙에서의 소방시설의 종류와 이에 대한 용어의 정의는 다음과 같다.

(1) 소화설비

물 그 밖의 소화약제를 사용하여 소화를 행하는 다음의 기계·기구 또는 설비와 이에 상응하는 소화성능이 있는 것을 말한다.

① 소화기구

㉠ 수동식소화기
사람이 직접 조작하여 소화약제를 방출하는 것을 말한다.

ⓛ **자동식소화기**

화재발생 또는 가연성가스의 누출을 자동으로 경보하고, 소화약제를 방출하여 자동으로 소화하는 것을 말한다.

ⓒ **간이소화용구**

소화기 이외의 것으로서 소화약제에 의한 간이소화용구, 팽창질석 또는 팽창진주암, 마른모래를 말한다.

② 옥내소화전설비
③ 스프링클러설비
④ 물분무 등 소화설비(물분무 · 분말 · 할로겐화합물 · 이산화탄소 · 포소화설비)
⑤ 옥외소화전설비
⑥ 동력소방펌프설비

(2) 경보설비

화재의 발생을 통보하는 기계 · 기구 또는 설비로서 다음의 것을 말한다.

① 비상벨설비, 자동식사이렌설비 및 단독형화재경보기(이하 '비상경보설비'라 한다)
② 비상방송설비
③ 누전경보기
④ 자동화재탐지설비
⑤ 자동화재속보설비
⑥ 가스누설경보기

(3) 피난설비

화재가 발생한 때에 피난하기 위하여 사용하는 것으로서 다음의 것을 말한다.

① 미끄럼대 · 피난사다리 · 구조대 · 완강기 · 피난교 · 피난밧줄 · 공기안전매트 그 밖의 피난기구
② 방열복 · 공기호흡기 · 인공소생기 등 인명구조기구
③ 유도등 및 유도표시
④ 비상조명등

(4) 소화용수설비

화재의 진압에 필요한 소화용수를 저장하는 설비로서 다음의 것을 말한다.

① 상수도소화용수설비
② 소화수조·저수조 그 밖의 소화용수설비

(5) 소화활동설비

화재가 초기단계를 지나 본격화되었을 때 소화업무를 신속하게 수행하기 위해서 사용되는 다음의 설비를 말한다.

① 제연설비
② 연결송수관설비
③ 연결살수설비
④ 비상콘센트설비
⑤ 무선통신보조설비
⑥ 연소방지설비

2 건축물의 소방안전과 관련된 이론

1 건축법상의 이론

(1) 건축물의 구조내력(構造耐力) 등

① 건축물은 고정하중·적재하중·적설(積雪)하중·풍압(風壓)·지진 그 밖의 진동 및 충격 등에 대하여 안전한 구조를 가져야 한다.
② 건축물을 건축하거나 대수선하는 경우에는 대통령령이 정하는 바에 의하여 그 구조의 안전을 확인하여야 한다.
③ ①의 규정에 의한 구조내력의 기준 및 구조계산의 방법 등에 관하여 필요한 사항은 국토교통부령으로 정한다.

(2) 건축물의 피난시설·용도제한 등

① 대통령령이 정하는 용도 및 규모, 건축물과 그 대지에는 국토교통부령이 정하는 바에 의하여 복도·계단·출입구 그 밖의 피난시설의 소화전·저수조 그 밖의 소화설비 및

대지안의 피난과 소화상 필요한 통로를 설치하여야 한다.

② 대통령령이 정하는 용도 및 규모의 건축물의 안전·위생 및 방화 등을 위하여 필요한 용도 및 구조의 제한, 방화구획, 화장실의 구조, 계단, 거실의 반자높이, 거실의 채광, 환기와 바닥의 방습 등에 관하여 필요한 사항은 국토교통부령으로 정한다.

(3) 건축물의 내화구조 및 방화벽

① 문화 및 집회시설·의료시설·공동주택 등 대통령령이 정하는 건축물에는 국토교통부령이 정하는 기준에 따라 그 주요구조부를 내화구조로 하여야 한다.

② 대통령령으로 정하는 용도 및 규모의 건축물은 국토교통부령이 정하는 기준에 따라 방화벽으로 구획하여야 한다.

(4) 방화(防火)지구안의 건축물

① 도시계획법에 의하여 지정된 지역안에서의 건축물의 건축금지 및 제한에 관하여는 대통령령으로 정한다.

② 도시계획법에 의하여 지정된 지역안에서의 건축물의 건축에 관하여는 이 법 또는 다른 법률에 특별한 규정이 있는 경우를 제외하고는 대통령령이 정하는 기준에 당해 지방자치단체의 조례로 정할 수 있다.

③ ① 및 ②의 규정에 의한 건축물이 건축금지 및 제한은 도시계획법의 규정에 의한 지역 및 지구지정의 목적에 적합하여야 한다.

④ 공원·유원지 또는 그 예정지안에 있어서는 공원 또는 유원지의 설치목적에 적합한 건축물로서 대통령령이 정하는 건축물이 아니면 이를 건축할 수 없다.

(5) 승강기 및 비상용승강기

① 건축주는 6층이상으로서 연면적 2,000 m^2이상인 건축물을 건축하고자 하는 경우에는 승강기를 설치하여야 하며, 승강기의 규모 및 구조는 국토교통부령으로 정한다.

② 높이 41 m를 초과하는 건축물에는 대통령령이 정하는 바에 의하여 ①의 규정에 의한 승강기외에 비상용승강기를 추가로 설치하여야 한다. 다만, 국토교통부령이 정하는 건축물의 경우에는 그러하지 아니하다.

(6) 건축물의 내부마감재료

대통령령이 정하는 용도 및 규모의 건축물의 내부마감재료는 방화상 지장이 없는 재료로서 국토교통부령이 정하는 기준에 의한 것이어야 한다.

(7) 건축물의 대지가 지역·지구 또는 구역에 걸치는 경우의 조치

하나의 건축물이 방화지구와 그 밖의 구역에 걸치는 경우에는 그 전부에 대하여 방화지구안의 건축물에 관한 규정을 적용한다. 다만, 그 건축물이 방화지구와 그 밖의 구역의 경계가 방화벽으로 구획되는 경우에는 그 밖의 구역에 있는 부분에 대하여는 그러하지 아니하다.

2 「건축법시행령」상의 이론

(1) 건축물의 주요구조부에 대한 내화성능(耐火性能)

「건축법」 제2조 제7호의 '대통령령이 정하는 내화성능을 가지는 것'이라 함은 건축물의 주요구조부인 건축물의 벽·기둥·바닥·보·지붕·주계단에서의 내화성능을 말한다.

① 벽

건축물의 주요구조부인 벽에 대한 내화성능의 기준은 다음과 같다.

㉠ 철근콘크리트조 또는 철골철근콘크리트조로서 두께가 10 cm이상인 것

㉡ 골구를 철골조로 하고 그 양면을 두께 4 cm이상의 철망모르터(그 바름바탕을 불연재료로 하지 아니한 것을 제외한다. 이하 이 조에서 같다) 또는 두께 5 cm이상의 콘크리트블록·벽돌 또는 석재로 덮은 것

㉢ 철재로 보강된 콘크리트블록조·벽돌조 또는 석조로서 철재에 덮은 콘크리트블록의 두께가 5 cm이상인 것

㉣ 벽돌조로서 두께가 19 cm이상인 것

② 외벽 중 비내력벽

건축물의 외벽 중 비내력에 대한 내화성능은 벽의 내화성능의 규정에도 불구하고 다음의 규정에 적합하여야 한다.

㉠ 철근콘크리트조 또는 철골철근콘크리트조로서 두께가 7 cm이상인 것

㉡ 골구를 철골조로 하고 그 양면을 두께 3 cm이상의 철망모르터 또는 두께 4 cm이상의 콘크리트블록·벽돌 또는 석재로 덮은 것

㉢ 철재로 보강된 콘크리트블록조·벽돌조 또는 석조로서 철재에 덮은 콘크리트블록 등의 두께가 4 cm이상인 것

㉣ 무근콘크리트조·콘크리트블록조·벽돌조 또는 석조로서 그 두께가 7 cm이상인 것

③ 기둥

건축물의 주요구조부인 기둥에 대한 내화성능은 그 작은 지름이 25 cm이상인 것으로서 그 기준은 다름과 같다.

㉠ 철근콘크리트조 또는 철골철근콘크리트조

㉡ 철골을 두께 6 cm(경량골재를 사용한 경우에는 5 cm)이상의 철망모르터 또는 두께 7 cm이상의 콘크리트블록·벽돌 또는 석재로 덮은 것

㉢ 철골을 두께 5 cm이상의 콘크리트로 덮은 것

④ 바닥

건축물의 주요구조부인 바닥에 대한 내화성능의 기준은 다음과 같다.

㉠ 철근콘크리트조 또는 철골철근콘크리트조로서 두께가 10 cm이상인 것

㉡ 철재로 보강된 콘크리트블록조·벽돌조 또는 석조로서 철재에 덮은 콘크리트블록 등의 두께가 5 cm이상인 것

㉢ 철재의 양면을 두께 5 cm이상의 철망모르터 또는 콘크리트로 덮은 것

⑤ 보

건축물의 주요구조부인 보에 대한 내화성능의 기준은 다음과 같다.

㉠ 철근콘크리트조 또는 철골철근콘크리트조

㉡ 철골을 두께 6 cm(경량골재를 사용한 경우에는 5 cm)이상의 철망모르터 또는 두께 5 cm이상의 콘크리트로 덮은 것

㉢ 철골조의 지붕틀(바닥으로부터 그 아래 부분까지의 높이가 4 cm이상인 것에 한한다)로서 바로 아래에 반지가 없거나 불연재료로 된 반지가 있는 것

⑥ 지붕

건축물의 주요구조부인 지붕에 대한 내화성능의 기준은 다음과 같다.

㉠ 철근콘크리트조 또는 철골철근콘크리트조

㉡ 철재로 보강된 콘크리트블록조·벽돌조 또는 석조

㉢ 철재로 보강된 유리블록 또는 망입유리로 된 것

⑦ 계단

건축물의 주요구조부인 계단에 대한 내화성능의 기준은 다음과 같다.

㉠ 철근콘크리트조 또는 철골철근콘크리트조

㉡ 무근콘크리트조·콘크리트블록조·벽돌조 또는 석조

㉢ 철재로 보강된 콘크리트블록조·벽돌조 또는 석조
㉣ 철골조

(2) 직통계단의 설치

① 건축물의 피난층(직접 지상으로 통하는 출입구가 있는 층)외의 층에서는 피난층 또는 지상으로 통하는 직통계단(경사로를 포함)을 거실의 각 부분으로부터 계단(거실로부터 가장 가까운 거리에 있는 계단)에 이르는 보행거리가 30 m이하가 되게 설치하여야 한다. 다만, 주요구조부가 내화구조 또는 불연재료로 된 건축물에 있어서는 그 보행거리가 50 m(층수가 16층이상인 공동주택의 경우에는 40 m)이하가 되게 설치하여야 한다.

② 피난층외의 층이 다음에 해당하는 용도 및 규모의 건축물에는 국토교통부령이 정하는 기준에 따라 피난층 또는 지상으로 통하는 직통계단(경사로를 포함)을 2개소이상 설치하여야 한다.

㉠ 문화 및 집회시설(전시장 및 동·식물원을 제외), 의료시설 중 장례식장 또는 위락시설 중 주점영업의 용도에 사용되는 층으로서 그 층의 관람석 또는 집회실의 바닥면적의 합계가 200 m^2이상인 것

㉡ 판매 및 영업시설, 의료시설, 교육연구 및 복지시설 중 아동시설·노인시설 및 유스호스텔 또는 숙박시설의 용도에 사용되는 3층이상의 층으로서 그 층의 해당 용도에 사용되는 거실의 바닥면적의 합계가 200 m^2이상인 것

㉢ 공동주택(층당 4세대이하인 것은 제외) 또는 업무시설 중 오피스텔의 용도에 사용되는 층으로서 그 층의 해당 용도에 사용되는 거실의 바닥면적의 합계가 300 m^2이상인 것

㉣ ㉠ 내지 ㉢에 해당하지 아니하는 3층이상의 층으로서 그 층의 거실의 바닥면적의 합계가 400 m^2이상인 것

㉤ 지하층으로서 그 층의 거실의 바닥면적의 합계가 200 m^2이상인 것

(3) 피난계단의 설치

① 5층이상 또는 지하 2층이하의 층에 설치하는 직통계단은 국토교통부령이 정하는 기준에 따라 피난계단 또는 특별피난계단으로 설치하여야 한다. 다만, 건축물의 주요구조부가 내화구조 또는 불연재료로 되어 있는 경우로서 다음에 해당하는 경우에는 그러하지 아니하다.

㉠ 5층이상의 층의 바닥면적의 합계가 200 m^2이하인 경우
㉡ 5층이상의 층의 바닥면적 매 200 m^2이내마다 방화구획이 되어 있는 경우

② 건축물(갓복도식 공동주택을 제외)의 11층(공동주택의 경우에는 16층)이상의 층(바닥

면적이 400 m^2미만인 층은 제외) 또는 지하 3층이하의 층(바닥면적 400 m^2미만인 층 제외)으로부터 피난층 또는 지상으로 통하는 직통계단은 ①의 규정에도 불구하고 특별피난계단으로 설치하여야 한다.

③ ①의 경우에 판매 및 영업시설 중 도매시장·소매시장 및 상점의 용도에 사용되는 층으로부터 직통계단은 그 중 1개소이상의 특별피난계단으로 설치하여야 한다.

④ 건축물의 5층이상의 층으로서 문화 및 집회시설 중 전시장 및 동·식물원, 판매 및 영업시설, 운동시설, 위락시설, 관광휴게시설(다중이 이용하는 시설에 한함) 또는 교육연구 및 복지시설 중 생활수련시설의 용도에 사용되는 층에는 직통계단외에 그 층의 해당 용도에 사용하는 바닥면적의 합계가 2,000 m^2를 넘는 경우에는 그 넘는 매 2,000 m^2이내마다 1개소의 피난계단 또는 특별피난계단(4층이하의 층에 사용하지 아니하는 것에 한함)을 설치하여야 한다.

(4) 옥외피난계단의 설치

건축물의 3층이상의 층(피난층을 제외)으로서 다음에 해당하는 용도에 사용되는 층의 경우에는 직통계단외에 그 층으로부터 지상으로 통하는 옥외피난계단을 따로 설치하여야 한다.

① 공연·무도 등의 용도에 사용되는 층의 거실의 바닥면적의 합계가 300 m^2이상인 문화 및 집회시설(공연장에 한함)과 위락시설(주점영업에 한함)

② 집회의 용도에 사용되는 층의 거실의 바닥면적이 합계가 1,000 m^2이상인 문화 및 집회시설

(5) 관람석 등으로부터의 출구의 설치

다음에 해당하는 건축물에는 국토교통부령이 정하는 기준에 따라 관람석 또는 집회실로부터의 출구를 설치하여야 한다.

① 문화 및 집회시설(전시장 및 동·식물원을 제외)

② 의료시설 중 장례식장

③ 위락시설

(6) 건축물의 바깥쪽으로의 출구의 설치

① 다음에 해당하는 건축물에는 국토교통부령이 정하는 기준에 따라 해당 건축물로부터 바깥쪽으로 나가는 출구를 설치하여야 한다.

㉠ 문화 및 집회시설(전시장 및 동·식물원을 제외)

㉡ 판매 및 영업시설 중 도매시장·소매시장 및 상점

㉢ 의료시설 중 장례식장

㉣ 업무시설 중 국가 또는 지방자치단체의 청사

㉤ 위락시설

㉥ 연면적이 5,000 m^2이상인 창고시설

㉦ 교육연구 및 복지시설 중 학교

㉧ 승강기를 설치하여야 하는 건축물

② 건축물의 출입구에 설치하는 회전문은 국토교통부령이 정하는 기준에 적합하게 설치하여야 한다.

(7) 옥상광장 등의 설치

① 옥상광장 또는 2층이상의 층에 있는 노대 그 밖의 이와 유사한 것의 주위에는 높이 1.1 m이상의 난간을 설치하여야 한다. 다만, 해당 노대 등에 출입할 수 없는 구조의 경우에는 그러하지 아니하다.

② 5층이상의 층이 문화 및 집회시설(전시장 및 동·식물원을 제외), 판매 및 영업시설 중 도매시장, 소매시장 및 상점, 의료시설 중 장례식장 또는 위락시설 중 주점영업의 용도에 사용되는 경우에는 피난의 용도에 사용할 수 있는 광장을 옥상에 설치하여야 한다.

③ 층수가 11층이상인 건축물로서 11층이상의 층의 바닥면적의 합계가 10,000 m^2이상인 건축물(공동주택에 있어서는 지붕을 평지붕으로 하는 경우에 한함)의 옥상에는 국토교통부령이 정하는 기준에 따라 헬리포트를 설치하여야 한다.

(8) 피난규정의 적용례

건축물의 창문·출입구 그 밖의 개구부가 없는 내화구조의 바닥 또는 벽으로 구획되어 있는 경우에는 그 구획된 각 부분을 각각 별개의 건축물로 본다.

(9) 방화구획의 설치

① 주요구조부가 내화구조 또는 불연재료로 될 건축물로서 연면적이 1,000 m^2를 넘는 것은 국토교통부령이 정하는 기준에 따라 내화구조로 된 바닥·벽 및 갑종방화문(국토교통부장관이 정하는 기준에 적합한 자동방화셔터를 포함)으로 구획하여야 한다.

② 다음에 해당하는 건축물의 부분에는 ①의 규정을 적용하지 아니하거나 그 사용에 지장을 초래하지 아니하는 범위에서 ①의 규정을 완화하여 적용할 수 있다.

㉠ 문화 및 집회시설, 의료시설 중 장례식장 또는 운동시설의 용도에 사용되는 거실로

서 시선 및 활동공간을 확보하기 위한 불가피한 부분

㉡ 물품의 제조·가공·보관 및 운반 등에 필요한 대형기기설비의 설치·운영을 위하여 불가피한 부분

㉢ 계단실부분·복도 또는 승강기의 승강로부분(해당 승강기의 승강을 위한 승강로비 부분을 포함)으로서 해당 건축물의 다른 부분과 방화구획으로 구획된 부분

㉣ 건축물의 최상층 또는 피난층으로서 대규모 회의장·강당·스카이라운지·로비 등의 용도에 사용하는 부분으로서 해당 용도로의 사용을 위하여 불가피한 부분

㉤ 복층형인 공동주택의 세대안의 층간 바닥부분

㉥ 주요구조부가 내화구조 또는 불연재료로 된 주차장의 부분

㉦ 단독주택, 동물 및 식물관련시설 또는 공공시설 중 군사시설에 사용되는 건축물

③ 건축물의 일부가 문화 및 집회시설, 의료시설, 공동주택 등의 용도로 사용되는 경우에는 그 부분과 다른 부분을 방화구획으로 구획하여야 한다.

(10) 거실의 배연설비 등

6층이상의 건축물로서 문화 및 집회시설, 판매 및 영업시설, 의료시설, 교육연구 및 복지시설 중 연구소·아동관련시설·노인복지시설 및 유스호스텔, 운동시설, 업무시설, 숙박시설, 위락시설 또는 관광휴게시설의 거실에는 국토교통부령이 정하는 기준에 따라 배연설비를 설치하여야 한다. 다만, 피난층인 경우에는 그러하지 아니하다.

(11) 경계벽 및 간막이벽의 설치

① 다음에 해당하는 건축물에는 국토교통부령이 정하는 기준에 따라 경계벽 및 간막이벽을 설치하여야 한다.

㉠ 공동주택의 각 세대간 경계벽

㉡ 학교의 교실, 의료시설의 병실, 숙박시설의 객실 및 기숙사의 침실간의 간막이벽

② ①의 규정에 의한 경계벽 및 간막이벽은 소리를 차단하는 데 장애가 되는 부분이 없도록 설치하여야 한다.

(12) 건축물의 내화구조

① 다음에 해당하는 건축물(㉤에 해당하는 건축물로서 2층이하인 건축물의 경우에는 지하층 부분에 한함)의 주요구조부는 이를 내화구조로 하여야 한다. 다만, 연면적이 50 m^2이하인 단층의 부속건축물로서 외벽 및 처마밑면을 방화구조로 한 것과 무대의 바닥은 그러하지 아니하다.

㉠ 문화 및 집회시설, 의료시설 중 장례식장 또는 위락시설 중 주점영업의 용도에 사용되는 건축물로서 관람석 또는 집회실의 바닥면적의 합계가 200 m^2(옥외관람석의 경우에는 1,000 m^2)이상인 건축물

㉡ 문화 및 집회시설 중 전시장 및 동·식물원, 판매 및 영업시설, 교육연구 및 복지시설 중 생활권 수련시설, 운동시설 중 체육관 및 운동장, 위락시설, 창고시설, 위험물저장 및 처리시설, 자동차관련시설, 공공시설 중 방송국·전신전화국 및 촬영소, 묘지관련시설 중 화장장 또는 관광휴게시설의 용도에 사용되는 건축물로서 그 용도에 사용되는 바닥면적의 합계가 500 m^2이상인 건축물

㉢ 공장의 용도에 사용되는 건축물로서 그 용도에 사용하는 바닥면적의 합계가 2,000 m^2이상인 건축물. 다만, 화재의 위험이 적은 공장으로서 국토교통부령이 정하는 공장은 제외한다.

㉣ 건축물의 2층이 단독주택 중 다중주택·공동주택, 제1종근린생활시설(의료의 용도에 사용되는 시설), 의료시설, 교육연구 및 복지시설 중 아동관련시설·노인복지시설 및 유스호스텔, 업무시설 중 오피스텔 또는 숙박시설의 용도에 사용되는 건축물로서 그 용도에 사용되는 바닥면적의 합계가 400 m^2이상인 건축물

㉤ 3층이상의 건축물 및 지하층이 있는 건축물

② 위의 ㉠ 및 ㉡에 해당하는 용도에 사용하지 아니하는 건축물로서 그 지붕을 불연재료로 한 경우에는 해당 지붕을 내화구조로 하지 아니할 수 있다.

(13) 대규모 건축물의 방화벽 등

① 연면적이 1,000 m^2이상인 건축물은 방화벽으로 구획하되, 각 구획의 바닥면적합계는 1,000 m^2미만이어야 한다. 다만, 주요구조부가 내화구조이거나 불연재료인 건축물과 (12)의 ①의 ㉤에 의한 건축물 또는 내부설비의 구조상 방화벽으로 구획할 수 없는 창고시설의 경우에는 그러하지 아니하다.

② ①의 규정에 의한 방화벽의 구조에 관하여 필요한 사항은 국토교통부령으로 정한다.

③ 연면적 1,000 m^2이상인 목조건축물은 국토교통부령이 정하는 바에 따라 그 구조를 방화구조로 하거나 불연재료로 하여야 한다.

(14) 방화지구안의 건축물

건축물의 주요구조부 및 외벽을 내화구조로 하지 아니할 수 있는 건축물은 다음과 같다.

① 연면적이 30 m^2미만인 단층 부속건축물로서 외벽 및 처마면이 내화구조 또는 불연재료로 된 것

② 도매시장의 용도에 사용되는 건축물로서 그 주요구조부가 불연재료로 된 것

(15) 건축물의 내부마감재료

다음에 해당하는 건축물의 내부마감재료는 국토교통부령이 정하는 기준에 적합한 것이어야 한다. 다만, 주요구조부가 내화구조 또는 불연재료로 된 건축물로서 그 거실의 바닥면적(스프링클러 그 밖의 이와 유사한 자동식소화설비를 설치한 부분의 바닥면적을 제외한 면적으로 함) 200 m^2이내마다 방화구획이 되어 있는 경우에는 그러하지 아니하다.

① 문화 및 집회시설, 판매 및 영업시설 또는 위락시설의 용도에 쓰이는 건축물로서 해당 용도에 쓰이는 거실의 바닥면적의 합계가 200 m^2(주요구조부가 내화구조 또는 불연재료로 된 건축물의 경우에는 400 m^2)이상인 건축물
② 단독주택 중 다중주택, 공동주택, 숙박시설, 의료시설, 교육연구 및 복지시설 중 아동관련시설·노인복지시설 및 유스호스텔 또는 업무시설 중 오피스텔의 용도에 쓰이는 건축물로서 3층이상의 층의 해당 용도에 쓰이는 거실의 바닥면적의 합계가 200 m^2(주요구조부가 내화구조 또는 불연재료로된 건축물의 경우에는 400 m^2)이상인 건축물
③ 위험물저장 및 처리시설(자가난방·자가발전 등의 용도에 쓰이는 시설을 포함한다), 공장, 자동차관련시설 또는 공공용시설 중 발전소·방송국 및 촬영소로 사용되는 건축물
④ 5층이상의 층의 거실의 바닥면적의 합계가 500 m^2이상인 건축물

(16) 방화문의 구조

방화문은 갑종방화문 및 을종방화문으로 구분하되, 그 기준은 국토교통부령으로 정하다.

(17) 건축설비의 원칙

건축설비는 건축물의 안전·방화 및 위생과 에너지 및 정보통신의 합리적 이용에 지장이 없도록 설치하여야 하고, 배관피트 및 닥트의 단면적과 수선구의 크기를 해당 설비의 수선에 지장이 없도록 하는 등 설비의 유지·관리가 용이하도록 설치하여야 한다.

(18) 승용승강기의 설치

승용승강기를 설치하여야 하는 대통령령으로 정하는 건축물이란 층수가 6층인 건축물로서 각 층 거실 바닥면적 300 m^2이내마다 1개소이상의 직통계단을 설치한 건축물을 말한다.

(19) 비상용승강기의 설치

① 높이 41 m를 넘는 건축물에는 다음의 기준에 의한 대수이상의 비상용승강기(비상용승강기의 승강장 및 승강로를 포함)를 설치하여야 한다. 다만, (18)의 승용승강기를 비상용승강기의 구조로 하는 경우에는 그러하지 아니하다.

㉠ 높이 41 m를 넘는 각 층의 바닥면적 중 최대 바닥면적이 1,500 m^2이하인 건축물에는 1대이상

㉡ 높이 41 m를 넘는 각 층의 바닥면적 중 최대 바닥면적이 1,500 m^2를 넘는 건축물에는 1대에 1,500 m^2를 넘는 매 3,000 m^2이내마다 1대씩 가산한 대수이상

② ①의 규정에 의하여 2대이상의 비상용승강기를 설치하는 경우에는 화재시 소화에 지장이 없도록 일정한 간격을 두고 설치하여야 한다.

③ 건축물에 설치하는 비상용승강기의 구조 등에 관하여 필요한 사항은 국토교통부령으로 정한다.

Chapter 2

건축물의 내화성상

1 건축물의 내화성상(耐火性狀)

1 건축물의 내화구조 성상

(1) 내화구조의 정의

건축물의 내화구조라 함은 건축물에 화재가 발생하더라도 구조의 내력(耐力)에 있어서 물성변화를 초래하지 아니하는 구조로서 화재가 종료된 후 다시 수리 또는 정비하여 사용할 수 있는 것을 말한다. 또한, 건축법 및 동시행령에서는 "내화구조(耐火構造, fire proof construction)를 철근콘크리트조·연와조 그 밖의 이와 유사한 구조로서 대통령령이 정하는 내화성능을 가진 것을 말한다."로 정의하고 있다. 즉, 건축물의 '내화구조'란 건축물에 화재가 발생하더라도 화재의 열에 의해서 내화구조의 내력에 물성변화를 초래하지 아니하는 철근콘크리트조·철골철근콘크리트조·연화조·석조 등으로 된 건축물의 구조를 말한다.

(2) 내화구조로 하여야 하는 건축물의 주요구조부

내화구조로 하여야 하는 건축물의 주요구조부라 함은 건축물의 벽·기둥·바닥·보·지붕 및 주계단을 말한다. 다만, 건축물의 사잇벽·사잇기둥·최하층바닥·작은보·차양·옥외계단 그 밖의 이와 유사한 것으로 건축물의 구조상 중요하지 아니한 부분은 건축물의 주요구조부로 인정하지 아니한다.

(3) 건축물의 주요구조부에 대한 내화성능

건축물의 주요구조부인 벽·기둥·보·지붕 및 주계단인 직통계단의 구조는 화재의 열에 의해서 내력에 영향을 받지 아니하는 철근콘크리트조·철골철근콘크리트조 등으로 축조되고 있으나 이러한 구조로 축조된 건축물이라 하더라도 현대의 건축물의 경우 내부에 수용되어 있는 가연물질의 증가와 연소성 및 연소열의 발생이 큰 가연재료의 사용증대로 인하여 화재가 발생하면 내화성능의 저하를 가져오고 있는 실정이다.

철근콘크리트구조는 건축물의 내화구조로서 화재에 대한 내화성능이 크고, 안전한 구조로 생각되었으나 최근에 이르러 철근콘크리트조로 축조된 고층의 건축물화재에서 주요구조부재인 기둥·보·바닥·벽 등에 치명적인 화재에 의한 피해를 입음으로써 재(再)사용이 불가능한 예에서 보다 효과적인 건축물화재의 예방대책으로서 내화설계의 필요성이 요구되고 있다.

다음의 표 2-1은 건축물의 주요구조부인 기둥·보·바닥·벽 및 지붕에 대한 층별 내화성능을 나타낸 것이다.

또한, 다음의 그림 2-1은 건축물의 기둥에 대한 층별 내화성능(내화시간)을 도해한 것이다.

표 2-1 건축물의 부분별 내화성능(耐火性能)

<table>
<tr><th colspan="4">건축물의 층
건축물의 부분</th><th>최상층 및 최상층에서 2~4 사이의 층</th><th>최상층에서 5~14 사이의 층</th><th>최상층에서 15층이상의 층</th></tr>
<tr><td colspan="4">기둥</td><td>1시간</td><td>2시간</td><td>3시간</td></tr>
<tr><td rowspan="4">벽</td><td colspan="3">간막이벽</td><td>1시간</td><td>2시간</td><td>2시간</td></tr>
<tr><td rowspan="3">외벽</td><td colspan="2">내력벽</td><td>1시간</td><td>2시간</td><td>2시간</td></tr>
<tr><td rowspan="2">비내력벽</td><td>연소할 우려가 있는 부분</td><td>1시간</td><td>1시간</td><td>1시간</td></tr>
<tr><td>연소할 우려가 있는 이외의 부분</td><td>0.5시간(30분)</td><td>0.5시간(30분)</td><td>0.5시간(30분)</td></tr>
<tr><td colspan="4">바닥</td><td>1시간</td><td>2시간</td><td>2시간</td></tr>
<tr><td colspan="4">보</td><td>1시간</td><td>2시간</td><td>3시간</td></tr>
<tr><td colspan="4">지붕</td><td>0.5시간(30분)</td><td>0.5시간(30분)</td><td>0.5시간(30분)</td></tr>
</table>

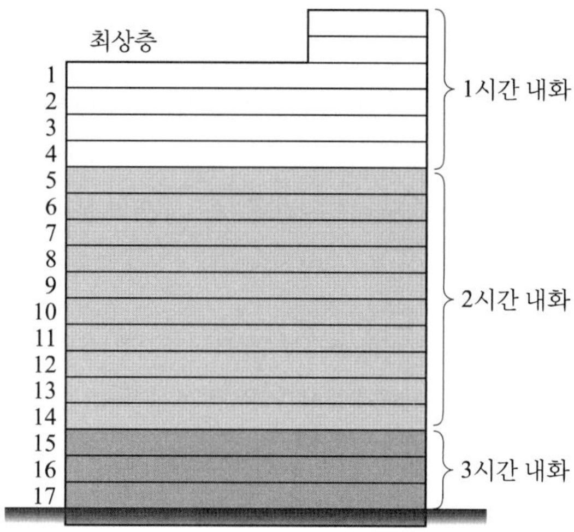

그림 2-1 건축물기둥의 내화성능

(4) 건축물의 개구부별 내화율(耐火率)

건축물에 설치된 개구부(開口部)는 개구부의 설치위치·사용용도, 건축물의 구조 등에 따라 A·B·C·D급 및 E급으로 구분된다.

① A급개구부

건축물과 건축물사이의 벽에서의 개구부를 말하는 것으로서, 주된 출입구를 뜻한다.
보통화재에 견디는 내화율(내화시간)은 3시간이상이어야 한다.

② B급개구부

건축물내부의 계단 및 엘리베이터 등 수직으로 통하는 개구부를 말한다.
보통화재에 견디는 내화율(내화시간)은 1.5시간(90분)이상이어야 한다.

③ C급개구부

건축물내에 설치된 복도와 거실·복도와 복도 또는 거실과 거실사이의 개구부를 말한다.
보통화재에 견디는 내화율(내화시간)은 0.75시간(45분)이상이어야 한다.

④ D급개구부

건축물의 외부와 접하는 곳으로서 건축물 외부로부터의 화재로 인한 영향으로 재해의 우려가 있는 개구부이다.

보통화재에 견디는 내화율(내화시간)은 1.5시간(90분)이상이어야 한다.

⑤ E급개구부

D급개구부와 유사한 종류의 개구부로서 외부로부터 복사열이 보통 수준의 정도이다.

보통화재에 견디는 내화율(내화시간)은 0.75시간(45분)이상이어야 한다.

(5) 건축물의 내장(內裝)

건축물화재시 건축물내부에 설치하는 내장재료에 의해 화재가 오랜시간 지속하거나 유해성 유독가스의 발생으로 인하여 건축물내에 수용되어 있는 사람들에게 많은 피해(인적·물적)를 주고 있다.

현재의 건축물은 대부분 석유화학계열의 고분자물질에 의해서 제조되는 내장재료를 많이 사용함으로써 화재시 인적·물적피해가 급격하게 증가하고 있으므로 내장재료의 선택에 많은 주의가 요구된다 하겠다.

건축물의 내장재료로는 비교적 화재에 대한 내화성이 높고 진행속도를 격감할 수 있는 물품으로 사용하든가 화재에 연소되지 아니하는 불연재료·준불연재료 또는 난연재료를 사용하여야 한다. 또한, 이외에 가연성의 내장재료에 국민안전처장관(한국소방산업기술원장)이 인정하는 방염제(선·후처리방염액 또는 방염도료)를 투여하여 난연화한 내장재료를 사용함으로써 더 이상 화재가 진행되지 않도록 하는 방법도 권장하고 있다.

건축물의 내장에 대해서는 「건축법」 제43조(건축물의 내부마감재료)와 동시행령 제61조(건축물의 내장)에서 다음과 같이 규정하고 있다.

「건축법」 제43조의 "대통령령이 정하는 용도 및 규모의 건축물의 내부마감재료는 방화(防火)상 지장이 없는 재료로서 대통령령이 정하는 기준에 의한 것이어야 한다."고 정의되어 있으며, 동시행령 제61조(건축물의 내장)에서는 "건축물은 그 거실의 벽 및 반자의 실내에 접하는 부분(반자돌림대·창대 그 밖의 이와 유사한 것은 제외)의 마감을 불연재료·준불연재료 또는 난연재료로 하여야 하고, 그 거실에서 지상으로 통하는 주된 복도·계단 그 밖의 통로의 벽 및 반자가 실내에 접하는 부분의 마감을 불연재료 또는 준불연재료로 하여야 한다."라고 되어 있다.

2 특수건축물의 내화구조(耐火構造, fire proof construction)

(1) 내화구조로 하여야 하는 건축물

'내화구조로 하여야 하는 건축물'이란 「소방기본법시행령」 별표1(동시행령 제3조와 관련된 특수장소)의 근린생활시설·위락시설·관람집회 및 운동시설·판매시설·숙박시설·노유자시설·의료시설·아파트·업무시설·통신촬영시설·교육연구시설·전시시설·공장·창고시설·운수자동차관련시설·종교시설·동식물관련시설·위생 등 관련시설·교정시설·위험물저장 및 처리시설·지하가·지하구·문화재·복합건축물 중 일정 규모이상이 되는 것을 말한다.

(2) 내화구조로 하여야 하는 건축물의 범위

내화구조로 하여야 하는 건축물에 대해서는 「건축법」 제40조 제1항 및 동시행령 제56조에 규정하고 있으며, 다음의 용도(용도별 크기 포함)로 사용되는 것으로서 단층인 경우 연면적이 50 m^2이하인 부속건축물로서 외벽 및 처마밑면을 방화구조로 한 것과 무대의 바닥은 그러하지 아니하다.

① 위험물의 저장 및 처리시설(지기난방 및 자가빌진 등의 용도에 쓰이는 시설을 포함)의 용도에 사용되는 건축물

② 관람집회시설·종교집회장·무도유흥음식점 및 장례식장의 용도에 사용되는 건축물로서 관람석 또는 집회실의 바닥면적의 합계가 200 m^2(옥외관람석의 경우에는 1,000 m^2) 이상인 건축물

③ 체육관·운동장·위락시설(무도유흥음식점은 제외)·전시시설·운수시설(다중이 이용하는 시설)·관광휴게시설(다중이 이용하는 시설)·생활청소년시설·판매시설·방송시설·통신시설·화장장·창고시설 및 자동차 관련시설의 용도에 사용되는 건축물로서 그 용도에 사용하는 바닥면적의 합계가 500 m^2이상인 건축물

④ 공장의 용도에 사용되는 건축물로서 그 용도에 사용하는 바닥면적의 합계가 2,000 m^2 이상인 건축물

⑤ 건축물의 2층이 숙박시설·유스호스텔·의료시설·아동시설·노인시설·근린생활시설(의료의 용도에 사용되는 시설)·다중주택·공동주택·기숙사 및 오피스텔의 용도에 사용되는 건축물로서 그 용도에 사용하는 바닥면적의 합계가 400 m^2이상인 건축물

⑥ 3층이상인 건축물 및 지하층이 있는 건축물. 다만, 단독주택·공관·축사·식물관련시설·교정시설·군사시설 및 묘지관련시설(화장실은 제외)의 용도에 사용되는 건축물은 제외

(3) 건축물의 주요구조부별 내화(성능)기준

건축물의 주요구조부인 건축물의 벽·기둥·보·바닥·지붕 및 주계단에 대한 내화(성능)기준은 「건축법시행령」 제3조 제3항에 규정되어 있으며, 주요구조부별 내화성능의 기준에 대해서는 제1장 2의 2 (1)를 참조하기 바란다.

(4) 건축물의 내화구조의 성질

① 건축물이 화재에 완전히 견디어 낼 수 있는 구조이다.

② 일반적으로 방화지구내의 건축물 또는 특수건축물의 규모의 크기를 요하는 구조로서 외부의 화재로부터 쉽게 연소하지 아니하는 내화성능(耐火性能)을 가지는 구조이다.

③ 철근콘크리트·연와조 그 밖의 이와 유사한 구조로서 대통령령이 정하는 내화성능(방화성능과 비슷한 용어로 화재에 대하여 견딜 수 있는 성능으로서 방화성능에 의해 내화도의 높은 정도를 말한다)을 가진 구조이다.

④ 화재에도 쉽게 연소하지 않으며, 또한 건축물내에서 출화(出火)하더라도 일반적으로 방화구획내에서 진화되는 구조이다. 그리고 최종적 단계로서 전소화재가 발생되었다 하더라도 수리 또는 정비하여 다시 사용할 수 있어야 한다. 이것은 지붕과 계단을 제외하고 보통화재시의 가열에 대해 2시간정도 견디어 낼 수 있는 것이어야 한다.

⑤ pc 콘크리트와 ps 콘크리트도 내화구조이다.

3 건축물의 내화구조용 철근콘크리트

(1) 적용범위

① 철근콘크리트구조 또는 철골철근콘크리트구조의 건축물이나 이들의 구조와 조적식 구조 그 밖의 구조를 같이 사용하는 건축물의 경우 그 철근콘크리트구조인 부분에 적용한다.

② 높이가 4 m이하이고, 연면적이 30 m^2이하인 건축물이나 높이가 3 m이하인 담에 대해서는 콘크리트의 재료, 콘크리트의 양생 및 철근을 덮는 콘크리트의 두께에 한하여 이를 적용한다.

(2) 콘크리트의 재료(材料)

철근콘크리트구조에 사용하는 콘크리트의 재료는 다음의 기준에 적합한 것이어야 한다.

① 모래·자갈·쇄석 및 물에는 철근을 녹슬게 하거나 콘크리트의 응결에 유해한 양의 산·염기·염·유기물 또는 진흙이 함유되지 아니하여야 한다.

② 자갈 또는 쇄석은 경질로서 철근과 철근사이 및 철근과 거푸집사이를 쉽게 통과할 수 있는 크기여야 한다.

(3) 철근의 이음 및 정착

① 철근의 끝부분은 갈고리 형상으로 구부려서 콘크리트에 빠지지 아니하도록 정착시켜야 한다. 다만, 기둥 또는 굴뚝외의 부분인 경우 이형철근을 사용하는 때에 그러하지 아니하다.

② 배근하는 철근 중 주근의 이음은 해당 부재에 있어서 인장력이 가장 적은 부분에 두어야 하며, 철근을 이을 때의 겹쳐지는 길이는 용접하는 경우를 제외하고는 콘크리트의 강도, 철근의 강도, 철근의 종류 및 갈고리의 유·무 등을 고려하여 정한다.

(4) 콘크리트의 배합

① 철근콘크리트구조에 사용하는 콘크리트의 4주 압축강도는 1 cm^2마다 150 kg(경량골재를 사용하는 경우에는 1 cm^2마다 110 kg)이상이어야 한다.

② 콘크리트는 철근콘크리트구조에 사용하는 재료의 허용응력도(허용압축·허용휨압축·허용전단·허용부착·허용지압응력도)의 규정에 의한 구조계산에서 얻는 허용응력도 이상이 되도록 골재 및 시멘트의 배합비와 물 및 시멘트의 배합비를 정하여 배합하여야 한다.

(5) 콘크리트의 양생

콘크리트는 시공 중 및 시공 후 5일간은 콘크리트의 온도가 2°C이상을 유지하도록 하고, 콘크리트의 응고 및 경화가 건조나 진동 등으로 인하여 영향을 받지 아니하도록 양생하여야 한다.

(6) 철근을 덮는 두께

철근을 덮는 콘크리트의 두께는 다음의 기준에 적합하여야 한다.

① 내력벽이 아닌 벽이나 바닥의 경우 : 2 cm이상

② 내력벽·기둥 또는 보의 경우 : 3 cm이상(옥내에 면하는 부분으로서 시멘트모르터 바르기, 회반죽 바르기 또는 타일 붙이기 그 밖의 이와 유사한 철근의 내구성의 유지를 위한 마감을 한 것에 있어서는 2 cm이상)

③ 직접 흙에 접한 벽·기둥·바닥 또는 보의 경우 : 4 cm이상
④ 기초의 경우(밑창 콘크리트의 부분을 제외한다) : 6 cm이상

(7) 콘크리트기둥의 구조

내력부분인 기둥의 구조는 다음의 기준에 의한다. 다만, ①을 제외한 규정은 구조계산 또는 실험에 의하여 구조내력상 안전하다고 확인된 경우에는 이를 적용하지 아니할 수 있다.

① 장방형기둥에 배근하는 철근 중 주근은 4개이상으로 하고, 주근의 주위에 두르는 띠철근과 고정하여야 한다.
② 띠철근은 직경 60 mm이상의 철근을 사용하고, 띠철근의 최대간격은 다음의 값 중 가장 작은 것으로 하여야 한다. 다만, 기둥의 상단 및 하단으로부터 기둥의 폭 중 최대폭의 길이에 해당하는 부분에서의 띠철근의 간격은 다음의 값을 2분의 1로 하여 그 중 가장 작은 것으로 하여야 한다.
   ㉠ 주근지름의 16배
   ㉡ 띠철근지름의 48배
   ㉢ 기둥의 최소폭
   ㉣ 30 cm
③ 나선형으로 감아돌린 철근(이하 나선철근이라 한다)은 직경이 6 mm이상의 것으로 하여야 하고, 그 정착은 기둥의 끝부분에서 1.5회를 더 감아야 한다. 또한, 나선철근의 간격은 다음의 기준에 적합하여야 한다.
   ㉠ 3 cm이상 8 cm이하
   ㉡ 기둥 유효지름의 6분의 1이하
   ㉢ 굵은 골재지름의 1.5배이상
④ 기둥의 작은 변은 그 구조내력에 주요한 지점사이 거리의 15분의 1이상으로 하여야 한다. 다만, 기둥의 제장비를 고려한 구조계산에 의하여 구조내력에 지장이 없음을 확인될 경우에는 그러하지 아니하다.
⑤ 기둥이 최소철근비(기둥의 단면적에 대한 주근이 차지하는 면적의 비를 말한다)는 기둥단면의 최소폭과 각 층마다의 기둥의 유효높이의 비가 5이하일 때에는 0.4%, 10을 초과할 때에는 0.8%로 하여야 한다. 다만, 기둥단면의 최소폭과 각 층마다의 기둥의 유효높이의 비가 5를 초과하고 10이하일 때에는 직선보간이 방법에 의해서 구한 값으로 한다.

(8) 콘크리트보의 구조

내력부분인 보는 복근으로 배근하되, 주근은 직경 12 mm이상의 것을 사용하여야 한다. 다만, 늑근은 직경 6 mm이상의 것을 사용하여야 하며, 그 배치간격은 보춤의 4분의 3이하 또는 45 cm이하이어야 한다. 다음의 그림 2-2는 콘크리트보의 배근을, 그림 2-3은 콘크리트기둥의 배근을 나타낸 것이다.

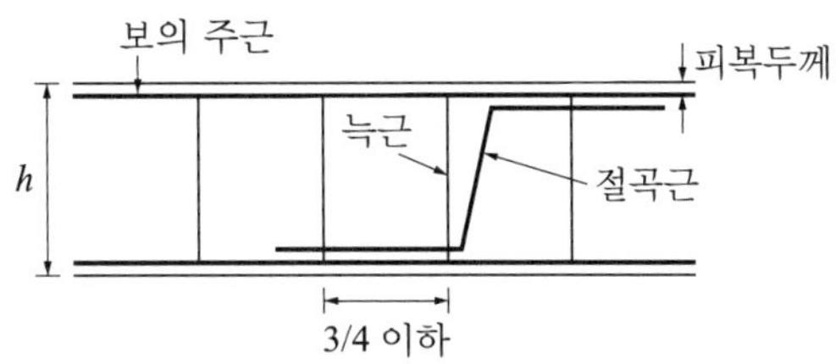

그림 2-2 콘크리트보의 배근

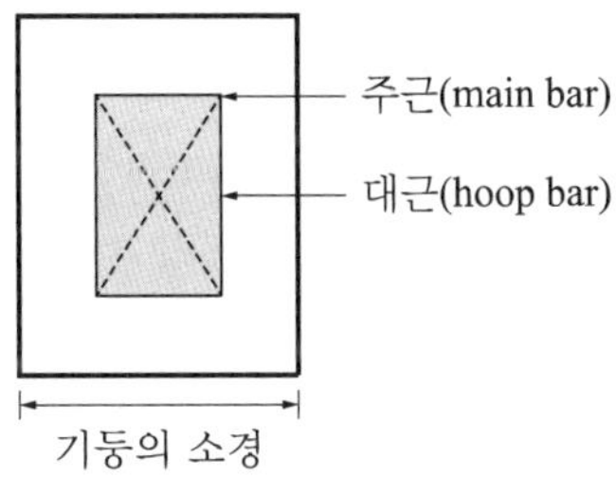

그림 2-3 콘크리트기둥의 배근

(9) 콘크리트바닥판의 구조

① 바닥판의 두께는 8 cm이상으로 하되, 해당 바닥판의 단면길이의 40분의 1이상으로 한다.

② 최대 휨모멘트를 받는 부분에 있어서 인장철근의 간격인 단면방향은 20 cm이내, 장면방향은 30 cm이내로 하되 바닥판 두께의 3배이내로 하여야 한다.

다음의 그림 2-4는 콘크리트 바닥판의 두께를 나타낸 것이다.

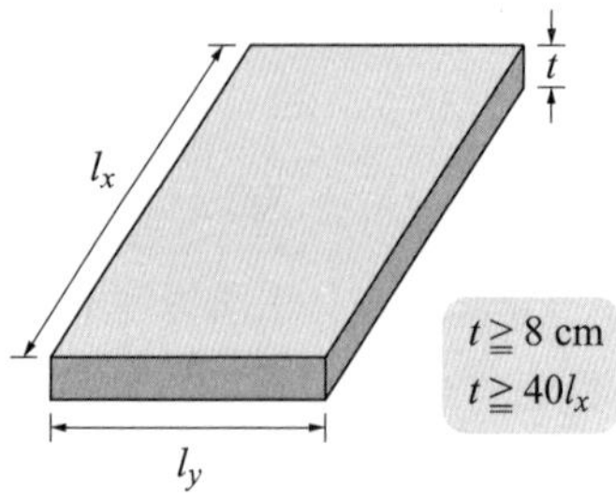

그림 2-4 콘크리트 바닥판의 두께

(10) 내력벽의 구조

내력부분인 콘크리트 벽체는 수직하중·수평하중·휨모멘트 및 전단력에 대하여 안전하도록 설계하여야 하며, 다음의 기준에 적합하여야 한다.

① 내력벽의 최소두께는 벽의 최상단에서 15 cm이상이어야 하며, 매 3 m 내려감에 따라 1 cm씩의 비율로 증가시켜야 한다. 다만, 두께가 12 cm이상의 경우로서 구조계산에 의하여 안전하다고 확인된 경우에는 그러하지 아니하다.

② 내력벽의 배근은 9 mm이상의 것을 45 cm이하의 간격으로 하여야 하며, 벽두께의 3배 이하이어야 한다. 또한, 두께가 25 cm이상일 때에는 벽양면에 복근으로 하여야 한다.

(11) 무근콘크리트로 된 구조에 대한 다른 구조규정의 적용

무근콘크리트로 된 구조의 건축물이나 무근콘크리트로 된 구조와 조적식구조 그 밖의 구조를 같이 사용하는 건축물의 무근콘크리트로 된 구조부분에 대해서는 조적식구조의 규정과 (2) 및 (5)의 규정에 의하여야 한다.

건축물의 내화구조용 철근콘크리트에서 '철근비'라 함은 콘크리트 단면적에 대한 철근의 단면적 합계의 비율을 말한다.

$$\text{철근콘크리트의 단면적} = \text{철근의 단면적} + \text{콘크리트의 단면적}$$

$$\text{철근비} = \frac{\text{철근의 단면적}}{\text{콘크리트의 단면적}} \times 100$$

4 건축물의 내화성능(耐火性能)

(1) 내화설계 및 내화구조

건축물화재의 예방은 전술한 바와 같이 출화방지(出火防止)는 물론 출화 후의 피해를 최소한으로 줄이는 데 그 목적이 있으므로 건축물화재의 효과적인 예방은 건축물 자체의 방화성에 좌우된다고 하겠다.

앞에서 말한 '건축물에의 출화방지(出火防止)'란 건축물내에서 발생된 화재가 초기화재(화재의 전기)의 단계를 지나 건축물에 설치된 개구부(開口部)를 통하여 화염이 건축물 밖으로 분출되는 현상을 방지하는 것을 말하여, 출화(出火)는 건축물화재시 화재의 전기(前期)의 전환점으로 건축물의 화재에 있어서 가장 중요한 시기이므로 건축물의 화재예방 및 화재시 화열(火熱)로부터의 건축물을 보호하기 위해서는 건축물을 설계할 때 화재의 발생에 대한 예방대책과 내화구조의 설계에 대한 고도화된 기술이 요구된다고 하겠다.

또한, 건축물의 구조기준 등에 관한 규칙에서는 건축물의 용도(종류)별로 적재하중(kg/m^2)을 정하여 건축물의 방화(防火)에 최선을 다하고 있다.

① 적재하중(積在荷重)

건축물의 내화구조 계산에 적용되는 설계하중에는 고정하중·적재하중·풍하중(風荷重) 및 지진하중이 있으나 가장 중요한 것은 적재하중이므로 건축물의 종류별 적재하중을 다음의 표 2-2와 같이 게재한다.

② 화재하중(火災荷重)

건축물에서의 내화구조에 대한 설계는 해당 건축물에서 발생할 수 있는 화재의 최대규모를 추정하여 이를 대상으로 설계하여야 한다.

건축물내에서의 화재온도는 창의 높이, 창의 면적, 실내의 표면적, 벽·천장의 열정수 등에 의해서 지배된다. 또한, 건축물화재의 지속시간은 창의 면적, 창의 높이, 건축물내에 수납되어 있는 가연물질의 양 등에 의해서 결정된다.

건축물의 내화구조 설계에는 화재의 온도와 화재의 지속시간을 추정하여 이를 표준화재온도곡선상의 시간을 구하고, 이를 내화구조의 설계하중으로 하나 일반건축물에서는 건축물내부에 수납되어 있는 가연물질의 양(kg/m^2)을 기준으로 한다.

다음의 표 2-3은 가연물질의 양(kg/m^2)의 크기에 따른 내화율(耐火率)을 나타낸 것이다.

표 2-2 건축물의 종류별 각 부분의 적재하중 (단위: kg/m²)

종류	건축물의 부분	적재하중
주택	1. 주거용 건축물의 거실·공용실·복도 2. 병원의 수술실·병원복도 3. 숙박시설의 객실·공용실·복도 4. 공동주택의 노대	200 200 200 200
사무실	1. 사무실·로비·복도 2. 문서보관실	250 500
학교	1. 교실·복도 2. 실험실(일반) 3. 실험실(중량물)	250 300 500
판매장	1. 상점·백화점	350
집회 및 유흥장	1. 극장·발코니·복도 2. 무대·무도장 3. 식당 4. 주방(영업장) 5. 집회장(고정식) 6. 집회장(이동식) 7. 연회장	350 500 350 700 350 400 400
체육시설	1. 체육관바닥·옥외경기장 2. 스탠드(고정석) 3. 스탠드(이동식)	500 400 450
도서관	1. 열람실 2. 서고(개가식) 3. 서고(2단서고식)	250 700 1,000
차고 및 차로	1. 승용차 전용 2. 일반차량 3. 트럭·중량차량	300 500 1,200
창고	1. 경량품저장창고 2. 중량품저장창고	500 1,000
공장	1. 경공업공장 2. 중공업공장	500 1,000
옥상	1. 사무실·학교·주거용 건축물 2. 옥상플라자·테라스·옥상정원 3. 적재물이 거의 없는 옥상 4. 30°이상 경사지붕·곡면지붕 5. 헬리콥터정착장(대형은 제외)	200 500 100 80 50

표 2-3 가연물질의 양에 따른 내화율

가연물질의 양(kg/m²)	내화율(시간)
50	1.0~1.5
100	1.5~3.0
200	3.0이상

실내의 가연물질의 양에 대한 일본이 한 조사보고에 의하면 주택·아파트에서는 30～600 kg/m², 사무실에서는 10～20 kg/m², 점포에서는 100～200 kg/m², 창고는 200～1,000 kg/m²으로 되어 있다. 그러므로 건축물의 내화구조를 설계할 때에는 소방대상물의 종류에 따라 건축물내부의 공간에 저장되어 있는 가연물질의 양과 화재지속시간을 고려하여 설계하여야 한다.

③ 화재하중에 대한 내화성능의 결정

건축물의 내화구조 설계시에 상정한 규모의 화재가 발생하였을 경우 건축물이 안전하게 유지될 수 있도록 각 부재에 요구되는 내화성능을 결정할 필요가 있다. 또한, 각 부재에 대한 내화도(耐火度)는 내화구조의 설계, 피난설계와 관련을 가지는 것이므로 이에 따라 내화성능(耐火性能)의 증감을 고려한다.

그 한가지 예로는 기둥과 같이 내화구조상 주요한 부재는 상정한 규모의 화재로서 저장에 지장이 있어서는 아니된다.

건축물과 바닥은 화재실로부터 위층으로의 연소를 방지하게 하는 중요한 부재이므로 부분적인 변형이 직접 건축물의 피해를 크게 하는 부재이나 화재 후의 보수를 고려하여 다소 내화성능이 떨어지는 것이 효과적이다.

건축물의 보는 기둥과 같이 건축물의 구조체로서 그 중요도가 높으므로 어떠한 변형이나 기둥에 나쁜 영향을 주지않도록 고려되어야 한다.

건축물의 방화구획은 화재발생시 건축물내에 수용되어 있는 피난자들에게 안전한 장소로 신속·정확하게 피난할 수 있도록 피난통로의 안전성을 확보하게 하여 주며, 이웃한 거실 또는 복도로의 연소방지를 주목적으로 하고 있으므로 그 중요성에 대응하는 내화성능을 결정한다. 이상과 같은 건축물의 내화구조 설계의 기본에 의한 내화성능은 상정한 화재규모에 대하여 각 건축물을 구성하는 각 부재가 안전하다는 보증이 되며, 작은 규모의 화재 후는 다시 사용을 위한 보수 또는 정비가 가능하다.

건축물의 내화구조재인 철근콘크리트·철골철근콘크리트 등으로 축조한 경우 각 구조부재인 벽(간막이벽 및 외벽)·기둥·바닥·보·지붕에 대한 내화성능은 다음의 표 2-2와 같다.

(2) 건축물의 불연화(不然化)

① 건축물 내부재료의 불연화

건축물내부에서 출화(出火)한 불이 급격한 속도로 건축물 전체로 확대되거나 확산되는 것은 건축물의 벽·천장 등에 설치되어 있는 가연성내장재의 연소에서 비롯된다.

화재의 초기진화를 위해서는 면적 벽·천장 등을 철저히 불연화할 것이며, 같은 불연재료일지라도 보온성이 높은 내장재인 경우에는 열을 흡수하기 어려우므로 많은 열이 실내에 남게 된다. 따라서, 실내온도를 높이며, 화재를 급속히 진전시키는 경향이 있다. 그러므로 보온성이 높은 마감재를 사용할 때에는 될 수 있는 대로 가연물질의 양을 줄이는 것이 바람직하다.

특히, 고층건축물 및 대규모 건축물에서 의장상 부득이 부드러운 내장이 요구되는 공간은 소규모로 구획하여 준불연재료·난연재료 또는 방염처리된 재료를 사용하는 것이 효과적이다.

② 가연물의 수납과 제한

건축물의 내부장식에 불연재료를 사용하여도 실내에 가연성물질이 수납되어 있을 때에는 화재발생의 위험이 커지게 된다.

가구(家具)나 집기는 될 수 있는 대로 불연재료로 된 것을 둘 것이며, 실내에는 가연물질의 수납물이 노출되지 않도록 하는 방법도 화재발생의 예방대책이라 하겠다.

가연물질을 건축물내에 수납하는 경우에는 많은 양의 가연물질을 한 장소에 수납하지 말고 여러장소에 분산시켜 수납하여야 하며, 화재를 일으킬 위험성이 있는 물질과 이연성(易燃性)물질은 열원으로부터 멀리 떨어진 장소에 수납하여야 한다.

또한, 기술적인 화재예방대책의 하나는 서류보관고·금고 등을 설치하여 그 날 그날에 필요한 양만을 실내에 두는 사무처리방식을 도입하는 것도 좋은 방법이라 하겠다.

이상과 같이 화재발생의 예방은 바로 방화에 대한 의식적인 일상생활 방식에서 좌우된다. 그러므로 건축물화재의 예방대책은 여러가지 방면에서 검토하고 연구하는 것도 중요하나, 더욱 중요한 것은 가장 가까운 우리생활 그 자체에 대한 노력이라 하겠다.

③ 건축재료의 불연화

건축물을 설계하려면 건축물의 벽·기둥·보·천장 및 지붕은 불에 연소하지 아니하는 불연재료로 하여야 한다.

불연재료에는 콘크리트·석재와 같은 내화재료 외에 철·강재·망입유리·석면·유리면·석면슬레이트·석면규산·칼슘판·탄산마그네슘 등이 있다. 이러한 재료는 화재초기단계에서 화재의 진행을 촉진시키지 않아야 하며, 연소시 발열량이 적고 인화 또는 착화온도가 높고 연소하는 속도가 느린 것이어야 한다.

특히, 화재가 성장하는 시기에는 위의 구비조건과 더불어 화재의 전파속도가 늦으며, 사람의 시야를 가리는 연기나 중독을 일으키는 유독성가스를 발생시키지 않는 것이 좋다.

또한, 화재의 최성기일 때에는 화재실의 구획내 온도가 800～1,000°C정도이며, 이러한 여건에서도 건축물의 구조재료는 일정한 강도로 화재하중을 저지하고, 열이나 화재를 차단하여 다른 방화구획으로의 연소를 방지하여야 한다. 따라서 내화구조물을 구성하는 건축물의 구조재료나 내화성의 피복재료는 불연인 동시에 화재의 열에 의하여 강도가 저하되거나 팽창·수축·균열·폭열 등의 변형이 없어야 하며, 열의 전도율이 적고 열용량이 커야하는 재료 자체의 성능과 더불어 내화피복재료인 경우에는 탈락방지에 세심한 주의가 필요 하다.

건축물의 화재에 있어서 내화재료는 다음과 같이 2가지로 분류된다.

㉠ 고온에 있어서 재료의 변질된 상태의 정도를 말한다.

㉡ 화재의 발생에 있어서 견딜 수 있는 화재하중(火災荷重)의 정도를 말한다.

(3) 내화·내열(耐熱)배선과 연소방지

① 내화배선의 공사방법

내화배선에 사용되는 전선재료 중 일반적으로 케이블공사에 사용되는 것을 내화케이블이라고 부르고 있으며, 노출배선이 인정되고 있으므로 내화전선으로서 배관에 시공하는 방법은 거의 이용되고 있지 않다.

다음의 표 2-4는 내화배선의 공사방법을 설명한 것이다.

표 2-4 내화배선의 공사방법

내화배선의 종류	공사방법
1. 600V 내화비닐절연절선(HIV) 2. 알루미늄 피복케이블 3. 동대 외장케이블 4. 클로로프렌 외장케이블 5. CD케이블 6. 하이파론 절열전선 7. 4불화에틸렌 절연전선 8. 와니스 글라스테이프 절연전선 9. 아스베스트 절연전선 10. 실리콘고무 절연전선 11. 납 피복케이블 12. 가교폴리에틸렌 절연비닐 시즈케이블 13. 부스덕트	1. 금속관, 2종 금속제가요전선과 또는 합성수지관에 수납하여 내화구조로 된 벽·바닥 등에 매설되어 있을 것. 단, 불연전용실, 내화성능을 갖는 파이프사프트 및 피트의 구획내에 설치하는 경우(다른 배선과 함께 포설하는 경우는 상호 15 cm이상의 간격을 취하는 것, 불연성의 격벽을 설치한 것에 한한다)에 있어서는 그러하지 아니하다. 2. 매설공사가 곤란한 경우에는 1과 동등 이상의 내열효과가 있는 방법에 의해 보호되어 있을 것

② 내화케이블의 공사(시공)방법

내화케이블의 종류에는 1.6 mm에서 1,000 mm이상의 것이 있으며, 이들의 내화케이블에는 내화·내열전선 승인번호와 전기용품취급법에 의한 승인번호가 붙어 있다. 또한, 동일한 내화케이블을 접속하려면 다음의 사항에 주의하여야 한다.

㉠ 접속부의 온도상승이 다른 부분의 온도상승을 넘지 않을 것
㉡ 전선이 강도를 20%이상 감소시키지 말 것
㉢ 절연효력을 상실하지 않도록 할 것

최근에는 위에 기술한 방법과 같은 접속을 현장에서 하는 것보다 공장에서 직접 가공하는 방법이 품질관리에 최선을 다할 수 있고 시공상 능률적이라는 등의 이점이 있으므로 프레하프화가 적합한 케이블에는 프레하프 분기부 내화케이블이 사용되고 있다.

다음의 그림 2-5는 내화케이블의 단면도를 나타낸 것이다. 또한, 내화케이블은 제조업체에 따라 그 구조가 약간씩 다른 경우도 있다.

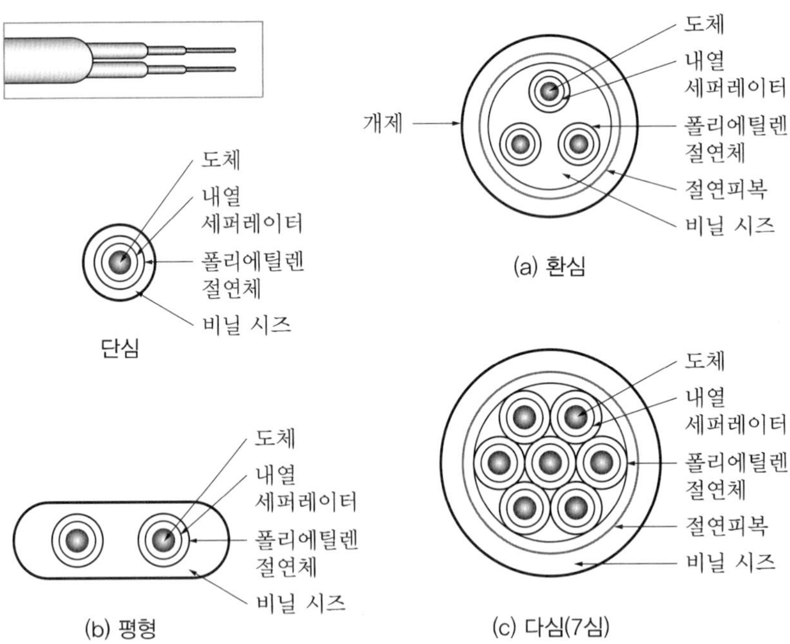

그림 2-5 내화케이블의 단면도

③ 내열배선의 공사(시공)방법

내열배선에는 600V 2종비닐절연전선(HIV)을 전선관에 수납하여 시공하는 방법이 이용되고 있다. 또한, 배선공사(시공)에 있어서 시공성 및 경제성을 높이기 위해서 내열케이블이 많이 사용되고 있다.

내열전선은 일반적으로 소세력회로라고 불리는 약전용에 이용되는 것으로서 신호회로·제어회로·경보회로 등에 사용하기 때문에 전선수가 많이 필요로 하게 된다.

따라서, 1대(심선이 2개)의 것부터 10대(심선 200개)까지의 케이블이 적당히 이용된다.

심선의 도체지름은 0.65 mm, 0.9 mm, 1.2 mm, 1.6 mm, 2.0 mm, 2.6 mm의 종류가 있다.

다음의 표 2-5는 내열배선의 공사방법을 설명한 것이다. 또한, 다음의 그림 2-6은 내열케이블 2심·4심 및 20대의 단면도를 나타낸 것이다.

표 2-5 내열배선의 공사방법

내열배선의 종류	공사방법
1. 600V 내화비닐절연절선(HIV) 2. 알루미늄 피복케이블 3. 동대 외장케이블 4. 클로로프렌 외장케이블 5. CD케이블 6. 하이파론 절열전선 7. 4불화에틸렌 절연전선 8. 와니스 글라스테이프 절연전선 9. 아스베스트 절연전선 10. 실리콘고무 절연전선 11. 납 피복케이블 12. 가교폴리에틸렌 절연비닐 시즈케이블 13. 부스덕트	금속관공사, 가요전선관, 금속닥트공사 또는 케이블공사(불연성의 닥트에 포설하는 것에 한한다)에 의해서 포설되어 있을 것. 단, 불연전용실, 내화성능을 갖는 파이프샤프트 및 피트의 구획내에 설치하는 경우(다른 배선과 같이 포설하는 경우는 상호 15 cm이상의 간격을 취하는 것, 불연성으로 격벽을 설치한 것에 한한다)에 있어서는 그러하지 아니하다.

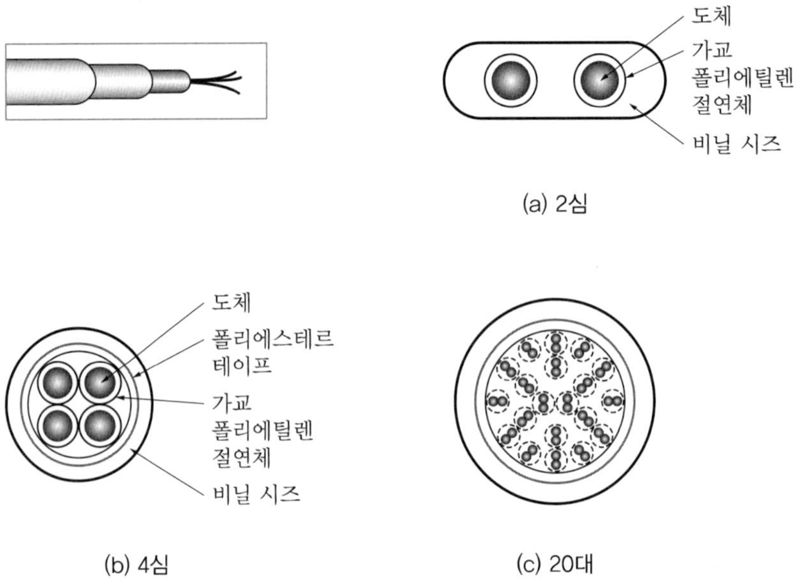

그림 2-6 내열케이블의 단면도

④ 건축물의 연소방지

건축물의 기능을 충분히 발휘하기 위해서는 전기에너지의 원활한 공급이 필요하고, 그러기 위해서는 전원의 공급을 목적으로 한 간선과 제어용배선이 있다. 한편, 건축물에는 없어서는 아니 될 조명용·통신용의 배선 및 동력용 배선의 양은 건축물의 규모가 크면 클수록 비례적으로 증대하여 고층화가 될수록 수직으로 포설하는 전선량이 많아져 연소물로서의 위험성이 크다.

고층빌딩에 있어서의 방재상의 중요한 문제점은 화재시 상층으로의 연소방지대책이고 공기조화·환기용의 덕트, 급수용 배관 및 전기용 배선샤프트에 의한 화재의 연소확대를 방지하지 않으면 안 된다.

㉠ 샤프트(shaft)의 구획

샤프트의 벽면은 내화구조로 하고, 샤프트내에 설치하는 개구부는 시공 및 보수관리상 될 수 있는 한 작게 하며, 내화성능이 있는 문을 이용하여 시정(施錠)할 수 있는 구조로 하여야 한다.

㉡ 전기샤프트의 배치

현대는 건축물이 고층화·심층화함에 따라 세로계통의 배선도가 증가하여 샤프트가 필요하게 된다.

건축물에 샤프트를 전력간선제어용, 방재용, 통신용과 분산하여 설치한다는 것은 건축물의 공간(space)이나 경제성의 점에서도 곤란하지만 그 위치는 평면계획 및 단면계획상 유소(類燒)방지·피난경로 등을 고려하여 안전한 장소를 선택하여야 한다.

㉢ 케이블 연소방지제

공장·빌딩·지하가·지하구 등에 있어서의 케이블배선은 근래에 더욱 증가하고 있고 종래의 배관·배선공사(금속관공사) 또는 와이어링 덕트공사(금속덕트공사)에 대해서 시공성·경제성·융통성의 점에서 적극적으로 채용되고 있다.

그러나 케이블이 집중 포설되는 부분(그룹케이블이라고 부르는 부분)에서 기름의 누설, 용접불꽃, 케이블내부에서의 과열방화에 의해서 발화된 경우에는 케이블에 사용되고 있는 비닐수지계의 절연시즈가 두 화재의 경우 연료가 되고 또한, 화재시에 발생하는 생성물에 의해서 연소력이 증가하여 연소의 재료화가 될 우려가 있다.

케이블의 피복에 이용되고 있는 비닐계의 난연재의 경우 화재시 고온도하에 있어서는 연소함과 동시에 어느 정도의 자극성 유독가스를 발생할 것이 명백하다.

미국의 NFPA(National Fire Protection Association)에 있어서의 "Grouped Electrical Cables)"이라는 자료에서는 전선케이블 다발의 화재에서 유독가스의 발생, 초기소화불능, 연소, 염화수소가스에 의한 제어반 및 건축물 철근의 부식·붕괴, 공장의 조업정지 등의 사태를 초래한다고 경고하고 있다.

이와 같은 상태하에서 케이블화재의 방지대책으로서 연소방지제의 사용이 적극적으로 이루어지게 되었다.

Chapter

3 건축물의 방재(防災)계획 및 소방안전관리

1 건축물의 방재(防災)계획

1 건축물의 방재(防災)계획을 위한 기본적인 계획

건축물의 소방안전을 위한 계획에 있어서 첫째로 고려하여야 할 사항은 건축물의 안전성에 대한 대응(對應)을 어떻게 포함시켜 설계하여야 하는 가에 좌우된다는 것이다.

이러한 건축물의 안전성에 대한 대응으로서 검토되어야 하는 사항을 크게 구분하면 건축물의 설비적대응과 건축물의 공간적대응이라 할 수 있다.

(1) 건축물의 설비적대응(設備的對應)

건축물의 방화를 위한 기본적인 계획에 있어서의 안전성에 대한 설비적대응이라고 하는 것은 어디까지나 건축물 그 자체의 계획, 건축물의 공간계획에 의한 대응을 보조한다는 위치에 있다고 생각하는 편이 옳다고 본다. 이것은 건축물의 안전 및 방재를 위해서는 건축물의 계획의 설비계획보다는 우선하여 중요하기 때문이다.

여기에서 설비적대응은 다음의 (2)의 ①(대항성대응)의 대항성 중 방연성능에 대한 현상(現狀)으로는 제연설비, 방화구획성능에 대해서는 방화문·방화셔터 등, 초기소화 대응력으로서는 자동화재탐지설비, 스프링클러설비·포소화설비·물분무 등 소화설비인 자동소화설비에 의해서 행한다.

다음의 (2)의 ②(도피성대응)인 도피성에 관해서는 피난유도설비 등으로 보증한다.

위의 설비들은 각각 개별적인 기능을 가지고 있는 것이지만 실제의 건축물에 화재가 발생하였을 때 이들의 각 설비를 통합화하여 유기적인 상호관계를 유지하여 보다 효율적인 설비적대응효과를 올릴 필요가 있다.

즉, 건축물의 소방안전을 위한 계획에 있어서 설비적대응의 또 한 가지 중요한 요소는 방재센터에서 종합적으로 각종의 방재정보를 검출하여 그것을 전송하여 판단·처리하는 등의 기능을 필요로 한다.

건축물의 설비에 있어서 스프링클러·옥내소화전·물분무 등의 자동화소화설비, 자동화재탐지설비·비상경보설비 등의 경보설비, 피난기구·유도등 및 유도표지·인명구조기구·비상조명 등의 피난설비, 비상시의 조명장치, 비상용승강기, 제연설비, 공조설비, 방재관리센터, 제반설비의 유지·관리 및 계획 등이 방화계획에 포함되어야 한다.

(2) 건축물의 공간적대응(空間的對應)

고층빌딩이라고 하는 건축물로 형성되는 하나의 공간을 건축공간이라고 부른다면 이 건축공간에 있어서 재해(災害)로부터 인명을 지키기 위하여 가장 중요한 것은 "인간(人間)이 재해를 포함하는 공간에서 안전한 공간으로 빠른 시간내에 이동할 수 있는 공간적대응을 어떻게 확보하느냐."에 있다.

즉, 건축물의 공간적대응이란 불꽃이나 연기에 대응한다든가, 불꽃이나 연기를 피한다고 하는 재해공간으로부터 장소적(場所的)으로 이탈하고자 하는 대응인 것을 말한다.

건축물의 공간적대응을 다음과 같이 3가지로 크게 분류할 수 있다.

① 대항성대응(對抗性對應)

건축물의 내화성능, 방연(防煙)성능, 방화구획성능, 화재방어 대응성(소방대의 활동성), 초기소화대응력 등 화재사상(火災事象)과 대항하여 저항하는 성능(性能) 또는 항력(抗力)을 말한다.

② 도피성대응(逃避性對應)

화재가 발생한 경우에 그 사상(事象)과 공간과의 대응관계사이에서 사람이 궁지에 몰리지 않고 보다 안전하게 화재로부터 도피 또는 피난할 수 있는 공간성과 시스템 등의 성상(性狀)을 말한다.

국토교통부에서는 고층의 건축물이나 백화점 등의 대규모 건축물을 계획할 경우에는 반드시 구조계획서와 방재계획서를 작성하도록 지도·장려하고 있지만, 이 방재계획서 내용 중에서 위의 공간적대응이라고 하는 범주에 포함되는 요소에는 여러가지가 있다.

③ 회피성대응(回避性對應)

건축물재료의 불연화·난연화, 내장재의 제한, 방화구획의 세분화, 소방훈련, 불조심 등으로 하여 화재의 발화·확대 등을 감소시키고자 하는 예방적 조치 또는 상황을 말한다.

2 건축물의 방재계획

건축물의 기능은 일반기능과 방재기능으로 구분하여 계획하여야 한다.

건축물의 방재계획이란 건축물에 설치하는 방재기능에 대하여 계획하는 것이므로 건축물에서의 방재기능에 대하여 설명하고자 한다.

일반기능면에서 충분히 만족할 수 있는 계획이 이루어졌다고 하여도 현실적으로 빌딩화재를 불식(拂拭)하지 않는 이상, 항상 재해의 위험을 등에 안고 생활하지 않으면 안 된다.

건축물의 방재기능이 방재계획으로서 나타나지 않으면 아니되는 이유는 바로 이러한 관계가 있기 때문이다.

완전한 일반기능과 완전한 방재기능을 병합하는 것이 이상적이지만 이와 같은 건축이 가능한 것인가 또는 만일에 문제점이 있다면 그것이 무엇인가를 찾아야 한다.

건축물의 방재계획에 있어서 사실상 일반기능과 방재기능은 때때로 상반되는 면을 가질 수도 있으므로 양자 사이에는 간격이 발생되기 쉽다.

따라서, 이러한 간격을 건축적·설비적 방법으로 보충하지 않으면 아니 된다.

건축물에 함유되어 있는 여러가지의 위험요소를 재해의 각 단계에서의 실정을 참작하여 분석하고 이해한 후에 각각의 대응책을 계획하게 되며, 화재예방에서부터 시작하여 발화 후의 경과를 추적하여 본다면 다음과 같이 된다.

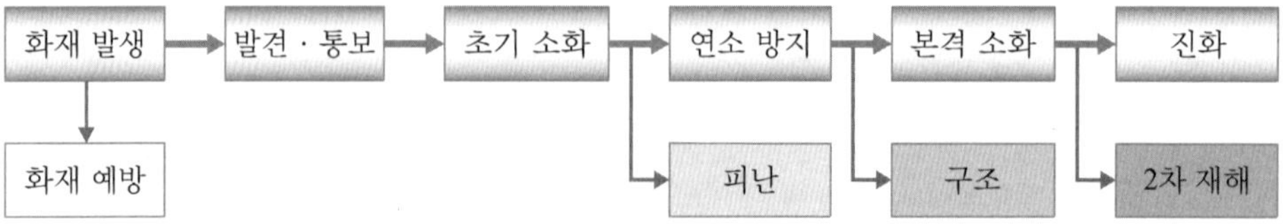

또한, 건축물의 방재계획을 수립하려면 우선 부지를 선정하여야 하며, 그 다음 건축물을 어떻게 배치하여야 할 것인가를 계획하여야 한다. 그 밖에 건축물의 방재계획에는 단면계획·입면계획 및 어떠한 재료를 사용하여야 할 것인가에 대한 재료계획이 있다.

(1) 부지선정 및 배치계획

건축물부지의 선정을 방재적 견지에서 보면 우선 그 부지의 잠재적 위험도를 가지고 있다. 즉, 예방적인 측면으로는 가까운 이웃에 화재를 일으킬 위험한 시설은 있는가, 가까운 곳으로부터 화재의 영향을 받을 수 있는 가에 대한 문제도 고려되며, 이어서 소화활동면에서 볼 때 소방시설로부터의 거리와 소방차가 도달하는 데에 지장이 없는가, 소방용수는 건축물의 화재를 소화하는 데 충분한 용량(m^3)을 확보하여 공급하는 데 이상이 없는가, 피난활동면에서 볼 때 가까운 장소에 피난하는 데 필요한 넓은 공지가 있는가, 구조면에서는 구급시설의 이용을 기대할 수 있는 가 등이 있다. 그리고 이들의 각 요소에 어려운 문제가 발생될 우려가 있거나 미비점이 보이면 각각의 활동에 대응한 배려를 하지 않으면 아니 된다.

또한, 부지내의 건축물배치에 대해서 알아보면 가까운 이웃 건축물로부터 될 수 있는 한 떨어져 있는 것이 안전하며, 소화활동이나 구조활동에 대해서도 충분한 부지내의 통로나 넓은 장소가 필요하다. 그리고 피난기구인 피난사다리차가 건축물로 근접할 수 있는지의 유·무는 화재시 피난하는 사람의 행동에 중요한 영향을 준다.

이와 같은 것을 고려할 때 상업적인 측면에서 고밀도인 부지의 이용은 그 위치·규모·수용인원·설비 등에 따라 그 나름대로의 이유가 있다고 하지만 방재상 많은 문제를 일으키므로 이에 대한 적합한 대책이 필요하다.

특히, 많은 건축물 형태인 다동형(多棟刑) 블록에서의 건축물 배치계획의 경우 각 건축물마다 충분한 진입로·피난로의 확보가 바람직하며, 재해발생시 유효적절하게 이용할 수 있도록 계획되어야 한다.

(2) 단면계획

방화면에서 본 단면계획상의 배려로서 그 근간(根幹)을 이루는 것은 상·하층으로 재해의 전파의 제어이다. 즉, 불이나 연기가 다른 층으로 이동하지 않도록 구획하여야 한다. 다만, 건축물에는 그 기능상 상·하층간을 관통하는 장치나 구조가 많다.

예를 들면, 계단·에스컬레이터·엘리베이터·통풍장치 또는 설비계획상의 덕트나 배관·배선스페이스 등이 이에 해당된다.

재해시에는 이들의 상하 관통부분이 취약점(weak point)이 되어 다른 층으로의 연소(延燒)를 허용해서는 안 된다.

가능한 한 상하의 관통부분은 불에 연소되지 아니하는 내화재료로 공간부분을 방어하도록 설계되어야 한다.

건축물의 단면방향에 대해서도 평면계획에서 고려하는 것과 같이 방화구획을 설치하여 화재시 화염 또는 연기로부터의 재해를 한정할 필요가 있다.

특히, 불이나 연기의 상층방향으로의 전파는 수평방향에서의 전파속도(0.5～1.0 m/s) 보다 빠르고, 영향력도 크므로 충분히 유의하여야 한다. 그러나 건축물이 그 기능을 발휘하고 있는 이상 완전무결하게 상층과 하층을 방화적으로 차단한다는 것은 불가능하며, 상하의 연락개구부는 반드시 남게 되는 것이므로 그 개구부에 대한 적정한 배려와 그 문제점 및 약점을 보완하기 위한 설계계획상의 배려를 필요로 하게 된다.

다음으로 피난활동면에서 고려하여 보면 평면계획에 의해서 확보한 그 방향피난의 원칙은 세로방향의 경로에 대해서도 전적으로 동일하며, 현재의 건축물에 있어서는 피난층에 도달할 수 있는 계단을 2개이상 설치하여 피난시 계단을 복수로 선택하여 신속·정확하게 피난할 수 있도록 계획하여야 한다.

각 거실 또는 복도의 단위에서는 각 거실 또는 복도의 단면을 어떻게 계획하면 소화활동·피난활동 등에 편리한 가를 고려하여야 한다.

건축물의 재해한정을 위해서는 다른 부분으로의 개구부(開口部)는 작게 설치하는 것이 바람직하지만 피난활동상으로 보면 충분한 개구부의 폭을 확보하도록 하여야 한다.

또한, 평소 개구부가 가지는 기능상에서도 그 개구부의 위치와 수는 조건부로 되어있는 경우가 많으며, 이들 개구부의 각 기능별 목적에 적합하도록 개구부의 위치와 수량외에 그 개구부를 개폐하는 방법의 구조는 충분히 계획되지 않으면 안 된다.

다른 개구부로서는 천장 후면 등의 외부에서 보이지 아니하는 장소에 있는 개구부도 방화·방연구획과 관련시켜서 처리하지 않으면 아니 된다.

건축물의 천장높이는 건축물내의 거실 또는 복도 단위에 축적되는 연기량(축연량)의 확보를 위해서는 높게 하는 것이 바람직하다.

건축물의 거실내에 설치하는 천장의 형상도 연기를 배출하는 배연구와의 관계를 고려하여 연기의 배출을 방해하지 않도록 하여야 한다.

또한, 규모가 큰 거실에서는 연기의 확산을 방지하기 위해서 방연수직벽의 설치를 필요로 하고 있다.

(3) 평면계획

건축물의 일반기능을 추구하는 평면계획의 요소는 상업적 차원에서 한 것일뿐만 아니라 그 기능 자체의 본질적인 차이에 의해서 건축물의 방재적인 차원에서 볼 때 많은 문제점을 안고 있다.

건축물의 많은 용도화(다용도화) 현상은 건축물의 안전한 관리를 곤란하게 하고 있다.

건축물방재의 기본이 되는 것은 건축물내에서의 화재발생을 방지하는 것이며, 방화관리의 불안전은 그대로 재해발생의 위험도 증대에 직접적으로 영향을 준다.

건축물의 용도는 되도록 적은 용도로 사용되도록 정리되는 것이 바람직하고, 많은 용도로 사용할 경우에는 그룹별로 관리하기 용이한 조직을 고려하여야 한다.

건축물에서의 화재발생의 위험도가 높은 것을 설사 일반기능상으로는 방해가 된다고 하더라도 평소 방화관리 구역외로 방치하여서는 아니 된다.

또한, 장래의 용도변경이나 모양 등을 변화시키는 것 등에 대해서는 배려도 가능한 한 대응할 수 있도록 하고, 결과로서 혼란이 없는 정리된 평면계획을 유지할 수 있도록 하여야 한다.

건축물의 화재가 발생한 경우 화재의 성장을 적극적으로 억제하지 않으면 안 된다. 만일, 화재가 발생하였다 하더라도 초기(初期)에 소화가 이루어져야 하고 이웃으로 더 이상 화재가 확대되지 아니하도록 건축물에서의 연소(延燒)방지가 매우 중요하다.

건축물에서의 연소방지란 화재를 될 수 있는 대로 작은 범위로 한정하여 그 이외의 부분으로의 연소(延燒)의 확대를 방지하는 것이다.

건축물의 방재계획상 평면은 될 수 있는 대로 작은 부분의 방화구획으로 구획되어 화재가 발생한 장소인 그 1단계에서 다른 부분으로 이동되지 않도록 하여야 한다.

화재를 완전하게 차단할 수 있는 성능을 가진 방화벽·방화문 등에 의해서 건축물의 내부를 구획하여 나가는 방화구획이 세부까지 배려되어 있으면 있을수록 화재는 작은 부분에서 정지하게 되며, 화재로 인한 피해는 그러할수록 적어진다. 그러나 건축물은 일반기능에서 요구되는 거실의 넓이는 반드시 그 범위내에 한정된다고 말할 수 없다.

오히려 위험도가 높다고 하는 큰 규모의 건축물이나 인구밀도가 높은 건축물에서는 여하간 각 거실이나 복도부분의 단위면적은 넓게 요구되며, 거실이나 복도의 내부를 작게 구획하는 것은 곤란하다.

건축법·소방기본법에서는 각 용도로 사용하는 부분의 최대면적의 상한을 용도, 위치, 건축물의 규모, 방재설비의 유·무 등의 각 조건에 맞추어 구획하도록 규정하고 있다. 또한, 화재시에 발생하는 연기에 의해서 질식사·피난장애·의식불명·인지능력감소 등의 사고가 발생할 우려가 있으므로 연기가 건축물내부로 확산하는 것을 방지하지 않으면 아니 되며, 화재로 인하여 발생한 연기는 신속·정확하게 옥외로 배출하지 않으면 안 된다.

즉, 방연구획과 제연설비의 계획이 포함된 평면이 요구된다.

건축물에 설치된 방화·방연구획은 앞으로의 간막이 설치 및 변경을 예상하여 배치된 것이 아니면 그 시점에서 대규모인 건축물의 구조변경을 강요당하게 된다.

또한, 건축물내에 방화·방연구획이 적정한 위치에 설치되어 있다면 향후 간막이의 변경도 구획내에서 처리되기 때문에 간단한 구조변경으로 끝나게 되어 건축물의 방재계획 전체로 보아도 혼란을 가져오지 않게 된다.

건축물의 화재시에는 소방활동상의 통로와 피난활동을 위한 통로가 있다.

건축물의 화재발생이 우려되는 위치와 장소를 한정할 수 없는 이상 화재 또는 피난시의 사람의 움직임도 케이스 바이케이스에 의해 실제적으로 다양하다. 이에 대응하기 위해서는 우선 명쾌한 평면형에 의해 패닉(panic)상태라도 충분히 이해하여 행동할 수 있는 통로의 확보와 2방향이상의 통로에 의해 일부의 통로의 차단에 대처할 수 있도록 하는 것이다.

패닉상태를 위한 통로는 화재시의 불 및 연기로부터 완전하게 방호될 부분이 아니면 안된다. 그러나 건축물내에 설치된 평소의 통로가 재해시에도 안전한 통로로 사용될 수 있는지 없는지는 매우 의문이 된다.

건축물의 방재상의 측면에서 볼 때 방재상의 통로는 평소의 통로를 그대로 이용할 수 있는 것이 이해하기 쉬우므로 유효하지만, 이를 위해서는 평면계획을 포함하여 안전상의 성능을 유지하여 두지 않으면 아니 된다.

더욱이 안전통로를 화재가 발생된 위치 및 장소에서 세어서 제1차안전구획(복도), 제2차안전구획(부실)으로 수치의 구획을 지나서 최종목적지인 피난층에 도달하게 하는 것이 바람직하며, 안전구획이 세분화됨에 따라서 화재로부터의 안전도가 높아진다. 이로 인하여 소방관계자는 화재현상에 보다 가깝고 안전하게 근접할 수 있으며, 피난하는 사람들은 불(화염)이나 연기를 피하여 안전한 장소로 피난할 수 있게 된다.

건축물에 설치하는 피난계단 등은 가장 높은 차원의 안전도가 요구되며, 불과 연기로부터 완전히 구획되어 있지 않으면 아니 된다.

건축물에 설치된 피난계단 등이 화재시 불꽃(화염)과 연기에 휩싸여서 일어나는 비극이 너무나도 많은 실정이므로 이들의 계단을 계획할 때 화염이나 연기의 침입을 받지 아니하거나 침입을 받는다 하더라도 방화·방연시설을 설치하여 사용에 이상이 없도록 하여야 한다.

(4) 입면계획

건축물의 일반기능에 있어서 입면(立面)의 가장 큰 요소가 되는 것은 그 벽과 개구부이지만 건축물의 방재면에서 볼 때 그것은 조형상(造型上)의 구조뿐만 아니라 다른 방재계획과 같이 예방·연소방지·소화·피난·인명구조를 계획하지 않으면 안 된다.

가까운 이웃으로부터의 화재예방을 위해 이웃과 접하고 있는 개구부의 방화시설로서 방화셔터 또는 망입(網入)유리 등이 유효하며, 건축물내에서의 상층 연소방지에는 계층간에 내화구조의 벽으로 구획하든가 발코니상이 돌출부를 설치하는 것이 바람직하고 법적으로도 규정되어 있다.

또한, 소화활동이나 구출활동에는 외부로부터 직접 건축물내에 진입하기 위한 진입구가 마련된다.

피난활동면에서는 발코니나 옥외계단의 설치도 고려된다.

또한, 유리·콘크리트조각 그 밖의 낙하물에 의한 2차재해의 방지에 대해서도 유의하여야 한다.

건축물에 설치하는 피난설비로는 구조대·완강기·미끄럼대·피난교·피난용트랩·제연창·구조용 곤돌라설비 등도 입면계획의 요소로 사용된다.

조형적(造型的)으로는 어느 정도 그 자유도를 속박한다고 생각되는 이들 방재상의 각 요소가 조형적으로도 잘 흡수·소화되어 표현되는 것이 바람직하다.

(5) 재료계획

건축물에 사용되는 외장재료로서는 이웃으로부터의 화재예방을 위하여 불에 연소되지 아니하는 불연재료가 요구되고 있다.

건축물의 내장재료로서는 화재의 발생으로부터 연소된 각 단계를 통하여 연소되지 아니하는 불연재료가 가장 적합하나 건축법규에 요구되고 있는 준불연재료 또는 난연재료도 사용이 가능하다.

건축법(소방기본법)에서는 건축물을 구성하는 각 부위에 대해서 사용재료에 대하여 불연성능을 규정하고 있으며, 눈에 잘 보이지 않는 부분인 마감재료에 대하여서도 그 사용재료에 대한 불연성능·내화성능·방화성능 등을 고려하지 않으면 안 된다.

특히, 건축물의 실내에 사용하는 마감재료에 대해서는 심리적 조건때문에 선택이 잘못되기 쉬우므로 불에 대한 착화성·연소성·이연성·유해가스의 발생·인화성 등에 주이하여야 하며, 천장이나 벽의 마감뿐만 아니라 장식물 등에 대해서도 동일한 주의가 요구된다 하겠다.

3 건축물의 화재예방 및 피해방지

(1) 건축물의 화재예방

건축물의 화재를 예방하기 위해서는 건축물내에 화재를 일으킬 위험성이 있는 이연성(易燃性)·가연성·발화성(착화성)·금수성물질 및 폭발성물질을 필요한 양 이상으로 저장하지 않아야 하며, 저장한다 하더라도 발화원 또는 착화원이 되는 물질로부터 일정거리 이상으로 격리하여 화재가 발생되지 않도록 하여야 한다. 이러한 건축물에서의 화재예방을 위해서는 건축물의 구조·규모·층수·면적·수용인원 등을 감안하여 유효적절하게 관리할 수 있는 방화관리체계가 수립되어야 한다. 또한, 건축물내부의 용도에 따라 가연성물질과 화기(火器)의 사용을 제한하는 등 화재발생의 확률을 감소시키기 위한 제반대책이 강구되어야 한다.

특히, 요즈음 문제가 되고 있는 가스폭발사고 방지에 대해서는 가스의 누설을 감지하여 자동적으로 공급을 정지시키는 시스템이 적용되고 있으며, 화재시에는 이를 신속·정확하게 감지하여 방재센터로 통보하는 가스누설경보기 및 자동화재탐지설비를 설치하여 건축물의 화재예방에 최선을 다하여야 한다.

건축물의 내부에 설치한 가스시설로부터 가스가 누설된 경우에는 이를 감지하여 자동적으로 가스의 공급을 차단하여 더 이상의 가스가 누설되지 않도록 하는 가스누설차단장치를 설치하여 가스의 누설로 인한 화재를 사전에 예방하도록 하여야 한다.

현대의 건축물은 일반적으로 층수가 높을뿐만 아니라 그 연면적이 크다는 것이 특징이다. 따라서 고층건축물에서는 건축물 전체에 화재감지기를 설치하여 집중적인 감시가 가능한 시스템을 선정하여야 한다. 그러므로 대부분의 건축물의 경우 화재의 발생과 동시에 종합방재센터에서는 감지기에 의해 화재의 발생을 수신받아 각 실에 화재의 발생을 통보하여 실내의 사람들을 안전한 장소로 신속·정확하게 피난할 수 있도록 하며, 건축물의 화재를 초기단계에서 소화할 수 있도록 종합방재 시스템을 도입하여 사용하고 있다.

(2) 초기화재(初期火災)의 확대방지

건축물의 화재예방을 위해서라 할지라도 인간생활의 주변에서 화기와 같은 점화원(열원)이나 가연물질을 완전히 제거한다는 것은 거의 불가능하다.

그러하므로 가연물질이나 화기와 같은 열원의 규제 및 제한은 화재발생의 가능성이나 건축물의 외부로 화염이 분출할 때의 위험성을 감소시킬 수는 있겠지만 이러한 것을 완전히 제거할 수는 없다. 이와 같은 문제에 대해서 여러가지의 방법이 도입되고 있으며, 건축물에서의 화재시 초기에 소화할 수 있도록 건축물내부에 방화구획·방화벽·방화문을 설치함으로써 이웃한 거실 또는 복도로의 화재전파(확산) 방지에 최선을 다하여야 한다.

첫째로 건축물에 사용되고 있는 내장재료의 불연화 대책을 들 수 있다.

건축물의 실내에 수납되어 있는 가연물질이 화재에 의해 연소되더라도 벽이나 천장 등이 화재에 연소되지 아니하는 내화구조로 되어 있으면 화재의 초기확대를 대폭적으로 억제할 수 있다.

건축물의 내부에 설치하는 내장재료는 인테리어 설계에 중요한 요소가 되며, 새로운 각종 불연성의 재료가 계속 연구·개발되고 있어 화재의 초기확대방지에 이바지하고 있다.

건축물에 사용되는 내장재료의 불연화는 화재의 예방대책으로서 수동적인 자세라고 할 수 있으며, 이와 반대로 화재에 대해서 적극적·능동적으로 억제하려는 것이 초기화재인 데 이러한 초기화재의 소화를 위한 설비·기기 및 도구에는 물양동이, 마른모래, 팽창질석 또는 팽창진주암, 소화약제에 의한 간이소화용구, 자동확산소화용구, 소화기(자동식·수동식소화기) 및 옥내소화전·스프링클러·물분무·포말·분말·이산화탄소·할로겐화합물소화설비가 있다.

고층건축물에서도 화재를 초기에 예방하고 초기화재의 확대방지를 위해 자동식소화설비인 스프링클러설비·물분무 등 초기소화설비 외에 소화활동설비인 연결송수관설비·제연설비·비상콘센트설비 등을 추가로 설치하는 것이 보통이다.

(3) 건축물의 연소확대방지

건축물에 화재가 발생한 경우에는 화재가 더 이상 이웃으로 확대되지 아니하도록 화재가 발생된 장소에서 그 성장을 최대한으로 억제하여야 하며, 화재의 확대방지를 위하여 건축물내에 내화성능을 가진 벽이나 바닥 등으로 수평·수직공간을 일정한 크기로 구획하여야 할 필요성이 있다. 또한, 건축물내부를 일정한 크기로 수평·수직구획하는 경우 방연구획을 병행하여 구획하는 것이 이상적이다.

다음의 그림 3-1은 건축물내부에 설치한 방화구획을 나타낸 것이다.

① 수평구획

건축물의 일정한 면적마다 방화구획을 함으로써 화재의 규모를 될 수 있는 한 작은 범위로 줄이고 화재로부터의 피해를 최소화하는 것이다.

특히, 건축물의 고층부에 해당되는 층은 인명피해의 위험이 많으므로 건축법규에서 그 기준을 더욱 강화하고 있다.

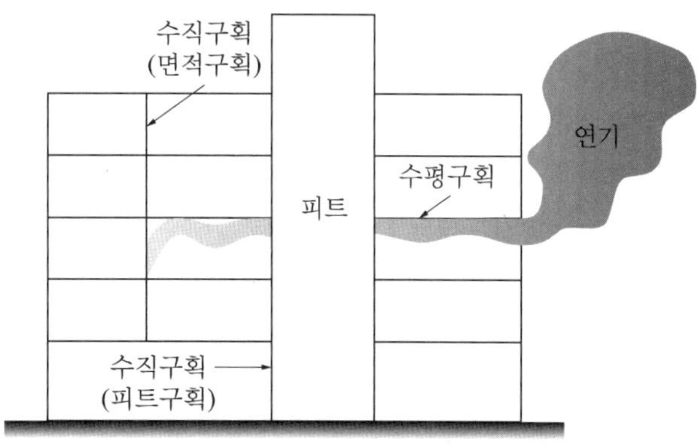

그림 3-1 건축물의 방화구획

건축물의 방화구획에 설치하는 방화문은 벽 및 바닥에 비하여 내화성능이 작으므로 제작·사용 및 유지·관리상 많은 주의가 필요하고 자동으로의 개폐 및 수동으로의 개폐가 용이하도록 하며, 방화문을 폐쇄하였을 때 연기가 밖으로 새어나오지 않도록 하여야 한다.

② 수직구획

건축물의 계단·에스컬레이터·승강기의 샤프트 등 건축물을 수직(從)으로 관통하는 부분은 화염이나 연기의 전파(확산)속도가 매우 크므로 다른 부분과 구획을 하여 화재가 다른 층으로 확산되는 것을 방지하여야 한다.

특히, 계단은 화재시에 건축물내의 사람들이 외부로 피난하는 데 적합한 통로가 되도록 설치위치·구조, 경사로의 구배·폭 등을 고려하여 설치하여야 한다.

화재가 발생된 부분으로부터 생성하는 고온의 화기가 외벽을 따라 상승하여 상층부를 연소하는 경우가 있으므로 상층부(고층부)로의 연소를 방지하기 위해서는 외벽에 설치된 개구부에 내화구조로 된 발코니·채양 등을 설치하는 것이 바람직하다.

③ 용도구획

여러가지의 용도로 사용되는 복합건축물에서 화재의 위험을 많이 내포하고 있는 공간을 그 밖의 공간과 구획하여 화재시의 피해를 최소화하기 위한 것이다.

건축물의 용도상 일정한 면적으로 구획할 수 없는 경우에는 불연재료를 반드시 사용하고, 건축물의 화재시 안전한 장소로 신속·정확하게 피난하기 위한 충분한 피난대책을 세워야 한다.

(4) 방연 및 제연

건축물의 화재시 가연물질의 연소생성물인 일산화탄소·이산화탄소·질소화합물, 연기속의 미립자 등에 의해 피난경로를 잃고 이것 들에 의해 의식불명·질식사하는 사고가 빈번하게 발생되고 있다.

건축물에 사용하는 내장재료는 화재시 건축물내에 수용되어 있는 사람들에게 피난에 장애가 되지 아니하도록 불연화(不燃化)하여야 하며, 실내에 저장하는 가연물질의 경우는 될 수 있는 대로 그 양을 제한 또는 규제하여 화재시 발연량을 적게하여야 한다.

이러한 가연물질의 양을 제한하거나 규제하는 방법도 중요하지만 어느 정도 한계가 있으므로 화재가 발생된 장소로부터 연기의 침입을 방지하는 방연·제연이 요구되고 있다.

건축물에 설치하는 방연·제연의 첫째 목적은 화재시에 사람들의 피난경로가 되는 복도·계단·계단전실(부실) 등에 연기가 침입하는 것을 방지하고 실내의 사람들을 안선한 장소로 신속·정확하게 피난할 수 있도록 하여 화재에 의한 인명의 손실을 최소화하는 데 있다.

방연(防燃)이란 화재시에 발생되는 연소생성물인 연기를 건축물의 한정된 장소로부터 다른 부분(장소)으로 유동하지 않도록 하는 것을 말하며, 제연(制燃)이란 가연물질의 연소생성물인 연기를 옥외의 일정한 장소로 자연 또는 강제로 배출시키는 것을 말한다.

발화점에서 발생한 연기는 일반적으로 우선 발화실(發火室)의 정부(頂部)인 천장(天障)에 도달한 후 그 다음에 발생하는 열기류에 밀려서 천장의 모든 방향으로 확산하여 나가며, 벽부분에 도달하면 하강하기 시작하여 최종에는 실전체에 연기가 충만하게 된다.

크기가 작은 간막이의 경우는 그 실을 1구획으로서 밀폐하고, 실내의 사람들이 피난 또는 대피한 후 그 연기가 거실밖으로 유출되지 않도록 하여야 한다. 또한, 공동주택이나 호텔의 객실 등이 작은 구획의 실에 적합하다.

사무실·공연장·관람장의 객실 등 그 규모가 큰 실의 경우는 천장면의 일정한 면적마다 불연재료로 된 방연수직벽을 설치하여 화염이나 연기의 확산을 방지하기 위한 구획을 설치하여야 한다.

실내에 설치하는 방연수직벽은 일반적으로 실의 정부(頂部)인 천장면에 고정시키는 것이 방재기능상 바람직하지만 평소 방해가 되는 경우에는 천장면에 고정하여 두고, 화재시에는 화재감지기(열·연기감지기)의 연동에 의해 낙하하도록 하여 수직가동벽을 형성하는 가동식의 기구를 가지는 것도 있지만 이러한 수직가동벽의 작동은 확실한 것이 아니면 안 된다.

다음의 그림 3-2는 고정식의 방연수직벽을 나타낸 것이며, 그림 3-3은 방연가동식의 벽을 나타낸 것이다.

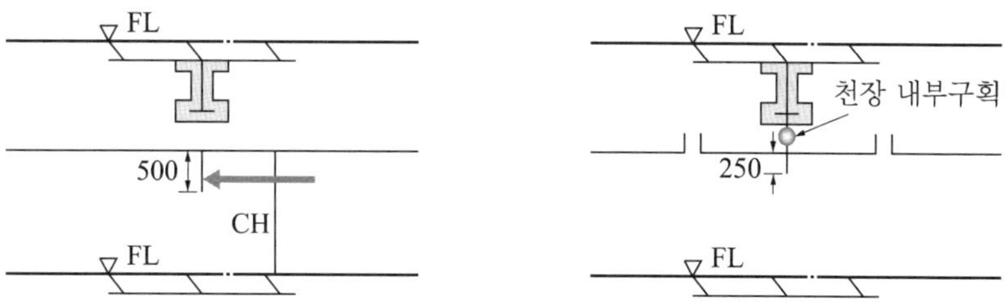

(a) 보통방식 (b) 천장챔버방식

그림 3-2 고정식 방연수직벽

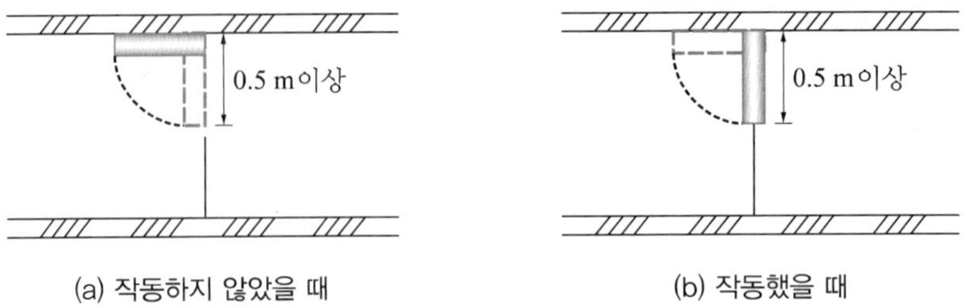

그림 3-3 방연가동식의 벽

건축물의 실내에 체류된 연소생성물인 연기는 건축물내의 다른 구획으로 유출 또는 확산하기 전에 신속·정확하게 건축물의 옥외로 배출하지 않으면 아니 된다.

건축물내에 체류되어 있는 연기를 건축물 외부로 배출하는 제연방식에는 자연제연·스모크제연 및 기계에 의해 강제로 제연하는 기계제연이 있다.

건축물의 외부에 채광용의 개구부를 의무적으로 설치한 학교·병원·아파트 등은 외부로부터 공급되는 급기에 의해 연기가 자연적으로 배출되는 방식인 자연제연방식으로 하는 것이 용이하며, 연기의 성상에 역행하지 않도록 계획하지 않으면 안 된다.

기계제연방식은 화재실의 천장이라든가 화재실의 가까운 위치에 설치된 배출구와 배출구에 연결되는 제연댐퍼·제연덕트·배출기·급기구로 구성되며, 화재실의 외부에 개구부를 설치하기 곤란한 경우에 유효하지만 화재시에는 전원이 확보되어야 한다는 전제하에서 각 기기·기구(機構)의 작동이 확실하게 이루어지기 위해서는 시스템의 내열성이나 각 기기·기구의 신뢰성에 의존하게 되므로 평소에 보수 또는 점검이 중요하다. 그리고 기계제연은 신선한 공기를 공급하는 송풍기와 연기를 기계적인 동력에 의해서 배출하는 배풍기의 설치 유·무에 따라 제1종·제2종 및 제3종 기계제연방식으로 구분된다.

① 화재의 발생과 연기

건축물의 제연을 계획할 때에는 화재에 의하여 발생될 물리적 현상을 충분히 인식하고 제연에 필요한 기계적 제어장치를 계획하는 것이 중요하다.

화재를 연기의 확산이라는 물리적인 관점에서 보면 건축물의 일부에서 짧은 시간에 많은 열이 발생하여 공기의 팽창·압력 및 온도의 차에 의한 부력(浮力)으로 열기류내로 확산하는 현상이라 할 수 있으며, 이 연기의 확산은 가연물질의 연소시에 발생되는 발열량에 의해 결정된다.

그러므로 가연물질의 연소시에 발생되는 발열량이 동일하면 상층으로의 연기이동과 같은 확산현상이 같아진다.

② 연기의 제어

건축물의 화재시에 발생되는 연기의 제어에 있어서 중요한 것은 기본적으로 열기류로서의 연기의 흐름을 어디에서 저지할 것인가의 결정과 복도를 흐르는 연기와 공기가 그 층류의 흐름을 보여 줄 경우 연기만을 유효하게 제거하는 방법의 2가지를 들 수 있다.

건축물내에 발생되는 연기의 제거를 위해 기계적으로 화재가 발생된 거실을 복도나 다른 거실의 압력보다 작은 압력인 부압(負壓)으로 하며, 피난로의 문이 폐쇄되어 있는 상태에서 그 전후에 큰 압력차가 작용한다.

또한, 피난방향으로 열리는 문이 닫혀있는 상태에서 외부에서 작용하는 압력이 거실 내부의 압력보다 높아 아무리 출입문을 열려고 하여도 열지 못하여 피난을 할 수 없게 될 경우도 있으므로 화재가 발생할 경우를 예상하여 출입문의 개방에 이상이 없도록 하여야 한다.

특히, 고층건축물에서는 온방기·온풍기 등의 드래프트(draft, 逆流)에 의해서 발생하는 압력차에 대해서도 고려하여야 한다.

③ 방연방식

방연방식으로는 밀폐방연방식이 많이 사용되며, 이 밀폐방연방식은 밀폐도가 높은 벽이나 문으로서 화재를 밀폐하여 연기의 유출 및 신선한 공기의 유입(공급)을 억제하여 방연하는 방식으로서, 집합되어 있는 주택이나 호텔 등 구획을 작게 할 수 있는 건축물에 적합하다.

기계제연을 행할 경우라도 화재의 마지막 단계에서는 화재가 발생한 실의 밀폐를 행할 필요가 있으며, 이러한 의미에서 방연(防煙)의 기본이 되는 방식이다.

④ 제연방식

건축물내에 화재가 발생하여 연기가 실내에 가득 차게 되면 실내에 수용되어 있는 사람들이 대피 또는 피난하는 데 지장을 초래하게 되므로 실내의 연기를 실외의 밖으로 배출시켜 주는 방식을 말한다.

제연방식에는 자연제연방식·스모크-타워 제연방식 및 기계제연방식이 있으며, 기계제연방식은 신선한 공기를 공급하여 주는 송풍기 및 연기를 강제로 배출하는 배풍기의 설치 유·무에 의해 제1종·제2종 및 제3종 기계제연으로 구분된다.

㉠ 자연제연방식

화재에 의해서 발생한 열기류의 부력 또는 외부의 바람을 흡입하는 흡출(吸出)효과에 의해 화재실의 상부에 설치되어 있는 창 또는 전용의 배출구로부터 연기를 옥외로 배출하는 방식이다.

이 제연방식은 전원의 공급장치·송풍기·배풍기 등의 기계장치나 제연덕트 등이 필요하지 않으며, 평상시의 환기에도 겸용으로 사용할 수 있으므로 방재(防災)설비의 유휴화(遊休化) 방지에도 유익하다. 만일, 바람이 부는 방향의 상부측을 개방하면 제연효과가 감소하든가 경우에 따라서는 역(逆)으로 이웃한 다른 거실로 연기를 유출시키는 작용을 초래하게 된다.

고층건축물 등에서는 건축물의 창과 창사이의 구획이 충분히 이루어지지 않은 상태에서 저층부를 개구하면 연돌(연통)효과를 조장하여 도리어 연기의 반전(反轉)을 일으킬 우려가 있다.

현행 건축법에서의 제연은 자연제연, 스모크-타워 제연, 제1종 기계제연, 제2종 기계제연 및 제3종 기계제연방식 중 자연제연·스모크-타워 제연과 제3종 기계제연방식을 권장하고 있다.

다음의 그림 3-4는 자연제연방식을 나타낸 것이다.

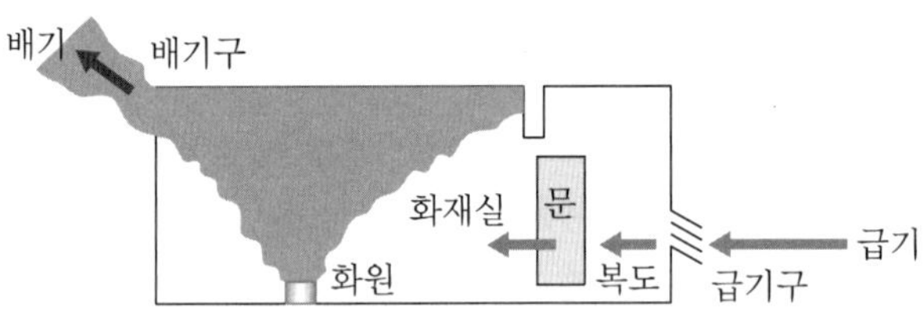

그림 3-4 자연제연방식

㉡ **스모크-타워(smoke tower) 제연방식**

건축물의 내부에 제연전용의 샤프트(shaft)를 설치하고, 난방 등에 의해서 건축물 내외의 온도차가 발생되거나 화재로 인한 온도상승에 의해서 발생된 부력 및 그 상부(정부 : 頂部)에 설치한 루프-모니터(roof-monitor) 등의 외부바람에 의한 흡인력을 통기력(通氣力)으로 하여 건축물내부에 있는 연기를 옥외로 배출시키는 제연방식으로서 고층건축물의 제연설비에 많이 이용되고 있다.

또한, 스모크-타워 제연방식은 장치가 간단하고, 샤프트의 내열성을 고려하면 어느 정도의 높은 온도를 가지는 고온의 연기도 제연할 수 있는 장점을 가지고 있다. 다음의 그림 3-5는 스모크-타워 제연방식을 나타낸 것이다.

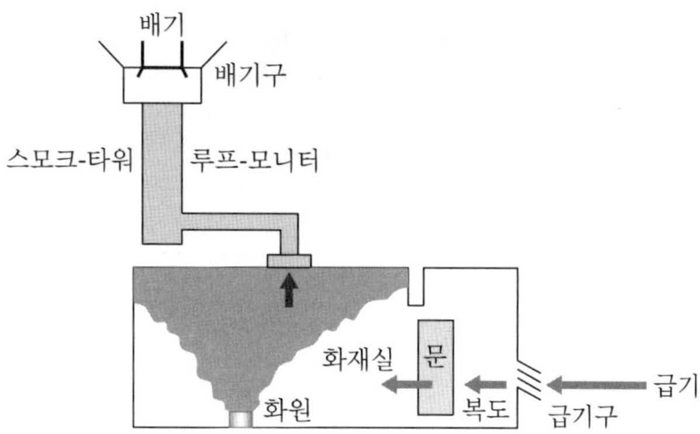

그림 3-5 스모크-타워 제연방식

㉢ **기계제연방식**

건축물에 설치하는 기계제연은 일정한 장소만의 연기를 배출하는 국소식(局所式) 제연방식과 건축물내의 모든 거실을 하나의 배출덕트(duct)에 연결시켜 연기를 배출시키는 중앙식 제연방식으로 대별된다.

국소식 제연방식은 각 거실마다 배출기의 팬을 설치하여 제연을 행하는 것으로서 세로덕트 공간의 확보가 불가능한 장소나 기존 건축물에 설치하는 경우에 이용하는 것이지만 일반적으로 배출기의 설치위치 및 장소가 많이 필요하며, 배출기가 여러개 산재(散在)되어 있어 동력비가 많이 소모되어 비경제적이다. 또한, 국소식 제연방식은 배출기가 많이 설치됨으로써 제어에도 많은 시간이 소요되므로 그다지 선택되지 않는다.

중앙식 제연방식은 하나의 건축물을 몇 개의 구획으로 구분하고, 각 구획마다 배출기를 설치하여 덕트로 각 거실의 제연을 행하는 것으로서 배출기의 설치위치 및 장소가 그렇게 많이 필요하지 않으며, 배출기도 산재되지 않아 동력비가 적게 들어 경제적이다. 그러므로 중앙식 제연방식은 여러가지 면에서 국소식 제연방식에 비하여 장점이 많으므로 현재 대부분의 건축물에 많이 채용되고 있다.

특히, 중앙식 제연방식으로 제연을 할 경우에는 건축물 전체를 어떠한 계통으로 나누는 가에 따라서 설비에 소요되는 비용이나 제연효과에 커다란 영향을 주기때문에 계통분할을 충분히 검토하여 시행할 필요가 있다.

다음의 그림 3-6은 국소식 제연방식의 계통도를 나타낸 것이며, 그림 3-7은 중앙식 제연방식의 계통도를 나타낸 것이다.

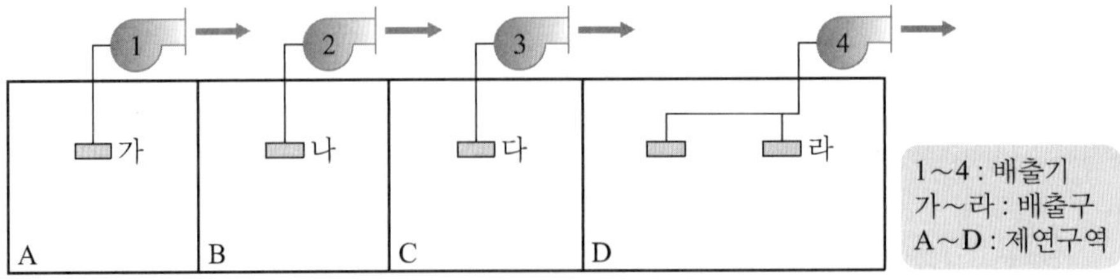

그림 3-6 국소식 제연방식

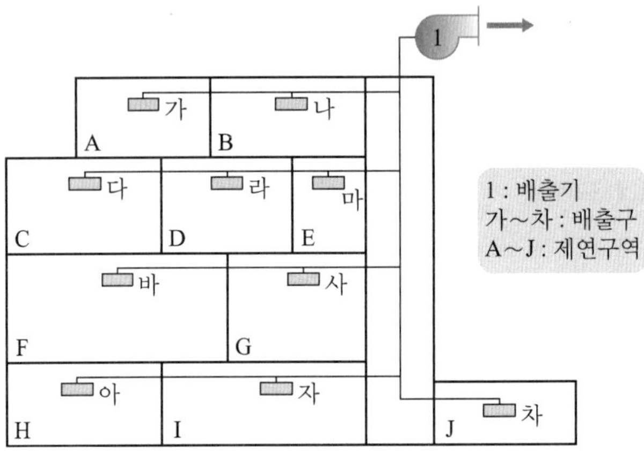

그림 3-7 중앙식 제연방식

- 제1종 기계제연방식

화재가 발생된 실에 대해서 배기구에 설치된 배출기를 사용하여 기계제연을 실시하는 동시에 복도·계단실 등을 통해서 송풍기로 급기를 행하는 방식이다.

화재실에 대한 급기량을 배기량보다 적게 제어하여 화재실의 내부압력을 부압(負壓)으로 유지하고, 화재실로부터 외부로 누설되는 연기의 양을 최소화한다.

제1종 기계제연방식은 화재실로부터의 누연을 방지함과 함께 계단전실(부실)·계단·복도 등의 주요한 피난통로의 확보를 위해서는 유효하지만 공기를 공급하는 급기와 연기를 배출하는 배기를 모두 기계력에 의존하기 때문에 장치가 복잡하고 풍량의 평형에 특별한 주의가 필요하다.

다음의 그림 3-8은 송풍기와 배풍기의 설치를 필요로 하는 제1종 기계제연방식을 나타낸 것이다.

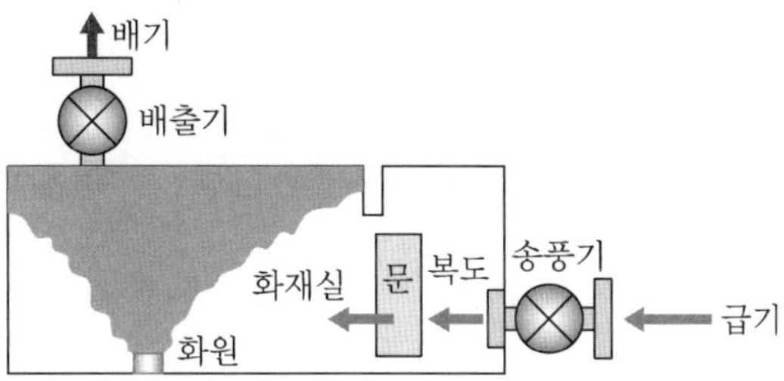

그림 3-8 제1종 기계제연방식

- 제2종 기계제연방식

건축물의 화재시 피난통로로 사용되는 중요한 부분인 복도·계단실·계단전실(부실)에 신선한 공기를 송풍기에 의해서 강제로 급기하고, 그 부분에서의 압력을 화재가 발생된 실보다 상대적으로 높여서 연기가 복도·계단·계단전실(부실) 등으로 침입하는 것을 방지하는 방식으로서 가압방연방식 또는 가압차연방식이라고 부르기도 한다.

급기구에 송풍기를 설치하는 제2종 기계제연방식은 과잉공기가 공급되면 화재를 더 크게 성장시킬 우려가 있으며, 공기의 도피구가 확보되어 있지 않은 상태에서 가압하면 화재실의 화세(火勢)를 조장하고 열기류나 연기의 기류가 복도·계단전실(부실) 등으로 역류(draft)하여 위험한 상태를 일으키므로 일반적으로 건축물의 제연설비에 적용되지 않는다.

다음의 그림 3-9는 급기구에만 송풍기를 설치하는 제2종 기계제연방식을 나타낸 것이다.

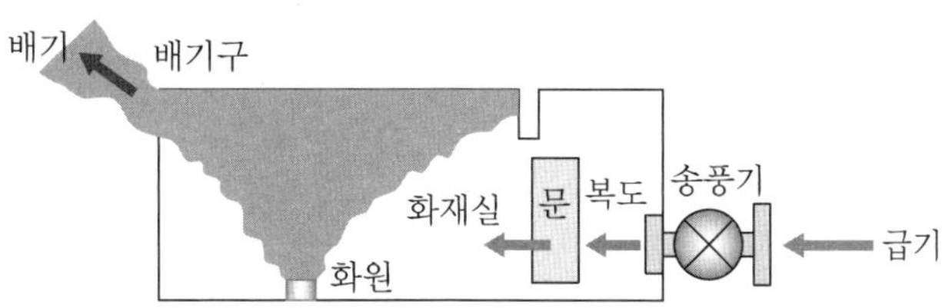

그림 3-9 제2종 기계제연방식

- 제3종 기계제연방식

화재로 인하여 발생된 연기를 화재실의 상부에 설치된 배출구를 통하여 건축물의 밖으로 강제제연하는 방식으로서 급기구에는 송풍기를 설치하지 않고 자연적으로 급기가 되게 하며, 배기구에 배출기를 설치하여 배출기의 흡입력으로 화재실내의 연기를 강제로 흡인하여 배출하는 구조로 되어 있다.

제3종 기계제연방식은 연기의 유동을 방지하여 흡인효과를 증대시키기 위해 수직벽이나 천장으로 접어 올린 가동벽 등을 병용한다.

현재 가장 많이 사용되는 제연방식은 이러한 기계의 동작에 의한 제연방식을 골자로 하고 있다. 그리고 제3종 기계제연방식은 화재초기에 있어서 화재실의 내부압력을 낮추고 연기를 다른 구획으로 누출시키지 않는 제연방식으로서 모든 제연설비의 방식 중 가장 우수하다고 하겠다. 그렇지만 화재가 진행하여 연기의 양이 많아지면 흡인을 다 수행할 수 없는 우려가 있으며, 연기의 온도가 상승하면 장치·기기 등의 내열성에 한계가 있으므로 퓨즈댐퍼를 설치하여 제연을 중지할 필요가 있다. 또한, 모든 거실을 제연의 대상으로 한다면 방호범위가 넓고 설치비나 유지·관리비가 많아지는 등 여러 가지의 문제점이 발생되기도 한다.

다음의 그림 3-10은 배기구에 배출기를 설치하고, 급기구에는 송풍기를 설치하지 아니하는 제3종 기계제연방식을 나타낸 것이다.

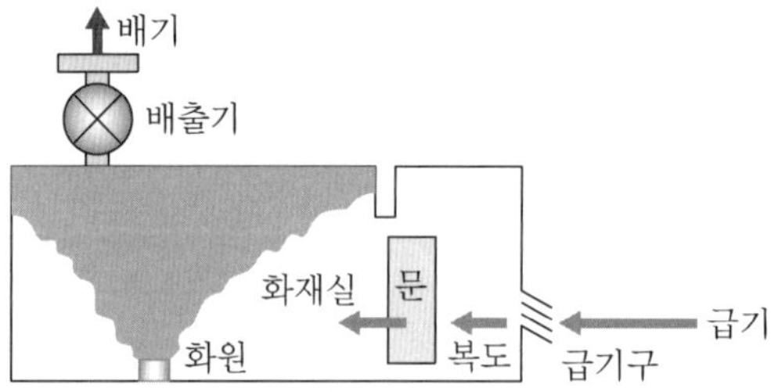

그림 3-10 제3종 기계제연방식

⑤ 기계제연방식에 있어서의 차연위치

제1종·제2종 및 제3종 기계제연방식과 같이 기계력에 의한 방연(防煙)을 고려할 때 우선 결정하지 않으면 아니 되는 것은 연소생성물인 연기를 어떤 위치에서 처리하고 어떤 장소에서는 앞으로 더 이상의 연기가 들어갈 수 없도록 차단하는 것이다.

건축물에서 일반적으로 채용하고 있는 안전구획인 '사무실(거실) → 복도 → 계단전실(부실) → 계단'을 선정한 경우 사무실(거실)에서 화재가 발생하였다고 가정하였을 때 연기가 복도에 나오지 않도록 하든가, 또는 복도까지는 흘러들어온다 하더라도 부근에는 들어가지 않도록 하는 것이 중요하다.

화재실에 기계제연을 행하면 복도에는 연기가 침투하지 않으므로 차연은 화재실과 복도사이에서 달성한 것이 된다. 만일, 화재가 더욱 성장되면 기계제연은 장치의 내열성 및 용량문제로 계속적인 제연이 어렵게되므로 제연장치의 내열성 및 제연되는 연기의 배출량을 고려하여 제연설비의 운용에 지장이 없도록 하여야 한다.

화재시의 제연장치 후에 대해서도 복도 또는 이웃하는 거실로 누출된 것을 제연하는 방법 또는 계단전실(부실)로부터 신선한 공기를 공급하여 복도에서 제연하는 방법 등 여러가지의 방식을 고려할 수 있다. 그러므로 어느 장소 또는 지점에서, 어느 위치에서 차연을 행하는 가를 정하고 나서 제연방식의 검토를 시작할 필요가 있다.

또한, 여러가지의 제연방식을 비교하는 데 있어서도 그러한 것을 고려하지 않으면 아니 된다.

⑥ 제연설비에 관한 규정

건축물에 설치하는 제연설비에 관한 규정은 소방시설기준에 관한 규칙의 '제연설비의 설치기준'으로 정하고 있다.

㉠ 제연구역의 구획

- 하나의 제연구역의 면적은 1,000 m^2이내로 할 것
- 거실과 통로(복도를 포함)는 상호제연구역으로 할 것
- 통로상의 제연구역은 보행중심선의 길이가 40 m를 초과하지 아니할 것
- 하나의 제연구역은 지름 40 m 원내에 들어갈 수 있을 것. 다만, 구조상 불가피한 경우에는 그 지름을 60 m까지로 할 수 있다.
- 하나의 제연구역은 2개이상의 층에 미치지 아니하도록 할 것. 층의 구분이 불분명한 부분은 그 부분을 다른 부분과 별도로 제연구획하여야 한다.
  ⓐ 재질은 내화재료 또는 불연재료(화재시 쉽게 변형·파괴되는 것을 제외)로 할 것
  ⓑ 재연경계는 천장 또는 반자로부터 그 수직하단까지의 거리(제연경계의 폭)가 0.6 m 이상이고 바닥으로부터 그 수직하단까지의 거리(수직거리)가 2 m이내이어야 한다. 다만, 구조상 불가피한 경우는 2 m를 초과할 수 있다.
  ⓒ 제연경계벽은 제연시 기류에 의하여 그 하단이 쉽게 흔들리지 아니하여야 하며, 또한 가동식의 경우에는 급속히 하강하여 인명에 위해를 주지 아니하는 구조일 것

㉡ 배출구

- 예상제연구역에 대한 배출구의 설치
  ⓐ 바닥면적이 400 m^2미만인 예상제연구역인 경우
    ⅰ) 예상제연구역이 벽으로 구획되어 있는 경우의 배출구는 천장 또는 반자와 바닥사이의 중간 윗부분에 설치할 것

ii) 예상제연구역 중 어느 한 부분의 제연경로로 구획되어 있는 경우에는 천장·반자 또는 이에 가까운 벽의 부분에 설치할 것

ⓑ 통로인 예상제연구역과 바닥면적이 400 m^2이상인 통로 외의 예상제연구역에 대한 배출구의 위치

i) 예상제연구역이 벽으로 구획되어 있는 경우의 배출구는 천장·반자 또는 이에 가까운 벽의 부분에 설치할 것

ii) 예상제연구역 중 어느 한 부분이 제연경계로 구획되어 있을 경우에는 천장·반자 또는 이에 가까운 벽의 부분(제연경계)에 설치할 것

㉢ 배출기 및 배출풍도

- 배출기

ⓐ 배출기의 배출능력은 분당 1 m^3/m^2이상으로서 제연설비의 설치기준에서 요구하는 양(m^3)이상의 배출량이 되도록 할 것

ⓑ 배출기와 배출풍도의 접속부분에 사용하는 캔버스는 석면 등 내열성이 있는 것으로 할 것

ⓒ 배출기의 전동기부분과 배풍기부분은 분리하여 설치하여야 하며, 배풍기부분은 유효한 내열처리를 할 것

- 배출풍도

ⓐ 배출풍도는 아연도금강판 또는 이와 동등이상의 내열성·내식성이 있는 것으로 하며, 내열성이 있는 단열재로 단열처리를 하고 강판의 두께는 배출풍도의 크기에 따라 다음의 표 3-1에 의한 기준값 이상으로 하여야 한다.

표 3-1 풍도단면·지름의 크기에 따른 강판의 두께 (단위: mm)

풍도단면의 긴 변 또는 지름의 크기	450이하	450초과 750이하	750초과 1천 500이하	1천 500초과 2천 500이하	2천 500초과
강판두께	0.5이상	0.6이상	0.8이상	1.0이상	1.2이상

ⓑ 배출기의 흡입측 풍도안의 풍속은 초속 15 m이하로 하고, 배출측 풍속은 초속 20 m이하로 하여야 한다.

㉣ 유입풍도

- 유입풍도안의 풍속은 초속 20 m이하로 하여야 한다.
- 옥외에 면하는 배출구 및 공기의 유입구는 비 또는 눈 등이 들어가지 아니하도록 하고, 배출된 연기가 공기의 유입구로 순환하여 유입되지 아니하도록 하여야 한다.

ⓜ **제연설비의 전원 및 기동**

- 제연설비에는 비상전원을 설치하여야 한다.
- 가동식의 벽·제연경계벽·댐퍼 및 배출기의 작동은 자동화재감지기(열·연기감지기)와 연동하여야 하며, 예상제연구역 및 제어반에서 수동으로 가동이 가능하도록 하여야 한다.

⑦ 송풍기·배풍기의 특징

기계의 동력을 이용하는 제연방식인 제1종·제2종 및 제3종 기계제연방식에 사용되는 송풍기·배풍기의 종류 및 특성은 다음의 표 3-2와 같다.

표 3-2 송풍기·배풍기의 종류 및 특성

종류		통칭	효율	정압범위
원심식	다익형 터보형 리미트로드형	시로코팬 사일렌트팬	45～60% 70～80% 55～65%	10～80 mmAq 100～250 mmAq 50～200 mmAq
축류식	벽붙임형 덕트형		70～80% 70～80%	0～12% mmAq% 25～32% mmAq%

㉠ **다익형송풍기**

다익형송풍기는 시로코팬(sirocco fan)이라고도 부르는 것으로 건축물의 환기·소방분야에서의 제연설비 및 공조설비에 많이 사용되고 있다.

다익형송풍기의 임펠러(날개)는 폭이 좁은 전방향의 날개를 여러개(48～64장) 가지고 있으며, 전방향의 날개를 가지는 것을 전곡형이라고 부르는 경우도 있다.

다익형송풍기는 사일렌트팬을 가지는 터보형송풍기와 리미트로드형송풍기에 비하여 풍량 및 정압이 동일할 때에는 가장 소형이 된다. 따라서, 동일한 성능일 때 터보형이나 리미트로드형의 송풍기에 비하여 설치비도 작게 소요되며, 설치공간도 작아진다. 그러나 다익형송풍기는 다른 송풍기에 비하여 소음발생률이 높은 편이다.

㉡ **터보형송풍기**

터보형송풍기는 사일렌트팬이라고도 부르는 것으로서 규모가 큰 건축물이나 대규모의 공장의 환기 및 공조설비에 많이 사용된다.

터보형송풍기는 뒤방향의 날개(임펠러)를 가지고, 팬(fan)의 케이싱흡압측에 벨마우스, 출구측에는 디퓨져(환)를 구비하고 있다.

터보형송풍기의 효율은 다익형송풍기와 리미트로드형송풍기에 비하여 효율이 높으며, 150～250 mmAq정도의 고압도 가능하므로 현재에는 주로 고속덕트용으로 사용되고 있다. 그러나 같은 성능을 가지는 송풍기에 비하여 크기는 다익형의 70%정도 크며 구입가격도 다익형송풍기에 비하여 비싼 편이다.

㉢ **리미트로드형송풍기**

다익형송풍기와 터보형송풍기의 장점만 조합한 송풍기로서 임펠러(날개) 역시 전곡과 후곡을 조합한 것이다.

리미트로드형송풍기는 효율을 최대로 갖는 점에서 운전상태를 선택하면 풍량이 규정치 이상으로 증가하여도 오버로드하지 않고 non over loading(혹은 limit load)의 특성을 가진다.

리미트로드형송풍기는 성능 및 그 밖의 특성으로 볼 때 다익형송풍기와 터보형송풍기의 중간 성격을 가지므로 크기는 터보형송풍기보다 작으나 다익형송풍기보다는 30%정도 크며, 구입가격도 다익형송풍기에 비하여 비싼 편이다. 또한, 송풍기의 효율은 다익형송풍기보다 약간 높은 편이다.

㉣ **축류형의 벽붙임송풍기 및 덕트형송풍기**

축류형의 벽붙임송풍기 및 덕트형송풍기는 정압(mmAq)이 낮고, 풍량이 클 경우에 많이 사용된다.

축류형송풍기는 냉각탑이 팬(fan)으로 사용되는 외에 최근에는 제연설비의 배기팬 등에 사용되고 있다.

특히, 동일한 성능을 가지는 경우에는 일반적으로 원심식의 다익형송풍기, 리미트로드형송풍기 및 터보형송풍기에 비하여 소음이 높은 편이다.

2 건축물의 소방안전관리

1 소방안전관리의 업무

(1) 소방안전관리의 정의

건축물에서의 방재감시기능을 충분히 발휘하기 위해서는 방재설비인 소화설비·경보설비·피난설비·소화용수설비·소화활동설비뿐만 아니라 환기·공조설비의 운영도 중요하다.

건축물내의 소방시설이 「소방시설설치·유지 및 안전관리에 관한 법률」에 의해 적합하게 설치되고 관계인(관리자·소유자 및 점유자) 또는 소방안전관리자에 의해 유지·관리가 정확하게 이루어져야 한다.

그렇지만 이와 같은 것은 어디까지나 건축물의 소방안전관리업무의 첫번째 측면이고, 결국 건축물의 소유자측에서 보는 경우에서이다.

건축물이 축조되어 있으면 당연히 건축물의 내부에서 일을 하고 그 내부에 거주하는 사람이 있게 되며, 관리하는 사람을 반드시 필요로 하게 된다.

건축물(특정소방대상물)의 소방안전관리를 원활히 수행하기 위해서 정부에서는 「소방시설설치·유지 및 안전관리에 관한 법률」·동시행령 및 동시행규칙에 건축물의 소방안전관리에 관한 사항을 규정하고 있으며, 소방안전관리업무를 담당할 소방안전관리자의 선임자격을 제정하여 최선을 다하고 있다.

그러므로 건축물의 소방안전관리란 건축물내에서 근무 또는 거주하는 사람들에게 안락하고 안전한 활동을 할 수 있도록 공간을 확보하여 주며, 화재발생시 신속·정확하게 화재의 발생을 통보하여 안전한 장소로 빠른 시간안에 피난 또는 대피하게 함으로써 화재로 인한 인적·물적재해를 최소화함에 있다고 하겠다.

(2) 소방안전관리의 법적근거

특정소방대상물에서 소방안전관리업무를 효율적으로 수행하기 위하여 「소방시설설치·유지 및 안전관리에 관한 법률」에서 다음과 같이 소방안전관리에 관한 사항을 규정하고 있다.

① 「소방시설설치·유지 및 안전관리에 관한 법률」상의 소방안전관리

㉠ 특정소방대상물의 소방안전관리

- 특정소방대상물의 관계인은 그 특정소방대상물에 대하여 해당 법률에서 정하는 소방안전관리업무를 수행하여야 한다.
- 대통령령이 정하는 특정소방대상물의 관계인은 방화관리업무를 수행하기 위하여 대통령령이 정하는 자를 국민안전처령이 정하는 바에 따라 소방안전관리자로 선임하여야 한다.
- 특정소방대상물의 관계인은 다음에 해당하는 자로 하여금 소방안전관리업무를 대행하게 할 수 있으며, 이 경우 소방안전관리업무를 대행하는 자를 감독할 수 있는 자를 소방안전관리자로 선임할 수 있다.
  - ⓐ 「위험물안전관리법」 제19조의 규정에 따른 자체소방대를 설치한 경우 그 자체소방대장
  - ⓑ 소방시설관리업을 등록한 자

- 특정소방대상물의 관계인이 소방안전관리자를 선임한 경우에는 국민안전처령이 정하는 바에 따라 선임한 날로부터 14일이내에 소방본부장 또는 소방서장에게 신고하여야 한다.
- 특정소방대상물의 관계인이 소방안전관리자를 해임한 때에는 그 관계인 또는 해임된 소방안전관리자는 소방본부장 또는 소방서장에게 그 사실을 알려 해임한 사실을 확인을 받을 수 있다.
- 특정소방대상물의 관계인과 소방안전관리자의 업무는 다음과 같다.
  ⓐ 대통령령으로 정하는 사항이 포함된 소방계획서의 작성
  ⓑ 자위소방대의 조직
  ⓒ 피난시설 및 방화시설의 유지·관리
  ⓓ 소방훈련 및 교육
  ⓔ 소방시설 그 밖의 소방관련시설의 유지·관리
  ⓕ 화기취급의 감독
  ⓖ 그 밖의 소방안전관리에 필요한 업무
- 특정소방대상물의 관계인은 소방안전관리자가 소방안전관리업무를 성실하게 수행할 수 있도록 지도·감독하여야 한다.

㉡ 공동소방안전관리

다음에 해당하는 특정소방대상물로서 그 관리의 권원이 분리되어 있는 것 가운데 소방본부장 또는 소방서장이 지정하는 특정소방대상물의 관계인은 국민안전처령이 정하는 바에 따라 대통령령이 정하는 자를 공동소방안전관리자로 선임하여야 한다.

- 고층건축물
- 지하가
- 그 밖의 대통령령이 정하는 특정소방대상물

공동소방안전관리규정을 정할 때에는 30일이내에 국민안전처령이 정하는 바에 의하여 소방본부장 또는 소방서장에게 신고하여야 한다. 이를 변경할 때에도 또한 같다.

㉢ 특정소방대상물의 근무자 및 거주자에 대한 소방훈련 등

- 대통령령이 정하는 특정소방대상물의 관계인은 그 장소에 상시 근무하거나 거주하는 자에게 소화·통보·피난 등의 훈련과 방화관리상 필요한 교육을 실시하여야 한다. 이 경우 피난훈련은 그 소방대상물에 출입하는 자를 안전한 장소로 대피시키고 유도하는 훈련을 포함하여야 한다.

- 소방본부장 또는 소방서장은 위의 규정에 의한 특정소방대상물의 관계인이 실시하는 소방훈련을 지도·감독할 수 있다.
- 위의 규정에 따른 소방훈련과 교육의 회수 및 방법 등에 관하여 필요한 사항은 국민안전처령으로 정한다.

㉣ 특정소방대상물의 관계인에 대한 소방안전교육

- 소방본부장 또는 소방서장은 위의 규정을 적용하지 아니하는 특정소방대상물의 관계인에 대하여 특정소방대상물의 화재예방과 소방안전을 위하여 국민안전처령이 정하는 바에 따라 소방안전교육을 실시하여야 한다.
- 다중이용장소의 관계인은 특별한 사유가 없는 한 위의 규정에 따른 교육을 받아야 한다.
- 위의 규정에 따른 교육대상자 및 특정소방대상물의 범위 등에 관하여 필요한 사항은 국민안전처령으로 정한다.

㉤ 공공기관 등의 소방안전관리

- 국가·지방자치단체·국공립교육시설·정부투자기관·지방공기업 그 밖의 공공기관시설의 장은 건축물·공작물 및 물품 등을 화재로부터 보호하기 위하여 화재예방, 자위소방대의 편성, 소방시설 등의 자체점검과 소방훈련 등의 소방안전관리를 하여야 한다.
- 위의 규정에 따른 방화관리에 필요한 사항은 대통령령으로 정한다.

㉥ 자체점검 등

- 특정소방대상물의 관계인은 그 소방대상물에 설치되어 있는 소방시설 등에 대하여 정기적으로 자체점검을 실시하거나 관리업자 또는 국민안전처령이 정하는 기술자격자로 하여금 정기적으로 검사하게 하여야 한다.
- 위의 규정에 따라 특정소방대상물의 관계인 등이 점검을 한 때에는 그 점검결과를 국민안전처령이 정하는 바에 따라 소방본부장 또는 소방서장에게 보고하여야 한다.
- 위의 규정에 따른 점검의 구분과 그 대상, 점검자의 자격과 인원, 점검장비 및 점검회수 등에 관하여 필요한 사항은 국민안전처령으로 정한다.
- 위의 규정에 따라 관리업자 또는 기술자격자로 하여금 점검하게 하는 경우의 점검수수료는 「엔지니어링기술진흥법」 제10조의 규정에 따른 대가기준 가운데 국민안전처령이 정하는 방식에 따라 산정한다.

② 「소방시설설치·유지 및 안전관리에 관한 법률시행령」상의 소방안전관리

㉠ 소방안전관리자를 두어야 하는 특정소방대상물

- 특급 소방안전관리대상물
  ⓐ 30층(지하층을 포함한다)이상이거나 지상으로부터의 높이가 120 m이상인 것
  ⓑ 연면적이 20만 m^2이상인 것
- 1급 소방안전관리대상물
  ⓐ 연면적이 1만5천 m^2이상인 것
  ⓑ 층수가 11층이상인 것
  ⓒ 가연성가스를 1천톤이상 저장·취급하는 시설
- 2급 소방안전관리대상물
  ⓐ 스프링클러·간이스프링클러설비 또는 물분부설비가 설치되어 있는 특정소방대상물
  ⓑ 옥내소화전설비 또는 자동화재탐지설비가 설치되어 있는 특정소방대상물
  ⓒ 가스제조설비를 갖추고 도시가스사업의 허가를 받아야 하는 시설 또는 가연성가스를 100톤이상 1천톤미만을 저장·취급하는 시설

㉡ 소방안전관리자의 선임자격

- 특급 소방안전관리대상물
  ⓐ 소방기술사 또는 소방시설관리사의 자격이 있는 사람
  ⓑ 소방설비기사 자격을 취득한 후 5년이상 1급 소방안전관리대상물의 소방안전관리자로 근무한 실무경력이 있는 사람
  ⓒ 소방설비산업기사 자격을 취득한 후 7년이상 1급 소방안전관리대상물의 소방안전관리자로 근무한 실무경력이 있는 사람
  ⓓ 소방공무원으로 20년이상 근무한 경력이 있는 사람
  ⓔ 특급 소방대상물의 소방안전관리에 대한 강습 교육을 수료하고 국민안전처장관이 실시하는 특급 소방안전관리에 관한 시험에 합격한 사람
- 1급 소방안전관리대상물
  ⓐ 소방설비기사 또는 소방설비산업기사의 자격이 있는 사람
  ⓑ 산업안전기사 또는 산업안전산업기사의 자격을 취득한 후 2년이상 2급 소방안전관리대상물에 소방안전관리자로 근무한 실무경력이 있는 사람
  ⓒ 소방공무원으로 7년이상 근무한 경력이 있는 사람
  ⓓ 위험물기능장·위험물산업기사 또는 위험물기능사 자격을 가진 사람으로서 「위험물안전관리법」 제15조 제1항에 따라 위험물안전관리자로 선임된 사람
  ⓔ 「전기사업법」 제13조 제1항 및 제2항에 따라 전기안전관리자로 선임된 사람
- 2급 소방안전관리대상물
  ⓐ 건축사·산업안전기사·산업안전산업기사·건축기사·건축산업기사·일반기계기사·전기기능장·전기기사·전기산업기사·전기공사기사 또는 전기공사산업기사의 자격

을 가진 사람
ⓑ 위험물기능장·위험물산업기사 또는 위험물기능사 자격을 가진 사람
ⓒ 광산보안기사 또는 광산보안산업기사 자격을 가진 사람으로서 「광산보안법」 제13조에 따라 광산보안직원으로 선임된 사람
ⓓ 소방공무원으로 3년이상 근무한 경력이 있는 사람

㉢ 소방안전관리대상물의 소방계획서 작성 등

특정소방대상물에 선임된 소방안전관리자가 작성하는 소방계획서에는 다음의 사항이 포함되어야 한다.

- 소방안전관리대상물의 위치·구조·연면적·용도 및 수용인원 등 일반현황
- 소방안전관리대상물에 설치한 소방시설·방화시설·전기시설·가스시설 및 위험물시설의 현황
- 화재예방을 위한 자체점검계획 및 진압대책
- 소방시설·피난시설 및 방화시설의 점검·정비계획
- 피난층 및 피난시설의 위치와 피난경로의 설정, 장애인 및 노약자의 피난계획 등을 포함한 피난계획
- 방화구획·제연구획, 건축물의 내부마감재료 및 방염물질의 사용현황과 그 밖의 방화구조 및 설비의 유지·관리 및 계획
- 소방훈련 및 계획에 관한 사항
- 특정소방대상물의 근무자 및 거주자의 자위소방대 조직과 대원의 임무에 관한 사항
- 증축·개축·재축·이전·대수선 중인 특정소방대상물의 공사장 소방안전관리에 관한 사항
- 공동 및 분임 소방안전관리에 관한 사항
- 위험물의 저장·취급에 관한 사항
- 그 밖의 소방안전관리를 위하여 소방본부부장 또는 소방서장이 소방안전관리대상물의 위치·구조·설비 또는 관리상황 등을 고려하여 소방안전관리에 필요하여 요청하는 사항

㉣ 공동소방안전관리자 선임대상 특정소방대상물

대통령령으로 정하는 특정소방대상물이란 다음의 어느 하나에 해당하는 특정소방대상물을 말한다.

- 복합건축물로서 연면적 5천 m^2이상인 것 또는 층수가 5층이상인 것
- 판매시설 중 도매시장 및 소매시장
- 특정소방대상물 중 소방본부장 또는 소방서장이 지정하는 것

ⓜ **근무자 및 거주자에게 소방훈련·교육을 실시하여야 하는 특정소방대상물**

대통령령으로 정하는 특정소방대상물이란 상시 근무하거나 거주하는 인원(숙박시설의 경우에는 상시 근무하는 사람을 말한다)이 10명이하인 특정소방대상물을 제외한 것을 말한다.

③ 「소방시설설치·유지 및 안전관리에 관한 법률시행규칙」상의 소방안전관리

㉠ **소방안전관리자의 선임신고 등**

특정소방대상물의 관계인은 해당 특정소방대상물에 소방안전관리자를 선임하였을 때에는 다음에 해당하는 날로부터 30일이내에 관할 소방본부장 또는 소방서장에게 신고하여야 한다.

- 신축·증축·개축·재축·대수선 또는 용도변경으로 소방안전관리자를 신규로 선임하여야 하는 경우, 해당 특정소방대상물의 완공일
- 특정소방대상물로서 소방본부장 또는 소방서장이 공동 소방안전관리대상물로 지정한 날
- 소방안전관리자를 해임한 경우는 해임한 날
- 소방안전관리업무를 대행하는 자를 감독하는 자를 소방안전관리자로 선임한 경우로서 그 업무대행계약이 해지 또는 종료된 경우

㉡ **소방안전관리보조자 선임신고 등**

특정소방대상물의 관계인은 해당 특정소방대상물에 소방안전관리보조자를 선임하였을 때에는 다음에 해당하는 날로부터 30일이내에 관할 소방본부장 또는 소방서장에게 신고하여야 한다.

- 신축·증축·개축·대수선 또는 용도변경으로 해당 특정소방대상물의 소방안전관리보조자를 선임하는 경우에는 완공일
- 소방안전관리의 보조자를 해임한 경우에는 해임한 날

㉢ **자위소방대 및 초기대응체계의 구성·운영 및 교육 등**

- 소방안전관리대상물의 소방안전관리자는 자위소방대를 다음의 기능을 효율적으로 수행할 수 있도록 편성·운영하되 소방안전관리대상물의 특성을 고려하여 응급구조 및 방호안전기능 등을 추가하여 수행할 수 있도록 편성할 수 있다.
  ⓐ 화재발생시 비상연락, 초기소화 및 피난·유도
  ⓑ 화재발생시 인명·재산피해의 최소화를 위한 조치

- 소방안전관리대상물의 소방안전관리자는 화재에 대한 초기대응체계를 자위소방대에 포함하여 편성하되, 화재발생시 초기에 신속하게 대처할 수 있도록 해당 소방안전관리대상물에 근무하는 사람의 근무위치, 근무인원 등을 고려하여 편성하여야 한다.
- 소방안전관리대상물의 소방안전관리자는 해당 특정소방대상물이 이용되고 있는 동안 초기대응체계를 상시적으로 운영하여야 한다.
- 소방안전관리대상물의 소방안전관리자는 소방교육과 소방훈련을 병행하여 실시할 수 있다.
- 국민안전처장관은 자위소방대의 구성·운영 및 교육, 초기대응체계의 편성·운영 등에 필요한 지침을 작성하여 배포할 수 있으며, 소방본부장 또는 소방서장은 소방안전관리대상물의 소방안전관리자가 해당 지침을 준수하도록 지도할 수 있다.

㉣ 특정소방대상물의 근무자 및 거주자에 대한 소방훈련과 교육

- 특정소방대상물의 관계인은 소방훈련과 교육을 연 1회이상 실시하여야 한다. 다만, 소방서장이 화재예방을 위하여 필요하다고 인정하여 2회의 범위안에서 추가로 실시할 것을 요청하는 경우에는 소방훈련과 교육을 실시한다.
- 소방서장은 특급 및 1급 소방안전관리대상물의 관계인으로 하여금 소방훈련을 소방기관과 합동으로 실시하게 할 수 있다.
- 소방훈련을 실시하여야 하는 관계인은 필요한 장비 및 교재를 갖추어야 한다.
- 소방안전관리대상물의 관계인은 소방훈련과 교육을 실시하였을 때에는 소방훈련 실시결과를 기록부에 기록하고 이를 2년간 보관하여야 한다.

㉤ 소방안전교육 대상자 등

- 소방본부장 또는 소방서장이 소방안전교육을 실시하고자 하는 때에는 교육일시·장소 등 교육에 필요한 사항을 명시하여 교육일 10일 전까지 교육대상자에게 통보하여야 한다.
- 소방안전교육 대상자는 다음에 해당하는 특정소방대상물의 관계인으로서 관할 소방서장이 교육이 필요하다고 인정하는 사람으로 한다.
  ⓐ 소규모의 공장·작업장·점포 등이 밀접한 지역안에 있는 특정소방대상물
  ⓑ 주택으로 사용하는 부분 또는 층이 있는 특정소방대상물
  ⓒ 목재 또는 경량철골 등 화재에 취약한 구조의 특정소방대상물
  ⓓ 그 밖의 화재에 대하여 취약성이 높다고 소방본부장 또는 소방서장이 인정하는 특정소방대상물

(3) 소방안전관리자의 의무

① 소방안전관리자는 소방안전관리에 필요한 업무를 성실하게 수행하여 한다.

② 소방안전관리자는 소방시설의 점검·정비와 화기의 사용·취급 등 소방안전관리에 관한 사항을 감독하여야 한다.

③ 소방안전관리자는 소방계획에 의한 소화·통보 및 피난 등의 훈련을 월 1회이상 정기적으로 실시하여야 한다.

(4) 소방안전관리업무의 범위

특정소방대상물에 소방안전관리자로 선임된 사람은 특정소방대상물의 화재발생 및 소방안전관리업무의 효율적인 수행을 위해 다음의 사항을 관리·감독하여야 한다.

① 소방시설 등에 대한 점검·정비

㉠ 소화기구(자동식·수동식소화기 및 간이소화용구)

㉡ 소화설비(옥내소화전·스프링클러설비·물부문소화설비 등)

㉢ 경보설비(자동화재탐지설비·비상경보설비·누전경보기 등)

㉣ 피난설비(피난기구·유도등 및 유도표지·인명구조기구 및 비상조명등)

㉤ 소화용수설비(소화수조·저수조·상수도소화용수설비 등)

㉥ 소화활동설비(연결살수설비·연결송수관설비·제연설비·비상콘센트설비·무선통신보조설비 및 연소방지설비)

② 화점(火点)의 관리

㉠ 화기사용장소의 제한

㉡ 화기사용시간의 제한

㉢ 화기취급책임자의 선정 및 임명

㉣ 가연물질·위험물·폭발성물질의 안전관리 및 보관

㉤ 흡연장소·담뱃불 등의 처리

③ 건축물의 시설과 관련된 설비의 관리

㉠ 비상조명설비

㉡ 건축물의 진입구표시 등

㉢ 환기·공기조화설비

㉣ 방화벽·방화문 그 밖의 방화설비

ⓜ 연기의 제어설비
ⓗ 예비전원
ⓢ 비상전원설비
ⓞ 동력설비
ⓙ 지하가의 비상용 배수설비
ⓒ 냉·난방설비
ⓚ 급수·폐수(오수)설비
ⓣ 피뢰설비

④ 피난통로의 확보

㉠ 건축물내의 순찰 등에 의한 피난장애물의 제거
㉡ 비품·집기류 등의 정리·정돈
㉢ 천장에 부착된 물품·시계확보

⑤ 건축물·공작물의 안전관리

㉠ 화기관리의 철저
㉡ 소방안전관리체제의 확립
㉢ 공사용 시트류의 방염대책
㉣ 출입자 및 내실자의 관리
㉤ 위험물의 반입·사용상의 안전관리
㉥ 가설(假說)용 배선의 안전성
㉦ 비상경보기구 및 관리자에게 통보하는 통보설비
㉧ 방화구획·방연구획·안전구획·피난통로 등의 확보
㉨ 건축물·공작물내에 설치된 소화기구류의 정비
㉩ 소방자동차의 진입로 확보
㉪ 방화상 피난 또는 구조의 확보

⑥ 수용인원의 제한

㉠ 재실자의 통로, 상태와 그 대책
㉡ 수용인원의 제한 및 통제
㉢ 피난시에 있어서의 피난통로별 피난하는 사람(인원)수의 적정배분

⑦ 교육훈련의 실시

㉠ 방화에 관한 의식향상을 위한 교육

㉡ 피난통로·피난기구류의 사용방법 등에 관한 교육

㉢ 화재통보장치의 위치, 조작방법의 훈련

㉣ 소화기구(자동식·수동식소화기, 간이소화용구)·옥내소화전설비·스프링클러설비·물분무 등 소화설비의 초기소화훈련

⑧ 자위소방대의 조직

㉠ 법적근거

- 「소방시설설치·유지 및 안전관리에 관한 법률」 제20조 제6항
- 「소방시설설치·유지 및 안전관리에 관한 법률시행령」 제24조 제1항 제6호
- 「소방시설설치·유지 및 안전관리에 관한 법률시행규칙」 제15조

㉡ 조작기구

- 소수인원의 경우(소규모의 특수장소)
  다음의 표 3-3은 소규모의 특수장소에 설치하는 자위소방대의 조직을 나타낸 것이다.
  다음의 표 3-4는 다수 인원으로 구성된 자위소방대의 조직을 나타낸 것이다.
  다음의 표 3-5는 소수인원으로 구성된 야간 또는 공휴일의 자위소방대의 조직을 나타낸 것이다.

표 3-3 소규모 특정소방대상물의 자위소방대

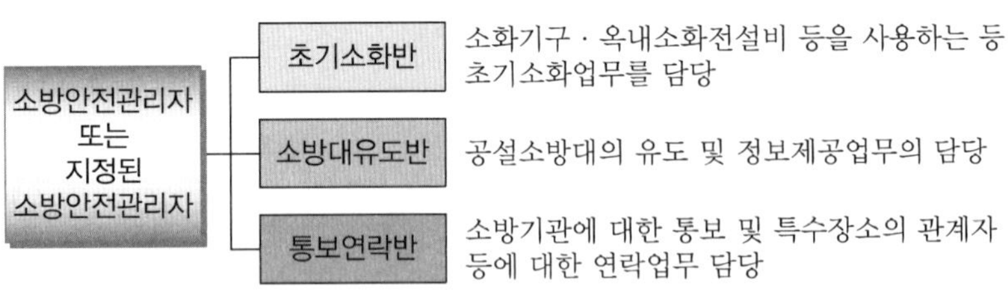

표 3-4 다수인원으로 편성된 자위소방대

대장 — 부대장

분대	반	업무
본부분대	훈련반	소방안전관리자로 하여금 연간 소방계획에 의한 훈련실시
	지휘반	직장장, 차석순으로 대장 · 부대장의 업무수행
	경보반	화재발생시 소방관서 신고 및 자체통보, 관계기관에 통보
소수방분대	소화반	화재발생시 제반 소방시설을 조작하고 소화활동 업무수행
	급수반	수리의 보존과 급수운반 보급
방호복구분대	방호조치 및 복구반	방화문 폐쇄, 그 밖의 문의 개방, 가스 · 위험물 등 소방활동상의 장애물 제거와 민방위 업무(복구)수행
	경계반	비화경계 및 반출물건 경비, 출입인원 통제
	대피 및 반출반	화재발생시 인명구조 · 대피유도 및 중요물품 반출이동
의료구호분대	후송반	사망자 안치, 질식 및 중 · 경상자 지정병원으로 긴급후송 치료조치
	의료반	질식, 중 · 경상자 응급처치
	방독반	민방위 업무수행

표 3-5 야간 또는 공휴일의 자위소방대

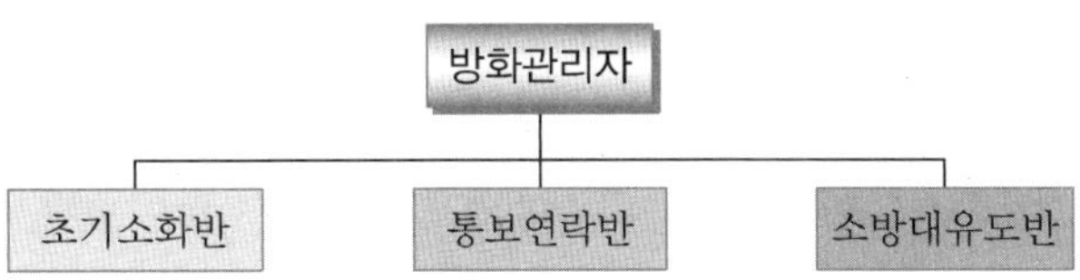

- **예비군·민방위대 등 제 방위요소의 통합대상인 경우**
  다음의 표 3-6은 예비군·민방위대 등 제 방위요소의 통합대상에 설치하는 자위소방대의 조직을 나타낸 것이다.

표 3-6 예비군·민방위대 등이 통합된 자위소방대

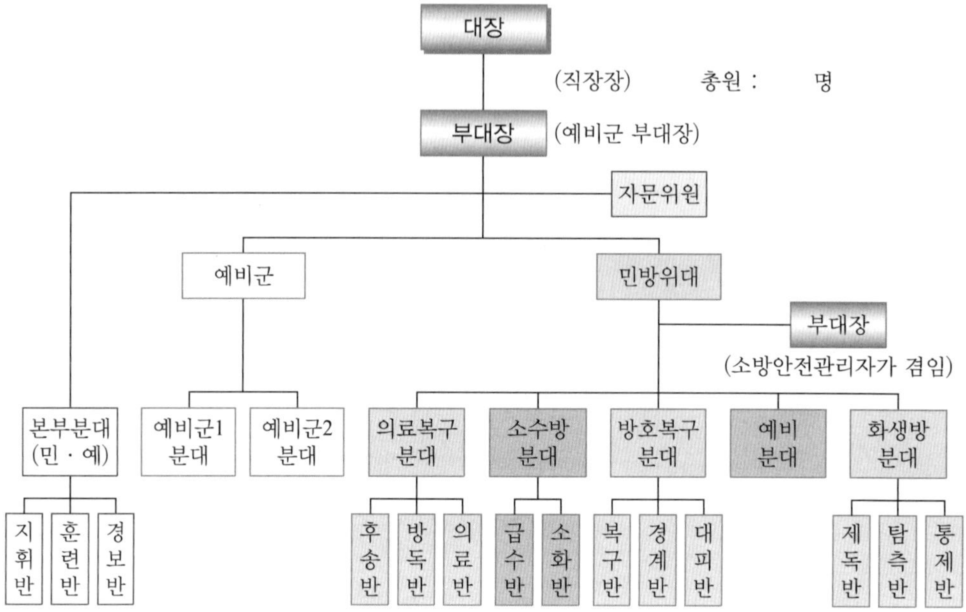

(5) 소방교육·훈련

① 법적근거

㉠ **「소방기본법」 제17조(소방교육·훈련)**

국민안전처장관, 소방본부장 또는 소방서장은 소방업무를 전문적이고 효과적으로 수행하기 위하여 소방대원에게 필요한 교육·훈련을 실시할 수 있다. 또한, 대통령령이 정하는 특정소방대상물의 관계인은 그 장소에 상시근무 또는 거주하는 사람에 대하여 소화·통보·피난 등의 훈련과 소방안전관리상 필요한 교육을 실시하여야 한다. 이 경우 피난훈련은 특정소방대상물에 출입하는 사람을 안전한 장소로 대피·유도하는 훈련을 말한다.

※ 소방훈련과 교육의 종류 및 대상자 그 밖의 교육·훈련의 실시에 필요한 사항은 국민안전처령으로 정한다.

㉡ **「소방기본법시행규칙」 제9조(소방교육·훈련의 종류 등)**

국민안전처장관은 소방안전교육과 훈련을 실시하기 위하여 소방안전교육·훈련의 기본계획을 수립하여야 하며, 중앙재난본부장, 소방본부장 또는 소방서장은 기본계

획에 따라 다음에 해당하는 사람을 대상으로 하여 소방안전교육과 훈련을 연 1회 이상 실시할 수 있다.

- 「영유아보호법」 제2조에 따른 어린이집의 영유아
- 「유아교육법」 제2조에 따른 유치원의 유아
- 「초·중등교육법」 제2조에 따른 학교의 학생

② 종류와 내용

소방교육·훈련은 소방공무원(의무소방원 및 의용소방대원을 포함)과 특성소방대상물에 관련되는 사람에게 실시하는 소방교육·훈련으로 구분된다.

㉠ **소방공무원(의무소방원 및 의용소방대원 포함)**

- 화재진압훈련
  화재진압업무를 담당하는 소방공무원과 화재 등 현장활동의 보조임무를 수행하는 의무소방원 및 의용소방대원
- 인명구조훈련
  구조업무를 담당하는 소방공무원과 화재 등 현장활동의 보조임무를 수행하는 의무소방원 및 의용소방대원
- 응급조치훈련
  구급업무를 담당하는 소방공무원, 의무소방원 및 의용소방대원
- 인명대피훈련
  소방공무원, 의무소방원 및 의용소방대원
- 현장지휘훈련
  지방소방위·지방소방경·지방소방령 및 지방소방정

㉡ **특정소방대상물내의 거주자 및 근무자**

특정소방대상물에 대해서 실시하는 소화·통보·피난훈련시의 소방훈련은 다음과 같이 기초훈련·부분훈련·종합훈련 및 도상훈련으로 통합하여 실시하여도 된다.

- 기초훈련
  초기소화설비인 소화기(자동식·수동식소화기, 간이소화용구)·옥내소화전설비·스프링클러설비·물분무 등 소화설비나 기구 등의 사용(취급)요령을 숙달시키는 훈련이다.
- 부분훈련
  지휘·통보·소화·피난·연락·유도·방호·응급구조·소방대의 유도 등을 개별적으로

숙달시키는 훈련이다.

- **종합훈련**
  부분훈련을 각 임부별로 동시에 종합하여 실시하는 훈련(실제로 화재가 발생하였을 때 즉각 대처하기 위한 조직적인 훈련)이다.
- **도상(圖上)훈련**
  화재진압 작전도에 의해서 실시하는 훈련이다.

③ 실시요령(특정소방대상물에 한함)

㉠ 기초부분훈련에서 미숙한 사항은 숙달시까지 반복실시하여 종합훈련 실시시 개별동작에 차질이 없도록 한다.

㉡ 훈련에 임할 때에는 그 목적이나 내용의 중요성 및 실시요령 등을 전종사원에게 주지시킨 다음, 효율적인 훈련이 되도록 한다.

㉢ 가능한 한 자체연간계획에 의거 실시하되 자율소방능력제고상 필요하다고 인정되는 경우에는 불시 소방훈련을 실시할 수 있다.

㉣ 훈련에 사용할 소방용기계·기구 등인 소화기·옥내소화전설비·스프링클러설비·물분무등소화설비 등을 미리 점검하여 훈련시의 동작, 조작미숙으로 인한 재해방지에 최선을 다하다.

㉤ 종합훈련을 실시할 때에는 다음의 사항에 유의하여야 한다.

- 훈련사항부여는 간단명료하게 하여 혼돈을 방지한다.
- 가상화점은 발화위험, 인명의 피해위험이 많은 장소를 중심으로 선정한다.
- 가상화점의 표시는 연발탄이나 기를 사용한다.
- 기를 사용하여 화점을 표시할 때에는 다음과 같다.
  ⓐ 연소범위 : 붉은색 기
  ⓑ 소화범위 : 노란색 기
  ⓒ 연소확대범위 : 붉은색 기

(6) 공동소방안전관리

① 법적근거

㉠ 「소방시설설치·유지 및 안전관리에 관한 법률」 제21조(공동소방안전관리)

㉡ 「소방시설설치·유지 및 안전관리에 관한 법률시행령」 제25조(공동소방안전관리자 선임대상 특정소방대상물)

② 공동소방안전관리 규정의 내용

㉠ 공동소방안전관리협의회의 조직·대표자의 선임 그 밖의 공동소방안전관리협의회의 운영

㉡ 통합소방안전관리자의 선임 및 통합소방안전관리자의 소방안전관리에 필요한 업무

㉢ 「소방시설설치·유지 및 안전관리에 관한 법률시행령」 제24조의 소방계획에 의한 소방안전관리에 필요한 업무

㉣ 그 밖의 공동소방안전관리에 필요한 사항

③ 유지·관리조직

다음의 표 3-7은 공동소방안전관리를 위한 유지·관리조직을 나타낸 것이다.

표 3-7 공동소방안전관리를 위한 유지·관리조직

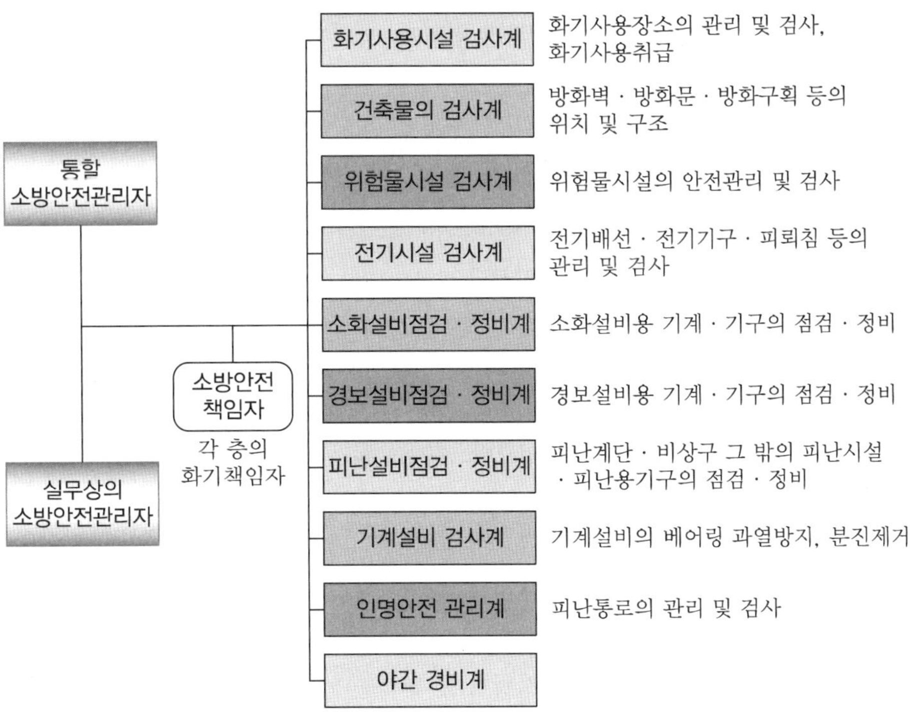

(7) 소방안전관리에 필요한 서식

① 소방시설의 현황
② 소방시설의 정비 및 보완기록부
③ 방화시설의 현황
④ 건축물의 배치 및 소방시설 배치도
⑤ 위험물의 저장·취급현황
⑥ 특수가연물의 저장·취급현황
⑦ 화재의 발생이 우려되는 설비의 현황
⑧ 각 실의 화기책임자 지정현황
⑨ 공동소방안전관리자의 선임승락서
⑩ 공동소방안전관리자 협의사항 신고서
⑪ 소방시설의 점검·정비반 편성표
⑫ 전기·가스·위험물 등의 안전관리 점검표
⑬ 소방대책위원회 회의록
⑭ 소화기 정비·점검관리대장
⑮ 방화순찰일지
⑯ 소방훈련 및 교육에 대한 일지
⑰ 소방(외관·작동·종합정밀점검)일지

(8) 방재센터

방재센터(center)에서는 건축물내에 있어서의 화재에 대한 모든 정보를 일괄하여 집중적으로 감시하는 기능을 가지고 있으며, 화재의 성장 및 확산방지를 파악할 수 있다. 따라서 화재의 성장 및 확산 등의 상황에 따라 방송을 통하여 재실자(수용된 사람)에게 안전한 장소로의 피난을 지시할 수 있다.

재해(災害)시에는 자위소방대 조직에 대해서 적절한 정보를 제공함으로써 서로 협력하여 초기소화활동·피난유동활동을 하지 않으면 아니되며, 평상시에는 소방안전관리자와 연락을 밀접하게 하여 화재의 확산방지 및 건축물내의 사람들의 인명피해 방지에 최선을 다하여야 한다.

또한, 필요에 따라서는 소방안전관리자의 지시에 따르는 등 건축물의 안전확보에 노력하여야 한다.

2 방재센터의 설비와 기능

(1) 방재센터의 감시·제어기능

건축물·공작물 등의 화재예방 및 소화활동·피난활동 등을 효율적으로 수행하기 위해서는 방재센터의 설치가 요구되고 있으며, 이러한 방재센터의 감시 및 제어기능에는 다음의 사항이 포함된다.

① 화재의 탐지
② 화재의 확인·판단·통보 및 지령
③ 초기소화
④ 연소방지(방화, 방열)
⑤ 피난·유도
⑥ 본격소화
⑦ 방범관리
⑧ 그 밖의 방재와 관련된 사항

위에 서술한 설비는 그 대부분이 「소방기본법」(「소방시설설치·유지 및 안전관리에 관한 법률」 포함)·「건축법」 등의 적용을 받으므로 이들 법규에 의해서 설치가 의무화 되고 있지만 건축물의 형태·규모·구조·용도 등에 따라서는 설치가 면제되는 설비도 있다.

(2) 방재센터내 각 설비의 특징

① 화재의 탐지

건축물·공작물 등에 화재가 발생하였을 경우 화재의 발생을 탐지하는 설비에는 다음의 것이 있다.

- 자동화재탐지설비
- 누전경보기
- 비상전화설비
- 스프링클러설비
- ITV설비
- 집합모니터설비

㉠ 자동화재탐지설비

자동화재탐지설비는 각 실의 화재발생을 탐지 또는 감지하는 감지기·발신기·중계기·수신기·배선·전원 등으로 구성되어 있다.

화재발생시 각 실에 설치된 열·연기감지기가 열 또는 연기를 감지하든가, 화재를 최초로 발견한 사람이 발신기의 누름스위치를 누르면 신호가 방재센터내의 수신기로 보내져서 수신기상의 지구별 표시등 중 화재발생 경계구역의 해당층이 점등되어 건축물내의 모든 구역에 화재의 발생을 통보함과 동시에 경보를 발한다.

그러나 실제에 있어서는 화재가 발생되지 않은 상태에서 누군가에 의해서 발신기의 누름스위치가 작동하여 오보를 일으키는 경우도 있으며, 각 실에 설치된 감지기의 리크공(팽창공기의 배출구) 등의 기능불능에 의해서도 오보를 일으키는 경우도 있으므로 화재의 통보가 있다 하더라도 소화활동에 임하기 전에 화재의 발생 유무를 육안으로 확인할 필요가 있다.

화재의 발생을 탐지 또는 감지기능을 수행하는 감지기의 오보를 감소시키기 위해 감지기회로를 교차회로배선방식(2개이상의 감지회로를 가지는 감지기 배선방식)으로 설치하는 경우도 있다.

자동화재탐지설비를 구성하는 발신기세트내의 누름스위치(push-button switch), 비상전화 등에 의한 화재의 통보는 반드시 화재가 발생된 장소라고는 한정되고 있지 않으므로 화재가 발생된 장소의 확인작업은 반드시 필요하다.

수신기의 화재발생신호와 연동하여 제연설비 등을 가동시키든가, 논리판단장치에 신호를 송신할 경우에는 수신기에 이신(移信)신호 송출을 위한 단자를 설치할 필요가 있다.

ⓛ 누전경보기

계약전류용량(같은 건축물에 계약종류가 다른 전기가 공급되는 경우에는 그 중 최대계약전류용량)이 100A(암페어)를 초과하는 특정소방대상물(내화구조가 아닌 건축물로서 벽·바닥 또는 반자의 전부나 일부를 불연재료 또는 준불연재료가 아닌 재료에 철망을 넣어 만든 것만 해당함)

또한, 누전경보기는 건축물내에 누설된 누설전류를 검출하는 변류기와 변류기로부터 보내주는 미소전압을 수신하는 수신부 및 음향을 발하는 음향장치로 구성되어 있으며, 600V이하의 전압에서 전로의 경계전류를 검출하여 경보를 발하는 기능을 가지고 있다.

ⓒ 비상전화설비

화재발생시 건축물내에 설치된 비상전화기로부터 방재센터내의 전화기로 화재의 발생통보 및 연락이 이루어진다.

㉣ **스프링클러설비**

스프링클러설비는 화재발생시 화재를 감지하는 폐쇄형 스프링클러헤드(이융성물질인 납이 방수구 부분을 막고 있는 형태)와 화재를 감지하는 이융성물질이 부착되어 있지 아니한 개방형 스프링클러헤드를 사용하는 설비방식이 있으나, 이 장(章)에서는 화재의 탐지 및 감지에 대한 사항을 논하므로 폐쇄형 스프링클러헤드를 사용하는 습식·건식 및 준비작동식에 대하여 간단하게 기술하고자 한다.

- 습식설비(wet fire system)
  습식설비는 수원(지하 또는 지상에 설치되어 있는 수조 또는 저수조)으로부터 습식유수검지장치(습식자동경보밸브)의 1차측과 습식유수검지장치의 2차측으로부터 최상단에 설치된 폐쇄형 스프링클러까지의 배관내에 소화약제인 물이 가압송수되어 있으므로 최상단에 설치되어 있는 폐쇄형 스프링클러헤드가 화재발생시 화재의 발생을 탐지한 후 폐쇄형 스프링클러헤드 자신을 개방하여 송수되는 물로 화재를 소화하도록 되어 있는 설비이다.
- 건식설비(dry fire system)
  건식설비는 수원으로부터 건식유수검지장치(건식자동경보밸브)의 1차측까지는 소화약제인 물이 가압송수되어 있으며, 건식유수검지장치의 2차측으로부터 최상단에 설치된 폐쇄형 스프링클러헤드까지의 배관내부에는 압축공기로 충전되어 있어 화재발생시 폐쇄형 스프링클러헤드가 화재를 자동으로 탐지하여 소화하도록 되어 있는 설비이다.
- 준비작동식설비(preaction fire system)
  준비작동식설비는 수원으로부터 준비작동식(preaction)밸브의 1차측까지는 물이 가압수송되어 있으며, 준비작동식밸브의 2차측으로부터 최상단의 폐쇄형 헤드까지는 압축공기 또는 대기압으로 충전되어 있는 설비이다.
  이 준비작동식설비는 화재발생시 교차회로배선방식(2개이상의 감지회로배선방식)으로 설치한 화재감지기가 화재의 발생을 감지하여 화재수신반(방재센터)에 화재발생을 통보하도록 되어 있으며, 그 후 화재발생장소에 설치된 폐쇄형 스프링클러헤드가 개방되어 소화약제인 물을 송수하여 화재를 소화하도록 되어 있다.

㉤ **ITV설비**

ITV설비 카메라·집음(集音)모니터·집음마이크를 설치하고, 건축물의 방재센터에서 ITV모니터·집음모니터로 화재의 발생을 감시하는 설비이다.

ITV모니터로는 화재현장의 영상을 집음모니터로 이상음을 감지할 수 있다. 특히, ITV설비는 화재신호 발보에 대한 확인에도 유효하다.

㉥ **집합모니터설비**

ITV설비나 집합모니터설비는 대형건축물에 대한 소방안전관리업무를 효율적으로 수행하기 위해서 사용된다.

(3) 화재의 원인·판단·통보 및 지령

건축물에 화재가 발생하였을 경우 화재의 원인·판단·통보 및 지령에 대한 설비에는 비상경보설비·비상전화·비상통보기·인터폰 등이 있다.

① 비상경보설비

비상경보설비에는 화재발생시 건축물내에 화재의 발생을 알리는 비상벨·자동식사이렌 및 방송설비가 있으며, 화재발생시 음향·음성에 의해 건축물내의 모든 사람들에게 화재의 발생을 통보하는 기능을 한다.

비상경보설비인 비상벨·자동식사이렌과 동등 이상의 음향을 발하는 장치가 비상방송장치에 설치되어 있는 경우에는 비상방송만 설치하면 된다.

표 3-8 화재의 원인·판단·통보 및 지령

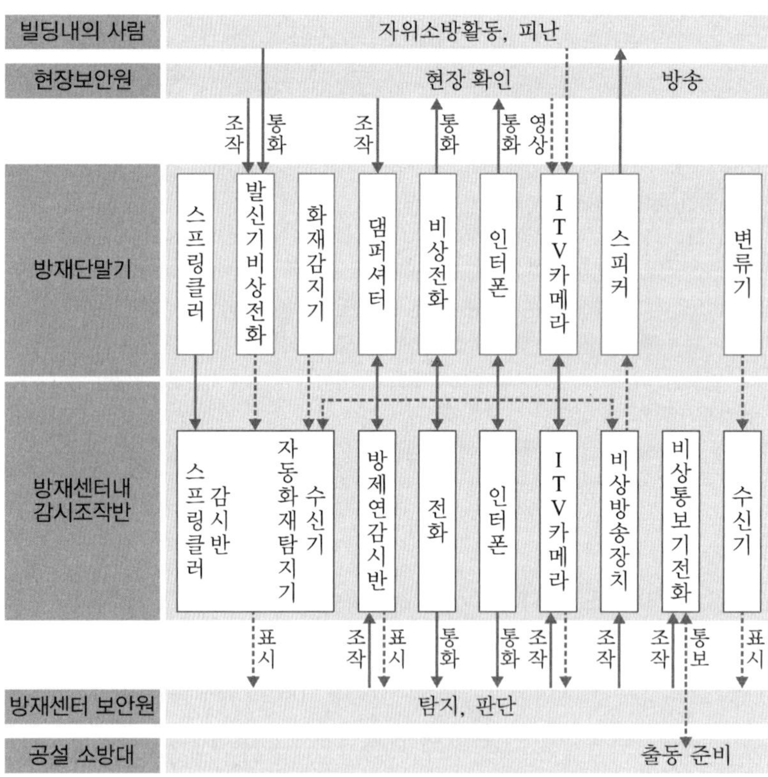

② 비상전화

건축물내에 화재가 발생하여 긴급한 상황이 되거나 인명 등의 보호를 위하여 긴급을 요할 때 사용할 수 있도록 설치되어 있는 설비이다.

③ 비상통보기(소방기관에 화재의 발생을 통보하는 자동화재속보설비)

누름스위치식 발신기에 의해 화재의 발생을 소방기관에 통보하는 설비로서 방재센터에서도 설치할 수 있다.

관할 소방기관에 화재의 발생이 수신되면 확인등이 점등되는 구조로 되어 있으며, 발신기는 화재가 발생되기 쉬운 일정규모 이상의 건축물에 설치된다. 다만, 한국전기통신공사(KT)의 가입전화가 있으면 설치하지 않아도 된다.

앞의 표 3-8은 화재의 원인·판단·통보 및 지령의 상호관계를 나타낸 것이다.

(4) 화재의 초기소화

건축물에 화재가 발생하였을 때 화재를 초기에 소화하는 데 사용되는 초기소화설비에는 다음의 것이 있다.

① 소화기구

소화기구에는 자동식·수동식소화기 및 간이소화용구가 있다.

㉠ 자동식소화기

화재의 발생 또는 가연성가스의 누출을 자동으로 경보하고 소화약제를 방출하여 소화하는 것을 말한다.

㉡ 수동식소화기

사람이 직접 조작하여 소화약제를 화재가 발생된 장소로 방사하는 구조의 소화기를 말한다.

㉢ 간이소화용구

- 소화약제에 의한 간이소화용구
- 팽창질석 또는 팽창진주암
- 마른모래

② 자동식소화설비

사람이 직접 조작하지 않고 자동화재감지장치 또는 자동화재탐지설비의 감지기에 의하여 자동적으로 소화약제를 방사하여 소방대상물의 화재를 소화시키는 설비를 말한다.

㉠ 스프링클러설비
㉡ 물분무소화설비
㉢ 포(말)소화설비
㉣ 이산화탄소소화설비
㉤ 할로겐화합물소화설비
㉥ 분말소화설비

③ 수동식소화설비

화재가 발생하였을 때 화재를 처음으로 발견한 사람이 직접 소화설비를 작동 또는 조작하여 소방대상물의 화재를 소화시키는 설비를 말한다.

㉠ 옥내소화전설비
㉡ 옥외소화전설비

(5) 연소방지(방화·방연 및 제연)

건축물의 화재발생시 화재가 이웃으로 확산되는 현상을 방지하기 위한 방화·방연 및 제연에 관한 설비에는 다음과 같은 것이 있다.

① 방화문·방화셔터

건축물의 화재시에 발생되는 화염·열·연기 등을 차단하여 이웃하고 있는 거실·복도 등으로 화재가 확산 또는 확대되는 현상을 방지하기 위한 목적으로 설치한다.

건축물에 설치된 방화문·방화셔터의 작동 및 조작은 수동 또는 자동(자동으로 화재를 탐지하는 열·연기감지기의 작동과 연동으로 작동)방식에 의해서 이루어지도록 하여야 한다. 또한 방화문·방화셔터를 작동시키는 연동제어방식에는 연동제어기를 각 방화문·방화셔터 등 각 지구등에 설치하여 지구단위에서 제어를 행하는 제어방식, 연동제어기를 방재센터에 설치하여 감시제어를 하는 집중제어방식, 연동제어기를 각 지구등에 설치하고 방재센터에 감시제어를 행하는 집중제어 중계방식이 있다.

② 방화댐퍼

건축물의 화재시 연소방지를 위해서 공기조화설비·환기설비의 덕트(duct)가 방화벽을 통과하는 곳의 덕트내에 설치되어 자동화재탐지설비의 열감지기·연기감지기 등과의 연동제어에 의해서 폐쇄되도록 한다.

덕트내에 설치하는 방화댐퍼의 연동제어방식, 방재센터에서의 감시제어내용 등에 대해서는 ①의 방화문·방화셔터와 동일하다.

③ 방연수직벽

건축물의 화재발생시 화재로부터 발생되는 연기의 유동을 방지하기 위한 설비로서 사람에 의한 수동조작, 연기감지기·자동화재탐지설비의 수신기 등과의 연동제어에 의해서 강하하는 방식의 설비를 가동식(可動式)의 수직벽이라고 부른다.

높이가 31 m이상이 되는 건축물, 바닥면적 1,000 m^2이상이 되는 지하가는 중앙관리실인 방재센터에서 설비의 작동에 대한 감시·제어가 되지 않으면 아니 된다.

④ 제연설비

제연설비에 대해서는 앞의 [3], [4](제연방식)에서 설명함 것과 같이 화재시에 그 실(거실)내의 연기를 옥외(건축물의 외부)의 일정한 장소로 배출하여 거실(실)내의 사람들이 안전하게 피난할 수 있도록 하며, 소화업무를 효율적으로 수행할 수 있게 도와주는 설비이다.

건축물내의 연소생성물인 연기를 옥외로 배출하는 제연설비의 방식에는 자연제어방식, 스모크-타워제연방식 및 기계의 동력을 이용한 기계제연방식이 있다.

제연설비의 조작은 수동조작 및 연기감지기, 자동화재탐지설비의 수신기와의 연동, 원격조작 등에 의해서 이루어진다. 또한, 높이가 31 m이상이 되는 건축물, 바닥면적 1,000 m^2이상의 지하가에서는 중앙관리실인 방재센터에서 설비의 작동·감시 및 제어가 되지 않으면 아니 된다.

(6) 피난유도

건축물의 화재발생시 건축물내(거실)에 수용되어 있는 사람(재실자)들의 피난유도에 사용되는 시설 및 설비에는 피난구유도등·통로유도등·객석유도등과 비상용조명등이 있다.

① 피난구유도등·통로유도등 및 객석유도등

화재(재해)발생시 건축물내의 모든 사람들을 안전한 장소로 유도하기 위한 설비 또는 시설이지만 중앙관리실인 방재센터의 감시·제어기능과는 관계가 없으며, 섬광을 발하든가 또는 피난의 방향을 제어하든가 하는 방식인 경우에는 반드시 방재센터에서의 감시·제어가 필요하다.

② 비상조명등

건축물에 공급되는 주전원의 공급이 중단(정전사고)되더라도 건축물내의 사람들이 안전한 장소로 피난할 수 있게 하기 위해서 설치하는 설비로서 중앙관리실인 방재센터의 감시·제어기능과는 관련이 없다.

③ 휴대용 손전등

건축물에 화재가 발생하였을 때 각 실에 있는 사람이 용이하게 사용할 수 있도록 출구벽에 설치되어 있다.

(7) 화재의 본격소화

건축물에 화재가 발생하여 초기소화가 이루어지지 않아 화재의 출화(出火)단계에 이르렀을 때의 화재를 본격화재라 하며, 화재가 본격화하였을 때 사용하는 소화설비를 본격소화설비라고 한다.

본격화재를 소화하기 위한 본격소화설비에는 연결송수관설비·연결살수설비·비상콘센트설비·무선통신보조설비·제연설비·연소방지설비·동력소방펌프설비 및 옥외소화전설비가 있다.

(8) 방범관리

건축물의 방화(防火)에 있어서 보안관리 운용상 방재센터에서 방범관리도 병행하여 실시할 경우도 있다. 또한, 방범관리에 관련되는 설비에는 다음과 같은 것이 있다.

① 호출통화장치

방재센터에서 불심자에 대하여 호출을 하고, 통화를 할 수 있는 장치이다.

② 자동침입검지기·진동검지기

건축물에 대한 사람의 침입, 물체의 진동·이동을 자동적으로 검지하는 기기로서 마그네트식·광전식·마이크로파식·초음파식 그 밖의 방식이 있다.

③ 집음모니터장치

이상음·화재현장·상황 등을 방재센터에서 집음·원격으로 감시하는 장치이다.

④ 페이징장치

건축물내에 순찰 중인 순찰원을 방재센터에서 호출하는 장치이며, 순찰원은 포켓벨 등을 휴대할 필요가 있다.

3 소방훈련

(1) 실시방법에 의한 분류

앞의 1의 (5) ③ (특정소방대상물에서의 소방훈련)에서 설명한 바와 같이 소방안전관리자를 선임하여야 하는 특정소방대상물에서 실시하여야 하는 소방훈련에는 기초훈련·부분훈련·종합훈련 및 도상훈련이 있다.

① 기초훈련

소화기(수동식·자동식 소화기 및 간이소화용구)·옥내소화전설비·옥외소화전설비·스프링클러설비·물분무 등 소화설비, 연결살수설비, 연결송수관설비 등의 사용(취급)방법 및 요령을 숙달시키는 훈련이다.

② 부분훈련

지휘·통보·연락·소화·피난유도·응급구조·방호·소방대의 유도 등을 개별적으로 행하는 훈련이다.

③ 종합훈련

소화설비 사용(취급)요령, 지휘·통보·연락·피난유도·응급구호·소방대의 유도 등을 종합해서 행하는 훈련이다.

④ 도상훈련

화재진압 작전도에 의해서 행하는 훈련이다.

(2) 실시대상에 의한 분류

소방훈련을 실시하는 대상에 의해서 분류하면 합동훈련·지도훈련 및 자체훈련으로 구분된다.

① 합동훈련

고층건축물·호텔·종합병원, 중요 시장 및 백화점, 대단위 공장 및 공단, 학교, 주요 관공서 그 밖의 대형화재가 발생될 우려가 있는 취약대상 중에서 선정한다.

② 지도훈련

합동훈련을 실시하여야 할 훈련대상을 제외한 대상 중 대형화재 취약정도가 높은 순서대로 선정하여 실시하는 훈련이다.

③ 자체훈련

합동훈련 및 지도훈련을 실시하여야 할 대상을 제외한 대상에서 실시하여야 하는 훈련이다.

(3) 세부훈련계획

① 소방훈련의 계획수립 및 시행

㉠ 자체소방대의 훈련계획

- 특정소방대상물의 소방안전관리업무를 담당하는 소방안전관리자는 해당 특정소방대상물에 대한 소방훈련계획을 연간 또는 월간으로 수립하여 소방계획서에 포함시켜야 한다.
- 다음 연도에 실시하여야 하는 소방훈련계획을 작성하여 자체에 비치하고, 그 계획에 의해서 소방안전관리업무를 수행하여야 한다.
- 소방훈련인 기초훈련·종합훈련 및 도상훈련을 효율적으로 실시한다.
- 행정체계도를 작성하여 실시한다.

자체소방대에서 실시하는 소방훈련의 행정체계는 다음의 표 3-9와 같다.

표 3-9 자체소방대 훈련계획의 행정체계

연간계획수립 (합동훈련 및 지도훈련)	각 대상별 소방계획서에 의한 자체훈련일정 수립
↓ 대상처 통보	연중 훈련지도 · 점검계획 예고
↓ 자체훈련계획서 요청	각 대상별 실정을 감안하여 조정검토
↓ 검토 및 보완사항 재통보	소방계획서의 재검토 및 보완
↓ 훈련지도 · 점검일정측정	소방관서 및 각 대상별 사정을 감안하여 확정
↓ 훈련지도 · 점검실시	사전계획 및 각 대상별 요청에 의하여 지도점검관 참여
↓ 평가분석	실시결과를 세부적으로 평가하고, 시정 보완책 강구
↓ 결과통보	시정 · 보완 · 실시

㉡ 공통 유의사항

- 자위소방 훈련실시 기준에 근거를 두고 연간 훈련계획을 수립하여 실시한다.
- 기초훈련 및 부분훈련에서 숙달되지 아니한 사항을 중점적으로 실시하여 종합훈련이 잘 이루어지도록 하고 각 직장별 경연대회 등도 모색한다.
- 화점 및 가상상황, 가상계획을 수립하여 실시한다.
  ⓐ 가상화점
  화재가 발생할 위험이 많은 장소 및 인명피해가 많은 장소를 중점적으로 정하여 실시한다.
  화재가 발생된 우려가 많은 지점(장소)에 대한 화점표시방법은 연막탄이나 기(旗)를 사용하며, 기를 사용하여 화점을 표시할 때에는 다음과 같이 한다.
  i) 연소범위
  연소범위를 표시할 때에는 붉은 색깔의 기를 사용한다.
  ii) 소화범위
  소화범위를 표시할 때에는 노란 색깔이 기를 사용한다.
  iii) 연소의 확대범위
  연소의 확대범위는 붉은 색깔의 기를 이동하는 등 화재의 상황을 나타내어 활동적인 진압작전훈련을 실시한다.
  붉은 색상으로 된 기(旗)의 표시와 함께 확성기나 메가폰 등으로 화재의 상황을 설명하면 더욱 효과적인 훈련이 이루어진다.
- 소방훈련에 사용되는 소방용기계·기구(피난기구 포함) 등은 사전에 점검하여 소방훈련시 위해방지에 유의하도록 한다.
- 소방훈련에 임할 때에는 그 목적이나 내용의 중요성 및 실시요령 등을 전 종사원들에게 설명하여 실제와 동일한 훈련이 되도록 한다.
- 인명의 대피 및 구조훈련계획을 수립하여 실시한다.
  ⓐ 인명의 대피
  i) 건축물내에서의 인명대피
  피난하는 데 사용되는 피난통로에 청색의 기를 사용하여 건축물내의 재실자들에게 안전한 피난이 되도록 유도한다.
  ii) 건축물 주변의 주민대피
  화재가 발생된 건축물 주변에 있는 주민들에게 화재현장의 지휘자가 메가폰이나 확성기 등을 사용하여 위험사항을 알리고 안전한 장소로의 대피를 지시한다.
  ⓑ 인명구조 요청
  화재발생시 구조를 원하는 사람이 직접 백색의 기나 요청자가 입고 있는 상의의 옷을 벗어 머리위로 흔들어 요청한다.
- 소방훈련상황을 명확·간결·논리적으로 타당성 있게 부여함으로서 여러가지의 혼란이 발생되지 않도록 한다.

② 소방훈련의 실시

㉠ 사전협조 이행

- 소방(방재)과 관계가 있는 유관기관에 통보하고, 실시하여야 하는 대상처에 소방훈련의 실시통지서를 발급한다.
  소방훈련을 실시하여야 하는 대상처에는 소방훈련시 1개월 전에 예고하고, 소방관련 유관기관에는 필요시에만 협조요청을 한다.
  소방훈련 실시 대상처에 통지하는 훈련통지서에는 훈련의 종류, 훈련일자, 훈련의 내용, 참가인원 등을 명확하게 기재하여 통보한다.
- 대상처가 주관인 경우는 소방관련 유관기관 및 소방기관에 통보하고 필요시에만 소방관서에 훈련도 요청하며, 훈련의 실시결과도 보고한다.
  대상처의 자체훈련의 경우에는 소방기관 및 소방관련 유관기관에 통보 및 보고를 생략할 수 있다. 또한, 소방기관 및 소방관련 유관기관에 훈련사항을 통보하거나 보고할 때에는 훈련의 종류, 훈련일자, 훈련의 내용, 참가인원 등을 명확하게 기재하여 통보한다.
- 응원을 요청하는 경우는 소방관서가 주관하여 훈련하는 경우로서 인접 소방관서에 소방서장이, 대상처가 주관하여 훈련하는 경우에는 인접하는 조직체(직장)에 훈련을 실시하는 대상처의 대표자가 응원요청사항과 범위를 사전에 결정하여 요청하도록 한다.

㉡ 진행요령

- 소방훈련체계
  소방훈련을 실시할 경우의 소방훈련의 진행체계는 다음의 그림 3-11과 같다.
- 소방훈련시간
  훈련상황 부여로부터 시작하여 부여된 상황이 완전히 처리되고 그 밖의 시설·장비 등의 점검이 종료되는 시간까지로 한다.
- 소방훈련결과
  훈련결과는 원칙적으로 훈련점검관이 직접 강평하는 것을 지양하고 별도로 통보하는 방법으로 한다. 다만, 훈련의 진행과정 중 현저하게 실수를 하였거나 규격미달, 시설·장비 등에 대하여 즉각적인 정비가 필요할 때에는 직접 지적하여 시정을 촉구할 수 있다.
- 소방훈련 상황부여(메시지)요령
  ⓐ 상황부여 시기
  상황부여는 훈련을 실시하기 직전에 행한다.
  ⓑ 상황 작성자
  훈련상황은 관할소방서장이 작성한다.
  ⓒ 상황전달 조치자
  대상처 대표자 또는 소방안전관리자에게 상황이 전달되도록 한다.

ⓓ 상황작성 및 전달요령

i) 대상처의 시설규모와 취약성 등을 사전에 검토하여 메시지 또는 말(구두)로 전달한다.

ii) 대상처에서 조치하여야 할 전체의 상황을 동시에 부여하는 단계적 방법을 적용한다(화재의 발생위치는 비교적 사람의 출입이 빈번하고, 화재의 발생이 우려되는 취약장소로서 화재발생시 그 대응에 어려움이 따르는 장소를 선택하여 부여한다).

iii) 훈련이 숙달된 이후에는 훈련대상처의 불특정 개인에게도 상황을 부여하여 조치하도록 하는 방법도 발전적이다.

iv) 상황부여서식

- 어떠한 장소에
- 어느 정도의 화재가
- 어떠한 원인으로 발생하여
- 어떠한 형태로 확산되고 있으며
- 그러므로 인명피해는 어느 장소에 사망 몇 명, 부상자가 몇 명이 발생되고
- 어느 장소에 몇 명의 사람이 고립되어 구조를 요청하고 있다는 등의 요령으로 작성하되 내용은 수시로 변경할 수 있다.

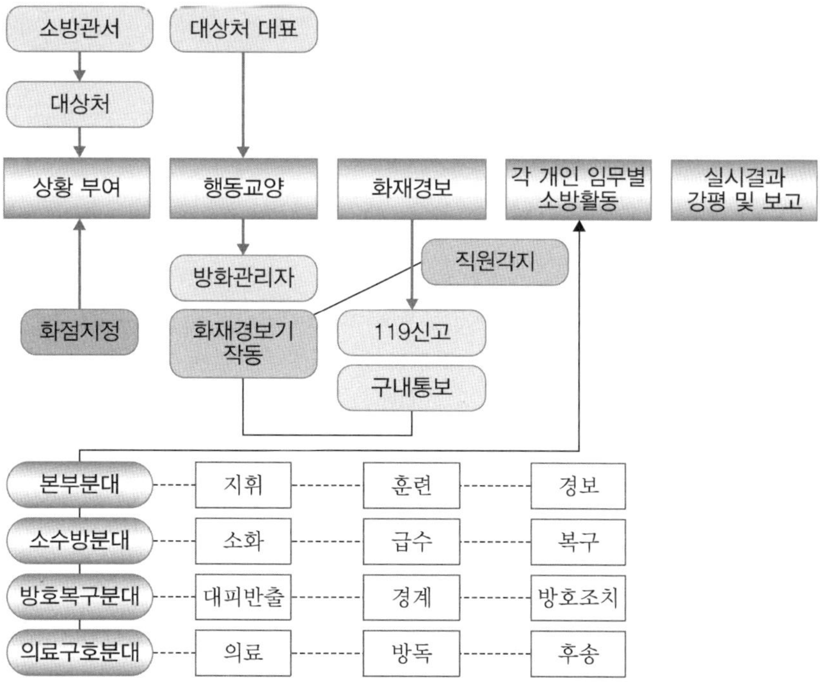

그림 3-11 소방훈련의 진행체계도

ⓔ 행동교양
부여된 상황에 적절한 행동요령을 대상처의 대표자나 소방안전관리자로 하여금 간단·명료하게 교양하도록 한다.

ⓕ 화재경보훈련
건축물에 화재가 발생한 경우 화재경보시설(자동화재탐지설비·비상경보설비 등) 등에 의한 통보와 사람에 의한 119 소방관서 신고와 동시 구내의 한 직원에게 통보하는 훈련이 되도록 한다.

ⓖ 각 개인의 임무별 소화활동
평상시에 운영되도록 편성숙지된 개별임무대로 신속한 활동을 수행한다.
부분별 임무수행이 종료된 분대원이나 반원은 소화활동이 진행 중인 다른 분대원 및 반원의 임무수행을 협조하도록 하는 조치도 필요하다.

ⓗ 실시결과에 대한 감평 및 교육
i) 허용시간
- 강평
훈련시간 결과에 대하여 강평하는 데 소요되는 시간은 10분이내로 한다.
- 교육
훈련실시결과에 대해서 교육하는 데 소요되는 시간은 20분이내로 한다.

ii) 강평 및 교육내용
- 강평
훈련실시 중에 도출된 문제점 등을 시정한다.
- 교육
자위소방대원에게 필요한 소방관계분야에 대한 특수교육을 실시한다.

ⓘ 실시결과에 대한 평가제 도입
i) 소방훈련 측정표에 의한 평가제 도입
ii) 소방훈련의 채점제 실시

㉢ **자체소방대의 기본행동요령**

자체소방대의 소방훈련은 실제의 화재에 대비하기 위한 기본적인 행동을 숙달시키는 과정이라 할 수 있으므로 소방훈련(기초·부분·종합훈련 및 도상훈련)에 임할 때에는 실제로 화재가 발생한 것과 마찬가지로 이미 편성하여 운영 중인 각 소속(분대)별로 맡은 바 임무수행을 신속·정확하게 하여야 하며, 훈련상황의 변경에 따라 지휘자의 지휘에 따라 행동에 차질이 없도록 하여야 한다.

• 소방훈련의 5단계

ⓐ 첫째
누구를 불문하고 화재를 처음으로 발견하면 건축물내의 모든 사람들에게 화재가 발생된 사실을 알려야 할 의무를 갖는다(화재통보훈련). 따라서, 관할소방관서에 연락하여 소화업무의 협조를 얻는다.

ⓑ 둘째
화재가 발생한 현장의 상황에 대하여 적절한 조치를 신속하게 취하여야 한다.

ⓒ 셋째
건축물내의 모든 사람들의 대피를 유도하여 실시하고, 사상자(부상자)가 있을 경우 구조작업을 실시하여야 한다(대피 및 구조).

ⓓ 넷째
화재발생현장에서 가장 가까운 거리에 있는 초기소화설비인 소화기 및 옥내소화전설비를 이용하여 신속하게 소화작업에 임하여야 한다. 다만, 건축물의 내부(옥내)에 스프링클러설비·물분무소화설비 등의 자동소화설비가 설치되어 있는 경우에는 화재의 확산을 저해하는 수단으로 주위에 설치된 방화문 및 공기환기장치 등의 가동을 즉시 중단하고, 건축물내부를 폐쇄하여 외부로부터 공기의 공급을 차단하여야 한다.

ⓔ 다섯째
화재가 아직 확산되지 아니한 장소에 있는 중요한 재산 등 외부로 반출이 가능한 물건은 질서있게 밖으로 운반하여야 하며, 화재 또는 안전한 장소를 대피 중에 발생될 수 있는 부상자는 구호활동 즉시 신속하게 병원 등으로 이송조치하여야 한다.

• 신속·정확한 상황통보

ⓐ 훈련상황이 부여되면 당황하지 말고 건축물 자체에 설치된 자동화재탐지설비·비상경보설비 등을 이용한 통보 또는 비상경보기구인 경종·휴대용확성기·메가폰 등으로 사실을 전달함과 동시에 소방관서에 신고히여야 한다.

ⓑ 화재가 발생하였을 때의 화재신고는 건축물의 위치·명칭 등을 알기 쉽게 알려주어야 하며, 훈련시에는 반드시 "훈련에 의한 신고"라는 것을 정확하게 알려야 한다. 또한, 신고서에는 신고하는 사람의 인적사항도 정확하게 알려야 한다.

ⓒ 소방관서에 화재를 신고하였다 하여 안심하지 말고 즉시 자체적으로 초기소화업무에 임하여야 한다.
만일, 화재현장에 2명이상의 사람이 있을 때에는 반드시 1명은 소방관서에 화재의 발생을 신고함과 동시에 건축물내에 화재가 발생하였다는 것을 알려야 하며, 나머지 사람은 건축물내에 설치되어 있는 초기소화설비인 소화기구·옥내소화전설비 등을 이용하여 소화업무에 임하여야 한다.

• 상황부여 초기의 안전조치

ⓐ 유류에 의한 화재라면 분말소화기, 할로겐화물(할론)소화기, 마른모래, 가마니, 팽창질석 또는 팽창진주암 등의 간이소화용구를 사용하여 빠른 시간내에 소화하여야 한다.

ⓑ 전기에 의해서 발생된 화재라면 전원의 공급을 차단한 후 분말·할론소화기 등으로 소화하여야 한다.

ⓒ 가스폭발에 의한 화재라면 공급되고 있는 가스의 공급을 차단하거나 재폭발 가능지역의 가스용기를 안전한 장소로 신속히 이동시키면서 초기소화에 임하여야 한다.

ⓓ 초기소화가 도저히 불가능하다고 판단될 때에는 의복이나 중요한 물품 등을 찾기 위해서 지체하지 말고, 즉시 밖으로 대피하여야 한다.

ⓔ 인명을 구출하거나 중요한 물건을 꺼내기 위해서 무모하게 불속으로 뛰어 들어가지 말고, 소방관에게 신속하게 연락하여 구출되도록 하여야 한다.
ⓕ 고층건축물의 화재에는 절대로 승강기를 사용하여서는 아니 된다.
ⓖ 실내에서 화재를 당하였을 경우 문이 가열되었거나 문틈사이로 연기가 새어 나온다면 이미 유독가스와 연기가 충만되어 있다는 증거이므로 문을 열어서는 아니되며, 외부쪽에 설치된 창문을 이용하여 구조를 요청하여야 한다.

- 피난요령

ⓐ 평소에 피난통로 및 비상구의 설치위치를 숙지하였다가 냉정하게 피난방법을 결정하여야 한다.
ⓑ 될 수 있는 한 피난자세를 낮추어 젖은 수건으로 코를 감싸고, 호흡량을 적게 하여 낮은 자세를 취하면서 민첩하게 행동하여야 한다.
ⓒ 화재가 발생된 지점에서 되도록 멀리 풍향의 반대방향으로, 연기가 체류하는 막다른 통로를 피하여 피난하여야 한다.

- 인명구조요령

ⓐ 화재현장에서 사람을 찾던 중 사람을 발견하였을 때에는 우선 생사여부를 확인하여야 한다.
ⓑ 부상자가 발생하였을 때에는 부상자의 상처를 확인하고, 상처가 더 이상 악화되지 않도록 유의하면서 신속히 안전한 장소로 구출하고, 의료를 담당하는 의사·간호사 또는 구급대원에게 인계한다.
ⓒ 인명을 구조하기 위하여 건축물의 내부로 진입할 때에는 로프·손전등·갈고리·물수건·파괴기구 등을 휴대하고 계단·난간·벽체를 따라 진입하되 비상시를 대비하여 비상탈출구를 찾아 놓아야 한다.
ⓓ 고열 유독가스의 발생시에는 함부로 옥내에 들어가지 말고, 출입구 등에 중점을 두어 인명을 색출한다.
ⓔ 내부통로의 막다른 장소, 창문주의, 화장실, 계단입구, 출입구 등에 중점을 두어 인명을 색출한다.
ⓕ 구출한 환자를 응급조치 후 신속하게 병원으로 후송하여야 한다.
ⓖ 인명을 구조할 때에는 다음의 방법에 의해서 행하여야 한다.
i) 환자를 안고 후송하는 방법
ii) 가슴과 두 팔을 들고 후송하는 방법
iii) 구조자의 등에 업고 또는 손을 끼고 후송하는 방법
iv) 들것 및 의자를 이용하여 후송하는 방법
v) 3인에 의해 후송하는 방법
vi) 인명구조기구를 이용하여 안전하게 후송하는 방법
vii) 들거나 끌어서 운반(매트리스·모포 등을 이용)하는 방법
viii) 사다리에 묶어 환자를 내리는 방법(휠체어·의자·들것 포함)
ix) 휠체어 또는 운반기구를 사용하여 후송하는 방법

- 침착한 소화활동

ⓐ 소화활동에 임하는 사람은 무계획적으로 행동하지 말고, 우선 화재현장상황을 정확

히 판단한 후 침착하게 행동하여야 한다.
ⓑ 화재가 발생한 지점으로 접근할 때에는 낮은 자세를 취하여야 한다.
ⓒ 안전한 장소로 대피하지 못한 사람이 있을 때에는 인명의 구출을 우선하여야 한다.
ⓓ 화염의 아랫부분을 먼저 소화한 후 윗부분을 소화하여야 하며, 화점을 중심으로 포위하여 건축물에 설치된 소방시설을 최대한으로 활용하여야 한다.
ⓔ 목조건축물은 붕괴할 위험이 있으므로 항시 감시하여야 하며, 기왓장·벽돌 등이 떨어지지 않도록 조치를 취하여야 한다.
ⓕ 폭발물에서 튀어나오는 연소성의 합금과 인에 주의하여야 한다.

- 교통의 통제요령
  ⓐ 소방자동차가 화재현장으로 진입하면 모든 차량과 보행인을 통로 한쪽 방향으로 유도하여 소방자동차의 통행을 원활하게 하여야 한다.
  ⓑ 통로가 좁은 골목길에서의 모든 차량은 통행금지 또는 오른쪽 방향으로 진행하도록 하여야 한다.
  ⓒ 화재현장에서 꺼낸 물건은 도난당하지 아니하도록 잘 감시하여야 한다.
  ⓓ 소화작업에 임하는 요원 및 이에 관계되는 사람이외는 화재현장출입을 금지시켜야 하며, 통행하지 아니하도록 주의하여야 한다.
  ⓔ 화재가 어느 정도 진화(소화)되어 소화작업에 지장이 없다고 인정된 때에는 즉시 교통을 해체하여야 한다.

- 응급복구요령
  ⓐ 소화활동에 동원된 소방시설, 장비·기구 등은 하나하나 점검·정비하여 보관한다.
  ⓑ 화재현장에서 꺼낸 물건은 잘 정리·정돈하고, 불에 연소된 물건은 신속하게 정리하여 차량이나 사람의 통행에 지장이 없도록 하여야 한다.
  ⓒ 화재에 연소된 건축물 또는 물건의 도난위험과 다시 살아날 불씨 등이 없는 가를 확인하여야 한다.

㉣ 기능별 행동요령

- 건축물의 소방안전관리업무를 담당하는 해당 소방안전관리자는 화재를 발견 또는 화재통보를 받았을 경우 즉시 소방관서에 화재통보여부를 확인하고, 조치를 취한 후 다음과 같이 행동통제권을 발동하여 소화작업에 임한다.
  ⓐ 건축물내에 수용되어 모든 사람들의 안전한 대피를 실시하기 위하여 대피·유도대원을 필요한 장소(요소)마다 배치한다.
  ⓑ 화재가 발생한 장소에서 가장 가까운 곳의 소화설비(소화기구·옥내소화전설비 등)를 이용하여 소화업무를 담당하는 대원(반원)으로 하여금 소화작업에 임하도록 독려한다.
- 소방안전관리의 책임을 맡고 있는 특정소방대상물의 관계인은 화재가 발생된 사실을 발견 또는 화재발생통보를 받는 즉시 자위소방조직원을 동원·활용하여 필요한 모든 조치를 취하여야 한다. 이 경우 소방안전관리자 혼자 힘으로 통제가 어려우므로 즉시

소방안전관리자를 호출하여 필요한 지시와 감독을 하여야 한다.

- 화재통보반은 화재를 발견하는 즉시 육성 또는 화재경보설비인 자동화재탐지설비·비상경보설비 등을 이용하여 화재가 발생되었다는 내용을 건축물내의 모든 사람들에게 알려야 하며, 방화관리업무를 담당하고 있는 소방안전관리자에게 통보함과 동시에 직접 소방관서에 119로 화재발생신고를 하여야 한다.

  이 경우 소방관서에 화재의 발생신고를 신속·정확하게 함과 동시에 화재가 발생된 건축물의 위치·규모·진입통로 등을 알기쉽게 설명하여야 한다. 또한, 화재통보훈련의 종류와 방법은 다음과 같다.

  ⓐ 화재를 처음으로 목격한 사람이 "불이야!"라고 외칠 것, 또한, 건축물에 설치된 화재경보설비를 이용하여 전체에 화재발생경보를 발령한다.

  ⓑ 화재통보훈련시에는 사내의 전화를 이용하여 119로 가상하고, 자기의 위치를 간단명료하게 설명·통보하는 훈련을 실시한다.

  ⓒ 통제하는 사람의 지시를 따르기 위해여 자신의 통보내용을 반복하여 건축물내에도 전달하여야 한다.

- 대피·유도반은 화재통보반원의 육성 또는 화재경보발령에 의한 화재사실을 감지하면 즉시 자기 본연의 임무로서 안전하게 유도를 실시하여야 한다.

  ⓐ 객실내에 있는 사람들에게 옥외의 비상계단 또는 옥내의 특별비상계단의 이용을 알리고, 건축물 또는 공장 등의 경우 상용전원이 정전되므로 휴대용 손전등과 비상유도등(피난구유도등·통로유도등·객석유도등)을 이용하여 피난의 방향을 알려야 한다.

  ⓑ 각 계단실에 설치된 방화문은 반드시 폐쇄시켜 피난에 지장을 줄 수 있는 유독성가스·매연 및 화염이 침투하지 않도록 방지하여야 한다.

  ⓒ 피난이 거의 종료되었다고 판단되면 객실내를 다시 한 번 확인·조사하여 노약자·부녀자·화재로 인한 부상자 등의 대피를 유도하거나 안전하게 구조하여야 한다. 이와 같이 사항이 종료되었다고 판단되었을 때 자신도 신속하게 안전한 장소로 대피하도록 하여야 한다.

  ⓓ 만일의 경우 피난자의 대피·유도를 독려하던 중 자신이 화재로 하여금 피난통로가 차단되었을 때에는 평상시 확인하여 두었던 피난기구를 이용하여 안전하게 피난하여야 하며, 피난기구가 없을 때에는 먼저 매연·유독성가스 등이 적고, 화염의 접근이 되지 않는 안전한 위치에서 소방자동차에 의한 구조를 침착하게 기다려야 한다.

- 반출반은 대피 및 소화작업이 진행되고 있는 동안 최대한의 안전한 방법을 동원하여 옥내에서 반출될 수 있는 중요한 서류 및 물품을 반출하여야 한다.

  ⓐ 실내에 있는 중요서류 및 물품의 반출시기는 화재의 초기과정으로서 화재가 완만하게 진행되거나 소화작업에 임하고 있는 소화반원(대원)의 협조를 얻어 반출이 가능하고, 일단 소방관서의 출동이 있는 뒤에는 소방관의 지시에 따라 행동하여야 한다.

  ⓑ 물품 및 서류를 건축물의 외부로 반출하였을 때에는 도난 또는 파손되지 않도록 안전한 장소에 보관하고 잘 감시하여야 한다.

- 구호반은 화재가 발생된 장소에서 사상당한 부상자를 위하여 기민한 판단아래 신속한 행동과 조치를 취히여야 한다.

ⓐ 화재로 인하여 발생된 부상자가 옥외로 운반되면 소방대의 구호차량 또는 사내(건축물)의 구호차량이 있는 경우 가장 가까운 거리에 있는 병원으로 이송조치하여야 한다.
ⓑ 부상자의 사상정도가 병원까지 이송할 정도가 아닐 경우 자체에서 보관하고 있는 응급약품으로 응급처리 또는 보호조치한 다음 안전한 곳으로 옮겨 보호하도록 하여야 한다.

(4) 대상별 훈련계획 및 행동요령

화재의 발생을 우려하여 고층건축물·호텔·여관·공장·병원(의료시설 및 환자의 수용건축물)·지하가·지하상가·극장·백화점·시장 등과 같이 다수인이 출입하는 장소 등으로 분류하여 그 건축물의 용도에 적합하게 훈련계획을 수립한 다음 훈련계획에 적합하도록 행동요령을 숙지시킨다.

① 고층건축물

고층건축물은 대부분 사무실의 집합형태를 가진 소방대상물로서 초기진화 및 상주하고 있는 사람들의 대피에 중점을 두어 실시한다.

㉠ 훈련중점사항

- 화재경보(전파) 및 소방관서 신고요령
- 초기진화(소화)요령 및 초기진화 실패시 인명대피 조치요령
- 소방관서의 소방활동 지원요령(주민 및 교통통제요령)
- 발화층에서의 인명대피시 승용승강기 사용금지
- 고립된 피난자의 비상대피 대책
- 부상자의 응급조치 및 진화 후의 정리요령

㉡ 행동요령

- 화재의 발생을 특정소방대상물(고층건축물)내의 모든 사람들에게 통보한다.
- 화재의 발생을 처음으로 발견한 사람이 소방시설을 사용하여 초기소화에 임하여야 한다. 또한, 소방관서에 통보하여야 한다.
- 고층건축물의 옥상 또는 피난층을 통하여 사람들을 안전하게 대피 또는 피난시켜야 한다.
- 고층건축물 주변 사람들의 접근을 금지시키고, 소방자동차의 통행에 지장을 주지 않도록 통제·유도를 적극적으로 수행한다.

- 화재로 인하여 인명피해가 발생되지 않도록 안전관리에 최선을 다하여야 하며, 피해가 발생되면 즉시 의료기관으로 후송조치하여야 한다.
- 소방관서의 협조하에 재산피해를 최소화 하여야 하며, 적극적으로 참여하여 빠른 시간 내에 소화가 이루어지도록 협조하여야 한다.

② 호텔 및 대형여관

투숙하고 있는 사람의 질서정연하고, 신속한 대피 및 초기진화훈련에 최대 중점을 두어 실시한다.

㉠ 훈련중점사항

- 화재의 경보전파 및 소방관서에 119로 신고한다.
- 투숙하고 있는 사람에 대한 대피·유도
- 초기진화 요령
- 초기진화 실패 또는 불가능시의 조치
- 소방관서에 소방활동 지원요령
- 부상자에 대한 응급구호요령
- 그 밖의 소방대책 확인점검 등

㉡ 행동요령

고층건축물에서의 행동요령과 동일하다.

③ 공장(생산시설)

변전실·고압가스저장소 및 취급소·위험물제조소 등과 인화성물질·폭발성물질 등이 항상 존재하여 화재의 발생이 우려되는 장소로서 화재가 발생하면 대형화가 되므로 자위소방체제 확립에 관한 훈련을 중점적으로 실시한다.

㉠ 훈련중점사항

- 화재의 상황신고 및 전파요령
- 초기진화 조치 및 인화물질·고압가스 등 위험성물질의 제거 및 이동요령
- 초기진화 실패시 인명대피 및 비상탈출요령
- 화재로 인한 부가적인 위험에 대한 조치요령
- 부상자에 대한 응급조치요령
- 소방관서의 소방활동지원
- 그 밖의 소방대책의 확인·점검

㉡ **행동요령**

고층건축물에서의 행동요령과 동일하다.

④ **병원(의료시설 및 환자의 수용건축물)**

수술실·변전실(전기실)·주방 등 화재의 취약요소(장소)가 많고, 화재발생시 환자의 대피·유도가 크게 문제가 되므로 환자(치료 중인 환자 포함)의 대피훈련에 최대한 중점을 두어 실시한다.

㉠ **훈련중점사항**

- 신속한 화재의 발생경보 및 초기진화
- 환자의 신속하고도 질서있는 대피·유도
- 부상자의 응급처치
- 환자용 질소·산소 등 가스저장용기의 신속이동 및 소산조치

㉡ **행동요령**

고층건축물에서의 행동요령과 동일하다.

⑤ 지하가 및 지하상가

화재의 초기진화, 종사하는 사람 및 고객의 비상탈출, 실내의 제연조치훈련에 중점을 두어 실시한다.

㉠ **훈련중점사항**

- 신속한 화재의 발생경보 및 초기진화
- 종사하는 사람 및 고객의 대피·유도
- 부상당한 사람의 응급구호

㉡ **행동요령**

고층건축물에서의 행동요령과 동일하다.

⑥ 극장·백화점·시장

화재의 초기진화, 종사하는 사람 및 고객의 질서있는 대피·유도훈련에 중점을 두어 실시한다.

㉠ 훈련중점사항

- 신속한 화재발생경보 및 초기진화
- 실내의 종사원 및 실내의 고객의 대피·유도
- 부상당한 사람의 응급구호
- 자체의 초기진화 실패 또는 불능시의 조치요령

㉡ 행동요령

고층건축물에서의 행동요령과 동일하다.

(5) 부분훈련 실시요령

① 소화훈련

㉠ 소화기구(자동식·수동식소화기 및 간이소화용구)의 취급 및 사용방법 숙지
㉡ 각종 소화설비(옥내·옥외소화전설비, 스프링클러설비 등)의 사용방법 숙지
㉢ 분산되어 있는 소화기구의 집결

② 소방용수리 이용 및 방수훈련

소화훈련은 소방대가 도착할 때까지 초기소화 및 연소방지 등에 중점을 두는 것으로 소화훈련과 함께 방화문의 폐쇄, 소방대의 연락·유도, 물품의 반출제거 또는 수손방지 등에 관하여 행하는 훈련이다.

③ 통보·연락훈련

㉠ 소방관서에 119로 신고한다.
㉡ 자체통보와 업체간의 응원요령
㉢ 지휘훈련(지휘본부 설치, 명령전달방법의 습득)
㉣ 공휴일 및 야간 화재시 비상소집

④ 피난훈련

㉠ 피난훈련은 정기적으로 실시한다.
㉡ 피난훈련은 다른 훈련과 병행(竝行)하여 실시한다.
㉢ 피난은 일제히 피난, 시간차 피난 또는 부분피난으로 구분하여 실시한다.
㉣ 피난계획의 철저와 교육을 겸하여 실시한다.
㉤ 피난은 원칙적으로 지상으로 피난하지만 화재의 세력·확산의 정도 등에 따라 옥상

또는 피난교 등의 사용에 의해 인접건축물로 피난하는 방법도 겸하여 행한다. 또한, 지상으로 피난할 경우 소방활동에 지장을 주지 아니하는 위치 또는 피난장소로서 정해진 장소까지 유도한다.

ⓑ 피난훈련은 적극적이고도 실질적으로 행한다. 그러나 훈련의 내용, 피난기구의 사용방법 등을 사전에 철저히 숙지하여 위해방지에 유의하여야 한다.

ⓢ 사무실·학교 등에서의 훈련은 각 직장·교실 또는 층마다 사용하는 통로·계단, 피난기구 등을 정하여 훈련하여야 하고, 유도를 행하는 사람을 정하여 통제있는 피난을 행하게 한다.

ⓞ 확성기·메가폰 등을 사용하여 피난하는 사람들에게 화재의 상황을 통보하여 한 장소로 집중하는 것을 방지하는 데 노력하여야 한다.

ⓙ 막다른 장소나 길을 찾기어려운 장소 그 밖의 피난의 어려움이 되는 장소에서의 피난훈련이 되어야 한다.

ⓒ 흥행장·백화점·시장·호텔 등 불특정다수인인 공중을 대상으로 하는 장소에서 공중을 피난훈련에 참석시킨다는 것은 어려울뿐만 아니라 실제로 재해가 발생한 경우에는 인명의 위험이 발생하기 쉬운 대상이므로 조기에 피난·유도의 태세를 확립하여 공중을 안전하게 피난시키는 방법을 내용으로 한 훈련을 행하여야 한다.

⑤ 그 밖의 훈련

인접한 건축물의 화재발생시에 자기의 소방대상물에 대한 연소방지훈련이나 그 밖의 재해에 대한 방호훈련도 병행하는 것이 피난훈련 못지않게 중요하다.

Chapter

4 건축물 및 폭발성물질의 안전관리

1 건축물의 안전계획 및 안전관리

1 건축물의 안전계획

(1) 건축물의 재해(災害)와 방재(防災)

건축물에 영향을 주는 재해에는 화재 · 태풍 · 낙뢰(번개) · 지진 · 진동뿐만 아니라 폭파까지 있다. 또한, 이와 같은 외적 요인으로부터의 재해에 대해서 내적 요인에 의한 재해도 있다.

최근에 와서 건축물의 기능이 다양화 · 다층화 · 대규모화 · 심층화 및 환경보전을 위한 설비화 등은 그 자체가 재해의 요인이 된다.

일반적으로 건축물의 자동제어시스템(auto control system)이 이들을 관리하고 있으므로 재해는 미연에 방지되고 있다.

재해는 자연의 재해로부터 시작하여 그것으로부터 기인하는 2차재해 또한 사람에 의해서 발생되는 인적재해로 파급되어 결과적으로 인명(人命), 재산의 손실 및 정신적인 장애로까지 연결된다.

그러므로 건축물에서의 방재란 이들의 관계가 연관되는 계(系)를 단절하는 것이며, 관계

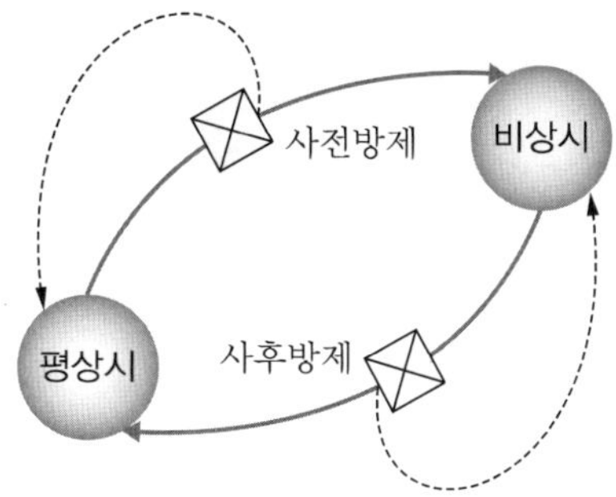

그림 4-1 재해와 방재의 관계

가 단절될 때까지라도 파급의 확률을 낮추어 안전피난의 파급확률을 증가시키는 것이다.

건축물에서의 방재계획은 크게 나누어 2개의 단계로 설명할 수 있다.

위의 그림 4-1은 하나의 재해를 사전에 방지하기 위한 사전방재와 재해가 발생한 후 그 것을 신속히 평형상태로 되돌리기 위한 사후방재이다.

이 사후(事後)방재는 앞에서 설명한 2차재해 또는 사람에 의해서 발생되는 인적피해의 확산을 저지하는 것이 함유되어 있다.

(2) 피난계획의 중요성

일반적으로 방재계획이란 재해가 발생한 후 재해를 최소화하는 사후(事後)방재가 대부분이다. 또한, 이들의 방재시스템이 안전하게 적용되면 재해의 발생을 사전에 예방할 수 있으므로 사후방재는 필요하지 않다. 그러나 자연적으로 발생되는 재해인 지진·태풍·낙뢰(벼락) 등은 현재의 과학으로는 방지할 수 없고, 이들의 재해발생으로 인한 확산을 어떻게 감소시키는가가 사후방재로서의 필수적인 의무가 된다.

화재·폭발 등에 의한 재해는 사전방재가 완전하다면 재해 그 자체가 소멸되어 없어져야만 하지만 현대과학의 지식으로 제작·사용되고 있는 우주선에 있어서도 화재·폭발사고가 발생하므로 피난·탈출장치가 고려되어 있는 것을 보아도 사람이 만드는 시스템이 100% 완전하다는 것은 불가능하다. 그러므로 우주선에도 2중·3중의 안전장치를 고려하지 않으면 재해를 방지할 수가 없는 실정이다.

(3) 피난안전계획

① 재해의 조기발견 및 통보

안전의 제일 중요한 조건은 재해를 일으키지 않는 것이지만 안전에는 한계가 있다.

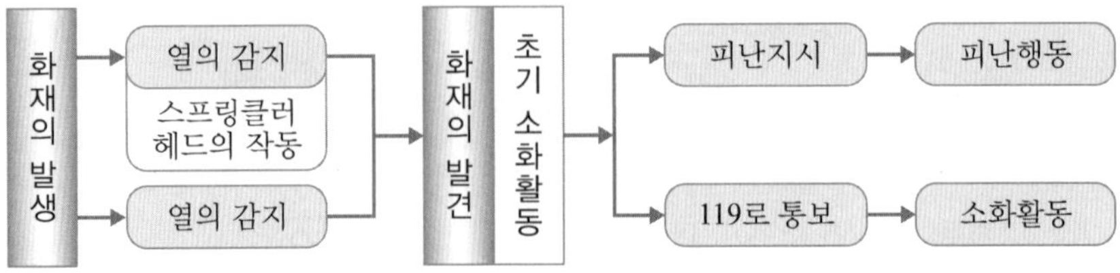

그림 4-2 화재의 발생으로부터 피난까지의 과정

불행하게도 재해가 발생한 경우 중요한 것은 재해를 어떻게 빨리 발견하고 관계하는 부서 또는 담당자에게 통보하여 적절한 조치를 취하는 가에 있다. 여기에서 이야기하는 적절한 시기란 하나의 화재·폭발 등에 대한 소화작업과 같이 재해를 감소시키기 위한 행동지시이며, 또 하나는 재해를 피하여 안전한 장소로 피난하는 피난지시이다.

화재발생시 화재를 감지하는 화재감지기에는 열감지기와 연기감지기가 있으며, 연기감지기는 연소생성물인 연기 또는 진애(塵埃) 등에 의해서도 작동하므로 오보조치가 중요한 문제가 되고 있다.

화재가 발생된 사례에서의 앙케트 조사에 의해서도 알 수 있듯이 비상벨에 의한 화재의 통보를 오작동이나 장난 또는 비상벨의 시험 등에 의해서도 오보를 일으킬 수 있다는 생각에서 실제로 화재가 발생되었는 데도 정상적으로 피난을 하지 않아 많은 부상자가 발생되는 경우도 때때로 있다.

화재감지기에 의해 화재의 발생을 감지하여도 정확한 화재지점의 발견을 위해서는 1~3분정도의 시간이 필요하며, 다시 통보한 후 피난행동까지는 1분정도는 소요된다고 보아야 하므로 화재의 감지가 매우 신속하지 않으면 안된다는 것을 알 수 있다.

위의 그림 4-2는 화재의 발생으로부터 피난까지의 과정을 설명한 것이다.

② 피난의 방법과 계획

화재가 발생하였을 때 건축물의 각 실로부터 지상으로 피난하는 방법에는 피난하는 사람들이 직면하여 있는 상황에 따라 다음과 같은 과정을 거쳐 피난하는 2종류가 있다.

㉠ 각실 → 출구 → 복도 → 계단 ┌→ 피난층 → 출구 → 지상
　　　　　　　　　　　　　　　└→ 옥상층 → 구조 → 지상

화재의 발생으로 인하여 생성된 연기나 화염으로 인하여 1개의 피난경로가 차단되더라도 다른 방향으로 피난할 수 있도록 2개 방향이상의 피난로를 계획하여야 하며, 피난하는 사람들의 집중으로 인한 패닉(panic)현상이 일어나지 아니하도록 서로 반대방향으로 대칭인 형태로 위치시키는 것이 이상적이다.

구분	피난방향의 종류	피난경로의 방향
Y형	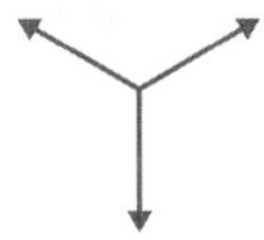	피난하는 사람들에게 확실한 피난경로가 보장된다. 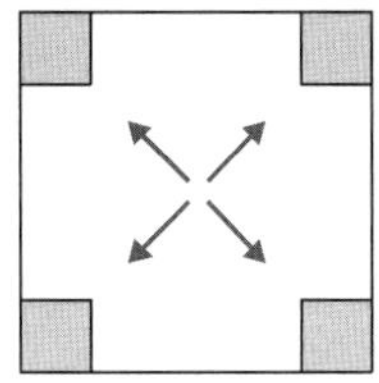
X형	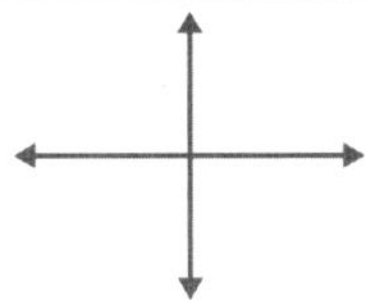	
I형		피난하는 사람들에게 피난경로의 방향을 확실하게 예시하고 있다. 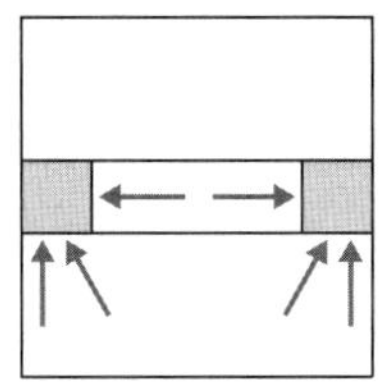
T형	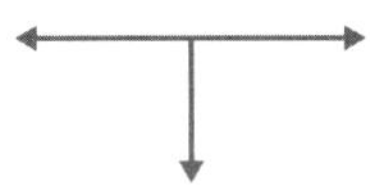	
Z형		중앙복도형의 건축물에서의 피난경로로서 core식 중 양호하다. 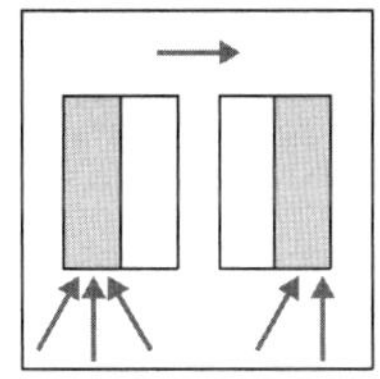
ZZ형	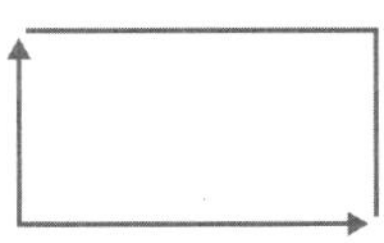	
H형	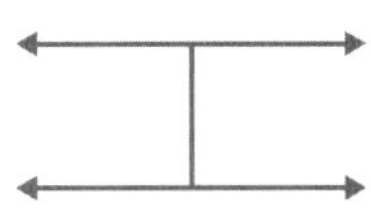	중앙 core식으로 피난하는 사람들의 집중으로 패닉(panic)현상이 일어날 우려가 있다. 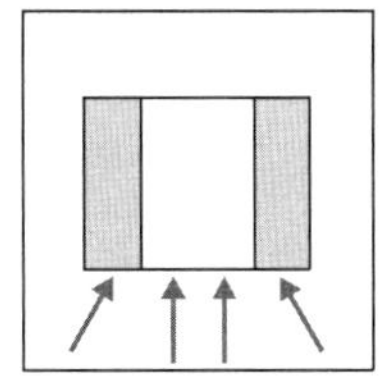
CO형	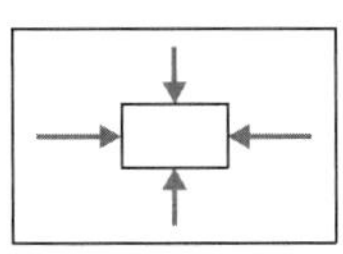	

그림 4-3 피난방향 및 피난경로의 방향

위의 그림 4-3은 화재발생시 피난하는 사람들의 피난방향과 피난경로의 방향을 나타낸 것이다.

㉡ **각 실 → 창·발코니 → 구조 → 지상**

화재의 상황이 다급하여 지상으로 피난할 시간적 여유가 없을 때 사용하는 피난경로로서 직접 구조의 손길이 닿을 때까지 피난하는 사람들의 생명보호를 위해 건축물의 창·발코니 등에 피난기구인 피난교·피난용트랩·피난사다리 등을 설치하여 지상으로 피난하도록 한다. 이와 같은 피난경로를 충분히 확보하기 위해서는 피난경로에 따른 피난시설 및 피난설비를 계획하여야 하며, 그 일반적인 사항은 다음과 같다.

- 피난경로는 간단명료하여야 한다.
- 피난수단은 원시적 방법에 의하는 것을 원칙으로 한다.
- 피난대책은 fool-proof와 fail-safe의 원칙을 중시하여야 한다.
- 피난경로에 따라서 일정한 구획을 한정하여 피난지역을 설정하고, 최종적으로는 안전성을 높이는 것이 합리적이다.
- 피난설비를 고정적인 시설에 의하여야만 하고, 가구식의 피난기구나 장치 등은 피난이 늦어진 소수의 사람들에 대한 극히 예외적인 보조수단으로 고려되어야 한다.
- 피난경로에는 상용전원이 차단되는 정전시에도 피난의 방향을 예시할 수 있는 표시를 하여야 한다.
- 건축물에 설치되어 있는 피난용의 출입문·발코니 등은 항시 사용할 수 있도록 하고, 관리상의 이유로 시건장치(자물쇠로 채워두는 행위)를 하는 것은 화재시 많은 사상자를 발생시킬 위험이 있으므로 주의가 요구된다.

③ 수평방향으로의 피난

㉠ **수평방향의 피난시설계획**

건축물내에서 화재발생시 안전한 피난을 위한 1차적인 피난단계는 거실에서 계단실까지의 수평방향으로의 이동(각 거실 - 복도 - 계단전실 - 계단)이며, 따라서 수평방향으로의 이동(피난)에 있어서 가장 중요한 것은 복도라고 할 수 있다.

화재시 건축물내의 객실에 수용되어 있는 사람들이 지상으로 피난하기 위해서 가장 많이 사용하는 피난경로인 복도의 계획시 고려하여야 할 일반적인 사항은 다음과 같다.

- 피난복도에는 피난의 방향 및 계단의 위치를 알 수 있는 표지를 하여야 한다.
- 피난복도의 폭은 피난하는 사람이 빠른 시간내에 계단전실(부실)·계단 등의 안전한 피난처로 피난할 수 있도록 사용하여야 한다.
- 피난복도에는 자동판매기·휴지통 등의 피난에 방해가 되는 시설물을 설치하지 않아야 한다.

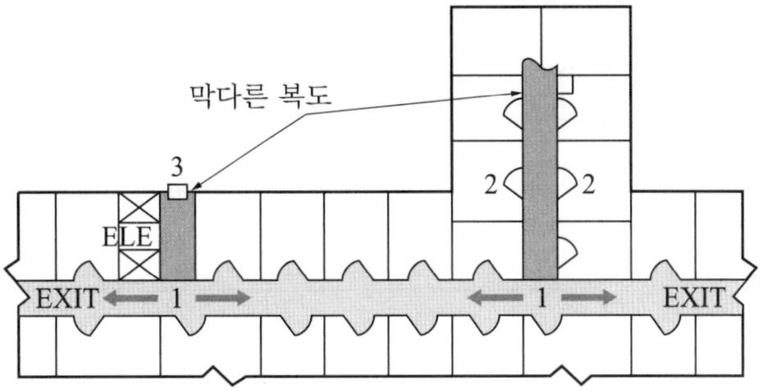

그림 4-4 건축물에 설치된 막다른 복도

또한, 미국방화협회(NFPA, National Fire Protection Association)의 생명안전법(life safety code)에서는 막다른 복도에 대한 규정을 하고 있으며, 고층건축물의 사무실 용도로 사용되는 복도의 길이는 15 m(50피트)이하로 하도록 정하고 있다.

위의 그림 4-4는 건축물 계획시 일반적으로 나타날 수 있는 막다른 복도의 예를 나타낸 것으로 막다른 복도에 접한 각 실(거실)에서는 피난·대피하는 사람의 경우 각 실에서 1지점까지 도달하여야 비로소 피난경로의 선택이 가능하게 하고, 2실에서 화재가 빌생하어 복도에까지 확산되었을 경우 막나른 복도에 접한 다른 실의 재실자(거실에 수용되어 있는 사람)는 피난할 수 있는 방법이 없게되어 사망 또는 부상당하는 치명적인 결과를 가져오게 된다.

특히, 3의 막다른 복도의 경우는 엘리베이터의 홀(hall)로서 건축물내의 중요한 동선(動線)의 일부분이지만 화재시에는 역시 위험한 막다른 복도로 규정되기 때문에 이에 관한 충분한 고려가 필요하게 된다. 그러나 현재 국내의 건축법규에서는 막다른 복도에 대해서 별도로 규정하고 있지 않다.

그러므로 막다른 복도에 대해서는 건축물의 계획당시부터 철저하게 고려하여야 한다.

또한, 다음 그림 4-5는 막다른 복도와 이에 접한 실이라 하더라도 가능한 한 출입구의 막다른 복도에 면하지 아니하도록 계획하는 것이 인명보호를 위한 피난시설의 계획인 것이다.

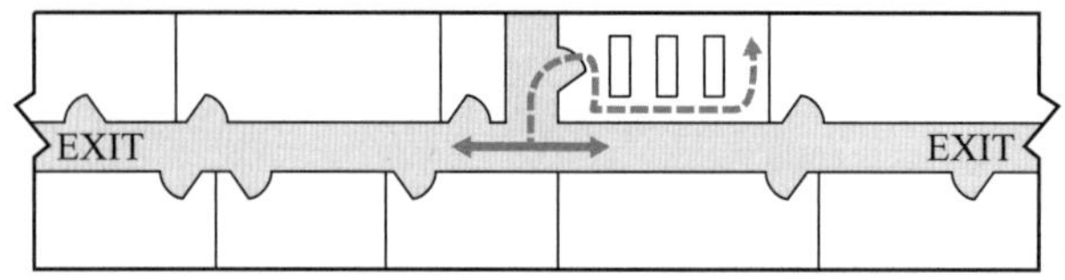

그림 4-5 막다른 복도에서의 출입구 위치

㉡ **화재시의 피난행동**

화재시 우선적으로 행동하는 것이 수평방향에 대한 피난이며, 화재가 발생된 지점(위치)인 화점으로부터 도피 또는 안전구획·계단으로의 이동이다. 이 경우 화재가 발생된 건축물의 상층부 또는 그 밖의 층에 의해서 피난계획상 유의하여야 할 사항이 달라진다.

화재가 발생한 층에 있어서는 화재의 감지·통보는 특별히 행하지 않아도 거의 전원에게 전달되지만 플래시-오버(flash-over)에 의한 급격한 실내온도의 상승, 연기량의 증가에 의해 피난통로가 차단되는 것에 대하여 충분히 주의하지 않으면 안된다. 또한, 건축물에 사용되는 마감재료의 선정, 제연설비에 관한 계획은 본래부터 피난계획상 2개이상의 피난방향을 고려하는 것이 중요하다.

그러나 인간의 습관 중에 귀소(歸巢)본능, 지광(指光)본능, 퇴피(退避)본능, 좌회전본능, 추종(追從)본능 등이 있으므로 특히, 화재시의 패닉(panic)상태에 있어서는 그들의 본래의 성질을 반대로 이용하여 부드럽게 피난할 수 있도록 건축물을 계획할 때 고려하여야 한다. 또한, 평상시에 사용하는 계단이 화재발생시 피난계단으로도 이용되기 때문에 이와 같은 계단이야말로 안전한 구획으로서 방화·방연에 모든 힘을 기울여야 한다.

건축물의 화재발생시 수평방향으로 피난하는 데 중요시하는 사항은 다음과 같다.

• 피난시간

건축물의 화재발생시 수평방향으로 피난하는 데 가장 중요한 사항은 피난시간이다.

건축물의 각 부분(거실·객실·복도 등)에서 피난하는 데 소요되는 피난시간을 계산하여야 하며, 피난시간은 다음의 식에 의해서 산출된다.

$$T_{r1} = L_{\max} / v$$

건축물에서 피난시간(T_r)을 계산할 때 여기서는 거실에서 복도, 복도에서 계단전실(부실), 계단전실(부실)에서 계단의 3구역으로 분할하여 산출한다.

거실로부터 복도로 나가는 시간은 플래시-오보(flash-over) 등의 시간을 고려하여 산출하지만 계획지침에 있어서는 거실의 면적별로 피난추정시간이 정하여져 있다.

거실에서 복도로 나가는 시간을 정하는 요소는 크게 2가지로 구분된다.

하나는 출구까지 거리로서 일반적으로는 거실내의 최장거리인 $L_{\max}$(m)를 측정하여 군집보행속도 v(m/s)로 나누어서 피난시간을 산출한다. 또 다른 하나는 거실내의 피나하는 사람의 수와 출구의 폭이다.

건축물은 용도별로 수용되어 있는 인구밀도가 다르므로 거실의 용도에 따른 인구밀도 ρ(인/m^2)에 그 방의 넓이 A(m^2)를 곱하여 피난인 수를 산출한다.

또한, 거실로부터 모든 사람들이 나가는 데 필요한 시간 T_{r2}(sec)는 거실에서의 출구유동계수 N과 그 거실의 출구폭인 토틀 DR을 곱한 값으로 나누어 줌으로써 산출된다.

거실로부터 모든 사람들이 나가는 데 필요한 시간인 T_{r2}는 다음의 식에 의해서 산출된다.

$$T_{r2} = \frac{\rho \times A}{N \times DR}$$

그러므로 거실로부터 복도로 나가는 시간인 T_r은 T_{r1}과 T_{r2}의 값 중 큰 것의 값을 사용한다.

$T_r = T_{r1}$과 T_{r2}의 값 중 큰 값

피난계획에 있어서는 피난거리와 출구폭의 토틀(DR)을 변경하고, 피난추정 시간이내에 피난할 수 있도록 피난계획을 변경한다.

• 피난시의 체류(滯留) 유무

건축물의 화재시 피난에 요하는 시간은 피난경로 중에서의 체류현상에 의해서도 대폭적으로 증가된다. 또한, 체류하는 현상은 피난하는 사람들의 심리상태에도 대단히 큰 영향을 주므로 체류의 유무는 피난계획상 중요한 항목이다. 이것은 화재발생장소와 그 정도에 따라 영향을 주는 정도가 다르다.

계단의 입구에서 떨어진 장소에서는 약간의 체류가 있어도 이것은 계단실의 도착분포를 평균화 하게 한다. 이러한 문제로 인하여 과도한 군집밀도가 되지 않지만 계단입구 부근에서의 체류는 극도로 군집밀도가 증가하여 심한 경우에는 아치현상과 같이 일시적으로 통행할 수 없는 경우도 되고, 패닉(panic)상태를 일으키는 요인도 되므로 건

축물의 안전계획상 세심한 주의가 필요하다.
 피난시 체류를 일으키는 원인으로는 출구폭의 협소, 복도폭의 협소, 가구·간막이 등의 배치가 있다.

④ 수직방향으로의 피난

㉠ 수직방향의 피난시설계획

화재발생시 고층건축물에서의 일상적인 수직동선은 승강기이며, 계단은 수직동선으로서 보조수단으로 1~2층간의 보행시에만 사용되지만 피난계획시에는 승강기의 사용이 불가능하므로 계단이 중요한 수직피난시설이 된다.

수직방향의 피난시설로서 주된 계단의 피난시설계획에 관한 일반적인 주의사항은 다음과 같다.

- 피난하는 사람들이 사용하는 계단실에는 외부로부터 연기가 침입하지 못하도록 계단실 내의 압력을 외부의 압력보다 높게 하여야 한다.
- 계단실에는 외부로부터 들어오는 연기의 침입을 방지하기 위한 방연설비를 하여야 하며, 계단실내에 충만되어 있는 연기를 배출하기 위한 제연설비를 하여야 한다.
- 계단실에는 2시간이상의 내화성능을 가진 방화구획을 설치하여야 한다.
- 피난층을 지나 지하층으로 내려가지 않도록 지하실과의 경계에는 확실한 방지대책을 실시하여야 한다.
- 계단실의 내장재료는 불연재료로 하고 특히, 손잡이 등에는 가연재료를 사용하지 않도록 하여야 한다.
- 계단실에는 한 사람이 넘어지면 연속적으로 많은 사람들이 넘어져 다칠 우려가 있으므로 바닥면의 미끄럼방지를 위한 조치와 난간 등을 설치하여야 한다.
- 피난계단은 직접 옥상층으로 피난이 가능하도록 옥상층까지 연결시킨다.

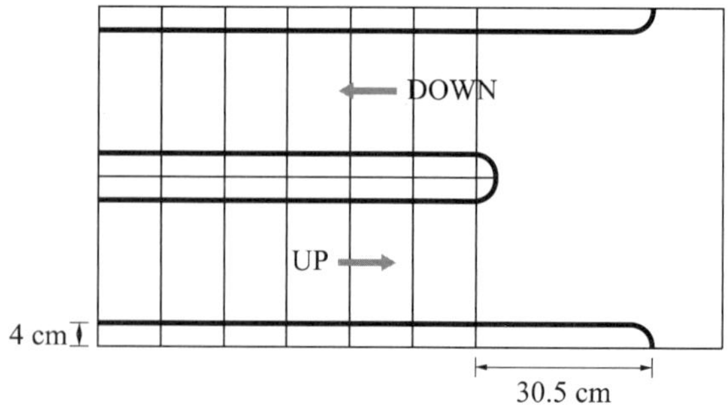

그림 4-6 양쪽 벽면에 설치한 난간

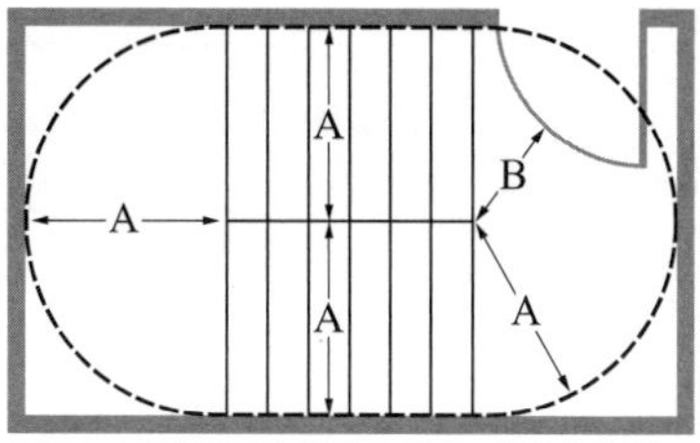

그림 4-7 계단 및 계단참의 폭

또한, 미국방화협회(NFPA)의 생명안전법규(life safety code)에 의하면 계단의 양쪽 벽면에 설치하는 난간은 앞의 그림 4-6에서 보는 바와 같이 계단참까지 30.5 cm이상 연결시키도록 하며, 사용에 편리하도록 벽과는 최소한 약 4 cm이상 떨어지게 설치하도록 규정하고 있다.

그리고 계단참에서의 회전반경을 계단의 폭과 동일하도록 규정하고 있으며, 출입문이 열리는 방향이 피난의 방향으로 개방되어야 하므로 계단실내로 개방되는 경우 출입구의 개폐할 수 있는 공간을 제외한 폭 B는 계단참의 회전반경 A의 1/2 이상으로 할 것을 규정하므로 위의 그림 4-7과 같이 나타낼 수 있다.

위의 그림 4-7은 계단실내의 출입구가 계단실의 방향으로 개방될 경우 이상적인 피난을 위한 계단실의 형태를 나타내주고 있다.

㉡ 수직방향으로 피난시의 안정성

건축물의 화재발생시 피난행동에 있어서의 제2의 행동은 수직방향으로의 피난이다.

특히, 화재가 발생된 층 또는 연기의 진입으로부터 피난을 위한 상층에서는 수평방향으로의 피난은 반드시 안전을 확보한 것은 되지 않고, 사람의 심리적 측면에서도 피난자는 될 수 있는 한 안전한 장소인 지상으로의 탈출을 시도한다.

수직방향으로 피난시의 수단으로 우선 첫번째로 생각하여야 하는 것은 피난하는 사람 자신의 힘으로 탈출하는 데 사용되는 계단이다.

건축물의 계획상으로는 계단으로 모든 사람이 안전하게 피난할 수 있도록 고려하게 되며, 로프·구조대·피난사다리·완강기 등과 같은 피난기구 등에 의한 탈출은 어디까지나 보조수단이고 소방사다리차 등에 의해 외부로부터의 구조수단은 부득이한 경우의 수단으로 생각하여야 한다.

그러나 어떤 일에 대해서도 절대로 안전한 장소가 존재하지 않는 것을 고려하면 피난계획상 피난기구 및 구조수단도 고려하지 않으면 안 된다.

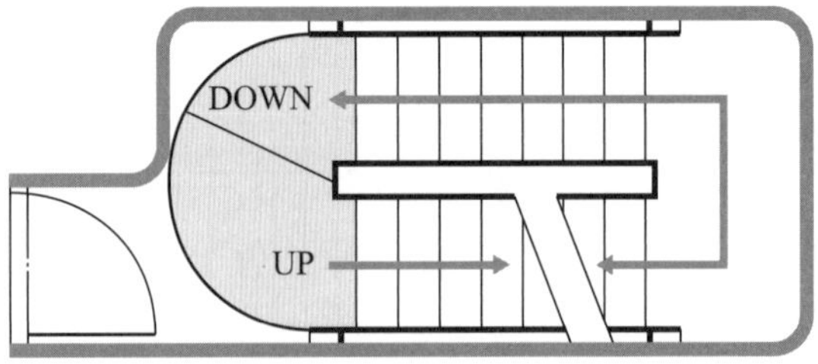

그림 4-8 건축물에 설치된 계단실

계단의 피난에 있어서 피난계획상 고려하지 않으면 아니되는 것은 계단이 가지는 피난능력(能力)이다.

일반적으로 피난능력은 계단의 폭 및 계단의 층별에 의해서 정하여진다.

위의 그림 4-8은 건축물에 설치된 계단실을 나타낸 것이다.

계단의 피난에 있어서 목(넥)이 되어 있는 것은 계단입구에 설치된 문의 폭이다.

통상 사무실·빌딩은 900~1,200 mm의 폭으로 된 문이 설치되어 있지만 피난하는 사람이 집중하는 계단의 입구는 상당한 혼잡을 이루게 되며, 최악의 경우 이른바 아치현상이 일어나게 되어 문의 유통계수이하의 처리능력밖에 발휘할 수 없는 것이 될 수도 있다. 그러나 이러한 문의 폭을 확대시키는 것은 생각한 정도의 효과를 기대할 수 없다. 그것은 상층부로부터 피난자에 의해서 중간층에서의 침입이 제한되기 때문이다.

일반적으로 상층부로부터의 피난하는 사람 7에 대한 중간층에서의 침입은 3(또는 6 : 4)이라고 하고 있으며, 이 때문에 크게 넓힌다하여도 유동계수는 상승하지 않는다.

초고층건축물에서 보든 특별피난계단인 다음의 그림 4-9는 안전구획인 부실이 계단앞에 설치되고, 이 장소는 외기(外氣)에 면하든가 또는 제연장치가 설치되어 제연장치내로 들어가면 일단 안전이 확보되도록 되어 있지만 그와 같은 계단전실(부실)을 설치함으로써 계단의 피난계획이 극히 유효하게 된다.

계단의 위치는 2방향 피난을 전제로 한 경우 그 위치는 건축물에 대해서 서로 대칭(마주보는) 위치에 있는 것이 바람직하다. 또한, 계단은 화재시에 역류(draft)하고 많은 화재사례에서도 그 결과 애써서 만든 역류(逆流)효과에 의해서 연도(煙道)가 될 가능성이 높으며, 많은 화재사례에 있어서도 그 결과 계단이 정상적으로 사용할 수 없게 되는 경우를 볼 수 있다.

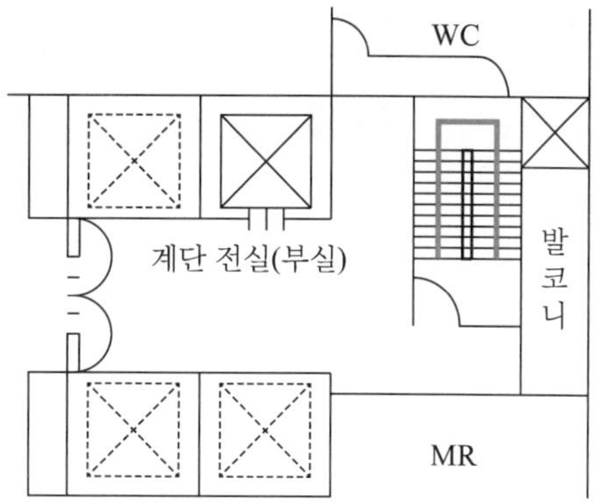

그림 4-9 특별피난계단

계단실내로 연기의 진입을 방지하고, 동시에 2개소의 계단실이 사용불능이 되지 않도록 하기 위해서는 계단실의 위치를 서로 떨어지게 하는 방법이 바람직하다.

또한, 최근의 초고층건축물을 보면 건축물내에서 일상적으로 근무하는 사람들은 거의 계단을 사용하고 있지 않다. 그러하므로 건축물내에 일상적으로 근무하는 사람들인 경우 화재가 발생하면 계단의 위치를 확인하는 데 시간이 지연되든가 또는 찾지못하는 수도 있으므로 평상시 피난계단(피난계단 또는 특별피난계단)의 설치 위치를 숙지하여야 한다.

위의 그림 4-9와 같이 계단의 위치는 평소 반드시 이용하는 화장실 등의 옆에 설치하여 가능하면 평상시에도 계단을 이용하도록 동선(動線)의 처리를 고려하여야 한다.

⑤ 피난시설의 안전구획

건축물에 수용되어 있는 사람들은 건축물에 화재가 발생한 경우보다 안전하고 신속한 방법으로 피난하려고 하는 본능을 가지고 있다. 이 때문에 피난경로는 항상 안전한 부분으로 설치되어 있지 않으면 아니 된다.

많은 화재사례에서도 보는 바와 같이 안전하다고 생각하여 피난하고자 하는 방향에서 연기가 진입하여 온다면 사람들은 순간적으로 정신을 잃고, 피난할 방향도 잃게 된다.

건축물에서 화재가 발생한 경우 지상으로 안전하게 피난하는 방법에는 2가지 종류가 있다.

첫번째는 건축물의 각 층에 수용되어 있는 사람들이 중앙부분에서 양쪽으로 설치된 계단으로 분리하여 피난하는 방법이며,

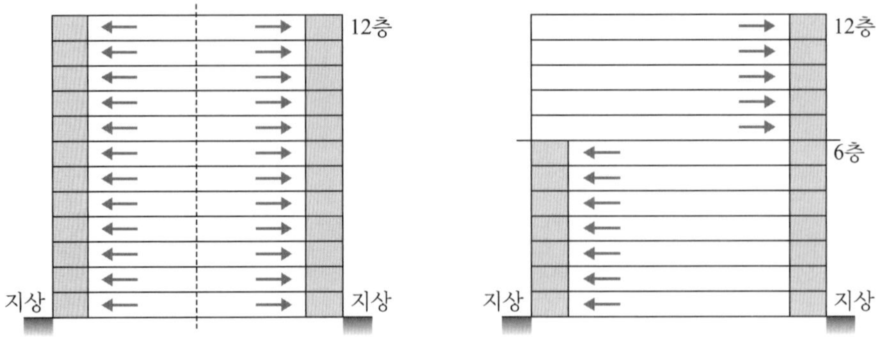

그림 4-10 건축물의 화재시 계단을 이용한 피난방법

두번째는 건축물의 저층부에 수용되어 있는 사람은 한쪽 방향에 설치된 피난계단으로, 고층부에 수용되어 있는 사람은 다른 방향에 설치된 특별피난계단을 통하여 피난하는 방법이 있다.

위의 그림 4-10은 건축물에서의 화재발생시 건축물의 중앙부를 중심으로 양측에 설치된 계단으로, 저층부와 고층부로 분리하여 양측 방향에 설치되어 있는 피난계단과 특별피난계단을 이용하여 지상으로 피난하는 2가지의 피난형태(종류)를 나타낸 것이다.

또한, 건축물에 안전구획을 설치하는 경우에는 복도를 제1차안전구획, 계단전실(부실)을 제2차안전구획, 계단을 제3차안전구획으로 구분하여 계획한다.

㉠ **제1차안전구획(복도)**

제1차안전구획인 복도는 거실에 비하여 불연화(不燃化)하기 쉬우므로 혹시 화재가 발생된 거실이 플래시-오버(flash-over)상태가 되어 복도로 나오면 일시적으로는 안전이 확보된다. 이 때문에 연기의 진입을 될 수 있는 한 방지하기 위해서 거실의 제연에 의해서 피난의 방향으로 연기를 유출시키지 않도록 하여야 한다.

또한, 많은 사람들이 이용하는 복도는 다음의 피난지점인 계단전실(부실)이나 계단의 위치를 확실하게 알 수 있도록 명시하고 또는 무의식상태의 행동으로도 도달할 수 있도록 계획하여야 한다.

㉡ **제2차안전구획(계단전실, 부실)**

작은 규모의 건축물에서는 계단전실(부실)의 설치는 의무화되어 있지는 않으나 규모가 큰 건축물에서는 계단입구에서의 제약으로 인하여 계단으로 진입하지 못하는 사람이 있어 계단입구 앞은 상당한 혼잡이 예상된다. 그러므로 계단 앞에 계단전실(부실)을 설치하여 안전구획으로 하는 것은 심리적으로도 대단한 효과가 있다.

계단전실(부실)은 완전하게 불연화 및 방연(防煙)처리하고, 될 수 있는 한 외기(外氣)에 접하도록 하여 주면 피난하여야 할 우선층의 피난을 완료할 때까지 대기할 수가 있어서 계단의 피난처리능력을 현저하게 증가시킬 수 있다.

건축물에 설치하는 계단전실(부실) 크기는 그 해당 층에 수용되어 있는 모든 사람을 동시에 수용할 수 있으면 가장 현명한 방법이지만 계단전실(부실)에 동시에 체류할 수 있는 사람의 수는 0.2～0.3 m^2/인으로 하면 적합하다.

㉢ **제3차안전구획(계단)**

계단은 건축물내의 사람들이 피난하는 데 가장 중요한 통로이므로 최후까지 사용할 수 있도록 안전을 확보하지 않으면 아니 된다. 그러기 위해서는 계단마다 설치한 문(갑종방화문)은 화재감지기 또는 사람의 수동조작에 의해 폐쇄하는 것은 물론이지만 출입하는 사람이 많으면 문이 개방되어 있는 시간이 길고, 그만큼 연기의 진입량이 많아지게 된다. 이러한 연기의 진입(침입)을 방지하기 위해서 부실을 설치하는 것이 가장 효과적이지만 부실이 설치되지 않는 경우라도 방연수직벽 등에 의해서 연기의 침입을 지연시키는 것이 필요하다.

다음의 그림 4-11은 건축물에 설치된 안전구획으로서 거실로부터 지상까지 피난하는 피난경로를 나타낸 것이다.

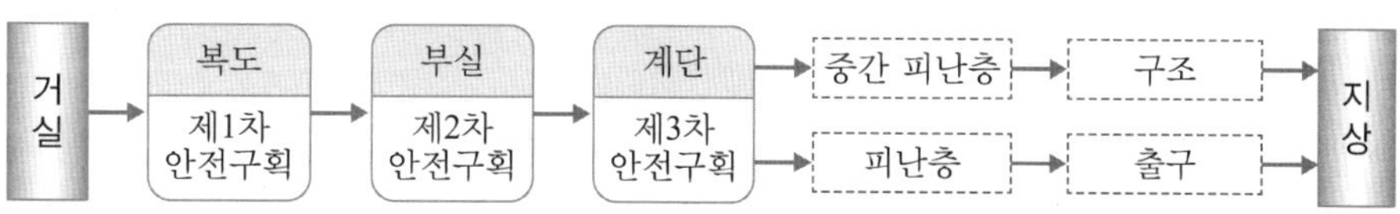

그림 4-11 거실로부터 지상까지의 피난경로

⑥ 용도별 건축물의 피난계획

건축물의 피난계획을 건축물이 사용되는 용도에 따라 특수한 성질을 참작하여 계획하되 특히 주의하여야 할 사항은 다음과 같다.

㉠ **백화점·지하가(지하상가)의 피난시 안전계획**

백화점·지하상가 등의 상업시설은 재해에 대해서 가장 위험한 건축물에 해당된다. 또한, 백화점·지하상가는 불특정다수의 사람이 집합하는 시설로서 부녀자·아이들과 같은 재해시에 본인의 의지로서 자유롭게 행동할 수 없는 사람이 많다는 것도 피해를 크게 하는 것이 된다. 또한, 건축적으로는 큰 공간으로서 여러장소의 환풍구·에스컬레이터 등의 견혈(堅穴)이 통하여 있고, 연소하기 쉬운 의류·책·가구류 뿐만 아니라 유독성가스를 발생하는 것 등 그 어느 것을 취하여도 위험을 증가시키는 요인들이 많다.

이들의 가연물질 하나하나에 대해서 방지대책을 강구할 필요가 있지만, 우선 첫 번째는 화재·폭발·지진·태풍·낙뢰(번개) 등으로부터 재해발생을 저지하는 것이다. 그렇지만 백화점 등에 있어서 화재의 발생요인은 여러장소에 산재되어 있다. 그 요인 중 대표적인 것으로는 담배꽁초를 들 수 있는 데 여기에서도 불특정다수의 사람에 의해서 재해가 발생되고 있으나 담배꽁초의 처리를 철저히 단속한다는 것은 불가능하다.

많은 상품을 진열하여 판매를 목적으로 하는 백화점은 항상 장식과 진열하는 가구 등을 교환하기 위해 부분적인 공사가 이루어지고 있으므로 다른 건축물에 비하여 화재를 일으키는 점화원의 사용·취급회수가 많아 화재를 일으킬 위험성이 높다. 이들에 대해서는 초기소화를 중점적으로 고려하지 않으면 아니 되며, 그러하기 위해서는 특히, 자동소화설비인 스프링클러설비의 설치가 효과적이다.

㉡ 극장·영화관 등의 피난시 안전계획

극장·영화관 등에서의 피난상의 특징은 불특정다수인 공중(公衆)이 많다는 것이다.

극장·영화관은 사무실이 6～8 m^2에 한 사람인 데, 비하여 0.66 m^2에 한 사람으로 수용하는 인구밀도가 상대적으로 높으며, 이 인구밀도는 백화점에 있어서의 바겐세일 매장의 인구밀도에 해당된다.

건축적인 측면에서 고려할 때 무창층의 대공간으로서 연기의 유동이 빠르며, 자연제연방식에 의한 자연제연은 적용하기 어렵다는 뜻이다.

극장·백화점의 특징은 천장(天障)이 높고, 공기의 체적이 크다는 것으로서 상부에 충만되어 있는 연기를 강력한 제연장치로 제연하면 연기의 제어가 가능하다.

극장·영화관의 피난에 있어서 주의할 것은 많은 사람을 짧은 시간에 실내부에서 외부로 퇴장시키는 것이다.

특히, 통로의 폭은 시·도의 조례에 의해서 정하여져 있지만 통로의 정면에는 반드시 출구가 있도록 출입문의 폭·위치·개수 등 모든 부분에 이르기까지 주의를 요한다.

극장·영화관 등은 내부가 항상 어둡게 되어 있으므로 어두운 실내부에서 외부로의 피난은 패닉(panic)현상을 유발하고, 비상구로 모두 몰려드는 결과를 낳기 때문에 발아래의 조명·유도등의 설치 또는 방송에 의한 정확한 정보도 중요한 요소이다.

극장·영화관의 로비는 제1차안전구획으로서의 역할이 중요하며, 많은 관객이 일시적인 피난장소로서 체재(滯在)할 수 있는 장소로 로비밖에 없으므로 이 때문에 연소의 방지 및 연기의 침입방지에 주의할 필요가 있다.

㉢ **주거시설의 피난시 안전계획**

호텔·여관·아파트 등과 같은 숙식 및 주거시설에서의 공통적인 특징은 취침시 화재로부터 피난이라고 하는 재해의 감지·통보·연락 등이 곤란한 것이다.

많은 주거시설의 화제사례에서도 보는 바와 같이 대피 및 피난의 지연으로 인하여 많은 소사자(燒死者)가 발생할뿐만 아니라 부상자도 다수 발생되므로 주거시설인 호텔·여관·아파트 등을 축조할 경우 피난에 대한 안전계획이 매우 중요하다 하겠다.

호텔·여관 등에서의 일시적인 숙박자는 피난경로를 알지 못하게 되며, 여관의 대부분은 증축을 반복하여 더욱더 미로화(迷路化)된 복도·계단 등으로 인하여 피난하기에 어려운 여건이 조성되고 있는 실정이다.

화재발생시 피난의 목적으로 설치된 비상계단을 방범을 이유로 시정장치(자물쇠로 채워두는 행위)를 함으로써 개방할 수 없어 사용이 불가능하므로 인하여 많은 사상자를 발생케 한 사례도 있어 비상계단의 유지·관리에 최선을 다하여야 한다.

아파트의 경우 노약자·부녀자도 피난하는 사람들 중에 포함되어 있으므로 통산 피난계획보다 안전계수를 크게 고려하여야 하며, 2방향으로의 피난을 확보하기 위해서 발코니(베란다) 등이 유효하고 가로방향으로 설치된 베란다는 이웃과의 간막이를 간편하게 파괴하여 대피장소로 활용할 수 있다.

아파트 등에 설치된 베란다 등은 아래층의 화재가 상부에 있는 층으로 화재의 확산을 방지하는 기능을 함으로써 안전계획으로서 효과적이라 할 수 있다.

병원에 있어서는 피난하는 사람들의 대부분이 환자이므로 병상에 누운채로 있는 경우도 있으므로 계단만으로는 피난시키기 어려우므로 로프 등을 만들어서 외벽주위가 넓은 베란다를 설치하여 외부로부터의 구조활동을 용이하게 하는 것이 중요하다.

(4) 피난행동의 특성

① 피난행동의 특징

건축물에서의 피난계획을 수립하는 데 있어서 사람의 피난행동의 실태를 파악하여 둘 필요가 있다. 여기에서 과거에 있었던 실제의 화재에 대한 재해시 사람이 어떠한 행동 및 행위를 하였는가를 그 시점에서의 심리상태별로 알아보기로 한다.

㉠ **패닉(panic)상태에서의 행동**

건축물의 화재시 이러한 상태에서 피난하는 사람들은 상상을 초월한 행동을 하게 된다. 예를 들면, 대연각호텔 화재사건과 같이 대규모의 화재시 죽음의 다이빙 등의 행동이 현실적으로 일어나게 된다. 이들은 자기자신의 결의에서 행동하였는지 또는 위에서 밀어 떨어진 것인지는 알 수 없지만 일반적인 사람으로서는 상식적인 행동이라고 볼 수는 없다.

㉡ **긴장상태에서의 행동**

건축물에 화재가 발생하는 경우 연기 또는 화세(火勢)를 보든가 피난하는 사람의 비명에 의해서 사람의 심리상태는 긴장상태가 된다. 이때의 행동은 사람에 따라서는 다르나 화재가 발생한 장소에서 상식적으로 생각할 수 없는 강한 힘을 발휘한다든가, 반대로 자기로서는 무엇을 하여야 좋은가, 또는 어느 장소로 피난하면 좋은가 알 수 없는 경우도 생기게 된다.

그들은 자기자신이 판단할 수 없고 전적으로 '오합지졸(烏合之卒)'이 되기 때문에 강력한 피난지시가 필요하다.

㉢ **비교적 평형상태에서의 행동**

건축물내부에 화재가 발생한 초기 또는 적절한 방재조치가 이루어진 건축물에서는 통보에 의해 화재의 발생을 감지 또는 적은 양의 연기·냄새에 의한 감지 등으로 피난하는 사람은 비교적 평형상태를 유지하며, 행동할 수가 있고 우선 화재장소의 발견 또는 소화작업·물건의 반출 등의 행동을 취할 수가 있다. 만일, 이 시점에서 통보 또는 피난지시가 적절하지 못하면 후에 패닉(panic)상태로 전환된다.

② 피난행동의 성격

건축물에 화재가 발생하면 건축물내에 수용되어 있는 사람들은 안전한 장소로 신속·정확하게 피난하여야 하며, 피난하는 사람들은 피난시 계단보행속도, 군집보행속도, 군집유동계수 등으로 인하여 행동에 많은 영향을 받는다.

㉠ **계단보행속도**

수평방향의 피난에서는 군집보행속도가 문제가 되어 수평방향으로의 보행은 걷는 속도로 나타나지만 수직방향에 대한 피난에서는 계단의 보행이 문제가 된다.

이것은 보행하는 수에 의해서 나타내며, 계단보행에서는 수평방향에서 보는 것과 같은 자유보행속도는 현저하게 나타나지는 않는다.

ⓛ **군집보행속도**

평상시에 사람은 자기자신이 아무런 제약도 받지 않는 경우 각 사람의 생각대로의 속도로 걷게 된다. 이러한 보행속도를 자유보행속도라고 하며, 일반적으로 0.5～2 m/s의 속도를 유지하면서 걷게 된다. 그러나 혼잡한 시가지에서는 뒤에 오는 보행자가 걸어 나가기가 어렵게 되므로 앞 사람의 보행속도에 동조(同調)하여 걷게 된다. 이와 같은 상태의 보행속도를 군집보행속도라고 한다.

ⓒ **군집유동계수**

화재발생시 피난행동에서 가장 피난시간을 지연시키는 원인은 협소한 출구나 계단 등으로 많은 사람이 동시에 빠져나가려고 할 때에 일어나는 체류현상이고, 그러한 상태에서는 어느 일정한 사람수 만큼밖에 통과할 수 없다. 이것을 단위폭(1 m), 단위시간(sec)으로 나타낸 것이 군집유동계수이다.

건축법규에서는 출입구의 장애효과 등을 고려하여 일률적으로 1.33 인/m · s을 사용하고 있다.

2 건축물의 안전관리

(1) 출화예방대책

건축물에서 출화(出火)란 건축물내부에 화재가 발생하여 초기화재의 단계를 지나 본격화재화가 되는 순간의 경계를 말하는 것으로 모든 화재는 화재의 출화에 이르기전에 소화업무가 종료되어야 한다.

화재의 출화예방에서 가장 중요한 것은 화재가 발생되지 않도록 유효한 예방대책을 계획·수립하여 관리하는 것이다.

① 건축물의 완전불연화

건축물의 구조재료 및 실내내장용 재료 등을 모두 불연화함으로써 화재하중(火災荷重)을 될 수 있는 대로 적게할 수 있으며, 불연화하기 위해서는 다음과 같은 사항이 고려되어야 한다.

㉠ **건축물 내장재료의 불연화**

건축법규에서는 건축물에 사용되는 내장재료는 불연재료·준불연재료 또는 난연재료를 사용하도록 규정하고 있다.

㉡ **설비재료의 불연화**

일반설비의 기자재 및 배관·덕트류의 보온·보냉재료를 불연화한다.

㉢ **수납물질의 양을 최소화**

연소가 용이한 수납물의 양을 적게 하고, 가연물질의 양을 규제한다. 가연물질은 그 물질의 성질에 따라 기상·액상 및 고상으로 구분된다.

② 화기사용장소의 관리 및 제한

화기를 사용하는 장소는 화재를 일으킬 위험성이 많으므로 화기를 사용하는 설비의 규모·종별에 따라서 특히, 충분한 대책을 강구한다.

㉠ 화기는 제한된 장소에서만 사용하고, 사용·취급 및 관리시에는 항상 화기취급책임자의 지시·감독을 받아야 한다.

㉡ 화기에 사용하는 연료의 성상에 따라 방유제(防油堤)·누전경보기·가스누설경보기 등을 설치한다.

㉢ 화기에 공급하는 연료가 완전히 연소하도록 공기를 충분하게 공급하여 주며, 연소가스의 배출을 위해 환풍시설을 한다.

㉣ 화기를 사용하는 장소의 구조 및 내장재료는 불연화한다.

㉤ 상시 폐쇄식의 방화문 또는 화재발생시 연기감지기나 열감지기에 의해서 작동되는 방화문을 설치한다.

㉥ 주요 피난경로로부터 떨어진 위치 또는 화재발생시 이웃한 거실(실)에 영향을 적게 주는 장소를 선택한다.

화기를 사용하는 장소에는 소방안전관리 체제와 소방안전관리 업무일지를 작성케 하고, 화재예방·훈련·피난·확인·유도·지령 및 초기소화 등을 위해 소방에 협력할 수 있는 사람에게 반복훈련을 시킨다.

㉦ 화기사용기기·기구에 적합한 연료만을 사용하여야 하며, 화기사용이 종료되었을 때에는 사용연료의 안전관리에 최선을 다하여야 한다.

(2) 화재의 감지·경보설비 등

화재의 발생을 신속하게 자동적으로 발견 또는 수동조작에 의해 그 실태를 정확하게 파악하여 건축물내의 모든 사람들에게 신속·정확하게 전달·경보하고, 초기소화나 피난·제연 그 밖의 화재에 대한 조치가 유효적절히 이루어지도록 설치하는 자동화재탐지설비·비상경부설비·누전경보기·자동화재속보설비·가스누설경보기 등을 말한다.

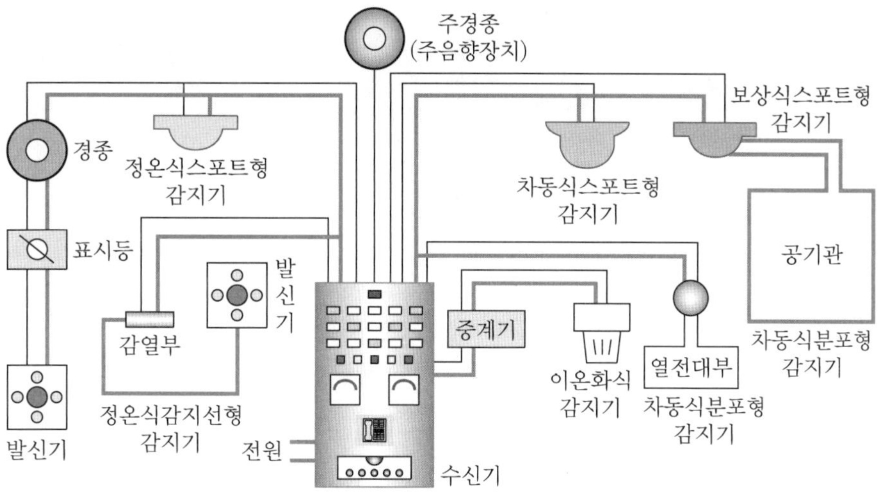

그림 4-12 자동화재탐지설비의 구조(계통도)

① 경보설비

㉠ 자동화재탐지설비

경보설비인 자동화재탐지설비는 화재의 초기(初期火災)에 있어서 화재를 신속·정확하게 탐지하여 건축물내의 모든 사람들에게 화재의 발생을 통보하는 가장 일반화되어 있는 경보설비이다.

자동화재탐지설비는 감지기·발신기(M형발신기 제외)·수신기(M형수신기 제외)·경종 또는 중계기 등으로 구성되어 있으며, 그 구조는 위의 그림 4-12와 같다.

- 감지기
  화재시에 발생하는 열 또는 연소생성물(연기)로 인하여 화재의 발생을 자동적으로 감지하여 그 자체에 부착된 음향장치로 경보를 발하거나 이를 수신기에 발신하는 것을 말한다.
- 발신기
  화재의 발생신호를 수신기 또는 중계기에 수동으로 발신하는 것을 말한다.
  또한, 발신기는 수동으로 각 발신기의 공통신호를 수신기 또는 중계기에 발신하는 것으로서 발신과 동시에 통화가 되지 아니하는 P형발신기, 수동으로 각 발신기의 공통신호를 수신기에 발신하는 것으로서 발신과 동시에 통화가 가능한 T형발신기 및 수동으로 각 발신기의 고유신호를 M형수신기에 발신하는 M형발신기로 구분된다.
- 수신기
  자동화재탐지설비 중 감지기나 발신기에서 발하는 화재신호 또는 탐지부에서 발하는 가스누설신호를 직접 수신하거나 중계기를 통하여 수신하는 것으로서 소방대상물의 관계자에게 경보를 발하거나 소방관서에 통보하여 주는 장치를 말한다.

- 경종(음향장치)
  감지기 및 발신기로부터의 화재신호를 수신기의 연동기구에 의해서 연동시켜 음향으로 알리는 부분을 말한다.
- 중계기
  감지기 또는 발신기(M형발신기는 제외)의 작동에 의한 신호 또는 가스화재탐지기의 탐지부에서 발하여진 가스누설신호를 받아 이를 수신기(M형수신기는 제외) 또는 가스화재탐지기의 수신부에 발신하며, 소화설비·제연설비 그 밖의 이와 유사한 방재설비에 제어신호를 발신하는 것을 말한다.
- 배선
  자동화재탐지설비를 구성하는 감지기·발신기·중계기·수신기 등과 접속시켜 주는 기능을 가진 것으로 IV·ITV 전선 등으로 구분된다.
- 전원
  자동화재탐지설비 전체를 정상으로 작동시키는 데 필요한 전력을 공급하는 기능을 하는 것으로서 상용전원·비상전원 및 예비전원으로 구분된다.
- 방폭형(감지기·발신기 등)
  폭발성을 가진 가연성가스가 용기내부에서 폭발하였을 때 용기가 그 압력에서 견디거나 또는 외부의 폭발성가스에 인화될 우려가 없도록 만들어진 제품의 형태이다.
- 발신기의 구분
  발신기는 앞에서도 설명한 것과 같이 기능에 따라 P형·T형 및 M형으로 구분되며, 설치장소에 따라 옥외형과 옥내형으로 구분된다. 또한, 방폭구조의 유무에 따라 방폭형 및 비방폭형으로, 방수형 유무에 따라 방수형 및 비방수형으로, P형발신기는 수신기와의 전화연락이 가능한 1급과 그러하지 아니한 2급으로 구분된다.
- 감지기의 설치제외 장소
  일반적으로 화재의 조기발견을 위해 가능한 한 열감지기보다는 연기감지기의 설치가 요구되고 있다.
  다음의 장소에는 감지기의 설치가 제외되고 있다.
  ⓐ 천장 또는 반자의 높이가 20 m이상인 장소. 다만, 국민안전처장관이 고시하는 장소는 제외한다.
  ⓑ 헛간 등 외부와 기류가 통하는 장소로서 감지기에 의하여 화재의 발생을 유효하게 감지할 수 없는 장소
  ⓒ 부식성가스가 체류하고 있는 장소
  ⓓ 고온도 및 저온도로서 감지기의 기능이 정지되기 쉽거나 감지기의 유지·관리가 어려운 장소
  ⓔ 목욕실·변소 그 밖의 이와 유사한 장소
  ⓕ 파이프덕트 그 밖의 이와 유사한 것으로서 2개층마다 방화구획된 것이거나 수평단

면적이 3 m^2이하인 것

ⓖ 먼지·가루·수증기가 다량으로 체류하는 장소 또는 주방 등 평상시에 연기가 발생하는 장소(연기감지기에 한한다.)

ⓗ 실내의 용적이 20 m^2이하인 소규모의 장소(차동식 및 연기감지기를 설치하는 경우)

ⓘ 그 밖의 화재발생의 위험이 적은 장소로서 감지기의 유지·관리가 어려운 장소

• 감지기의 설치방법

자동화재탐지설비의 감지기를 소방대상물에 설치하려면 '소방기술기준에 관한 규칙'의 제85조(자동화재탐지설비의 감지기)의 규정에 따라 감지기의 종류, 설치하는 장소, 설치위치 등에 적합하도록 하여야 한다.

• 음향장치의 설치

음향장치는 그 음량·음색을 주위의 소음과 구분할 수 있도록 설치하여야 한다.

지구음향장치의 설치는 각 층마다, 해당 층의 각 부분으로부터 하나의 지구음향장치까지의 수평거리가 25 m이하가 되게 설치하여야 한다.

또한, 간막이 등에 의해서 유효하게 통보할 수 없는 경우는 그 상황에 따라 증가시켜도 된다.

음향장치는 수신기의 내부 또는 가까운 위치에 설치하는 주음향장치, 각 층 또는 각 부분마다 설치하는 지구음향장치로 구분된다.

• 수신기의 설치

수신기는 항상 사람이 근무하거나 상주할 수 있는 장소로서 일반적으로 중앙관리실·수위실 등에 설치하여야 한다. 또한, 수신기를 설치할 때에는 다음의 기준에 적합하여야 한다.

ⓐ 수신기를 설치하는 장소에는 경계구역의 일람도를 비치할 것

ⓑ 수신기의 음향기구는 그 음량 및 음색이 다른 기기의 소음 등과 명확히 구분될 수 있는 것으로 할 것

ⓒ 수신기는 감지기·중계기 또는 발신기가 작동하는 경계구역을 표시할 수 있는 것으로 할 것

ⓓ 하나의 표시등에는 하나의 경계구역이 표시되도록 할 것

ⓔ 하나의 소방대상물에 2이상의 수신기를 설치하는 경우에는 수신기가 설치된 장소 상호간에 동시통화가 가능한 설비를 설치할 것

• 전원의 설치

자동화재탐지설비에 사용되는 전원은 앞의 전원에서도 설명한 것과 같이 상용전원·비상전원 및 예비전원으로 구분되며, 비상전원인 경우에는 해당 설비의 부하에 따라 해당 설비를 10분이상 작동할 수 있는 용량이상으로 하여야 한다.

• 배선의 설치

배선은 전기설비기술기준에 관한 규칙외에 600V 2종비닐절연전선(KSC 3328) 또는 이와 동등이상의 내열성이 있는 전선을 사용하고, 내화구조로 된 주요구조부에 매설하거나 이와 동등이상의 내열효과가 있는 방법에 의하여 보존되도록 하여야 한다.

㉡ **비상경보설비**

비상경보설비는 화재의 발생을 건축물내의 사람들에게 알리는 설비로서 비상경보설비와 비상경보기구로 구분된다.

또한, 비상경보설비에는 비상벨·자동식사이렌·방송설비 등이 있으며, 비상경보기구에는 경종·휴대용확성기·수동식사이렌 등이 있다.

자동화재탐지설비는 그 자체에서 경보가 가능하므로 비상벨이나 자동식사이렌을 설치할 필요가 없지만 비상경보설비의 방송설비는 지하가 및 모든 용도의 소방대상물로서 일정 규모이상(11층이상의 것 또는 지하층의 층수가 3이상인 것)이 되는 경우에 한하여 설치의무가 부여된다.

- 비상벨·자동식사이렌의 주요 구성성분
  - ⓐ 기동장치
    화재가 발생하였을 때 음향장치 또는 조작장치에 신호를 보낼 수 있는 비상용 누름 스위치를 작동시킨다.
  - ⓑ 조작장치
    기동장치로부터 경보를 수신하여 필요한 층에 자동 또는 수동조작에 의해 경보를 할 수 있는 장치를 말한다.
  - ⓒ 음향장치
  - ⓓ 표시등
    기동장치의 설치위치를 명시하는 적색의 등화이다.

㉢ **누전경보기**

사용전압 600V이하인 경계전로의 누설전로를 검출하여 해당 소방대상물의 관계자에게 경보를 발하는 설비로서 변류기와 수신부로 구성되어 있다.

- 누전경보기의 주요 구성성분
  - ⓐ 수신부
    누전경보기의 변류기로부터 검출된 신호를 수신하여 누전의 발생을 해당 소방대상물의 관계자에게 경보하여 주는 것을 말한다.
  - ⓑ 변류기
    경계전로의 누설전류를 자동적으로 검출하여 이를 누전경보기의 수신부에 송신하는 것을 말한다.
- 누전경보기의 설치가 제외되는 장소
  - ⓐ 가연성의 증기·먼지·가스 등이나 부식성의 가스·증기 등이 다량으로 체류하는 장소
  - ⓑ 화약류를 제조하거나 저장 또는 취급하는 장소

ⓒ 습도가 높은 장소
ⓓ 온도의 변화가 급격한 장소
ⓔ 대전류회로·고주파발생회로 등에 의한 영향을 받을 우려가 있는 장소

㉣ 가스누설경보기

가연성가스인 액화석유가스·도시가스·액화천연가스·암모니아 등을 저장·취급 또는 사용하는 장소에 설치하여 가스의 누설을 탐지하여 이들의 가스로 인한 화재를 미연(사전)에 방지하기 위하여 설치하는 경보설비이다. 또한, 가스누설경보기는 가연성가스의 누설을 탐지하는 탐지부와 탐지부로부터의 가스누설신호를 수신하는 수신부로 구성되어 있으며, 가스의 누설을 탐지하는 탐지부와 수신부가 분리되지 않고 일체로 되어 있는 독립형과 탐지부와 수신부가 분리되어 있는 분리형으로 구분되고 있다.

- 탐지하는 가스의 종류에 따른 구분
  - ⓐ 액화석유가스용
    액화석유가스(LPG)는 대부분 프로판과 부탄으로 구성되어 있으며, 비중이 공기보다 무거워 실내에 누설되면 바닥면에 체류하므로 바닥면으로부터 높이가 30 ㎝이내가 되도록 설치하여야 한다.
  - ⓑ 도시가스용 및 액화천연가스용
    도시가스(메탄이 주성분) 및 액화천연가스(메탄이 주성분)는 비중이 공기보다 가벼워 실내에 누설되면 천장면에 체류하게 되므로 천장면으로부터 밑으로 30 cm이내가 되게 설치하여야 한다.

- 경보농도
  해당 가스누설경보기가 경보를 발하였을 때의 누설가스에 대한 경보농도는 폭발한계 하한계 값의 1/4이하이어야 하므로 액화석유가스용·도시가스 및 액화천연가스용 가스누설경보기의 경보농도(공기 중에서의 V%)는 다음의 식에 의해서 산출된다.
  - ⓐ 액화석유가스용 가스누설경보기(시험용 가스는 아이소부탄)

$$\begin{aligned} \text{경보농도}(C) &= \text{아이소부탄의 폭발하한계}(\text{V\%}) \times 1/4 \\ &= 1.8\text{V\%} \times 0.25 \\ &= 0.45\text{V\%} \qquad \therefore\ 0.45\text{V\%} \end{aligned}$$

  - ⓑ 도시가스용 및 액화천연가스용 가스누설경보기(시험용가스는 수소 또는 메탄)
    i) 누설가스가 수소(H_2)인 경우

$$\begin{aligned} \text{경보농도}(C) &= \text{수소}(\text{V\%}) \times 1/4 \\ &= 4.0\text{V\%} \times 0.25 \\ &= 1.0\text{V\%} \qquad \therefore\ 1.0\text{V\%} \end{aligned}$$

ii) 누설가스가 메탄인 경우

$$
\begin{aligned}
\text{경보농도}(C) &= \text{메탄}(\text{V\%}) \times 1/4 \\
&= 5.0\text{V\%} \times 0.25 \\
&= 1.25\text{V\%} \qquad \therefore\ 1.25\text{V\%}
\end{aligned}
$$

② 계획상의 주요 주의사항

㉠ 각 설비의 조작부가 2이상 분리되어 있는 경우에는 기능의 일체화와 이들 상호간의 동시통화가 가능한 설비로 한다.

㉡ 증폭기조작부의 설치장소는 방재상 피난·대피가 안전한 장소로서 소방대에 의한 사용이 편리한 위치에 설치한다.

㉢ 필요한 층에 대한 선택이 용이하며, 화재통보 및 피난 등에 대한 방송이 가능하도록 한다.

㉣ 비상방송설비의 스피커를 일반방송과 겸용하는 경우는 비상방송에 지장이 없는 구조와 기능을 가지는 것으로 한다. 또한, 스피커회로의 배선은 층별로 하고, 화재의 열에 의한 장애를 다른 층으로 확산시키지 않도록 한다.

㉤ 상용전원의 차단시 사용이 가능하도록 비상전원을 반드시 부설한다.

(3) 초기소화 설비계획

화재의 발화예방과 화재의 초기발견이 방재계획에서 가장 중요하다는 것은 앞에서도 설명하였으나 부득이한 경우로 화재가 발생한 경우 화재가 확산되지 않은 화재의 초기(初期)라면 간단한 소화용구로 화재를 진압할 수가 있지만 시기를 상실하고 소화방법을 그르치면 대형화재로 발전시키게 된다. 따라서, 초기소화가 화재의 확대방지와 대형화재를 방지할 수 있는 얼마나 중요한가를 알 수 있다.

초기소화를 위한 초기소화설비에는 소화기(자동식·수동식소화기)·옥내소화전설비·스프링클러설비 등이 있으며, 전기설비·유류저장시설·대단위석유화학단지 등에 설치하는 특수소화설비(포소화설비·이산화탄소소화설비·할로겐화합물소화설비·분말소화설비)가 있다.

이러한 소화설비(초기소화설비)에 추가하여 비상전원, 비상용조명설비는 없어서는 아니 되는 설비이다.

초기소화설비의 계획에 있어서는 이들 설비의 기능 적응성이나 소화효과(작용)를 충분히 이해하고, 어떠한 장소 및 가연물질에 어떠한 소화설비가 적합한가 또는 어떻게 시설을 하여야만 초기소화에 최대한 효과를 얻을 수 있는가를 고려하여 계획하여야 한다.

(4) 본격소화설비

건축물에 화재가 발생하면 화재의 전기(前期)과정인 초기화재단계에서 완전한 소화가 이루어져야 하나 초기화재과정에서 완전하게 소화업무가 이루어지지 않아 본격화재로 발전되었을 때 사용하기 위해서 설치하는 소화설비이다.

본격화재를 소화하기 위해서 사용되는 설비에는 옥외소화전설비 · 동력소방펌프설비 · 연결살수설비 · 연결송수관설비 · 제연설비 · 연소방지설비 등이 있다.

(5) 비상전원 · 비상조명등

재해(災害)시에 종종 옥내에 설치된 배선이 단락(합선)을 일으켜서 상용전원이 정전되어 방재설비뿐만 아니라 그 밖의 설비에 전원을 공급하는 전기계통의 기능이 정지되고, 많은 사람들의 초기소화활동 및 피난 · 대피활동에도 피해를 주는 경우가 있다.

건축물로부터 대피 · 피난하기 위해서는 피난에 장애가 되지 않도록 확실한 피난로의 예시와 함께 상용전원이 아닌 비상전원에 의한 전원의 공급이 용이하여야만 피난 · 대피시 피난통로에서의 체류 및 피난하는 사람들이 패닉(panic)상태에 도달하지 않게 된다.

① 비상전원

㉠ 종류와 성능

비상전원은 자가발전설비, 비상전원 전용수전설비 및 축전지설비로 분류되고 있으며, 대부분의 소화설비에 사용되는 비상전원의 용량은 20분으로 되어 있으므로 적어도 비상전원의 용량은 20분이상으로 하여야 한다. 그러나 자동화재탐지설비 · 포소화설비의 비상전원의 용량은 10분이상으로, 무선통신보조설비 증폭기의 비상전원용량은 30분이상으로 하여야 한다.

㉡ 설치시 주의사항

- 점검에 편리하고, 화재 등의 재해에 의한 피해를 받을 우려가 적은 곳에 설치한다.
- 다른 전기회로의 개폐기 또는 차단기에 의해서 차단되지 않아야 한다.
- 불연재료로 된 기둥 · 바닥 · 벽 천장(천장이 없는 경우는 지붕)으로 구획되고, 창 및 출입구에 갑종방화문 또는 을종방화문을 설치한 전용으로 된 실내에 설치하여야 한다. 다만, 전기설비기술규칙에 적합한 큐비클식의 것 및 옥외 또는 내화구조로 된 건축물의 지붕에 설치하는 경우에 있어서 일정한 조건을 만족시킬 경우에는 그러하지 아니하다.
- 큐비클식의 비상전원설비는 해당 설비의 앞면에 1 m이상의 간격을 두고, 또 다른 큐비

> 클식이외의 자가발전설비 또는 큐비클식이외의 축전지설비 또는 건축물 등(해당 수전설비를 옥외에 설치하는 경우)에서 1 m이상 떨어진 것이어야 한다.

㉢ **배선의 내열보호**

비상전원에 사용되는 회로의 배선은 내화구조로 된 주요구조부에 매설하는 것으로 하고 매설하기 곤란한 경우는 이와 동등이상의 내열(耐熱)효과가 있는 방법으로 보호함과 동시에 내열성능이 충분한 여유를 고려하여야 한다.

② 비상조명등

㉠ **비상조명등의 설치**

화재가 발생하여 건축물이 연소하는 동안 전기를 공급하는 전선의 단락(합선)으로 인한 화재의 확산을 방지하기 위하여 전기개폐기를 작동시켜 전원의 공급을 차단시켜야 하며, 전선의 단락으로 전원의 공급이 차단되어 건축물로부터의 대피·피난시에 발생할 수도 있는 훈련을 방지하여 정확한 초기소화활동·피난활동의 확보를 목적으로 한다.

㉡ **비상조명등의 전원**

비상조명등의 구조는 전원의 공급이 차단된 비상시에 정확하고 신속하게 작동하여 초기화재시의 열 및 화염에 의해서 견딜 수 있고, 사람들에게 심리적으로 충분한 안정성을 줄 수 있을 정도의 밝기(조도)를 가진 것이어야 한다.

상용의 전원은 축전지 또는 저압 옥내배선으로 하고 상용의 전원이 단절된 경우에는 자동적으로 전원의 공급이 가능한 구조이어야 하며, 상용전원이 복구된 경우에는 자동적으로 상용전원으로 복귀되는 예비전원을 설치한다.

(6) 방화계획상의 중요 요소

건축물의 안전관리에 있어서 방화계획상 가장 중요한 것은 건축물의 종합적인 방화체계를 위한 설계기능을 가지는 것이다.

종래에는 건축계획에 있어서나 설비계획에 있어서도 법규를 준수하는 것만 고려하여 종합적인 면에서의 체계적인 방화계획이 아닌 건축물의 설비와 일반설비와의 상호관련성이 부족한 상태였다. 이러한 건축설비와 일반설비와의 호환성이 있는 설계가 요구되며, 건축물의 방화계획상 위험성을 내포하고 있어 건축물의 안전관리를 위해 방화계획을 수립할 경우에는 다음의 사항을 고려하여야 한다.

① 방화계획상의 중요 요인

㉠ 내부로부터의 출화에 대한 예방조치

- 위험물의 저장·취급 및 사용의 금지
- 불연재료의 사용
- 화기의 사용 및 취급장소를 줄이고 격리할 것
- 화재를 일으킬 위험성을 가진 열원은 될 수 있는 한 안전한 것을 선택할 것

㉡ 외부로부터의 연소방지조치

- 주위에 있는 건축물의 화재시 방사열에 대한 방호조치
- 풍향에 의한 연기의 방호조치
- 방화셔터·방화문 등의 설치
- 드렌처설비 등의 설치

㉢ 피난에 유효한 건축물의 계획

- 피난통로의 완전불연화
- 화재시 사용하기 어려운 미로(迷路)를 만들지 말고, 간순한 피난경로로 할 것
- 2방향이상의 피난통로 확보
- 최종 피난층의 안전성 확보
- 소방대의 구출활동이 용이하도록 피난계획수립
- 피난계단을 화재시 사용하기 용이하도록 계획

㉣ 방호구획과 그 방호조치

- 외부로부터 상층으로의 연소방지
- 평면적 구획의 방호조직
- 층과 층사이의 간격을 안전하게 방호조치

㉤ 연기를 전송시키지 않는 방호조치

- 계단에는 반드시 전실을 설치할 것
- 에스컬레이터나 승강기를 전용실내에 설치할 것
- 고층부에서의 드래프트(逆流)를 감소시킬 것
- 각 층의 승강기 홀은 가능하면 구획할 것

㉥ 그 밖의 사항

- 방재센터 등은 안전한 위치에 설치할 것
- 변전실, 동력장치실은 내화구조로 할 것

② 방화설비의 계획상 중요요인

㉠ **내부로부터의 출화에 대한 예방조치**

- 위험물의 저장·취급 및 사용의 금지
- 불연재료의 사용
- 화기의 사용 및 취급장소를 줄이고 격리할 것
- 화재를 일으킬 위험성을 가진 열원은 될 수 있는 한 안전한 것을 선택할 것

㉡ **외부로부터의 연소방지조치**

- 주위에 있는 건축물의 화재시 방사열에 대한 방호조치
- 풍향에 의한 연기의 방호조치
- 방화셔터·방화문 등의 설치
- 드렌처설비 등의 설치

㉢ **피난에 유효한 건축물의 계획**

- 피난통로의 완전불연화

2 위험물·전기·가스시설 등의 안전관리

1 위험물의 저장·취급 등 안전관리

(1) 위험물의 저장·취급 등 안전관리

위험물을 저장·취급할 때에는 위험물의 유별 성상 및 저장·취급하는 양의 크기에 따라 재해가 발생하지 않도록 안전관리에 최선을 다하여야 한다. 또한, 위험물은 유별 특성에

따라 제1류에서부터 제6류까지 6종류로 구분되고 있다.

① 제1류위험물의 저장·취급 등 안전관리

제1류위험물은 산화성고체로서 아염소산염류외 9품목으로 되어 있다.

㉠ 제1류위험물의 저장시 안전관리

- 강산화제이므로 저장시 충격 또는 마찰되지 않도록 하여야 한다.
- 가열 또는 화기와 접촉하면 화재를 일으키므로 주의하여야 한다.
- 강산(황산·질산 및 염산)과 접촉하지 않도록 하여야 한다.
- 충전 또는 저장용기는 전락 또는 전도되지 않도록 하여야 한다.
- 가연물질과 접촉되지 않도록 하여야 한다.
- 수분 또는 물과의 접촉을 방지하여야 한다.
- 충전 또는 저장용기는 밀봉하여 냉암소에 보관하고, 환기가 잘 되게 하여야 한다.

㉡ 제1류위험물의 취급시 안전관리

- 취급시에는 분해가 되지 않도록 분해온도 이하로 유지하여야 한다.
- 소화한 후 남은 물은 산화성이 있으므로 다른 가연물질에 접촉되지 않게 하여야 한다.
- 강산화제이므로 가연물질과 접촉되지 않게 하여야 한다.
- 산화제와 알칼리에 용해한 물은 강염기성으로서 부식성이 강하므로 산화제·알칼리와 물과의 접촉방지에 주의하여야 한다.

㉢ 제1류위험물에 대한 소화방법

제1류위험물은 강산화제로서 다른 가연물질을 연소시키므로 다량의 물에 의한 냉각소화와 마른모래·팽창질석 또는 팽창진주암에 의한 질식소화가 적합하다.

② 제2류위험물의 저장·취급 등 안전관리

제2류위험물은 가연성고체로서 황화인 외 6품목으로 되어 있다.

㉠ 제2류위험물의 저장·취급시 안전관리

- 제2류위험물은 가연성고체이므로 산화제와 접촉되지 않게 하여야 한다.
- 점화원·가열원·고온체와의 접촉을 피하여야 한다.
- 충전·저장용기가 파열·파손되지 않도록 하여야 한다.
- 외부로 누출되지 않도록 저장·취급시 주의하여야 한다.
- 폐기할 때에는 안전한 장소에서 조금씩 하여야 한다.
- 수분의 침입을 방지하고 눈과의 접촉을 방지하여야 한다.

ⓛ 제2류위험물에 대한 소화방법

- 다량의 물에 의한 냉각소화가 적합하다.
- 금속분류·마그네슘·철분의 화재시에는 마른모래, 팽창질석 또는 팽창진주암 등에 의한 질식소화가 적합하다.
- 소량씩 연소시키거나 매몰시켜 더 이상 연소하지 않도록 한다.

③ 제3류위험물의 저장·취급 등 안전관리

제3류위험물은 자연발화성물질 및 금수성물질로서 칼륨외 9품목으로 되어 있다.

㉠ 제3류위험물의 저장·취급시 안전관리

- 금수성물질이므로 습기 또는 물과의 접촉을 피하여야 한다.
- 칼륨·나트륨 등은 보호액인 석유류(등유)에 저장하여야 하며, 보호액 밖으로 노출되지 않도록 하여야 한다.
- 저장용기가 파손되지 않도록 하여야 하며, 보호액이 용기 밖으로 누출되거나 새지 않도록 하여야 한다.
- 취급 및 사용할 때에는 피부에 접촉되지 않도록 하여야 한다.
- 많은 양을 한 장소에 저장하지 말고, 작은 양이 되도록 소분하여 저장하여야 한다.
- 황인은 상온에서 발화할 위험이 있으므로 물속에 저장하여야 한다.

ⓛ 제3류위험물에 대한 소화방법

- 소량씩 저장하므로 화재(연소)시에는 그대로 연소되도록 한다.
- 화재(연소)초기에는 마른모래, 팽창질석 또는 팽창진주암으로 질식소화하여야 한다.
- 물에 의한 소화는 오히려 화재를 확대시킬 우려가 있으므로 물에 의한 소화는 하지 않도록 하여야 한다.
- 분말소화약제를 이용한 소화방법도 유효하다.

④ 제4류위험물의 저장·취급 등 안전관리

제4류위험물은 인화성액체로서 특수인화물류외 6품목으로 되어 있다.

㉠ 제4류위험물의 저장·취급시 안전관리

- 피부에 닿으면 탈지작용을 일으켜 피부에 화상을 입히므로 주의하여야 한다.
- 일광(직사광선)·화기·열원·정전기 등을 피하여 안전하게 저장·취급하여야 한다.
- 전기설비는 방폭구조로 하여야 한다.

- 온도의 상승에 의해 체적이 팽창할 우려가 있으므로 공간체적을 고려하여야 한다.
- 충전·저장용기는 밀봉하여 증기가 발생하지 않도록 하여야 하며, 통풍이 양호한 장소에 저장하여야 한다.
- 정전기를 방지하기 위해서 저장·취급하는 장소에는 상대습도가 70%이상이 되게 하여야 한다.
- 과산화물의 생성을 방지하기 위해 40메시(mesh)의 동으로 제조된 망을 넣어둔다.
- 증기는 불량도체이므로 정전기를 발생할 우려가 있으므로 주의하여야 한다.
- 아세트알데하이드·산화프로필렌을 저장하는 경우에는 불연성가스를 함께 봉입하여야 한다.

㉡ 제4류위험물에 대한 소화방법

- 소량의 가연물질로 인한 화재시에는 마른모래, 팽창질석 또는 팽창진주암에 의한 소화도 효과적이다.
- 중유(重油)이상의 비중이 큰 유류에 의한 화재에는 무상으로 방사하는 물소화약제도 적합하다.
- 이산화탄소소화약제·분말소화약제·할로겐화합물소화약제의 의한 소화방법도 적합하다.
- 포(화학포·기계포)소화약제 및 무상의 강화액소화약제 및 산·알칼리소화약제에 의한 소화방법도 석합하나.

⑤ 제5류위험물의 저장·취급 등 안전관리

제5류위험물은 자기반응성물질로서 유기과산화물류외 7품목으로 되어 있다.

㉠ 제5류위험물의 저장·취급시 안전관리

- 자기연소성물질이므로 가열·충격이나 마찰을 피하여야 한다.
- 열원·화기·점화원 등으로부터 멀리 떨어진 장소에 저장하여야 한다.
- 직사광선을 받지 않으며, 통풍이 양호한 장소에 저장하여야 한다.
- 한 장소에 많은 양을 저장하지 말고, 소분하여 저장하여야 한다.
- 포장용기 외부에 "화기엄금", "충격주의" 등을 표시하여야 한다.

㉡ 제5류위험물에 대한 소화방법

- 다량의 물에 의한 냉각소화가 가장 적합하다.
- 미 연소된 가연물질은 안전한 장소로 이동시켜 더 이상 연소하지 않도록 한다(제거소화방법).

⑥ 제6류위험물의 저장·취급 등 안전관리

제6류위험물은 산화성액체로서 과염소산외 3품목으로 되어 있다.

㉠ 제6류위험물의 저장·취급시 안전관리

- 산화성액체로서 물과 반응하면 폭발을 일으키므로 물과의 접촉을 피하여야 한다.
- 유기물질·가연성물질과 접촉하면 화재를 일으키므로 물과의 접촉을 방지하여야 한다.
- 용기를 부식시킬 우려가 있으므로 저장용기는 내산성을 갖는 것으로 하여야 한다.
- 저장용기의 밀전 및 파손·전도·전락 등에 주의하여야 한다.
- 강산성의 위험물이므로 저장용기로부터의 누설에 주의하여야 한다.
- 피부에 닿으면 화상을 일으키며, 의류를 부식시키므로 주의하여야 한다.
- 유독성가스를 발생시키므로 흡입하지 않도록 하여야 한다.

㉡ 제6류위험물에 대한 소화방법

- 마른모래, 팽창질석 또는 팽창진주암 등에 의한 소화방법도 적합하다.
- 위험물이 누출되었을 때에는 마른모래를 덮거나 중화제를 사용하여 중화시켜야 한다.
- 다량의 물로 소화하여야 하며, 필요에 따라서는 무상으로 방사하는 소화방법도 유효하다.
- 사염화탄소(CCl_4)에 의한 소화방법은 유독성가스인 포스겐($COCl_2$)을 발생시키므로 위험하다. 사염화탄소(CCl_4)는 그 자체가 유독성을 가지고 있으므로 현재에는 소화약제로의 사용이 금지되고 있으며, 사염화탄소소화약제가 충전된 간이소화용구(투척용 간이소화용구)를 습한 장소에서 사용할 경우 공기 중의 수분과 반응하여 유독성가스인 포스겐($COCl_2$)을 발생시킨다.

  포스겐의 생성반응식

  $$CCl_4 + H_2O \rightarrow COCl_2\uparrow + 2HCl\uparrow$$

(2) 위험물의 저장·취급 및 운반시 안전수칙

위험물을 저장·취급 및 운반할 경우 지켜야 할 안전수칙에 대해서는 「소방기술기준에 관한 규칙」 제273조 내지 제279조의 기준과 저장·취급 및 운반하는 위험물의 유별 성상에 따라 적합한 방법을 정하여 이를 준용하여야 한다.

2 화기를 취급·사용하는 기기·기구 등의 안전관리

(1) 화기를 취급·사용하는 기기·기구의 안전관리

① 화기를 취급·사용하는 기기·기구의 안전관리

화기를 취급·사용하는 기기·기구는 사용하는 용도와 공급하는 연료의 종류에 따라 다양하게 분류되고 있으며, 화기를 사용하는 기기·기구는 우리의 일상생활에서 없어서는 아니 되는 중요한 것으로서 취급·사용하는 연료에 따라서 주의사항(안전관리)이 다르므로 취급·사용하고자 하는 기기·기구에 대한 안전관리기준을 숙지하여 안전사고예방에 최선을 다하여야 한다.

화기취급기기·기구는 사용하는 용도에 따라 난방용·조리용(가정용 포함)·공업용·상업용 등으로 구분되며, 사용하는 연료에는 유류·가스·석탄·목재·전기 등이 있다.

② 화기를 취급·사용하는 기기·기구의 종류

㉠ 석탄 및 목재를 사용하는 기기·기구

- 난로
- 보일러(공업용·가정용)
- 노 및 화덕
- 건조기구

㉡ 전기를 사용하는 기기·기구

- 곤로
- 건조기구
- 노
- 전열기구(다리미·전등·전기장판 등)

㉢ 유류를 사용하는 기기·기구

- 곤로(등유 사용)
- 보일러(공업용·가정용)
- 건조기구
- 난로
- 동력기관의 연료공급장치

㉣ 가스를 사용하는 기기·기구

- 가스레인지
- 보일러
- 건조기구
- 노
- 버너

③ 화기를 취급·사용하는 기기·기구의 구입시 주의사항

화기를 취급·사용하는 기기·기구를 구입할 때에는 사용하는 연료에 따라서 전기용·유류용·가스용 등으로 구분되어 있으므로 각 기기·기구의 검사기준에 합격된 「KS」·「열」·「전」 등의 품질보증표시가 부착된 것을 선택하여야 하며, 취급·사용상의 주의사항은 반드시 확인하여야 한다.

④ 화기를 취급·사용하는 기기·기구의 안전거리

㉠ 화기를 취급·사용하는 기기·기구의 설치

화기를 취급·사용하는 기기·기구를 설치할 때에는 설치하는 장소의 바닥·벽·천장·지붕 등과 직접 접촉하는 부분이 과열되어 화재를 일으키는 일이 있으므로 이들사이에는 화재예방상 필요한 안전거리를 두어야 한다.

또한, 화기를 취급·사용하는 기기·기구는 이동식과 고정식으로 분류된다.

- 이동식화기를 취급·사용하는 기기·기구의 안전거리
  이동식화기를 취급·사용하는 기기·기구인 난로·곤로에 대한 안전거리는 다음의 표 4-1과 같다. 또한, 동절기에는 겨울철의 화재를 예방하기 위하여 이동식의 화기를 취급·사용하는 기기·기구인 난로·곤로의 사용이 금지되고 있다.

- 고정식화기를 취급·사용하는 기기·기구의 안전거리
  건축물·공작물 등에 고정으로 설치되어 있는 화기를 취급·사용하는 기기·기구인 난로·노 및 화덕·보일러 및 건조기구에 대한 설치시 안전거리는 다음의 표 4-2와 같다. 특히, 난로·노 및 화덕·보일러 및 건조기구의 설비의 위치·구조 및 관리에 대해서는 시·도의 화재예방을 위한 조례준칙을 참고하기 바란다.

표 4-1 이동식화기를 취급·사용하는 기기·기구의 안전거리

기기·기구의 종류	사용하는 연료	안전거리(m)	
		측방향	위방향
곤로	고체·액체연료용	0.3이상	1이상
	기체연료용	0.2이상	1이상
	전기연료용	0.15이상	1이상
난로	고체·액체·기체 및 전기연료용	0.5이상	1이상

표 4-2 이동식화기를 취급·사용하는 기기·기구의 안전거리

기기·기구의 종류	온도·용적·발열량	안전거리(m)		
		위방향	앞방향	측방향
난로	고체·액체·기체 및 전기연료용	1.5이상	1.5이상	1이상
노 및 화덕	저온용 (300°C미만)	1.0	1.0	0.5 (개방된 노 1이상)
	중온용 (300～800°C)	1.5	2.0	1.0 (개방된 노 1이상)
	고온용 (800°C이상)	2.5	3.0	2.0
보일러	소비열량 2만 kcal/시간미만	1.2 (내화구조는 0.45)	1.0	0.3 (방화구조는 0.15)
	소비열량 2만 kcal/시간이상	1.2 (내화구조는 0.45)	1.5	0.45 (방화구조는 0.15)
건조기구	내부용적 1 m^3미만	0.5	0.5	0.3
	내부용적 1 m^3이상	1.0	1.0	0.5

(2) 화기를 취급·사용하는 설비의 안전거리

① 화기를 취급·사용하는 설비의 개요

화기를 취급·사용하는 설비에 대한 안전관리란 화기를 취급·사용하는 기기·기구인 난로·노 및 화덕·곤로·보일러·건조설비의 위치·구조 등에 관한 안전관리를 말하며, 방화안전을 위한 화기의 취급 및 사용에 대한 제한도 포함된다.

㉠ 난로·곤로·보일러·노 및 화덕·건조설비

- 화기를 사용·취급하는 기기·기구의 설치위치
  - ⓐ 가연물질로부터 방화상 안전거리를 유지하여 설치하여야 한다.
  - ⓑ 가연성재료가 아닌 불연재료 위에 설치하여야 한다.
  - ⓒ 가연성의 가스·증기가 발생할 우려가 없는 장소 또는 체류할 우려가 없는 장소에 설치하여야 한다.
- 연료의 부속설비

  화기를 취급·사용하는 설비인 난로·곤로·보일러·노 및 화덕·건조설비에 사용되는 연료에는 기체연료인 가스, 액체연료인 유류, 고체연료인 석탄·목재 및 전기가 있다.
  - ⓐ 기체연료용 부속설비

    기체연료에는 액화석유가스·도시가스·액화천연가스가 있으며, 취급 또는 사용시설로부터 누설되는 경우 가스의 누설을 탐지하는 가스누설경보기를 설치하여야 한다.

ⓑ 액체연료용 부속설비
제4류위험물을 취급·사용하는 설비의 연료부속 설비에는 연료탱크의 누유, 유류가 비산하지 아니하는 구조로 하여야 한다. 또한, 아궁이와는 2 m이상의 안전거리를 유지하여야 한다.

ⓒ 고체연료용 부속설비
불에 연소하지 아니하는 불연재료로 가연물질로부터 연소되고 남은 재를 처리할 수 있는 재처리설비를 하여야 한다.

ⓓ 전기연료용 부속설비
전선의 접속기구 등은 내열성이 있는 것을 사용하고, 전선의 단락(합선) 방지조치를 하여야 한다.

• 풍도설비
ⓐ 노로부터 방화댐퍼 2 m이후 부분까지는 가연물과 15 cm이상 이격시켜야 한다.
ⓑ 방화댐퍼를 설치하여야 한다.
ⓒ 흡연구에는 연기이외의 물질이 혼입되지 않도록 방지조치를 하여야 한다.

② 화기를 취급·사용하는 설비의 안전관리

화기를 취급·사용하는 설비의 주위에서는 화재의 예방을 위하여 다음의 사항을 준수하여야 한다.

㉠ 이상연소할 우려가 있는 설비에는 감시인을 배치하여야 한다.
㉡ 화기의 취급·사용설비는 수시로 점검을 실시하고, 불안전한 장소를 발견하면 즉시 보수하여야 한다.
㉢ 화기를 취급·사용하는 설비에는 적합한 연료를 사용하여야 한다. 만일, 용도에 적합하지 아니한 연료를 사용하면 폭발의 위험성이 있다.
㉣ 연료저장탱크·연료용기에 대한 햇볕 차단장치, 연료탱크의 전도·충격방지조치를 하여야 한다.
㉤ 주위를 깨끗하게 청소하고, 가연물질 등을 함부로 방치하지 않도록 하여야 한다.

3 전기시설의 안전관리

(1) 건축물·공작물 등의 전기시설과 개요

건축물·공작물 등에 설치되는 전기시설은 이들의 사용용도·규모·용량 등에 따라 다르지만 화재를 일으킬 수 있는 요소는 항상 존재하고 있으므로 건축물·공작물 등에 전기시설을 할 때에는 한국산업규격 또는 전기설비기술기준령에 적합한 전선을 사용하여야 하며, 금속관 또는 불연재료로 된 전선관내에 수납하여 내화구조의 벽속에 매입하여야 한다. 또한, 전기시설에 사용하는 전선은 한국산업규격에 적합한 내화비닐절연전선(HIV전선)으로서 전기제품의 품질표시가 되어 있어야 한다.

(2) 전기화재를 일으키는 발화원의 안전관리

건축물·공작물에 설치된 전기시설에서의 전기화재는 다음의 사항이 발화원이 되어 화재를 일으키므로 이들의 발화원(전기화재의 발생원인)에 대한 안전관리가 중요하다.

① 누전
② 지락
③ 스파크(spark)
④ 절연불량
⑤ 접속부과열
⑥ 단락(합선)
⑦ 과전류
⑧ 정전스파크
⑨ 정전기
⑩ 전기불꽃
⑪ 낙뢰(벼락)

(3) 전기시설의 안전관리

① 옥내배선

㉠ 전선이 늘어져서 건축물·공작물이나 조영재에 접촉되지 않도록 한다.
㉡ 애자 또는 지지물 등으로부터 탈락되지 않도록 한다.
㉢ 전선의 노후화로 인하여 단락(합선) 또는 지락사고를 일으키지 않도록 한다.

② 변압기

㉠ 변압기외함의 부식·파손 또는 기름이 유출되지 않도록 한다.
㉡ 유량의 적정여부 또는 과열의 발생상태를 확인한다.
㉢ 접지시설에 대한 전선의 단선유무를 확인한다.

③ 분전반

㉠ 분전반의 뚜껑을 정상적으로 닫아 사용에 이상이 없도록 한다.
㉡ 개폐기가 변절·과열되지 않도록 한다.
㉢ 분전반위나 내부에 불필요한 물건 등을 수납하거나 놓지 않는다.

④ 수전반·배전반

㉠ 접지시설의 전선은 정상적으로 지면에 연결하고, 연결상태를 항상 확인한다.

㉡ 외부로부터의 손상 또는 철구류에는 습기·물 등의 침입을 방지하여 부식되지 않게 한다.

㉢ 각종 계기 및 표시등은 항상 정상적으로 작동되게 한다.

⑤ 고압케이블

㉠ 매설부분이 도로공사 등의 굴착작업에 의해 파손·변형되지 않게 한다.

㉡ 전선케이블의 매설부분에 무거운 물품·물건 등이 적재되지 않도록 한다.

㉢ 전선케이블의 외부손상 및 동대접지선이 단선되지 않도록 한다.

⑥ 변전실

㉠ 침수할 우려가 없고, 햇볕을 받지 않는 장소에 설치한다.

㉡ 변전실의 안전을 위해 시건장치를 한다.

㉢ 변전실의 내부에 화재를 일으킬 우려가 있는 위험물·가연성의 물질 등을 수납하지 않도록 한다.

⑦ 고압인입선

㉠ 고압전선의 매설부분이 도로공사의 굴착작업 등으로 인하여 파손·변형되지 않도록 한다.

㉡ 전주·완목·완금이 경사되지 않도록 전기공사에 철저를 기하고, 파손·부식 및 변형되지 않게 한다.

⑧ 옥내의 사용장소

㉠ 접지선이 단선·단락되지 않도록 한다.

㉡ 전선의 코드나 스위치가 부식되지 않도록 한다.

㉢ 전선의 코드를 바닥면에 고정하거나 전선이 바닥으로 지나지 않도록 한다.

㉣ 개폐기 및 각종 기기가 파손되지 않도록 한다.

㉤ 적정용량의 전류와 전선을 사용한다.

⑨ 사무실

㉠ 하나의 전선에 적정용량의 전기기구를 사용한다.

㉡ 전기스위치는 항상 ON, OFF 위치에 위치하도록 한다.

㉢ 콘센트 및 각종 스위치의 뚜껑은 항상 닫아주어야 하며, 파손·변형되지 않도록 한다.

㉣ 코드선을 기둥·바닥 또는 벽면에 스테이플로 고정시키지 말고, 벽에 매입하여 사

용한다.

⑩ 예비발전기

㉠ 배기관 주위에 가연물질이나 연소할 우려가 있는 물질 등을 놓지 않도록 한다.
㉡ 냉각수의 누수 또는 윤활유의 누유가 발생하지 않도록 한다.
㉢ 주 1회이상 기동용 축전지를 점검하고, 자연방전시 충전을 하여 비상시 기동에 이상이 없도록 한다.

(4) 감전사고의 예방대책

사람들은 전기설비 또는 전기가 위험하다는 것을 알고 있으면서도 무의식 중에 손에 물 또는 수분이 묻은 상태로 전기설비(시설 및 기기 · 기구)를 작동시키거나 접촉되어 감전사고를 종종 일으켜 사망 또는 부상을 당하고 있으므로 전기설비 및 시설물은 전기분야의 안전관리자에게 점검 및 관리를 의뢰하여 감전사고가 발생하지 않도록 하여야 한다.

다음은 전기설비 및 시설물로부터 감전사고를 예방하기 위한 대책을 서술한 것이다.

① 전기시설물의 장치 · 기기 등의 점검 · 정비를 정기적으로 실시한다.
② 전기시설 · 기기 등에 위험표지를 부착한다.
③ 충전부가 노출된 부분에는 절연방호구를 사용한다.
④ 유격자이외의 전기기기 · 기구에는 접촉을 금지한다.
⑤ 전기설비의 필요한 부분에는 보호접지를 하여야 한다.
⑥ 고전압선로 및 충전부에 근접하여 작업하는 작업자에게는 보호구를 착용시킨다.
⑦ 전기분야의 안전관리자는 작업에 대한 안전교육을 실시한다.

(5) 전기설비의 방폭구조

가연성가스 또는 폭발성 혼합가스를 저장 · 취급 및 사용하는 장소에 설치하는 전기설비는 가연성가스의 폭발을 방지하기 위하여 방폭구조로 하여야 한다.

전기설비의 방폭구조는 내압(耐壓) · 내압(內壓) · 유입(油入) · 안전증 · 본질안전 · 특수방폭구조 등으로 구분된다.

① 내압(耐壓)방폭구조

전기를 사용하는 기기 · 기구내에 불활성기체를 봉입하여 외부의 압력보다 높게 함으로써 외부로부터 가연성가스가 누설되더라도 전기기기 · 기구내로 침입하지 못하게 하여 폭발을 방지하는 구조이다.

② 내압(內壓)방폭구조

전기기기나 배선을 케이싱 또는 배관속에서 완전히 밀폐시켜 주위의 온도차에 의해 내부의 공기가 팽창·수축하여 가연성가스가 침입하더라도 외부에서는 폭발이 일어나지 않도록 되어 있는 구조이다. 또한, 전동기·변압기·전열기구 등은 내열방폭구조로 되어 있다.

③ 유입(油入)방폭구조

전기기기·기구를 밀폐시킨 케이싱내에 절연유 등을 채워서 외부로부터 가연성가스가 침입할 수 없도록 하여 폭발을 방지하는 구조로 되어 있다.

④ 특수방폭구조

전기기기·기구를 넣은 케이싱내에 모래 등을 채워서 외부로부터 가연성가스가 침입하지 못하게 하여 폭발을 방지하는 구조로 되어 있다.

⑤ 안전증(安全曾)방폭구조

내압(耐壓)·내압(內壓)·유입(油入)방폭구조의 차후 안전대책으로 전기의 단자부분·접촉부 등에 대한 안전도를 증대시킨 것이 특징이며, 이들의 전기기기·기구를 정상적으로 운전하는 과정에서 전기불꽃·과열·스파크 등을 일으키기 쉬운 부분의 구조를 일반적인 기기·기구에 비하여 절연·온도상승 등의 분야의 안전을 증대시킨 방폭구조이다.

⑥ 본질안전(本質安全)방폭구조

모든 전기시설 장소에 적합한 방폭구조로서 내압(耐壓)·내압(內壓)·유입(油入)·특수방폭구조를 적용하는 데 여러가지의 어려움이 있는 경우에 사용되며, 폭발성 혼합가스 또는 증기 등의 혼합물이 전기불꽃이나 스파크 등에 의해서 폭발을 일으키므로 이러한 폭발을 방지시키기 위해서 최소한의 에너지의 접촉이나 공급을 차단시킴으로써 안전을 확보하는 대책으로 화학공업분야의 공정에 많이 이용된다.

4 가스시설의 안전관리

(1) 가스시설의 종류

사람이 일상생활에서 가장 편리하게 사용하고 있는 연료 중의 하나로서 사용하는 가스에는 액화석유가스(LPG)·액화천연가스(LNG)·도시가스·합성가스(SNG) 등이 있으며, 이들 가스로부터 화재를 방지하기 위해서는 이들 가스를 저장·취급 및 사용하는 시설에 대한 안전관리가 중요하다.

① 액화석유가스(LPG)시설

㉠ **저장설비**

액화석유가스를 저장하는 설비는 저온저장탱크와 고압저장탱크로 구분된다.

- 저온저장탱크는 지상에 설치하는 지상탱크, 지하에 설치하는 지하탱크와 중압탱크로 분류된다.
- 고압저장탱크는 지상식 저장탱크와 지하식 원형저장탱크로 구분된다.

㉡ **충전설비**

액화석유가스의 충전설비에는 충전기·회전기 및 자동차의 연료탱크에 충전하는 디스펜서로 구분된다.

㉢ **집합공급설비**

집합공급설비는 공급하는 방식에 따라 호별공급방식, 소규모 집단공급방식 및 중규모 집단공급방식으로 구분된다.

㉣ **사용설비**

액화석유가스를 사용하는 설비는 연소기, 압력조정기, 호스, 밸브, 콕 등으로 구성되어 있다.

② 액화천연가스(LNG)시설

㉠ **제조설비**

액화천연가스의 제조설비는 가스제조공정, 열분해공정, 수증기 개질공정, 부분연소공정, 수소화 분해공정 등으로 구분된다.

㉡ **공급설비**

공급설비는 도관·밸브·수취기 등으로 구성되어 있다.

㉢ **사용설비**

액화천연가스(LNG)를 사용하는 설비는 밸브·콕·연소기·호스 등으로 구성되어 있다.

(2) 가스의 저장·취급 및 사용시설에서의 주의사항

① 가스저장용기

㉠ 화기를 취급·사용하는 장소로부터 8 m이상의 보안거리를 유지하여 보관하거나 옥외의 용기보관소에 저장하여야 한다.

㉡ 습기 또는 물 등에 의해 부식되지 아니하도록 용기받침대를 설치하고 그 위에 용기를 설치하여야 한다.

㉢ 가스가 충전된 용기의 주위온도는 항상 40°C이하로 유지하여야 하며, 직사광선을 차단시켜 주는 지붕을 설치하여야 한다.

㉣ 한국가스안전공사의 용기검사에 합격된 것을 사용하여야 한다.

㉤ 저장용기 주위에는 가연성 물품을 두지 않아야 한다.

㉥ 저장용기에는 용기밸브를 보호하기 위한 보호캡을 설치하여야 한다.

㉦ 저장용기에는 전도·전락하지 않도록 벽면 등에 체인 또는 로프 등을 사용하여 묶어 두어야 한다.

㉧ 가스를 사용할 때에는 밸브의 손잡이를 가볍게 열고, 밸브를 1/2정도 회전시켜야 한다.

㉨ 용기를 손으로 이동시키거나 움직일 때에는 용기밸브를 만지지 않아야 한다.

㉩ 가스가 없는 빈 용기도 밸브는 항상 잠가두어야 한다.

㉪ 저장용기보관소에는 가스의 누설을 탐지하는 가스누설경보기를 설치하여야 한다.

특히, 액화석유가스(LPG)는 비중이 공기보다 무거워 실내에 누설되면 지면에 체류하므로 가스누설경보기는 지면으로부터 30 cm이내가 되게 설치하여야 하며, 액화천연가스·도시가스는 비중이 공기보다 가벼워 실내에 누설되면 천장부근에 체류하므로 가스누설경보기는 천장으로부터 30 cm이내가 되는 위치에 설치하여야 한다.

다음의 그림 4-13은 액화석유가스용 가스누설경보기의, 그림 4-14는 액화천연가스(LNG)·도시가스용 가스누설경보기의 설치상태를 나타낸 것이다.

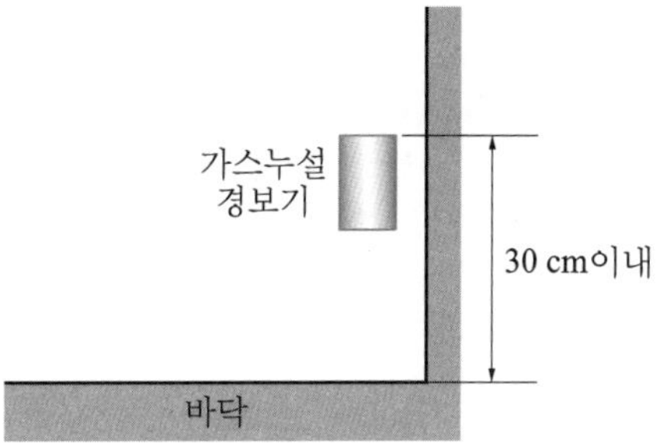

그림 4-13 액화석유가스용 가스누설경보기

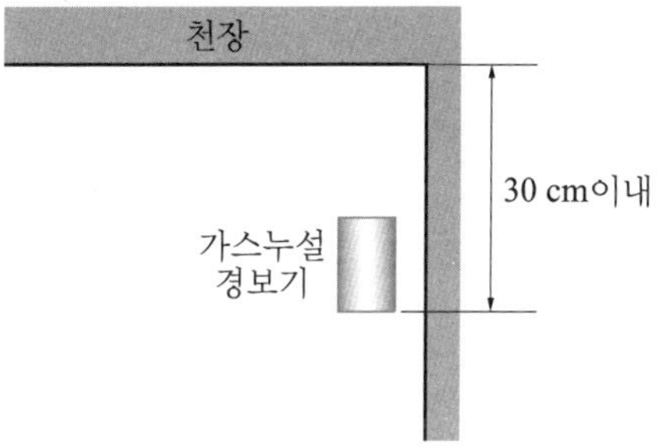

그림 4-14 액화천연가스·도시가스용 가스누설경보기

② 연소기구

㉠ 사용전 주의사항

- 가스누설의 유·무를 냄새 등으로 확인하여야 한다.
- 주방·식당 등 연소기구가 있는 곳은 사용 전 반드시 창문을 열어 충분히 환기시킨 후 점화하여야 한다.
- 연소기구의 주위에는 성냥·유류, 특히 에어로졸과 같은 가연성물질을 수납하지 않아야 한다.
- 비닐호스가 노화되어 홈 또는 갈라진 부분이 발생되었을 때에는 즉시 국가검정에 합격된 새로운 것으로 교환해서 사용하여야 한다.
- 용기밸브·중간밸브, 콕 등은 부드럽게 살며시 개방하여야 한다.
- 콕이나 비닐호스 등에서 가스의 누설이 빈번하므로 수시로 비눗물 등으로 점검하여야 한다.

㉡ 사용후 주의사항

- 연소기에 공급되는 가스를 제어하는 밸브와 콕을 완전히 잠가야 한다.
- 장시간 외출할 때나 취침시에는 중간밸브·콕 외에 용기의 밸브까지도 가스가 흐르지 않도록 잠가야 한다.
- 가스가 없는 빈 용기라도 사용 후에는 반드시 용기밸브를 잠그는 일을 습관화 하여야 한다.

③ 가스누설시 주의사항

㉠ 가스가 누설 또는 그 밖의 이상이 발견되었을 때에는 누설되고 있는 용기의 밸브를 잠가야 한다.

㉡ 용기의 밸브를 완전히 폐쇄시킨 후 가스판매업소에 연락하고, 창문을 열어 환기시켜야 한다.

㉢ 가스가 누설된 장소로부터 사람을 안전한 장소로 대피 또는 피난시켜야 한다.

㉣ 가스가 누설된 장소에 점화원 또는 가연물질이 있으면 안전한 장소로 이동시켜야 한다.

④ 화재가 발생하였을 때의 주의사항

㉠ 화재가 발생하였을 때에는 가스가 방출되고 있는 용기의 밸브를 잠가 가스의 공급을 차단하여야 한다.

㉡ 소화기구 또는 초기소화설비를 이용하여 화재를 소화하여야 한다.

㉢ 관할 소방관서에 화재의 발생을 통보하여야 한다.

㉣ 가스저장용기가 파열되지 않도록 다량의 물로 저장용기를 냉각시켜야 한다.

㉤ 가스판매업소에 통보하여 가스시설에 대한 안전점검 및 정비를 받아야 한다.

(3) 가스저장용기의 색상

① 공업용·연료용 가스의 저장용기 색상

공업용으로 사용되는 고압가스 및 연료용으로 사용되는 액화석유가스(LPG) 등을 저장용기에 충전할 때에는 지정된 저장용기(충전하는 용기에 색상을 부여함)에 적합하게 충전하여야 한다.

다음의 표 4-3은 충전하는 가스의 종류에 따른 저장용기의 색상을 나타낸 것이다.

표 4-3 가스의 종류별 저장용기의 색상

가스의 종류	저장용기의 색상	가스의 종류	저장용기의 색상
산소	녹색	아세틸렌	황색
수소	주황색	액화암모니아	백색
액화이산화탄소	청색	액화염소	갈색
액화석유가스	회색	그 밖의 가스	회색

② 의료용 가스의 저장용기 색상

의료용으로 사용되는 산소·액화이산화탄소 등을 저장용기에 충전할 때에는 공업용·연료용 가스와 식별이 용이하도록 다음의 표 4-4에 규정된 저장용기에 적합하게 충전하여야 한다.

표 4-4 의료용 가스의 충전(저장)용기 색상

가스의 종류	저장용기의 색상	가스의 종류	저장용기의 색상
산소	백색	헬륨	갈색
액화이산화탄소	회색	에틸렌	자주색
질소	흑색	사이클로헥산	주황색
아산화질소	청색		

(4) 용기취급 상의 주의사항

① 충전용기의 저장·운반시에는 40°C이하로 유지하여야 한다.
② 충전용기는 전도·전락·충격 등을 가하지 않아야 한다.
③ 용기를 저장하는 용기저장소에는 통풍을 양호하게 하여야 한다.
④ 용기밸브의 개방과 폐쇄는 급격하게 하지 않고 서서히 하여야 한다.
⑤ 독성가스를 충전한 용기를 취급할 때에는 누설시의 응급조치를 위하여 고무장갑·방독면·고무장화 등 필요한 보호장구를 구비하여야 한다.
⑥ 고압가스를 충전한 용기를 차량으로 운반할 때에는 차량의 보기 쉬운 곳에 경계표시를 하여야 한다.

3 폭발성물질의 안전관리

1 폭발(爆發)의 정의 및 형태

(1) 폭발의 정의

폭발이란 연료에 불이 붙거나 또는 마찰·충격 그리고 산화반응 등에 의해서 순간적인 '에너지(energy)'의 방출을 하나의 현상으로 관찰할 때 이것을 폭발(爆發)이라고 한다.

폭발을 정의한다면 폭발을 일으키는 물질에 따라 여러가지로 구분되며, 그 종류는 다양하여 헤아릴 수 없이 많지만, 가연성가스 및 폭발성 혼합가스(2가지이상의 가연성가스가 혼합되어 있는 상태의 가스)에 의한 폭발이 대표적이다. 예를 들면, 가연성가스인 수소(H_2)와 산소(O_2)가 급격하게 반응하여 수증기(H_2O)를 생성하거나 수소(H_2)와 염소(Cl_2)가 급격하게 반응하여 염화수소(HCl)를 생성하는 것은 폭발의 일종으로 취급된다.

다음은 가연성가스인 수소와 산소가 반응하여 수증기를 생성하는 반응식과 가연성가스인 수소가 염소와 반응하여 염화수소(HCl)를 생성하는 반응식이다.

$$2H_2 + O_2 \rightarrow 2H_2O + Q\,\text{kcal} \quad (\text{수소폭명})$$

$$H_2 + Cl_2 \rightarrow 2HCl + Q\,\text{kcal} \quad (\text{염소폭명})$$

(2) 폭발의 형태

① 산화반응에 의한 폭발

우리가 주로 취급·사용하는 위험물 중에서 인화성이 강한 '가솔린', '벤젠' 등 주로 인화점(ignition point)이 낮은 액체연료에서 기화된 증기(vaporize)가 신속하고 민감한 산화반응에 의하여 순간적으로 빠른 속도에 의해 착화될 수 있는 상태에서 화재의 폭발이 동시에 발생되는 현상을 말한다. 이때 폭발은 강한 에너지의 분출과 함께 화재발생 가능온도에서 산화되는 것을 말한다.

고체상태로 존재하는 산화제로 인한 폭발(爆發)사고의 예로서는 질산암모늄의 폭발 등이 있지만 이들은 주로 환원성의 유기물에서 다소 혼재가 된 경우가 많고, 무기성고체나 산화제 단독의 폭발은 드물다.

산화제에 의한 폭발은 대부분 상온에서 액체상태의 산화제의 경우로서 이와 같은 원인이 되는 산화제는 액체산소(O_2)·과산화수소(H_2O_2)·진한질산·발연질산·나이트로메탄·과산화질소 등의 산화작용에 의한 폭발이다.

㉠ **액체산소(O_2)**

액체산소는 유기물과 혼합되면 그 자체로서 폭발을 일으키고 불안정한 화합물인 경우에는 자연폭발을 일으키게 된다.

특히, 산소를 제조하는 공장 등에서 농후한 산소기류 중에도 가연물질이 존재하면 발화 및 폭발의 위험성이 발생된다.

㉡ **과산화수소(H_2O_2)**

의약품으로 사용되고 있는 3%농도의 과산화수소인 과산화수소산(옥시풀)은 폭발할 위험성이 없으나 공업용인 30%농도의 것은 산화력이 강하므로 환원성의 약품과의 혼합시 폭발이 일어난다. 또한, 위험물로 취급되는 과산화수소의 농도는 36% 이상으로서 산화력에 의한 폭발의 원인뿐만 아니라 분해폭발도 일으킬 위험이 있으므로 구리(Cu)·망간(Mn) 등의 접촉시 급격한 분해를 일으킨다.

㉢ **압축산소(O_2)**

압축된 산소(O_2)는 산화력이 강하고, 폭발의 위험도가 높으므로 충분한 주의를 필요로 한다. 또한, 안전관리면으로 볼 경우 압축산소는 유기물과의 접촉을 금지하며, 산소압축기용 윤활유로는 물 또는 10%이하의 묽은 글리세린 용액을 사용한다.

과산화수소·발연질산·농질산은 어느 것이나 발화와 폭발의 원인이 되는 강력한 산화제이므로 유기물과 접촉시 폭발이 일어난다.

즉, 농질산은 아닐린이 혼합되면 순간적으로 심한 폭발이 일어난다.

② 분해반응에 의한 폭발

혼합 또는 화합에 의하여 제조된 물질이 압력과 온도의 영향을 받아 분해되며, 분해반응시 발생하는 열과 압력에 의해서 주위에 많은 재해를 주는 폭발을 말한다. 분해반응에 의해서 폭발을 일으키는 물질에는 과산화물·염소산칼륨($KClO_3$)·아세틸렌·다이너마이트 등이 있다.

㉠ **과산화물**

과산화물은 불안정하므로 분해폭발을 일으키기 쉽다. 예를 들면, 에테르는 공기 중의 산소를 흡수하여 그 속에 과산화에테르를 생성하고, 증류시에 농축된 과산화에테르의 폭발이 일어난다.

ⓒ **아세틸렌**(C_2H_2)

아세틸렌은 연소범위가 공기 중에서 2.5~81%로서 연소범위가 넓은 점에서도 폭발을 일으킬 위험성이 높은 가스이며, 아세틸렌은 분해폭발을 일으키므로 압축시에도 온도에 불구하고 25 kg/cm^{2}이하가 되도록 하여야 한다. 즉, 1기압이상으로 압축하면 $C_2H_2 \rightarrow 2C + H_2 + 54$ kcal의 분해방정식과 같이 분해를 일으키므로 이 열에 의하여 폭발이 일어난다.

아세틸렌은 불안정하므로 용제인 아세톤(CH_3COCH_3)이나 다이메틸폼아마이드(DMF)에 용해시켜 저장한다. 또한, 아세틸렌은 동·은·수은 등과 작용하여 금속아세틸라이드를 형성하고, 이 금속아세틸라이드는 극히 불안정하므로 충격에 의한 강한 분해를 일으킨다.

$$2C_2H_2 + 2Cu \rightarrow Cu_2(C_2H_2)_2 + Q\,\text{kcal}$$

ⓒ **염소산칼륨**($KClO_3$)

염소산칼륨은 분해폭발을 일으키는 성질이 있으며, 산과 접촉하면 ClO_2가 생기고 ClO_2는 공기와 혼합하면 즉시 폭발하는 성질이 있으므로 염소산칼륨과 황산과의 접촉은 대단히 위험하다.

ⓓ **다이너마이트**($C_3H_5(ONO_2)_3 + nSiO_2$)

다이너마이트는 자체의 민감한 분해 또는 분리하는 반응작용에 의하여 폭발을 일으키는 것으로 이것은 많은 양의 뜨거운 가스가 순간적으로 방출하여 폭발의 현상을 이루는 것으로서, 이 뜨거운 가스는 분리반응의 속도에 의하여 이루어지며, 이 속도는 폭발의 위력과 직접 연결되어 폭발의 크고 작은 양상이 된다.

③ 과압에 의한 폭발

과압현상은 밀폐된 용기 또는 공간 즉, '보일러' 가스용기에 내압수치이상의 압력이 용기 및 공간에 축적되면 그 과압에 의하여 용기의 표피 또는 공간을 싸고 있는 구축물이 파열되면서 일어나는 폭발현상을 과압폭발이라고 한다. 또한, 과압의 현상은 일반적으로 열과 내용물이 혼합해서 발생될 수 있으며, 그 내용물이 가연성일 경우 화재를 동반하게 된다.

다음의 표 4-5는 폭발성물질이 공기 중에서 과압에 의한 폭발시 최대압력(kg/cm^2)을 나타낸 것이다.

▌표 4-5 폭발성물질의 폭발압력

구분 \ 양	폭발성물질의 함유량 (공기 중) (%)		초당 증압비율 (kg/cm^2)	최대압력 (kg/cm^2)
액체증기	아세톤	3 6 9	10.0 140.0 11.0	3.36 5.81 4.27
	벤젠	2 4 6	59.5 161.0 4.9	5.04 6.79 3.01
	톨루엔	3 4 5	3.01 168.0 28.0	2.80 6.79 4.62
기체(가스)	아세틸렌	5 13 25	175.0 840.0 98.0	5.53 10.50 7.00
	수소	15 35 40	192.5 770.0 700.0	4.27 7.07 6.93
	프로판	3 5 7	87.5 175.0 2.5	5.18 6.72 3.36

④ 핵분열(분리)에 의한 폭발

수소(H_2)나 원자와 같이 '핵'이 분열(분리)하면서 동시에 방사선 및 쇼크파를 동반하며, 수억톤이 에너지를 방출 또는 발산하면서 폭발하는 것을 말한다. 이러한 형태의 폭발은 수소폭탄 또는 원자폭탄이 폭발할 경우에서 볼 수 있다.

핵분열에 의한 폭발시 핵의 분열 또는 분리반응은 대단히 큰 속도를 갖게 되고, 역시 폭발의 위력도 강하다. 이것으로 인한 직접적인 쇼크파장 및 방사선의 위험은 말할 수 없이 크다.

⑤ 중합에 의한 폭발

불포화탄화수소($C_nH_{2n} \cdot C_nH_{2n-2}$) 등이 특히 중합하기 용이하며, 급격한 중합반응을 일으키고 이때의 중합열에 의해 폭발하는 경우가 있다. 또한, 중합반응에 의해서 폭발을 일으키는 물질은 다음과 같다.

㉠ 산화에틸렌(C_2H_4O)

산화에틸렌은 수산화나트륨(NaOH) 등과의 접촉에 의해 급격한 중합반응을 일으켜 폭발하는 경우가 있다.

산화에틸렌을 충전한 용기에는 45°C의 온도에서 용기내부의 가스압력이 4 kg/cm^2이상이 되도록 질소가스 또는 이산화탄소를 충전하여야 한다.

㉡ **부타다이엔(C_4H_6)**

부타다이엔은 불포화화합물이므로 중합반응에 의해 폭발사고가 일어나는 경우가 있다.

㉢ **염화비닐(CH_2CHCl)**

염화비닐은 PVC(플라스틱)를 제조하는 원료도 사용되는 것으로서 중합반응에 의해 폭발할 우려가 있다.

㉣ **사이안화수소(HCN)**

사이안화수소는 유독성의 기체로서 위험한 재해를 일으키며, 충전 후 60일이 경과되면 재충전하여야 한다(순도 98%이상으로서 갈색으로 착색되지 않은 것은 그러하지 아니하다).

사이안화수소의 중합시 화학반응식

$$n\mathrm{HCN} \rightarrow [-\underset{\displaystyle \mathrm{H}}{\underset{|}{\mathrm{C}}}=\mathrm{N}-]_n$$

⑥ 액체 및 고체의 분진폭발

㉠ **분진폭발의 정의**

가연성고체의 미분 또는 가연성액체의 안개모양 방울이 어떤 농도이상으로 공기 등 지연성가스 중에 분산된 상태에 놓여 있을 때에는 폭발성 혼합기체와 같이 에너지를 줌으로써 폭발하게 된다.

석탄의 연소기구를 생각해 보면 복잡하지만 반응시 석탄의 표면에서 일어나므로 표면적을 크게 할수록 단위질량당 연소속도가 커진다. 따라서 석탄을 작은 입자로 할수록 전체의 연소속도를 빠르게 할 수 있다. 그러나 작은 입자로만 만들고 쌓아두었을 때에는 연소속도는 공기의 확산에 지배되므로 활발한 연소는 일어나지 않는다.

그러나 부드러운 석탄분에 대하여 연소를 돕기 위한 충분한 산소공급을 한다면 연소는 활발해지고, 열의 발생속도와 확산속도의 균형이 틀려져서 비정상연소, 즉 폭발이 일어난다.

분말상태로 된 석탄분은 공기 중에 일정량 존재하게 되면 분진폭발을 일으키게 되며, 목재분·전분·알루미늄분 등도 적당한 비율로 공기 중에 부유하여 있을 때 점화원에 의해서 분진폭발을 일으킨다. 또한, 1차적 폭발의 폭풍에 의해서 부유하는 먼지가 2차적으로 폭발을 일으키는 경우도 있다.

비휘발성액체인 중유의 안개같은 방울이 공기 중에 적당량 부유하고 있으면 고체의 경우와 같은 폭발을 일으킬 가능성이 있다.

일반적으로 분진폭발은 혼합기체폭발에 비하면 폭발압력의 상승속도가 느리지만 최대압력은 대체로 비슷하고, 폭발압력의 파괴력은 어느 정도 클뿐만 아니라 금속이나 합금입자는 공기 중에서 연소할 때 발열량이 많고, 입자가 가열되면 비산되어 다른 가연물에 닿아서 착화원이 되는 수도 있다.

분진입자가 너무 크거나 많아도 폭발을 일으키지 않으므로 어느 정도의 크기를 가진 입자가 공기 중에 폭발의 농도를 형성함과 동시에 점화원이 존재하여야만 폭발이 가능하다. 특히, 공기 중에서 분진폭발을 일으키려면 고체분진의 크기는 일반적으로 100 μm이하가 되어야 한다. 그리고 고체분진폭발은 가스의 폭발과 같이 폭발한계(범위)가 명확하지는 않지만 일정한 농도(공기 중)를 형성하여 부유하게 되면 폭발을 일으킬 위험성이 높으며, 안개모양 기름방울의 대전성 및 수분의 흡착성 등에 의해 폭발성이 증대된다.

다음의 표 4-6은 분진폭발을 일으키는 분진의 종류를 나열한 것이다.

표 4-6 분진폭발을 일으키는 분진의 종류

구분	분진의 명칭		
금속	알루미늄 규소	마그네슘 망간	철 주석
분말	티탄 바나듐	지르코늄 DOW합금	아연 페로실리콘
플라스틱	아릴알코올레진 카제인 질산 및 초산, 셀룰로오스 크마론인덴레진 리그닌레진 비닐부틸랄	메틸메타아크레드 펜타엘리슬리톨 페놀레진 프탈산무수물 헥사메틸렌테르라민	폴리에틸렌 폴리스타이렌 쉐라크 합성고무 요소형성 수지

㉡ 분진폭발의 특징

분진폭발에 의한 재해의 경우 밀폐된 실내에서 발생하면 가스의 폭발과 동일한 파괴력을 가지므로 인적·물적재해를 최소화하기 위해서는 개방된 옥외에서 조업하고 안전한 제어실내에서 제어하여야 한다. 특히, 분진의 연소속도나 폭발압력은 가스와 비교하면 적지만 발생에너지가 크고 연소대의 길이가 길기 때문에 가하여진

파괴력이 현저한 것이 특징이며, 입자가 비산하여 연소하기 때문에 비산입자에 접촉한 가연물질이 국부적인 연소를 일으킨다.

분진폭발은 1차폭발보다는 열·빛의 전달 및 복사에 의해 2차폭발을 일으키게 하고 주위에 있는 많은 분진에 활성화에너지를 공급함으로써 2차분진폭발은 1차분진폭발에 비하여 그 규모가 크고 현장의 파괴현상이 거대하다. 이러한 분진폭발에 의해서 생성된 일산화탄소는 단위공간당의 산소연료비가 가스에 비하여 크기 때문에 불완전연소에 의해서 대부분 생성된다. 특히, 석탄공장내에서 분진폭발이 일어날 경우 석탄분진의 폭발과정에서 발생되는 일산화탄소는 불완전연소 생성물로서 중독성 및 질식성이 강하여 인명에 대한 사상자를 많이 발생케 한다.

석탄분진과 같이 위험성이 많은 분진류는 폭발전파과정에서 분진입자의 열변질 및 건류작용에 의해서 수소·일산화탄소·이산화탄소 등이 발생되고 때로는 유독성 가스인 사이안화수소(HCN)도 발생된다.

ⓒ 분진폭발에 영향을 주는 요소(인자)

- 입도(粒度)

분진폭발은 분진의 입도나 입도분포에 의해서 많은 영향을 받으며, 분진의 입자표면에서 폭발이 일어나기 때문에 분진의 표면적이 입자체적과 비교하여 증가되면 열의 발생속도가 확산속도를 상회함으로써 분진폭발의 위험성이 증대된다.

평균입자의 크기가 작고 밀도가 적은 분진이 비표면적이 크며, 표면에너지도 커지게 되므로 작은 입경의 입자를 함유한 분진이 분진폭발을 일으킬 위험성이 높다. 또한, 분쇄나 파쇄공정에서 생성되는 분진이 위험성도 크며, 분진은 시간이 흐름에 따라 분진표면에 피막을 형성하게 되므로 오래된 것보다는 신선한 것이 위험성이 높다.

- 분진의 화학적성질과 조성

분진자신의 화학적인 구조나 반응성은 분진의 폭발성에 많은 영향을 준다. 그러므로 산화반응으로 생성하는 기체의 양이 크거나 반응전과 후의 체적(용적)의 변화가 없는 분진일수록 분진폭발의 위험성이 크다. 또한, 분진폭발시 외부로 발생하는 에너지의 값이 클수록 위험성이 증대된다.

- 분진의 부유성(浮游性)

분진입자의 크기가 20 μm이하로서 입도가 작고 온도가 높으면 밀도 값이 작아 낙하속도가 느리며, 분진입자의 크기가 500 μm이상이면 그 반대의 현상으로 낙하하는 속도가 빠르게 된다.

보편적으로 분진의 입자가 미세하고 가벼운 것은 대기 중에서 분산하여 부유하기 용이하며, 부유하는 성질이 큰 것은 대기 중 체류하는 시간이 길고 위험성도 증대된다.

- 수분

분진내부에 함유되어 있는 수분은 분진폭발에 많은 영향을 주며, 소수성의 분진에 의해서는 부유성의 영향은 적으나 수분의 증발로 인하여 점화에 유효한 에너지가 감소한 것과 증발된 수증기가 불활성가스와 혼합되면 대전성을 감소시키는 효과가 있다. 그와 반면에 마그네슘이나 알루미늄은 물과 반응하여 수소가스를 발생시키므로 위험성을 더욱 증가시키게 되는 경우도 된다.

마그네슘(Mg)·알루미늄(Al)과 수분(H_2O, 물)의 반응식

$$Mg + 2H_2O \rightarrow Mg(OH)_2 + H_2\uparrow + Q\text{kcal}$$

$$Al + 3H_2O \rightarrow Al(OH)_3 + 3/2H_2\uparrow + Q\text{kcal}$$

㉣ 분진폭발의 특성

- **발화온도**

분진의 발화온도는 분진의 분포, 쌓인 두께·비산 등의 상태에 따라 그 값이 상당히 다르다. 그렇기 때문에 일반적으로 층상(層狀)의 분진은 운상(雲狀)의 경우와 비교하여 입자간의 거리가 짧고 서로 가깝게 접촉하고 있어 산화반응과정에 있어서 단위체적당 열의 손실이 매우 적게 됨으로써 층상의 경우가 운상의 경우보다 발화온도 값이 상당히 낮게 된다. 또한, 동일한 물질이라도 분진층의 두께가 두꺼운 것일수록 발화온도의 값이 낮아진다. 특히, 분진운(dust cloud)의 발화온도는 제한된 시간내에 부유한 분진이 발화하는 온도로서 이것의 발화온도도 폭발한계의 농도(공기 중 또는 순수한 산소 중에서의 농도)와 같이 입도·휘발량·분위기 산소량에 의해서 영향을 받는다.

카젤(Cassel)의 보고에 의하면 분진의 발화온도는 분진의 입도가 작은 만큼 높고, 큰 만큼 낮다고 발표된 바 있다.

- **폭발한계농도**

분진의 폭발한계농도(공기 중 또는 순수한 산소 중에서의 농도)는 분진의 종류에 따라 그 고유의 농도 값을 각각 가지고 있지만 주위환경이 복합적이므로 확실한 값을 규정하기는 어려운 실정이다. 특히, 폭발한계 하한농도 값은 어느 정도 규정하고 있으나 상한농도 값은 일반적으로 알기 어려우므로 폴리에스테르나 폴리프로필렌 등의 분진에서의 폭발한계는 완전히 가스화되어 연소한다고 생각하면 가연성가스의 폭발한계와 같이 버게스훨러(Burgess Wheeler)의 관계가 성립된다.

버게스훨러(Burgess Wheeler)의 식

$$K = C \times Q$$

여기서, K : 정수
C : 폭발상한계 농도(V%, w%)
Q : 물질의 연소열/mol, 연소열/g
[단, 탄화수소에 있어서는 중량퍼센트(w%)로서 그 값(C)은 45～50 g/m^{3}이다.]

특히, 알루미늄 분말인 경우 고열물체 백금선(1,200°C)에서 하한농도 값은 20 g/m^3, 전기불꽃(33V, 5A)에서 7.0 g/m^3, 유도코일(6.5V, 3A)에서는 13.7 g/m^{3}이다.

분진폭발 한계농도의 특성은 다음과 같다.

ⓐ 가연성가스나 인화성액체의 증기가 분진-공기계에 혼입되면 폭발한계농도는 저하되며, 위험성이 증대된다.
ⓑ 분진에 접촉하는 발화원의 온도나 표면의 상태에 따라 영향을 받는다.
ⓒ 분진의 입도가 작으면 폭발하한농도 값이 낮아진다.
ⓓ 분진-공기계에 수분이 있으면 폭발하한농도는 높게 되며, 폭발성을 잃게 된다.
ⓔ 공기 중의 산소의 농도를 증가시키면 폭발하한농도는 낮아진다.

- **최소발화에너지**

일반적으로 분진의 최소발화에너지는 10~100 mJ로서 가연성의 가스나 증기에 비하여 102~103배 높으며, 입도가 작으면 최소발화에너지의 값도 적게 되고 순수한 산소 중에서의 값은 공기 중에서의 값보다 낮다.

분진폭발에 필요한 최소발화에너지의 값은 불꽃방전에 의해서 구한다.

다음은 불꽃방전 에너지식을 나타낸 것으로서 E는 최소발화에너지, C는 이용량, V는 전극에 걸린 전압이다.

불꽃방전 에너지식

$$E = \frac{1}{2}CV^2$$

다음의 표 4-7은 분진의 종류별 분진폭발의 특성치를 나타낸 것이다.

표 4-7 분진의 종류별 분진폭발의 특성치

종류	발화점		최소발화에너지 (mJ)	폭발하한계 (g/ℓ)	최대폭발압력 (kg/cm^2)	CO_2 발화
	운상(℃)	층상(℃)				
황화인	280	270	15	0.05	4.5	×
폴리스타이렌	500	500	15	0.02	7.0	×
지르코늄(Zr)분	200	220	5	0.045	5.3	○
티타늄(Ti)분	375	290	15	0.45	6.0	○
사탕	370	400	30	0.045	7.7	×
제분소맥	380	360	50	0.05	7.7	×
알루미늄(Al)분	650	760	50	0.045	5.9	×
종이분	440	270	60	0.055	6.7	×
아황산나트륨	560	680	80	0.05	6.4	×
크롬(Cr)분	580	400	140	0.23	3.9	×
아연(Zn)분	680	460	960	0.5	4.9	×
커피	360	270	160	0.085	2.7	○
제분대두	550	340	100	0.06	6.6	×

ⓜ 분진폭발의 예방대책

- 공정 및 장치

물품을 생산·제조하는 공정 및 장치에서 분진폭발을 방지하는 예방대책에는 다음의 것들이 있다.

ⓐ 분진이 물과 반응하는 경우는 물 대신 휘발성이 적은 유류를 사용하는 것이 좋다.
ⓑ 가연성의 분진을 취급하는 장치류는 완전히 밀폐하고 분진이 외부로 누출되지 않도록 한다.
ⓒ 플랜트(plant)는 각 공정별로 구분하고 폭발의 영향을 적게 할 수 있도록 분진의 취급공정을 습식 프로세스(process)로 한다.
ⓓ 배관의 연결부위나 기계의 가동에 의해 분진이 누출될 우려가 있는 장소에는 흡인이나 밀폐를 철저히 한다.
ⓔ 엘리베이터·컨베이어의 폭을 가급적 작게 한다.
ⓕ 공기수송방식의 공기취급에는 안전한 장소로 하고, 역화(逆火)에도 주의한다.
ⓖ 플랜트는 각 공정별로 분류하되 연속공정인 경우는 컨베이어나 밸브류에 초크(chock)를 설치한다.

- 폭발방산공(폭발벤드)

용기·장치·건물내에 있어서 폭발을 방지할 수 없는 경우 폭발의 피해를 감소시키기 위해 일정한 부분의 강도를 다른 부분보다 적게 하여 0.07 kg/cm^2정도 이내에서 소멸되어 전체의 안전을 보호하도록 하는 데 그 목적이 있다.

폭발벤드는 가스·증기의 폭발, 급격한 화학반응에 의한 압력의 상승 때에도 안전장치로서 유효하며, 폭발방산공에 사용하는 파열관은 셀로판·금속호일·고무다이어프램·내수지 등이 적합하다.

- 폭발억제설비의 이용

압력의 방산, 폭발의 억제, 불활성가스의 도입이나 분리가 자동적으로 행하여져야 하며, 폭발벤드(폭발방산공) 등과 공용으로 설치하여 효과적으로 폭발의 피해를 감소시킨다. 특히, 폭발억체장치(서프레서)에서 그 형식이 가장 간단한 것은 폭발감지기부·증폭부, 몇 개의 서프레서로 되어 있다. 이 장치는 약간의 압력상승에서도 폭발을 감지하고 이것에 의한 신호를 증폭부에서 확대하고 서프레서를 충동하여 소화약제를 방출시킨다.

- 불활성물질의 사용

분진의 폭발성은 분진 중에 불활성(활성이 없는) 분진이 혼입되어 산소농도를 불활성가스로 희석하면 폭발의 방지대책으로 이용할 수 있으며, 발화위험이 큰 장치나 기구에서 가연성분체를 취급하는 이들의 이용을 권장하고, 제2·3차 폭발방지를 위한 건물내의 필요한 장소에 불활성분체를 설치한다. 이것은 위험한 상태에 도달하면 경보를 발하고 동시에 공정의 운전중지와 불활성가스의 추가 투입을 자동적으로 이루어질 수 있도록 제어장치를 설치하여 안전에 이상이 없도록 하여야 한다.

- 작업장의 청소와 정비

분진이 발생할 우려가 있는 장소에 정기적으로 진공청소기를 이용하여 분진을 제거하고 분진폭발의 하한농도, 실내의 높이, 집적 분진의 밀도, 분진허용 두께 등을 고려하여 안전에 이상이 없도록 한다.

• 건축물의 위치와 구조
ⓐ 가연성의 분진을 취급하는 플랜트도 다른 가연성의 가스나 액체를 사용하는 플랜트와 같이 될 수 있는 한 건축물을 개방실에 의해 옥외노출형으로 한다.
ⓑ 건축물내에 분진이 체류하지 아니하는 구조로 하고 직접 청소를 할 수 있도록 하여야 한다.
ⓒ 다른 위험성이 많은 건축물과 격리하며, 골조의 주위를 불연성의 가벼운 재료로 한다.
ⓓ 천장이나 지붕부분에 출구를 만들고 벽에는 요철을 하여 폭발을 최소화 한다.
ⓔ 건축물의 내용적은 1단위로 소형화하고 계단은 옥외계단으로 한다.
ⓕ 건축물 전체를 가볍게 할 수 없을 때에는 지붕에 헤치를 설치하고 측면의 창은 내부압력에 자동적으로 개방되도록 한다.

ⓗ **소화대책**

분진에 의해서 화재가 발생하였을 때에는 봉상주수나 순간적인 소화는 될 수 있는 대로 피하며, 각 플랜트의 선정이나 구조물의 적당한 위치에 스프링클러헤드·물분무헤드를 적당히 설치하여 이것에 의해서 분무주수하여야 한다. 그러나 금속 또는 금속분을 저장·취급·사용하는 장소에는 물을 소화약제로 사용하여서는 아니 되며, 마른모래나 불활성분체의 사용이 요구된다. 또한, 분말·포·이산화탄소·증발성액체인 할로겐화합물 등의 소화약제는 금속분의 화재에 적합하지 않으며, 분체를 저장하는 탱크나 장치·기계 등의 내부에 화재가 발생하였을 경우 운전 중에 내용물을 추출하는 것 또한 위험하다.

2 폭발(爆發)의 예방 및 소화

(1) 산화반응에 의한 폭발

① 폭발의 예방

㉠ 기화된 인화성증기의 산화 가능온도를 공급하지 않아야 하며, 불씨가 될 수 있는 열원을 방지하여야 한다.

㉡ 시설적인 예방은 폭발 가능물질이 담겨진 용기에 예방상 필요한 양을 수납하고 남은 공간면적이 필연적으로 있게 되는 데 그 남은 공간용적만큼 '불연성가스'를 채워 넣어서 폭발성물질의 기화현상을 방지(기화성가스의 산화방지)하고, 해당 폭발

성물질의 인화점보다 낮은 용도(용기의 공간온도)로 유지할 수 있는 방법이다.

위와 같은 방법을 통칭하여 '인너트가스(inert gas)' 방법이라고 한다.

불연성가스의 충전방법은 방호하여야 할 용기 또는 공간면적과 폭발성물질의 저장량에 비례되는 산소요구량을 계산하여 이를 저지할 수 있는 불연성가스의 적합한 농도와 양을 방호물질에 자동적으로 유입시키는 요령이다.

㉢ 물질이 담긴 용기 또는 공간에서 발생되는 기화가스를 밖으로 인출하고 불활성의 공기를 환기유통시키는 방법이다. 이러한 방법을 '벤틸레이션' 방법이라고 한다.

'벤틸레이션(auto ventilation)' 방법의 요령은 해당물질인 폭발성물질의 기화로 인한 압력증가율을 조사하여 이를 근거로 일정한 압력이 증가되면 구조적으로 설치한 배기팬 장치가 자동으로 가동되어 공간내의 기화가스를 밖으로 배출시키는 방법이다.

이때 가장 중요한 요소는 해당 폭발성물질의 압력증가율의 임계점이 된다. 이 임계점을 잘 파악하여 이에 맞게 자동으로 가동되는 시스템을 설치하여야 한다.

② 폭발에 대한 소화

화재가 발생되면 즉시 이산화탄소·할론1301·할론1211·분말·청정소화약제 등을 화재의 중앙에 집중적으로 분사하여 2자이상의 폭발을 방지하기 위한 소화활동을 실시하여야 한다.

(2) 분해반응에 의한 폭발

① 폭발의 예방

분해폭발의 예방은 특별한 기계적 설비는 따로 없으나 최선의 방법은 화기로부터 잘 방호하여야 하며, 저장공간에 환기구를 두어 열의 상승을 억제하거나 지하저장으로 철저한 방호조치가 최선의 방법이다.

② 폭발에 대한 소화

분해폭발을 일으키는 과산화물·아세틸렌 등을 저장·보관하는 장소에는 가능한 한 방법을 사용하여 스프링클러설비, 할로겐화합물·이산화탄소소화설비 등을 설치하여야 한다.

(3) 과압에 의한 폭발

① 폭발의 예방

과압폭발 또는 화재예방은 용기의 경우 자체에 자동과압 방출장치(안전밸브 또는 퓨즈·플러그 등)를 달아 주어야 하며, 그 용기를 취급·저장하는 장소(공간)에는 지면으로부터 70 cm미만의 위치에 환풍기를 설치하여 항상 내부의 공간에 새로운 공기를 공급하여 열상승을 막아주어야 한다.

또한, 내용물질의 누설을 쉽게 감지할 수 있도록 냄새감지장치를 설치하여 유사시에 작동경보를 발할 수 있도록 하는 것이 바람직하다. 그리고 취급장소 및 공간에는 습기가 없도록 조치하는 것이 좋다.

② 폭발에 대한 소화

최선의 방법은 냉각을 위하여 일제살수장치로 살수하는 방법과 불연성가스 소화약제(이산화탄소·할론1301 등)를 분사하는 반면 모든 인명은 최소 30 m밖으로 대피시키고 다 인화되지 않은 용기는 조심스럽게 안전한 장소로 이동시키거나 이 방법이 불가능할 경우 계속적인 살수 또는 소화약제를 방사하여 냉각을 계속적으로 시켜서 인화점 이하로 온도를 유지하는 방법을 사용하는 것이 좋다.

(4) 핵분열(분리)에 의한 폭발

① 폭발의 예방

예방은 핵분열을 하는 물질의 취급에 주의를 하여 화재를 일으킬 위험요소를 없게 하고 핵 그 자체와 폭발성물질의 근접 또는 혼합을 절대적으로 금지하여야 한다. 사실상 핵 그 자체만으로는 폭발을 크게 수반할 가능성이 없으나, 폭발물질의 매체를 하여 폭발되면 위력을 갖게 된다.

② 폭발에 대한 소화

소화설비로는 준비작동식 스프링클러설비 또는 불연성가스소화설비 등으로 하며, 초기소화 가능시간은 5분정도이다.

(5) 중합에 의한 폭발

① 폭발의 예방

산화에틸렌·염화비닐·사이안화수소·부타다이엔 등은 중합에 의한 폭발을 일으키므로 한 장소에서 장기간 저장하지 않아야 한다.

② 폭발에 대한 소화

화재발생시에는 스프링클러설비, 물분무·할론1301·할론2402·할론1211소화설비, 이산화탄소소화설비, 분말소화설비가 적합하다.

(6) 액체 및 고체의 분진폭발

① 폭발의 예방

분진폭발을 예방하려면 석탄·금속·목재·플라스틱 그 밖의 분진을 발생하는 물질의 제조·저장 및 취급시 분진이 공기 중에 부유하지 않도록 이들을 취급하는 기계설비에 안전장치를 하여 분진발생을 억제하여야 하며, 화기(점화원)를 멀리하여야 한다.

② 폭발에 대한 소화

화재가 발생한 때에는 스프링클러설비, 물분무소화설비, 할론1301·할론1211소화설비, 이산화탄소소화설비, 분말소화설비가 적합하다. 다만, 알칼리금속의 분진화재에는 물소화약제에 의한 소화방법은 부적합하다.

Chapter

5 화재(火災)의 소화(消火)

1 소화의 이론 및 작용(효과)

1 소화의 이론 및 원리

(1) 가연물질의 연소 및 화재

① 가연물질의 연소

가연물질은 공기 중의 산소·산화제·산소를 함유하고 있는 자기연소성물질(「위험물안전관리법시행령」 별표1의 제5류위험물)·조연성가스(염소 등) 등과 점화원(활성화에너지)의 존재하에 연소현상을 일으켜 외부로 열과 빛을 발생하면서 연속적인 연쇄반응을 일으키므로 화재의 예방을 위해서는 이들의 저장·취급 및 사용시 특별한 주의가 요구된다.

가연물질은 상온(常溫)·상압(常壓)에서 기체·액체 및 고체상태로 존재하며, 대부분 탄소·수소·산소 등으로 구성되어 있다.

그러므로 가연물질이 공기 중의 산소·산화제 등과 반응하여 연소하면 이산화탄소·일산화탄소 수증기 등을 발생한다. 그러나 일산화탄소는 독성이 강한 불완전연소물질(제1차 연소물질)로서 제2차 연소반응을 일으켜 완전연소되어 이산화탄소를 생성하므로 가연물질로도 취급되며, 화재시 실내에 있는 사람에게 질식사를 초래하게 하므로 호흡방지에 주의하여야 한다.

가연물질의 연소에 대해서는 제1편 화재론(火災論)에서 설명하였으므로 제2편의 방재론(防災論)에서는 소화와 관련하여 설명하고자 한다.

우리나라의 건축물·공작물의 화재는 전기가 원인이 되어 대부분이 발생되며, 유류화재와 함께 일상생활에 많은 피해를 주고 있다. 이러한 전기는 일상생활에 있어 가장 많이 사용되고 있는 에너지원(源)으로서 현대문명의 발전을 가져왔으며, 인간에게 자연이 선물한 가장 소중한 보석과도 같다고 하겠다.

② 화재

가연물질의 연속적인 연소의 연쇄반응 중 안전관리상 소화할 필요성이 있는 가연물질의 연소현상을 화재라 할 수 있다.

화재는 거대한 가연물질의 연속적인 연쇄반응의 해로운 불로서, 인적·물적피해를 가져다주므로 거대한 연소반응이 진행되지 않도록 하여야 한다.

화재가 발생하였다 하면 우선 불이라는 선입관념 때문에 당황하여 오히려 화재를 제어할 수 있는 능력이 상실되어 피난 또는 대피하지 못하고 화염이나 연기에 의해 소사(燒死) 또는 질식사(窒息死)하는 경우가 많다.

화재는 화재를 일으키는 가연물질의 성상(性狀) 및 상태(狀態)에 따라 일반화재·유류화재·전기화재 및 금속화재로 구분되고 있다(단, 가스화재는 유류화재에 포함).

화재의 급수(등급) 및 화재를 일으키는 원인에 대해서는 제1편의 '화재론'에서 설명하였으므로 제2편 방재론에서는 생략하기로 한다.

다음의 그림 5-1은 일반화재(A급화재), 유류·가스화재(B급화재) 및 전기화재(C급화재)를 구분하기 위한 화재의 급수별 표시색상과 식별도를 나타낸 것이다.

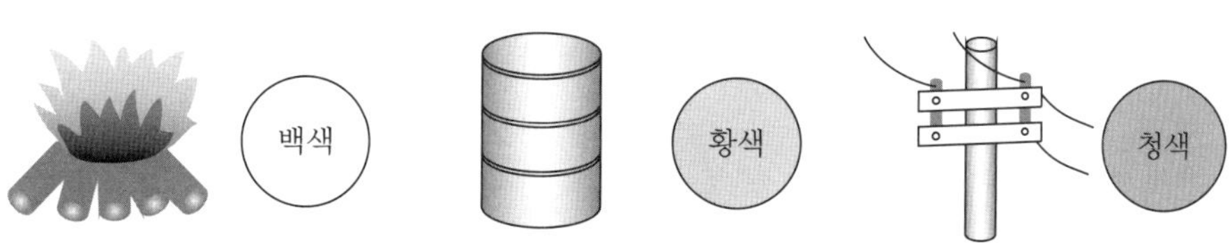

(a) 일반화재(A급) (b) 유류화재(B급) (c) 전기화재(C급)

그림 5-1 화재의 급수별 표시색상

(2) 소화의 이론 및 원리

① 소화의 3대원리

화재가 발생하려면 연소의 3요소인 가연물질(고체·액체 및 기체상태의 가연물질), 점화원(활성화에너지·최소점화에너지) 및 산소공급원(산소·공기·오존·산화제 등)이 구비되어야만 한다. 그러나 연소의 3요소 중 1가지만 사라지면 연소 및 화재가 진행되다가 곧 정지하게 된다. 이렇게 가연물질의 3요소 중 1요소만 제거하든가, 변화를 가하게 하여 연속적인 연소현상을 정지하게 하는 방법(행위)을 소화(消化)라 한다.

가연물질의 대부분은 상온(20±2°C)·상압(1기압)에서 고체상태로 존재하고 있으므로 연소 및 화재가 진행되고 있는 상태에서 가연물질을 연소 또는 화재현장으로부터 안전한 위치(장소)로 옮겨 더 이상 연소가 되지 않게 한다든가, 연소현장에 물 또는 화학적으로 제조된 소화약제를 방사하여 연소반응을 중지시키기도 한다.

다음의 그림 5-2는 연소반응을 일으키는 데 필요한 연소의 3요소(가연물질·산소공급원 및 점화원)을 나타낸 것이며, 그림 5-3은 연소의 3요소에 대한 소화의 원리(방법)를 나타낸 것이다.

다음의 그림 5-3에서 보는 바와 같이 거대한 연소현상인 화재를 소화하려면 연소의 3요소인 가연물질·점화원·산소공급원 중 1가지이상을 존재하지 않게 하거나 변화를 갖게 한다. 예를 들면, 가연물질에 활성화에너지를 공급하는 점화원(착화원 또는 발화원)의 값을 활성화에너지 값이하로 하거나 외부로부터 소화약제 또는 냉각소화작용을 가지는 물질을 가하여 연소(화재)현상을 정지시키는 냉각소화, 연소중인 가연물질에

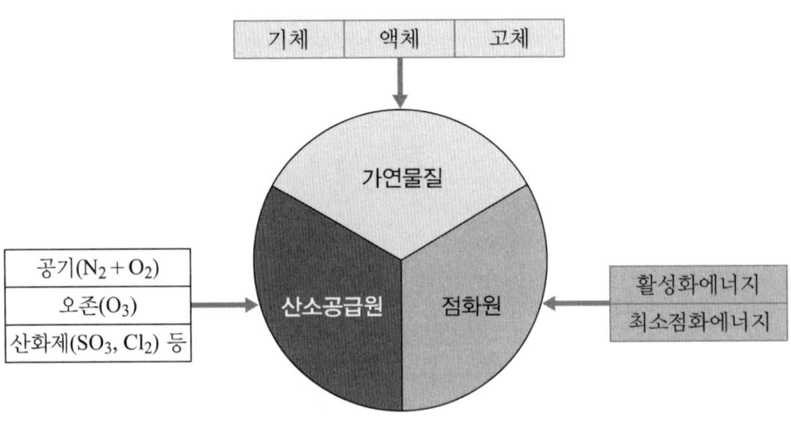

그림 5-2 연소의 3요소

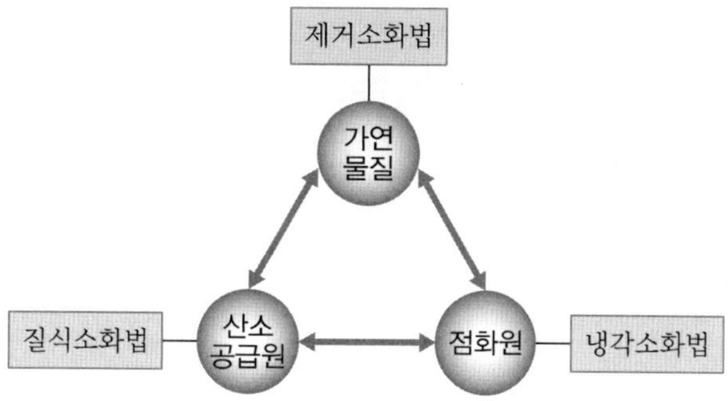

그림 5-3 소화의 3대원리(방법)

공급되고 있는 산소의 양을 연소농도이하가 되게 하여 소화시키는 질식소화, 연소되고 있는 가연물질을 연소장소로부터 안전한 장소를 이동시켜 연소할 수 없도록 하는 제거소화방법이 있다. 이와 같이 연소의 3요소에 관계되는 소화원리를 소화의 3대원리 또는 연소의 3대소화방법이라고 한다.

② 소화의 4대원리

연속적으로 연소가 계속되려면 연소의 3요소인 가연물질·점화원(활성화에너지)·산소공급원외에 연속적인 연쇄반응이 수반되어야 한다. 그러므로 연소의 4요소란 연소의 3요소인 가연물질·점화원·산소공급원외에 연속적인 연쇄반응을 말한다.

가연물질이 연소의 연속적인 연쇄반응을 수행하기 위해서는 가연물질을 구성하는 수소·산소성분으로부터 생성되는 활성화된 수소기(H^*)와 활성화된 수산기(OH)의 작용이 중요하며, 이들은 활성화된 형태로 존재하므로 가연물질의 연소를 방지하기 위해서는 가연물질내에 함유되어 있는 수소·산소로부터 활성화현상이 발생되지 않도록 하여야 한다.

앞의 제1편 화재론의 '화재확대의 3요소'에서 설명한 비화(飛火)는 가연물질내에 함유되어 있는 수소·산소로부터 생성되는 활성화된 수산기(OH)·수소기(H^*)가 이웃한 가연물질에 화염을 전파하여 화재가 발생되게 하는 것을 말하는 것으로 비화를 방지하기 위해서도 수소·산소분자(원자)가 활성화되지 않도록 하여야 한다. 그러므로 가연물질내에 함유되어 있는 탄소·수소·산소 등으로부터 활성화된 수소기(H^*)·수산기(OH)의 발생을 방지하기 위해서는 가연물질에 공급하는 점화원의 값을 활성화에너지값 이하가 되게 하여 가연물질로부터 활성화된 수산기·수소기가 발생되지 않게 하여 연속적인 연쇄반응이 일어나지 않게 하여야 한다.

소화의 4대원리도 소화의 3대원리와 마찬가지로 4대요소와 관계되는 소화작용 또는 소화의 원리를 뜻하는 것으로서 소화의 3대원리에서 설명한 냉각소화·질식소화·제거소화외에 부촉매소화를 말한다. 그러므로 연소(화재)하고 있는 가연물질을 소화하기 위해서는 소화의 4대원리 중 1가지 방법을 이용하면 된다.

다음의 그림 5-4는 연소의 4요소를 구성하는 가연물질·점화원·산소공급원·연쇄반응의 관계를 나타낸 것이며, 그림 5-5는 연소의 4요소에 관계되는 소화의 4대원리(소화방법)를 나타낸 것이다.

다음의 그림 5-6은 가연물질내에 함유되어 있는 수소·산소로부터 생성되는 화염전파매체인 활성화된 수소기(H^*)·수산기(OH)가 형성되는 과정을 나타낸 것이다.

가연물질에 함유되어 있는 수소·산소로부터 활성화된 수소기(H^*)·수산기(OH)가 생성되는 반응식은 다음과 같다.

$$H_2 + 2e \rightarrow 2H^*$$

$$H^* + O_2 \rightarrow OH + O^*$$

$$OH + H_2 \rightarrow H_2O + H^*$$

$$O^* + H_2 \rightarrow OH + H^*$$

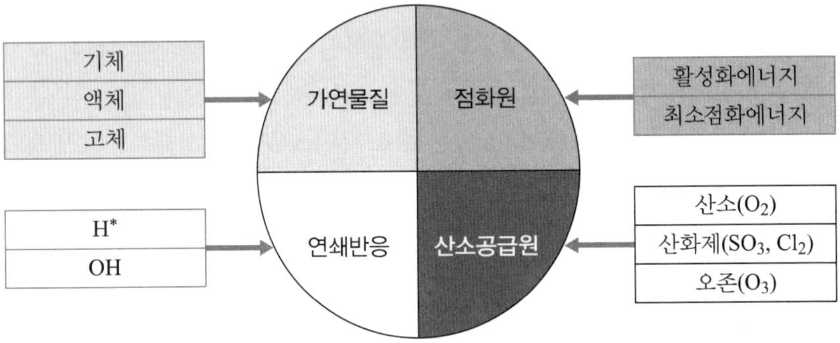

그림 5-4 연소의 4요소

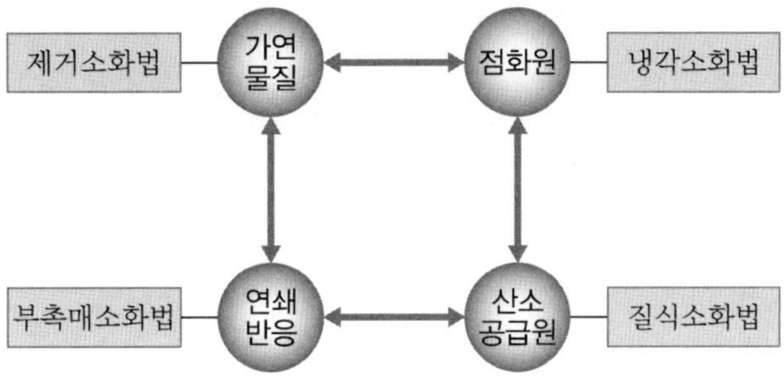

그림 5-5 소화의 4대원리(방법)

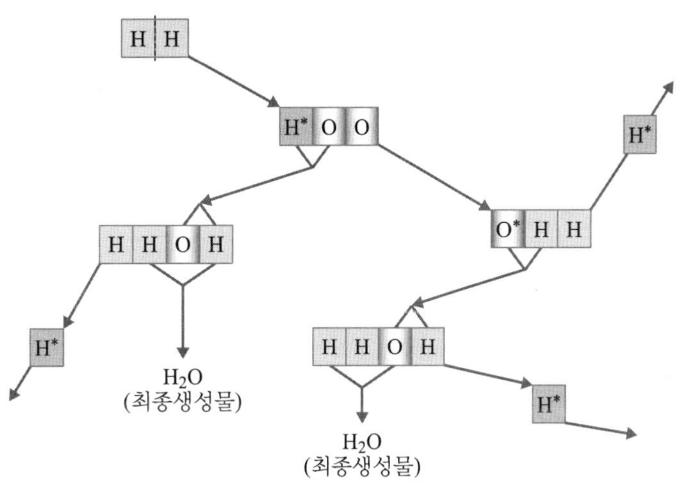

그림 5-6 가연물질의 연소시 연쇄반응

③ 화재에 대한 소화이론

화재를 소화하기 위해서는 소화의 3대원리 및 소화의 4대원리에 대해서 잘 이해하고 이것을 이용하여 거대한 연소현상인 화재를 소화하여야 한다.

화재를 빠른 시간내에 신속·정확하게 소화하기 위해서는 화재의 형태(가연물질의 성상에 따른 화재의 급수) 및 가연물질을 구성하는 성분·구조 및 특성에 따라 다소(多少)의 차이는 있으나 대부분의 화재(가스화재는 초기에 소화가 이루어져야 한다)는 화재의 잠재기(화재의 원인과 무염착화사이)에서 발견하여 초기단계에서 소화가 이루어져야 한다. 또한, 화재를 초기에 소화하기 위해서는 물리적인 방법을 이용한 소화방법과 화학적으로 제조된 소화약제를 사용하여 소화하는 화학적 소화방법이 있으므로 화재의 규모·성상 및 발생장소를 고려하여 가장 적합한 소화방법을 적용하여야 한다.

다음은 물리적 소화방법과 화학적 소화방법을 설명한 것이다.

㉠ 물리적 소화방법을 이용한 소화이론

- 화재의 온도를 점화원(활성화에너지)이하로 냉각시켜 소화한다.
- 화재를 강풍으로 불어 소화한다.
- 혼합기의 조성을 변화시켜 소화한다.
- 그 밖의 물리적 방법을 이용하여 화재를 소화한다.

㉡ 화학적 소화방법을 이용한 소화이론

화재를 일으키는 가연물질의 종류 및 성상(섬유류·목재·고무·종이·플라스틱 등에 의한 화재는 일반화재, 「위험물안전관리법시행령」 별표1의 제4류위험물·고압가스관계법규에서 정하는 가연성가스에 의한 화재는 B급화재, 전기를 사용하는 기계·기기 및 기구류에 의한 화재는 C급화재, 금속·금속분류에 의한 화재는 D급화재)에 적합하게 제조된 소화약제(화학적 방법에 의해서 제조된 소화약제)를 사용하여 소화하는 것으로서 다음의 소화약제가 있다.

- 포소화약제
  - ⓐ 화학포소화약제(A제, B제의 혼합시 생성되는 포에 의한 질식소화)
  - ⓑ 기계포소화약제
    - i) 단백포소화약제
    - ii) 수성막포소화약제
    - iii) 합성계면활성제포소화약제
    - iv) 알코올형포소화약제
    - v) 불화단백포소화약제
- 이산화탄소소화약제
- 할로겐화합물소화약제
- 분말소화약제
- 산·알칼리소화약제
- 강화액소화약제
- 청정소화약제

2 소화작용(효과) 및 소화성능

(1) 소화약제의 소화작용(효과)

화재를 소화하기 위해서는 앞에서도 설명한 바와 같이 화재를 일으키는 3요소 또는 4요소에 따라 적용되는 소화방법이 있다. 그러나 이러한 소화방법 이외에도 화재를 소화하는 방법에 따라 여러가지 소화작용(효과)을 얻을 수 있다.

일반적으로 화재를 소화하는 방법에 따른 소화작용은 냉각소화작용 · 질식소화작용 · 제거소화작용 · 부촉매소화작용 · 유화소화작용 · 희석소화작용 · 피복소화작용 등으로 구분된다.

① 냉각소화작용

연소의 3요소 또는 4요소를 구성하는 점화원(착화원 또는 발화원)을 활성화에너지 값 이하로 냉각시켜 소화하는 방법으로 화재발생시 비열 · 증발잠열(눈에 보이지 아니하는 열)의 값이 다른 물질에 비하여 우수한 물소화약제를 사용하여 화재를 소화할 때 얻는 소화작용이다.

화재시 연소하는 가연물질의 종류 및 성상(性狀)에 따라 활성화에너지의 값은 다르지만 액체 · 고체상태의 가연물질은 냉각소화와 밀접한 관계가 있다.

고체가연물질로 인하여 발생하는 화재에 물을 사용하여 소화하는 가장 큰 이유는 물의 비열 값이 1.0 cal/g · °C로 다른 물질에 비하여 높으며, 물 1 g의 증발잠열의 값은 540 cal/g로서 모든 물질 중 가장 높기 때문이다.

또한, 얼음 1 g의 융해열 값은 80 cal/g이다.

다음의 표 5-1은 냉각소화작용(효과)이 우수한 물의 비열 값을 다른 물질과 비교한 것이며, 표 5-2는 물의 증발잠열 값을 다른 물질과 비교한 것이다.

표 5-1 물질의 비열 값 (단위: cal/g · ℃)

물질의 종류	비열	물질의 종류	비열
물	1.000	알루미늄(Al)	0.217
파라핀(C_nH_{2n+2})	0.700	탄소(C)	0.165
부탄(C_4H_{10})	0.549	유리	0.161
아세톤(CH_3COCH_3)	0.528	철(Fe)	0.113
윤활유	0.510	구리(Cu, 동)	0.091
목재	0.420	주석(상납, Sn)	0.054
공기	0.240	수은(Hg)	0.033
사염화탄소(CCl_4)	0.201	금(Au)	0.031

표 5-2 물질의 증발잠열 값 (단위: cal/g·℃)

물질의 종류	증발잠열	물질의 종류	증발잠열
물	539.6	벤젠	94.3
납(액체)	222.6	N-옥탄(가솔린)	70.9
에틸알코올	204.0	질소(액화상태)	47.8
아세톤	124.5	사염화탄소	46.4
프로판(액화상태)	98.0		

특히, 고체가연물질인 나무·종이·섬유류·합성수지 등에 의하여 발생된 화재의 소화시 물이 충전된 소화기(무상 또는 봉상주수)를 사용하거나 옥내소화전설비·옥외소화전설비·스프링클러설비 등을 작동시켜 화재를 소화하는 것은 물의 냉각소화작용을 이용한 소화방법을 보여 주고 있다 하겠다.

물소화약제를 방사하는 방법에는 봉상(棒狀)주수·적상(適狀)주수 및 무상(霧狀)주수의 3가지 방법이 있으나 이들 모두 냉각소화작용을 갖는다.

② 질식(窒息)소화작용

가연물질이 연소를 하기 위해서는 산소를 공급하는 산소공급원(오존·공기·산화제 등)이 필요하며, 가연물질의 종류 및 형태에 따라 필요로 하는 산소의 양이 다르다.

그러나 대부분의 가연물질로 인한 화재시 공기 중의 산소의 양을 15용량%이하로 하면 소화된다. 이렇게 하여 가연물질의 연소(화재)시 연소에 필요한 산소의 농도를 최저한계 산소농도(V%)이하로 하여 소화시키는 소화방법을 질식소화라 한다.

그러므로 질식소화라 함은 연소의 3요소 또는 4요소 중 산소공급원을 제한 또는 변화시켜 소화하는 것이므로 대부분 상온에서 액체상태의 가연물질인 가솔린·등유·경유·벤젠·알코올류 등으로 인한 화재의 소화에 적합하다.

질식소화를 목적으로 사용되는 소화약제는 무상의 물·포(화학포·기계포)·이산화탄소·할로겐화합물·분말 등의 소화약제가 있다.

특히, 포소화약제와 이산화탄소소화약제는 질식소화를 주목적으로 사용되고 있다.

다음은 연소(화재)하는 가연물질의 형태 및 성상에 따라 소화하는 데 요구되는 공기 중의 산소의 용량%(V%) 값을 설명한 것이다.

㉠ 기체가연물질(아세틸렌) : 4V%이하
㉡ 액체가연물질(가솔린·등유 등) : 15V%이하
㉢ 고체가연물질(종이·섬유류 등) : 10V%이하

상온에서 기체상태의 가연물질인 아세틸렌(C_2H_2)으로 인한 화재시 공기 중의 산소의 양(용량%, V%)을 4용량%이하로 제한 또는 변화시켜 주어야 소화가 이루어진다. 그 이유로는 아세틸렌의 연소하한계 값이 2.5V%이하, 연소상한계 값이 81.0V%이므로 필요한 공기의 양은 19~97.5V%가 되어 순수하게 필요한 산소의 양은 19V%의 100분의 21인 3.99V%(약 4.0V%)가 되기 때문이다.

$$\text{공기 중의 산소의 농도 } C = 19\text{ V\%} \times \frac{21}{100} = 3.99\text{ V\%} \fallingdotseq 4.0\text{ V\%} \qquad \therefore\ 4.0\text{V\%}$$

또한, 이산화탄소소화약제에 의해서 소화를 한다면 산소의 일부와 치환(置換)이 이루어지므로 소화에 필요한 이산화탄소소화약제의 양 산출은 다음의 식에 의해서 이루어진다.

이산화탄소소화약제의 양(V) 산출식

$$V = \frac{21 - Q}{Q} \times V_o$$

여기서, V_o : 화재가 발생된 실내의 용적
Q : 한계산소농도(V%)
이다.

위의 식에서 한계산소의 농도를 15~16V%라고 한다면 소화에 필요한 이산화탄소소화약제의 양은 화재가 발생된 실내의 용적에 0.3 내지 0.4의 수치를 곱하여 얻은 양 이상으로 하여야 한다.

예제 5-1

내용적 20 m^3의 전기실에 화재가 발생되어 이산화탄소소화약제를 방출하여 소화를 하였다면 이곳에 방출하여야 하는 이산화탄소소화약제의 양(m^3)은 얼마가 되겠는가? (단, 한계산소의 농도는 15V%이다.)

풀이

$$\text{이산화탄소소화약제의 양}(V) = \frac{21 - Q}{Q} \times V_o = \frac{21 - 15}{15} \times 20\text{ m}^3 = 0.8\text{ m}^3 \qquad \therefore\ \underline{0.8\text{ m}^3}$$

표 5-3 물질에 대한 한계산소농도 (단위: V%)

물질명칭	한계산소농도	물질명칭	한계산소농도
가솔린	15	고무먼지	13
등유	15	보리가루	12
메탄	14.5	대량의 면	8
아세톤	15	코르크가루	14.1
에틸알코올	15	보리가루	14
에테르	13	창고의 먼지	14
에틸렌	10	보리껍질	13.7
일산화탄소	5.9	석탄가루	16
이산화탄소	8.0	공중의 먼지	15
수소	5.9	이오우	8.5

우리의 일상생활과 밀접한 관계가 있는 물질에 대한 한계산소농도(V%)는 위의 표 5-3과 같다.

③ 제거(除去)소화작용

연소의 3요소 또는 4요소를 구성하는 가연물질을 화재가 발생된 장소로부터 안전한 장소로 이동시키거나 점화원이 없는 장소로 신속하게 제거하여 소화시키는 방법이다. 또한, 가연성(수용성)액체의 가연물질을 연소농도이하가 되게 희석하여 소화시키는 소화방법도 제거소화작용(효과)을 이용한 것이다.

다음은 가연물질을 화재가 발생된 장소로부터 제거하여 소화하는 제거소화원리를 설명한 것이다.

㉠ 고체가연물질인 경우 가연물질을 제거하여 미연소부분을 연소하기전에 파괴하여 소화시킨다.

㉡ 연소하지 아니한 미연소가스를 제거하거나 입으로 물어 외부(점화원과의 접촉을 차단시킴)로 날려 보내 소화시킨다.

양초로부터 증발된 가연성가스를 입으로 불어 외부(점화원과의 접촉을 차단시킴)로 날려 보내 소화시키는 것은 제거소화이다.

㉢ 수용성가연물질인 알코올·케톤·알데하이드류 등의 경우 다량의 물을 방사하여 수용성가연물질의 농도를 연소농도이하가 되게 하여 소화시킨다.

㉣ 가연성가스인 경우 가스의 공급을 차단하여 가스의 농도를 연소범위의 하한계이하가 되게 하여 소화시킨다.

실내에 액화석유가스(LNG)가 누설되어 화재가 발생하였을 때 저장용기의 주밸브를 폐쇄시켜 소화시킨다.

㉤ 전기화재의 경우 전원의 공급을 차단하여 전류가 흐르지 않게 한다.

전기를 사용하는 전기기기·기구인 전열기·전기곤로(난로) 등에 화재가 발생하였을 때 전기공급을 차단시켜 소화시킨다.

④ 부촉매(화학)소화작용

연소의 4요소 중 가연물질의 연속적인 연쇄반응이 진행하지 않도록 하여 화재(연소)를 소화시키는 방법으로서 일명 화학소화라고도 한다.

화재는 항상 연소의 3요소인 가연물질·산소공급원 및 점화원이 연소현상을 일으킨 후 연속적인 연쇄반응에 의해 거대한 연소현상을 가져와 인적·물적재해를 수반하는 것이므로 연속적인 연쇄반응을 일으키지 않도록 연쇄반응의 억제제인 부촉매를 이용하여 소화시키는 부촉매소화방법이 많이 사용되고 있다.

부촉매(負觸媒)는 정촉매(화학반응이 잘 진행하도록 도와주는 물질)의 기능에 반대되는 기능을 가지는 물질로서 가연물질의 연소반응을 억제하여 역(逆)반응이 진행되도록 도와주므로 소방에서는 화재를 소화시키는 방법에 이용되고 있다. 이러한 부촉매의 기능을 이용한 소화약제에는 할로겐화합물, 분말(인산염류·탄산수소나트륨·탄산수소칼륨 등), 강화액, 물 등이 있다.

부촉매소화작용을 좀 더 자세하게 설명하면 가연물질내에 함유되어 있는 수소·산소로부터 활성화되어 생성되는 수소기(H^*)·수산기(OH)를 화학적으로 제조된 BC급분말(탄산수소나트륨·탄산수소칼륨), ABC급분말(인산염류), 할로겐화합물(할론1301, 할론1211, 할론2402, 할론1011 등), 강화액(탄산수소칼륨＋물)소화약제내에 함유되어 있는 Na^+, K^+, NH_4^+, F^-, Cl^-, Br^-와 반응시켜 더 이상 연소생성물인 이산화탄소·일산화탄소·수증기 등을 생성하지 않게 하여 소화시키는 방법이다. 그러므로 이러한 화학반응기들의 화학반응에 의해서 가연물질의 연소현상이 더 이상 진행할 수 없게 하여 소화시키므로 부촉매소화작용을 화학소화작용이라고도 한다.

다음의 그림 5-7은 부촉매소화작용(효과)이 우수한 할론1301 소화약제인 CF_3Br(3불화1취화메탄)을 연소(화재) 중인 가연물질에 방사하였을 때의 화학반응의 과정을 나타낸 것이다.

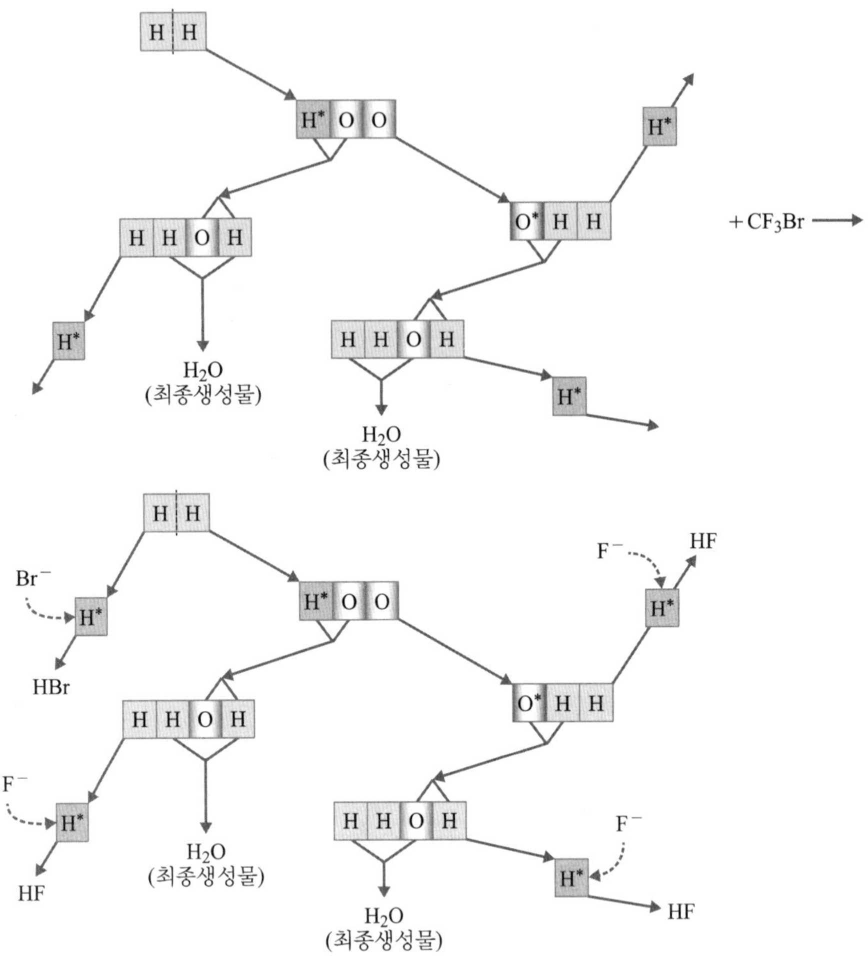

그림 5-7 할론1301 소화약제에 의한 부촉매 소화과정

⑤ 유화(乳化)소화작용

물소화약제를 비중이 물보다 큰 중유(重油) 등으로 인한 화재시 무상(구름모양)으로 방사하거나 포소화약제를 유류화재시 방사하는 경우 유류표면에 엷은 층(유화층)을 형성하여 공기 중의 산소의 공급을 차단시켜 소화하는 작용을 말한다. 이 경우 유류표면에 형성된 유화층은 물과 유류의 중간 성질을 가지며, 엷은 막(층)으로서 가연물질인 중유에 공급되고 있는 산소를 차단시키는 역할을 한다.

그러므로 유화소화작용(효과)을 가지는 소화약제는 대부분 상온에서 액체 또는 수용액상태로 존재하여야 하며, 수용액상태의 물·강화액소화약제의 경우에는 무상으로

그림 5-8 중유 저장탱크에 형성된 유화층

방사하여야 한다.

위의 그림 5-8은 중유를 저장하는 탱크에 물소화약제를 무상(霧狀)으로 방사하는 경우 중유표면에 유화층을 형성한 것을 나타낸 것이다.

⑥ 희석(稀釋)소화작용

수용성가연물질인 알코올·에스테르·케톤·알데하이드류 등으로 인한 화재에 많은 양의 물을 방사하여 이들 가연물질의 농도를 연소농도이하로 희석하여 소화시키는 작용을 말한다. 특히, 희석소화작용이 적용되는 가연물질은 물에 용해하는 수용성의 가연물질이어야만 한다.

물에 용해되는 수용성의 가연물질은 다음의 표 5-4와 같다.

표 5-4 수용성가연물질의 종류

알코올류	에테르류	케톤류	알데하이드류	에스테르류
메틸알코올	에틸부틸에테르	아세톤	폼알데하이드	초산메틸
에틸알코올	에틸프로필에테르	메틸에틸케톤	클로톤알데하이드	초산에틸
프로필알코올	아이소프로필에테르	메틸아이소부틸케톤	파라알데하이드	초산프로필
변성알코올	테트라하이드로프란	사이클로헥사논	아크릴알데하이드	폼산메틸
알릴알코올	에틸렌글리콜에틸에테르	아세틸케톤		폼산에틸
펜틸알코올	다이에틸렌글리콜메틸에테르			폼산프로필
부틸알코올	다이에틸렌글리콜에틸에테르			폼산부틸
헥산올				아세트산비닐
벤질				아크릴산메틸
에틸렌글리콜				아크릴산에틸
프로필렌글리콜				메타크릴산메틸

또한, 희석소화작용이란 수용성가연물질에 소화약제인 물을 대량으로 방사하여 수용성가연물질의 연소농도를 희박하게 희석하여 소화하는 '희석소화작용'과 연소하고 있는 가연물질에 공급되고 있는 공기 중의 산소의 농도를 연소농도이하로 희석시켜 소화하도록 하는 희석소화작용을 말하나 전자(수용성가연물질에 대한)의 희석소화작용이 후자(공기 중의 산소농도를 희박하게 하는)의 희석소화작용에 비하여 많이 사용되기 때문에 후자의 희석소화작용은 질식소화작용에 포함시켜 사용되어 오고 있다.

⑦ 피복(被覆)소화작용

가연물질이 연소하고 있는 장소에 공기보다 비중이 큰 이산화탄소를 소화약제로 방사하였을 경우 이산화탄소가 피연소물질인 연소되지 아니한 가연물질의 주위를 둘러싸 공기 중의 산소의 공급을 차단시켜 더 이상 연소나 화재가 진행되지 않도록 하여 소화시키는 소화작용이다. 그러므로 피복소화작용을 가지는 소화약제로 전기나 열의 부도체로서 비중이 공기보다 무거운 기체상의 소화약제인 이산화탄소가 대표적이다. 특히, 피연소물에 대한 피복소화작용은 연소되지 아니한 물품에 물리·화학적 변화나 형태·기능상에 전혀 피해를 주지 않기 때문에 가장 효과적인 소화방법에 해당되나 다량의 이산화탄소가 방출됨으로써 인체의 질식이 우려되므로 주의하여야 한다.

다음의 표 5-5는 화재의 소화에 이용되고 있는 소화약제의 종류별 방사형태에 따른 소화작용을 나타낸 것이다. 표 5-5에서 무상으로 방사하는 물소화약제의 유화소화작용

표 5-5 소화약제의 종류별 방사형태에 따른 소화작용

소화약제의 종류		소화작용					
		냉각	질식	부촉매	유화	희석	피복
물	봉상	○		○		○	
	무상	○	○	○	○	○	
강화액	봉상	○		○			
	무상	○	○	○	○		
포	화학포	○	○		○		
	기계포	○	○		○		
분말		○	○	○			
이산화탄소		○	○				○
산·알칼리		○	○		○		
할로겐화합물		○	○	○			
간이 소화약제	팽창질석·팽창진주암		○				
	마른모래		○				

은 비중이 물보다 큰 중유화재시에 적응되는 소화작용이며, 간이소화약제인 팽창질석·팽창진주암·마른모래는 제3류위험물인 칼륨(K)·나트륨(Na)·알칼알루미늄 및 석유류 화재시 적응되는 소화작용이다.

특히, 최근에 와서는 물소화약제의 소화효과 및 효율을 향상시키기 위하여 침윤제·안정제 등을 물에 첨가하여 사용하고 있으며, 이것은 계면활성제의 일종으로 이러한 것을 첨가한 물소화약제를 'wet water' 또는 '유수(濡水)'라고 부른다. 또한, 유수는 침투성이 우수하므로 분무상으로 방출하면 대상물질에 부착침투해서 물이 가지는 냉각소화효과를 더욱 증대시킨다.

가연성의 성질을 가지는 위험물 중에서는 한 번 소화를 하여도 공기와 접촉하게 되면 그 자체가 가지고 있는 열(발화원)에 의해서 재발화하는 것이 있으므로 이와 같은 위험물에 대해서는 소화약제에 흡착제를 용해시켜 재발화가 일어나지 않고 완전하게 소화가 되도록 하고 있다.

(2) 소화약제의 소화성능

화재를 소화할 목적으로 사용되고 있는 소화약제에는 자연에서 자연적으로 얻을 수 있는 물소화약제와 화학적 방법에 의해서 제조되는 분말(제1·2·3종 및 4종), 포(화학포·기계포), 이산화탄소, 할로겐화합물(할론1301·1211·2402 등), 강화액, 산알칼리소화약제 및 청정소화약제가 있다.

소화약제는 화재의 종류·크기 및 화재를 일으키는 가연물질의 성상·형태 등에 따라 피연소물질에 피해를 유발하지 않고 단시간내에 소화가 가능하여야 하며, 저장·취급 및 사용시 변질·부패되지 않아야 한다.

모든 소화약제는 자기자신이 장·단점을 가지고 있으므로 소화성능이 우수하다는 장점만을 가진 소화약제를 사용하는 경우 연소하지 아니한 피연소물질 또는 인체(사람)에 많은 피해를 주어 화재로 인한 손실보다 더 많은 재해를 일으키는 사례도 자주 발생하므로 여러가지의 사항을 고려하여 가장 적합한 소화약제를 선택하여야 한다.

화학적으로 제조되고 있는 분말소화약제는 적응하는 화재의 종류(급수) 및 주성분(主成分)에 따라 제1·2·3종 및 4종으로 구분하여 사용 및 취급이 용이하도록 색상을 부여하고 있으며, 소화성능 및 화재의 급(수)별 적응성을 고려하여 일반화재·유류화재·전기화재 및 금속화재용으로 규정하여 사용되도록 하고 있다. 이들의 소화약제 중 제4종(유류·전기화재용)소화분말의 소화성능이 가장 우수하다. 그리고 포소화약제는 질식소화작용과 냉각소화작용을 이용한 소화약제로서 화학포소화약제와 기계의 동력을 이용하여 사용이 가능한 기계포소화약제로 구분되고 있으며, 기계포소화약제 중 수성막포소화약제의 소화성능이 가장 우수하다.

표 5-6 소화약제의 소화성능비 (단위: %)

소화약제의 종류	화학식(분자식)	소화성능비
할론1301	CF_3Br	100
Dry chemical	$NH_4H_2PO_4$	66
할론2402	$CF_2Br \cdot CF_2Br$	57
할론1211	CF_2ClBr	46
Carbon dioxide	CO_2	33

위의 표 5-6은 소화약제로 사용되고 있는 분말소화약제, 이산화탄소소화약제, 할로겐화합물소화약제의 소화성능을 할론1301 소화약제인 CF_3Br의 소화성능(1취화3불화메탄의 소화성능을 100으로 할 경우)과 비교한 것이다.

2 화재의 소화방법

1 소화기구

(1) 소화기구의 정의

소화기구란 화재를 소화하기 위하여 사용되는 소화기(자동식·수동식소화기), 간이소화용구로 구분되고 있으며, 이들에 대한 정의는 다음과 같다.

① 자동식소화기

화재의 발생 또는 가연성가스의 누출을 자동으로 경보하고, 소화약제를 방출하여 자동으로 소화하는 것을 말한다.

② 수동식소화기

사람이 직접 조작하여 소화약제를 방출하는 것을 말한다.

③ 간이소화용구

화재에 대한 소화능력단위가 1단위미만으로서 초기소화를 목적으로 사용되고 있으며, 소화약제에 의한 간이소화용구·팽창질석 또는 팽창진주암, 마른모래 등을 말한다.

(2) 소화기의 구분

① 대형 · 소형소화기 구분

소화기를 대형소화기와 소형소화기로 구분하는 방법으로는 소화기의 본체용기에 충전하는 해당 소화약제의 양(kg, ℓ)의 크기에 따라, 적용하는 화재의 급수별 소화능력단위의 크기에 따라 구분된다.

㉠ 충전하는 소화약제량(kg, ℓ)에 의한 구분

소화기의 본체용기에 충전하는 소화약제의 양(kg, ℓ)이 다음의 표 5-7 이상일 경우에는 대형소화기로 취급하며, 표 5-7에 규정한 소화약제량(kg, ℓ) 미만이 충전되어 있는 경우에는 소형소화기로 구분된다.

표 5-7 소화기의 종류별 소화약제의 충전량 (단위: kg, ℓ)

소화기의 종류		충전하는 소화약제의 양	소화기의 종류	충전하는 소화약제의 양
물		80	이산화탄소	50
포	화학포	80	할로겐화합물	30
	기계포	20	분말	20
강화액		60		

㉡ 소화능력단위의 크기에 의한 구분

소화기는 해당 소화기가 적응하는 화재의 종류(급수)별 소화능력단위의 크기에 따라 다음의 표 5-8에서 규정하는 수치이상인 경우에는 대형소화기로 취급되며, 표 5-8에서 규정하는 수치미만인 경우에는 소형소화기로 취급된다.

예를 들면, 제3종소화분말($NH_4H_2PO_4$) 25 kg이 충전되어 있는 분말소화기라면 이 분말소화기는 대형소화기에 해당된다. 또한, 할로겐화합물소화약제인 할론 1301(CF_3Br)이 충전된 소화기의 소화능력단위가 B-15라면 이 할론소화기는 유류화재용 20단위미만이 되므로 소형소화기에 해당된다.

표 5-8 적응하는 종류별 소화능력단위

화재의 종류	능력단위	화재의 종류	능력단위
일반화재	10	전기화재	적응
유류화재	20		

② 가압방식에 의한 구분

소화기는 소화기 본체용기내에 충전되어 있는 소화약제를 외부로 방사하는 구조 및 방식(가압방식)에 따라 가압식소화기와 축압식소화기로 구분된다.

㉠ 가압식소화기

소화기의 본체용기내에 충전되어 있는 소화약제를 외부로 방출하는 데 사용되는 방사원(질소 또는 이산화탄소)을 소화약제를 충전하는 용기와는 별도의 전용용기(압력봄베)에 봉입하여 장치하고, 압력봄베의 봉판을 파괴하는 등의 조작에 의해서 방출되는 가스의 압력으로 소화약제를 방사하는 방식의 소화기를 말한다.

㉡ 축압식소화기

소화약제를 방사하는 데 사용되는 방사원(질소)을 소화약제와 함께 소화기의 본체용기에 충전하여 두었다가 화재발생시 소화기의 조작에 의해 소화약제를 외부로 방사하도록 되어 있는 소화기를 말한다.

이들의 가압식·축압식소화기의 구조 및 형태는 소화약제를 충전하여 사용하는 소화기의 종류에 따라 다음의 표 5-9와 같다.

표 5-9 소화기의 종류별 가압방식

소화기의 종류 \ 가압방식		가압식			축압식
		가스가압식	반응식	수동펌프식	
물		○		○	○
포	화학포		○		
	기계포	○			○
할로겐 화합물	할론1301				○
	할론1211				○
	할론2402				○
이산화탄소					○
분말		○			○

(3) 소화기의 종류 및 특성

① 물소화기

㉠ 물소화기의 구조

물을 충전하여 사용하는 물소화기는 물소화약제를 방사하는 압력원(방사원)의 형태에 따라 수동펌프식·가스가압식 및 축압식의 구조로 되어 있다.

㉡ 물소화기의 적응화재

- 봉상으로 방사하는 경우
  물소화약제를 봉상(棒狀)으로 방사할 때에는 일반화재에만 적합하다.
- 무상으로 방사하는 경우
  물소화약제를 무상(霧狀)으로 방사할 때에는 일반화재 · 유류화재(중유인 경우) 및 전기화재에 적합하다.

㉢ 물소화기용 소화약제

탁한 물이나 불순물이 함유되어 있는 물은 부적합하며, 가능한 한 맑고 불순물이 없는 깨끗한 물을 소화약제로 사용하여야 한다.

동절기 동결의 방지를 위해서는 부동결제인 염화칼슘($CaCl_2$) · 염화나트륨(NaCl) · 에틸렌글리콜[$C_2H_4(OH)_2$] 등을 첨가한 것으로 이러한 첨가제 등에 의해 소화능력에 영향을 주지 않아야 한다. 또한, 첨가제가 함유되어 있는 물소화약제의 사용온도범위는 영하 20°C이상, 영상 40°C이하로서 한국소방산업기술원장의 국가검정이 면제되어 있다.

② 포(말)소화기

㉠ 포(말)소화기의 구조

포말을 방사하는 포(말)소화기는 소화기 본체내에 충전하는 포소화약제에 따라 화학포소화기일 경우 전도식 · 파괴전도식 및 개개전도식의 구조로, 기계포소화기일 경우 축압식의 구조로 되어 있다.

또한, 전도식 화학포소화기란 화재시 소화기 본체를 거꾸로 하여 소화기 본체내에 충전되어 있는 A제 · B제를 혼합시켜 방출하는 구조의 소화기를 말한다.

㉡ 포(말)소화기의 적응화재

포(말)소화기로부터 방출되는 포는 물이 함유되어 있으므로 일반화재(A급화재) 및 유류화재(B급화재)에 일반적으로 적응된다.

㉢ 포(말)소화기용 소화약제

- 화학포소화기용 소화약제
  화학포소화기에 충전하는 소화약제는 A제인 황산알루미늄[$Al_2(SO_4)_3 \cdot 18H_2O$]과 B제인 탄산수소나트륨($NaHCO_3$)으로 구성되어 있다.
  A제인 황산알루미늄은 내통에 충전하여야 하며, B제인 탄산수소나트륨은 외통에 충

전하여야 한다.

다음은 A제인 황산알루미늄과 B제인 탄산수소나트륨의 혼합시 화학반응식을 나타낸 것이다.

혼합시의 화학반응식

$$Al_2(SO_4)_3 \cdot 18H_2O + 6NaHCO_3 \rightarrow 6CO_2 + 3Na_2SO_4 + 2Al(OH)_3 + 18H_2O - Q\,\text{kcal}$$

- 기계포소화기용 소화약제
  기계포소화기에 충전하는 소화약제는 기계포소화약제인 수성막포소화약제로서 소화성능이 가장 우수하다. 또한, 화학포소화기에 충전하는 화학포소화약제는 한국소방산업기술원장의 국가검정이 면제되어 있으나 기계포소화기에 충전하는 기계포소화약제는 국가검정을 받아야 한다.

③ 이산화탄소소화기

㉠ 이산화탄소소화기의 구조

이산화탄소를 방사하는 이산화탄소소화기의 구조는 방사원이 필요하지 않고, 소화약제인 이산화탄소 자체가 방사원의 기능을 가지는 것으로 축압식으로 되어 있다.

㉡ 이산화탄소소화기의 적응화재

이산화탄소소화기로부터 방사되는 기체상의 이산화탄소는 질식소화가 요구되는 유류화재 및 전기화재에 적합하다.

㉢ 이산화탄소소화기용 소화약제

이산화탄소소화기에 충전하는 소화약제는 한국산업규격에 적합한 액화이산화탄소 제2종·제3종으로서 한국소방산업기술원장의 국가검정이 면제되어 있다.

④ 할로겐화합물소화기

㉠ 할로겐화합물소화기의 구조

할로겐화합물소화약제를 충전하는 할로겐화합물소화기는 상온에서 기체·액체상태의 할로겐화합물을 소화기 본체내에 방사원없이 충전하는 축압방식과 방사원으로 사용되는 질소와 함께 충전하는 축압방식의 구조로 되어 있다.

㉡ **할로겐화합물소화기의 적응화재**

할로겐화합물은 증발잠열의 값이 다른 물질에 비하여 크며, 전기의 절연성이 높아 일반화재(할론1211 경우)·유류화재 및 전기화재에 적합하다.

㉢ **할로겐화합물소화기용 소화약제**

할로겐화합물소화약제로 사용되고 있는 할론1301(CF_3Br), 할론1211(CF_2ClBr), 할론2402($CF_2Br \cdot CF_2Br$) 및 할론1011(CH_2ClBr)은 상온에서 기체·액체로서 불순물을 함유하지 않아야 하며, 함유수분이 적어야 한다. 또한, 할로겐화합물소화약제는 한국소방산업기술원장의 국가검정을 받아야 한다.

⑤ 분말소화기

㉠ **분말소화기의 구조**

분말소화약제를 충전하는 분말소화기는 방사원(질소·N_2)을 소화약제와 함께 충전하는 축압식과 압력원(방사원인 질소·이산화탄소)을 충전한 압력봄베와 소화약제를 분리하여 충전하는 방식인 가압가스식의 2가지 구조로 되어 있다.

㉡ **분말소화기의 적응화재**

- **유류화재·전기화재용 분말소화기**
  제1종·2종 및 4종소화분말을 충전한 분말소화기는 유류화재·전기화재에 적응하며, 일명 BC급 분말소화기라고도 한다.
- **일반화재·유류화재 및 전기화재용 분말소화기**
  제3종소화분말인 제1인산암모늄($NH_4H_2PO_4$)을 충전한 분말소화기는 일반화재·유류화재 및 전기화재에 적응하며, 일명 ABC급 분말소화기라고도 한다.

㉢ **분말소화기용 소화약제**

분말소화기에 충전하는 분말소화약제는 1·2·3종 및 4종의 4가지로 구분되고 있으며, 상온에서 분말(표시색상 부여)상태로 존재하는 것으로서 한국소방산업기술원장의 국가검정을 받아야 한다.

⑥ 강화액소화기

㉠ **강화액소화기의 구조**

강화액소화약제를 충전하는 강화액소화기는 강화액소화약제를 외부로 방사하는 데 필요한 압력원을 강화액소화약제와 본체용기에 함께 충전하는 방식의 축압식과 압력원의 압력봄베(질소·이산화탄소)와 강화액소화약제를 분리하여 충전하는 가스 가압식의 2가지 구조로 되어 있다.

㉡ **강화액소화기의 적응화재**

- **봉상·적상으로 방사하는 경우**
  강화액소화약제를 봉상·적상으로 방사할 때에는 일반화재에만 적합하다.
- **무상으로 방사하는 경우**
  강화액소약제를 무상으로 방사할 때에는 일반화재·유류화재 및 전기화재에 적합하다.

㉢ **강화액소화기용 소화약제**

강화액소화기에 충전하는 강화액소화약제는 물에 방염성이 우수한 탄산칼륨(K_2CO_3)을 용해시킨 것으로서 어는점(빙점)을 강화시켜 동절기에도 사용할 수 있게 제조한 소화약제이다.

강화액소화약제의 어는점은 섭씨 영하 20°C이하로서 한국소방산업기술원장의 국가검정을 받아야 한다.

방사된 강화액소화약제의 액성은 pH12(수소이온농도 12)이상의 알칼리성을 나타내지 않아야 한다.

⑦ 산알칼리소화기

㉠ **산알칼리소화기의 구조**

산알칼리소화약제를 충전하는 산알칼리소화기는 포말을 방사하는 포말소화기의 구조와 비슷한 것으로서 내통에는 A제인 황산병과 외통에는 포말소화기의 B제인 탄산수소나트륨을 충전하여 화재시 황산병을 파괴하는 파병식과 전도식(소화기를 거꾸로 하여 사용하는 구조)의 2가지 구조로 되어 있다.

㉡ **산알칼리소화기의 적응화재**

산알칼리소화기는 산인 진한황산과 알칼리인 탄산수소나트륨의 혼합반응시에 방출되는 포로 화재를 질식소화하도록 되어 있으므로 일반화재·전기화재(무상으로 방사하는 경우)에 적합하다.

㉢ **산알칼리소화기용 소화약제**

산알칼리소화기에 충전하는 산알칼리소화약제는 앞에서도 설명한 바와 같이 진한 황산(conc-H_2SO_4)을 산으로, 탄산수소나트륨을 알칼리로 사용하기 때문에 산과 알칼리의 혼합반응시 외부로 방출되는 포의 액성은 pH5.5이하의 산성을 나타내지 않아야 한다. 또한, 산알칼리소화약제를 충전하는 본체용기의 내부는 산 및 알칼리에 의해서 부식·변질 등의 화학변화가 발생되지 않도록 용기내의 내식처리에 주의하여야 한다.

산알칼리소화약제는 한국소방산업기술원장의 국가검정을 받아야 한다.

⑧ 금속화재용 소화기

금속화재용 소화에 사용하는 소화기는 세계적으로 그 규격이나 충전하는 소화약제에 대해서 정확하게 규정되어 있지는 않으나 탄산나트륨(Na_2CO_3)과 염화나트륨(NaCl)를 소화약제로 사용하고 있다.

특히, 알루미늄·마그네슘 화재이외에 원자로 냉각제로서 사용되는 금속나트륨이 화재의 소화약제로 사용되며, 다른 분말소화약제가 화재를 소화하는 데 대하여 금속나트륨은 용융해서 연소하는 금속표면을 분말로 덮어씌우고 질식소화작용에 의해서 화재를 소화하는 것으로서 화재면적(연소면적)에 비례한 많은 양의 소화약제가 소요된다는 단점이 있다.

금속화재의 소화약제로는 흑연분말이나 3종류의 염류를 혼합하여 그 용융점의 저하를 계산해서 소화의 효율을 상승시키는 것들도 있으나 세계적으로 일반화되어 있지 않다. 또한, 분말소화약제는 아니나 트라이메톡시브로키싱(TMB)이라는 액상의 소화약제가 금속화재용으로서 군용으로 항공기의 화재진압에 사용되고 있다. 그리고 TMB 소화약제는 액체상태로 방사되고 높은 온도의 구조물과 접하면 연소하여 유리(glass)상의 피막을 형성하고 소화하는 특수한 소화기구를 가지고 있다.

다음의 표 5-10은 소화기의 종류(종별 형식)에 따른 충전소화약제의 성분(명칭)을 나타낸 것이며, 표 5-11은 소화기의 종류별 적응하는 화재의 급수(명칭)를 조합한 것이다.

표 5-10 소화기의 종류별 충전소화약제의 성분(명칭)

소화기의 종류		소화약제의 성분	소화기의 종류		소화약제의 성분
물		물(침윤제를 첨가한 것도 있음)	이산화탄소		액화이산화탄소
산 알칼리	산	con-H_2SO_4(진한황산)			
	알칼리	탄산수소나트륨($NaHCO_3$)	할로겐화합물		할론1301·1211·2402·1011
강화액		탄산칼륨(K_2CO_3)	분말	Na	$NaHCO_3$
화학포	외통	탄산수소나트륨		K	$KHCO_3$
	내통	황산알루미늄		ABC급	$NH_4H_2PO_4$
기계포		수성막포		기타	$KHCO_3+(NH_2)_2CO$

표 5-11 소화기의 종류별 적응하는 화재의 급수(명칭)

소화기의 종류		적응화재			
		A급(일반)	B급(유류)	C급(전기)	D급(금속)
물	봉상(棒狀)	○			
	무상(霧狀)	○	○	○	
산알칼리	봉상	○			
	무상	○		○	
강화액	봉상	○			
	무상	○	○	○	
포	화학포	○	○		
	기계포	○	○		
이산화탄소			○	○	
할로겐화합물			○	○	
분말	ABC급	○	○	○	
	기타		○	○	
팽창질석·팽창진주암					○

1. 물소화약제를 중유화재시 무상으로 방사할 경우 중유표면에 엷은 유화층을 형성하여 공기 중의 산소의 공급을 차단시켜 질식소화한다(유화소화효과도 갖는다).
2. 분말소화기의 '기타'는 제1종·제2종 및 제4종소화분말을 충전한 소화기이다.
3. 가스화재는 B급화재에 포함시켜 유류화재와 함께 취급한다.

2 소화설비

(1) 옥내소화전설비

① 옥내소화전설비의 개요

건축물내의 화재발생시 초기소화를 목적으로 건축물의 복도벽에 설치하여 화재를 처음으로 발견한 사람이 용이하게 사용할 수 있도록 옥내소화전방수구(40 mm), 소방용호스(40 mm×2개) 및 방사형관창(직사형 관창)을 함내에 수납하여 놓은 설비로서 물을 소화약제로 사용하기 때문에 소화기구와 더불어 초기화재의 소화설비로 가장 많이 사용되고 있다.

② 옥내소화전설비의 구성

다음의 그림 5-9의 옥내소화전설비의 계통도에서 보는 바와 같이 옥내소화전설비는 수원·가압송수장치·옥내소화전함·배관·물올림장치·전원·배선 등으로 구성되어 있으며, 작동순서를 나타내면 다음의 그림 5-10과 같다.

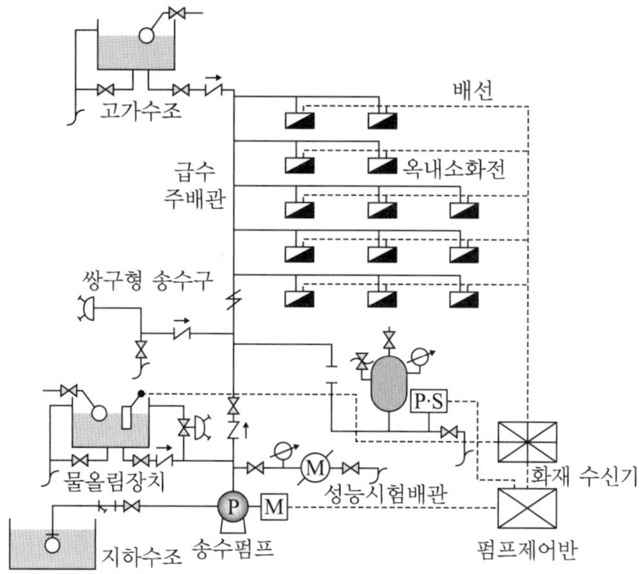

그림 5-9 옥내소화전설비의 계통도

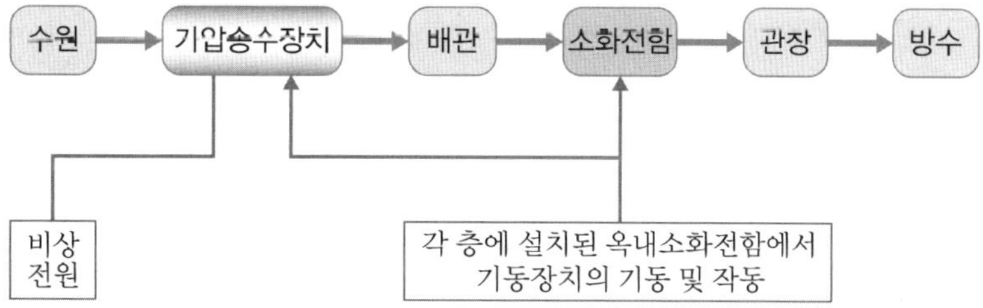

그림 5-10 옥내소화전설비의 작동순서

③ 옥내소화전설비의 가압송수장치

옥내소화전설비에 사용되는 가압송수장치에는 송수펌프·압력수조 및 고가수조가 있으며, 이러한 장치는 건축물의 최상단에 설치되어 있는 옥내소화전 방수구에서의 방사압력 및 방사량이 규격방사압력인 1.7 kg/cm^{2}이상, 130 ℓ/분이상이 되도록 하는 기능을 한다. 그러나 옥내소화전 방수구에서의 방사압력이 7.0 kg/cm^{2}이상이 되면 물을 방수하는 데 사용되는 소방용호스의 조작이 어렵고 소방용호스가 파열될 우려가 있으므로 옥내소화전 방수구의 인입측 배관상에 감압장치(감압밸브 또는 오리피스)를 설치하여 방수압력을 7.0 kg/cm^{2}이하가 되게 하여야 한다.

④ 옥내소화전설비의 사용요령

건축물에 화재가 발생하면 평소 훈련이 잘 된 자위소방대원의 활동과 상황판단 그리고 과감한 소화작업이 필요하다.

건축물내에 설치되어 있는 소화전함에는 소방용호스와 방사관창이 수납되어 있으므로 화재를 처음 발견한 사람이 소화전문을 열고 소방용호스 2개와 방사관창 1개를 연결한 다음 옥내소화전 방수구를 개방함으로써 소화약제인 물이 방사관창을 통하여 방수된다.

예를 들면, 소방대상물에 근무하는 자위소방대원 3명이 1조가 되어 옥내소화설비를 조작한다면 다음의 순서에 의해서 행동하면 된다.

㉠ 조원(3명) 모두는 옥내소화전함이 설치된 곳으로 가서 옥내소화전함의 문을 열고, 1번대원이 방사관창을 꺼내서 들고 화재가 발생된 현장으로 달려간다.

㉡ 2번대원은 1번대원의 뒤를 따라 화재가 발생된 장소로 달려가면서 뒤틀어진 소방용호스를 바르게 정리하면서 1번대원을 돕는다.

㉢ 3번대원은 1번대원이 화재가 발생된 장소에 도착된 것을 연락받을 때까지 옥내소화전 방수구를 개방시키고 기다린다.

㉣ 2번대원이 1번대원을 도와 화재현장에 도착하여 소화할 자세가 준비되면 3번대원에게 연락하여 가압송수장치의 기동을 요구한다.

㉤ 3번대원은 연락을 받는 즉시 기동스위치를 누르면서 이 때 기동표시등이 점등된 것을 확인한다.

㉥ 2번대원은 다시 1번대원에게로 가서 소화작업을 돕고, 일단 소화작업이 종료되면 즉시 3번에게로 가서 기동스위치를 끄도록 요구한다.

㉦ 3번대원은 소화업무가 종료되었다는 연락을 받으면 즉시 기동스위치를 끄고 옥내소화전 방수구를 폐쇄한다.

이렇게 하여 소화작업이 완료되면 대원(조원) 모두는 옥내소화전 방수구로부터 소방용호스와 방사관창을 분리하여 깨끗하게 건조시킨 후 잘 정리하여 다음의 화재발생시 사용에 이상이 없도록 하여야 한다.

(2) 스프링클러설비

① 스프링클러설비의 개요

건축물의 화재발생시 천장·반자 등에 설치되어 있는 스프링클러헤드(폐쇄형인 경우)가 직접 화재를 감시하여 화재수신반에 화재의 발생을 통보하며, 건축물내에 있는 사람들에게 화재의 발생을 경보로 전환하여 통보함으로써 건축물내에서의 신속한 피난을 도와줌과 동시에 초기에 화재를 소화시키는 초기소화설비로서 자동으로 작동되기 때문에 설비를 조작·감시하는 사람이 없어도 사용이 가능하다.

스프링클러설비는 수원·가압송수장치·자동경보밸브·물올림장치·스프링클러헤드·비상전원·배관 등으로 구성되어 있다.

② 스프링클러설비의 형태(종류)

스프링클러설비는 화재를 자동으로 감지하는 기능을 가지는 폐쇄형 스프링클러헤드, 화재감지의 기능이 없는 개방형 스프링클러헤드 및 급수 주배관에 대한 소화약제인 물의 가압형태에 따라 습식·건식·준비자동식설비 및 일제살수식설비로 구분된다.

㉠ 습식 스프링클러설비(wet sprinkler system)

건축물에 일반적으로 가장 많이 설치되고 있는 스프링클러설비의 형태로서 자동으로 화재의 발생을 감지하는 폐쇄형 스프링클러헤드를 필요로 하며, 소화수조로부터 최상단에 설치된 폐쇄형 스프링클러헤드까지 소화약제인 물이 가압송수되어 있다. 그러므로 각 층에 설치된 폐쇄형 스프링클러헤드가 화재의 발생을 감지하며, 화재가 발생된 장소에 설치된 폐쇄형 스프링클러헤드가 개방되어 송수되는 물로 화재를 자동으로 소화한다.

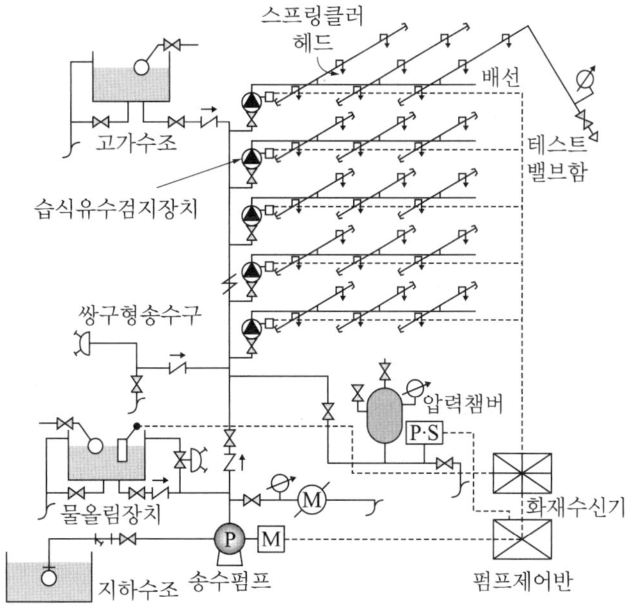

그림 5-11 습식 스프링클러설비의 계통도

습식 스프링클러설비는 동절기 동결될 우려가 없는 따뜻한 지방에서 설치되고 있으며, 국내의 경우 사무실·백화점·시장·호텔 등의 용도로 사용되는 시설에 많이 설치되고 있다.

앞의 그림 5-11은 폐쇄형 스프링클러헤드를 사용하는 습식 스프링클러설비의 계통도를 나타낸 것이다.

ⓒ 건식 스프링클러설비(dry sprinkler system)

폐쇄형 스프링클러헤드를 사용하는 스프링클러설비의 형태로서 주로 추운 지방에 많이 설치되어 있다.

건식 스프링클러설비는 지하수조(저수조)로부터 건식유수검지장치(건식밸브)까지의 1차측 배관내에 물이 가압송수되어 있으며, 건식밸브의 2차측으로부터 최상단에 설치된 폐쇄형 스프링클러헤드까지는 에어컴프레서 등에 의해서 압축된 공기가 충전되어 있기 때문에 설치 및 유지·관리상 많은 비용이 소요된다.

화재가 발생되면 화재발생장소에 설치되어 있는 폐쇄형 스프링클러헤드가 화재를 자동으로 감지함과 동시에 자동으로 소화약제인 물을 방사하여 화재를 소화하도록 되어 있는 설비로서 습식 스프링클러설비에 비하여 화재를 소화하는 데 시간이 좀 더 요구된다.

화재의 발생으로부터 완전소화까지의 작동순서를 나타내면 다음의 그림 5-12와 같다.

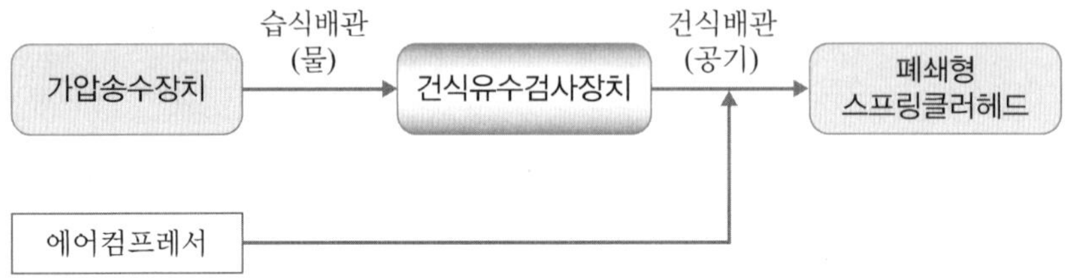

그림 5-12 건식 스프링클러설비의 작동순서

ⓒ 준비작동식 스프링클러설비(preaction sprinkler system)

폐쇄형 스프링클러헤드를 사용하는 스프링클러설비의 형태로서 수원과 폐쇄형 스프링클러헤드사이에 설치된 주배관에 준비작동식(프리액션)밸브를 설치하는 방식으로서 수원으로부터 준비작동식밸브의 1차측까지의 주배관에는 소화약제인 물이 가압송수되어 있으며, 준비작동식밸브의 2차측으로부터 최상단에 설치된 폐쇄형 스프링클러헤드까지의 배관에는 에어컴프레서에 의해서 압축된 공기 또는 대기압상태로 충전되어 있다.

폐쇄형 스프링클러헤드를 사용하는 준비작동식 스프링클러설비는 지하층 또는 자동차차고 등에 많이 설치되고 있으며, 화재가 발생되면 화재장소에 설치된 연기감지기(교차회로배선방식에 의해서 설치된 연기감지기)의 작동에 의한 자동방식과 화재를 처음으로 발견한 사람이 슈퍼비죠리판넬의 기동스위치를 작동시키는 수동방식에 의해서 기동된다.

또한, 화재감지기(연기감지기)가 작동하여 준비작동식밸브를 개방하더라도 화재가 발생된 장소에 설치된 폐쇄형 스프링클러헤드가 개방되어야만 물이 방수되므로 폐쇄형 스프링클러헤드가 개방될 때까지 약간의 시간이 소요된다.

다음의 그림 5-13은 폐쇄형 스프링클러헤드를 사용한 준비작동식 스프링클러설비의 작동순서를 나타낸 것이다.

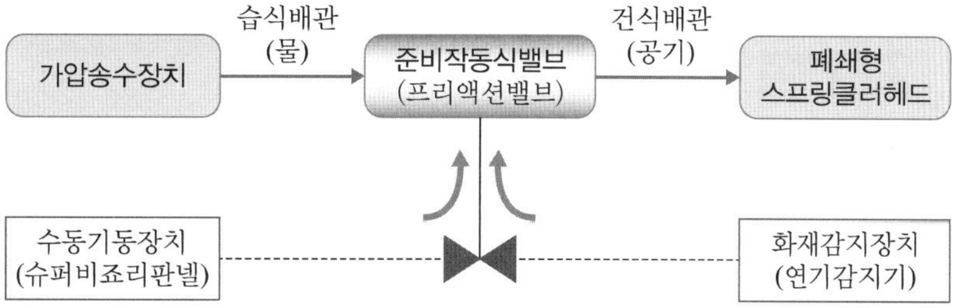

그림 5-13 준비작동식 스프링클러설비의 작동순서

㉣ **일제살수식 스프링클러설비**(deluge sprinkler system)

화재감지부분(기능)을 가지지 않는 개방형 스프링클러헤드를 사용하며, 일정한 구역에 설치된 모든 헤드에서 동시에 소화약제인 물을 일제히 살수하는 방식이다.

이 일제살수식 스프링클러설비에 사용되는 개방형 스프링클러헤드란 위에서도 설명한 바와 같이 수열(受熱)부분과 수열에 의해서 분해하여 개방되는 부분이 없는 것으로서 개방된 상태 그대로의 것을 말한다.

일제살수식 스프링클러설비는 자동화재탐지설비와 병행하여 사용하고, 일정한 방호구역마다 일제개방밸브를 설치하여 이 밸브의 1차측까지만 물을 충전하여 가압한다. 또한, 일제개방밸브의 2차측으로부터 개방형 스프링클러헤드까지는 대기압상태로 유지시킨다.

일제살수식 스프링클러설비는 천장·반자의 높이가 높아 화재가 발생하더라도 화재발생의 감지가 어렵거나 정상적인 감지가 어려운 극장의 무대부, 특수가연물의 저장·취급장소, 위험물의 저장·취급시설 등과 같이 화재가 발생되면 급격하게 확대가 우려되는 장소에 설치되고 있다.

일제살수식 스프링클러설비는 화재감지장치(열·연기감지기)나 폐쇄형 스프링클러헤드가 화재의 발생을 감지하는 자동방식과 배관에 가압송수되어 있는 물을 배수하거나 수동기동장치를 기동시키는 수동방식에 의해서 작동된다.

다음의 그림 5-14는 일제살수식 스프링클러설비의 작동순서를 나타낸 것이다.

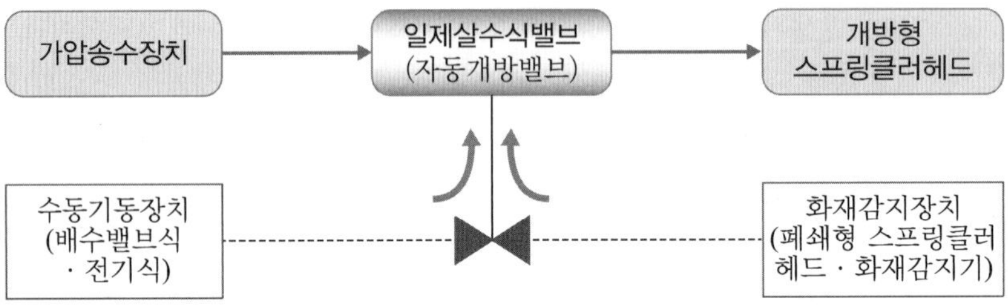

그림 5-14 일제살수식 스프링클러설비의 작동순서

(3) 물분무소화설비

① 물분무소화설비의 개요

물을 소화약제로 사용하는 스프링클러설비와 유사한 자동식 초기소화설비로서 소화약제인 물을 봉상(棒狀)·적상(適狀)으로 방사하지 않고 구름모양인 무상(霧狀)으로 방사함으로써 냉각소화·질식소화작용뿐만 아니라 유화소화작용에 의해서 화재를 소화한다. 또한, 수용성의 가연물질인 알코올·에테르·케톤·알데하이드류 등의 화재시 연소하는 물질의 농도를 연소농도이하로 희박하게 하여 연소시키는 희석소화작용도 갖는다.

② 물분무소화설비의 구성

물분무소화설비는 수원·가압송수장치·화재감지장치·기동장치·개방밸브의 시험장치·물분무헤드·전원(비상전원)·배선 등으로 구성되어 있다.

③ 물분무소화설비의 적용 대상물

㉠ 특수가연물을 취급하는 화학공업의 제장치나 연구실험실

㉡ 면화·고무·목탄 등 특수가연물의 저장소나 목재의 건조실

㉢ 제분·유지공업·면부스러기·집지기 등의 미분으로 인한 화재장소
㉣ 주차장·엔진시험장 등 액체연료의 사용장소
㉤ 유지공업의 제장치, 각종의 유압작업 기계장치
㉥ 가연성의 액체를 취급하는 저장소 또는 작업장

④ 물분무소화설비의 형태

물분무소화설비는 고정으로 설치되는 자동식·수동식의 설비와 이동할 수 있도록 설치하는 이동식으로 구분된다.

㉠ **고정식 물분무소화설비**

- **자동식 물분무소화설비**
  화재감지장치의 화재감지에 의해 연동하여 물분무헤드로 물을 방사하도록 되어 있는 설비로서 화재감지장치로는 화재감지기와 폐쇄형 스프링클러헤드가 사용된다.
- **수동식 물분무소화설비**
  수동방식에 의해서 물분무헤드를 담당하는 일제개방밸브를 제어하여 소화약제인 물을 방사하도록 되어 있는 설비의 형태이다.

㉡ **가반식(이동식) 물분무소화설비**

가반식(이동식) 물분무소화설비란 분무노즐 또는 헤드를 소방용호스·호스릴 등에 결합하거나 스프링클러설비 등에 접속하여 사용할 수 있는 설비를 말한다.

(4) 포소화설비

① 포소화설비의 개요

포(말)을 형성하는 포소화약제(화학포·기계포)를 사용하는 소화설비로서 화재의 초기소화를 목적으로 한 이산화탄소소화설비·할로겐화합물소화설비 및 분말소화설비와 함께 특수소화설비에 해당된다.

스프링클러설비·물분무소화설비·옥내소화전설비 등은 소화약제로 물을 사용하기 때문에 유류저장탱크·정유공장·액체가연물질의 저장시설 등의 화재시 소화할 수 없으므로 질식소화가 요구되는 시설에 포소화설비의 설치가 요구되어 왔으며, 재착화방지에 있어서 다른 소화설비에 비하여 우수하다.

포소화설비에 사용되는 포소화약제로는 1904년 러시아의 라우렌트(Laurent)에 의해서 화학포소화약제가 처음으로 화재의 소화에 사용되었으며, 그 이전에는 석유류 저장탱크의 석유류 증발을 방지하기 위한 목적으로 사용되었다.

② 포소화설비의 구성

포소화설비는 수원·가압송수장치·포저장탱크·포혼합장치·포헤드(방출구 포함)·배관·화재감지장치·전원·배선 등으로 구성되어 있다.

③ 포소화설비의 형태

㉠ **고정포방출설비**

고정포방출방식의 포소화설비는 주로 위험물의 저장탱크에 설치하는 것으로 탱크의 직경 및 고정포방출구의 종별에 따라 일정한 수(개)의 방출구를 탱크측면에 설치한다.

위험물인 유류를 저장하는 탱크는 원추형 지붕을 가진 콘루프탱크(CRT)와 부상형 지붕을 가지는 플루팅루프탱크(FRT)로 구분되며, 콘루프탱크에는 Ⅰ형·Ⅱ형 고정포방출구 및 표면하 주입식 고정포방출구를 설치하여야 한다. 또한, 플루팅루프탱크에는 특형 고정포방출구를 설치하여야 한다.

다음의 그림 5-15는 콘루프탱크에 설치한 Ⅱ형 고정포방출구를, 그림 5-16은 플루팅루프탱크에 설치한 특형 고정포방출구를 나타낸 것이다.

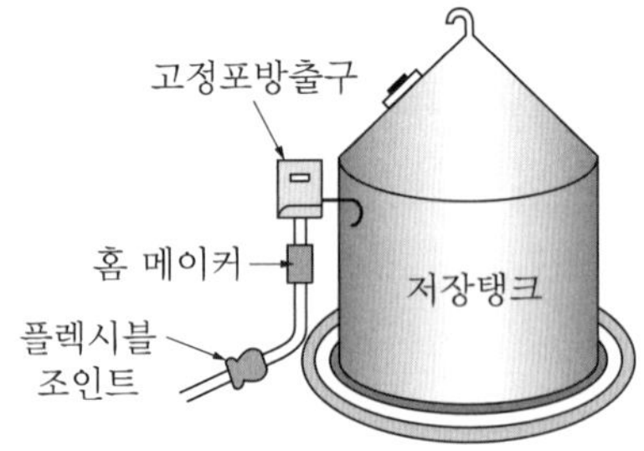

그림 5-15 콘루프탱크에 설치한 Ⅱ형 고정포방출구

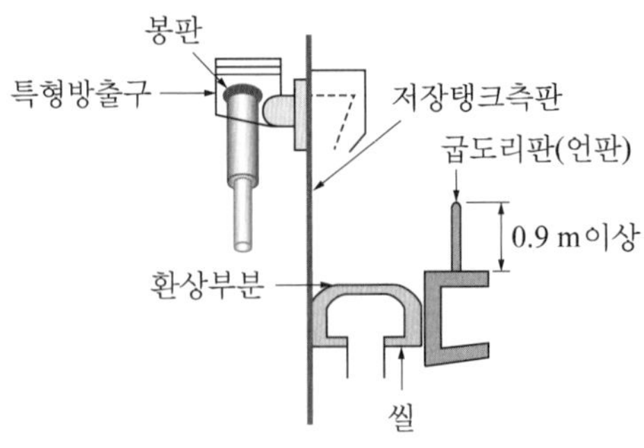

그림 5-16 플루팅루프탱크에 설치한 특형 고정포방출구

ⓛ **포소화전설비**

옥내소화전설비와 비슷한 구조이나 특이한 노즐을 사용하여 소방용호스를 통해서 송수된 물과 흡입관에 의하여 흡입된 포소화약제가 혼합되어 방출하는 것과 혼합기에 의하여 포수용액이 압송되는 경우도 있다.

포소화전 방출방식을 이동식 포소화설비라고도 하며, 옥내포소화전방식과 옥외포소화전방식으로 구분되고 있다.

ⓒ **호스릴 포소화설비**

고정포방출설비에 의해서 소화가 어려운 방호대상물을 보호하기 위해서 호스릴의 소방용호스를 이동시켜 소화하는 설비(이동식)방식이다.

다음의 그림 5-17은 호스릴 포소화설비의 호스릴을 나타낸 것이다.

그림 5-17 호스릴 포소화설비의 호스릴

ⓔ **홈-워터스프링클러설비**

비행기격납고(비행기의 정비·수리를 위한 시설)의 화재시 소화하기 위해서 설치하는 설비로서 스프링클러설비의 방사헤드의 기능을 갖는 홈-워터스프링클러헤드로 포말을 방사하도록 되어 있다.

ⓜ **홈헤드설비**

제조소·위험물취급소·자동차차고·주차장 등에 설치하는 포소화설비로서 방호구역의 천장 등에 포말을 방사하는 헤드를 고정으로 설치한다.

다음의 그림 5-18은 홈-워터스프링클러헤드를, 그림 5-19는 홈헤드를 나타낸 것이다.

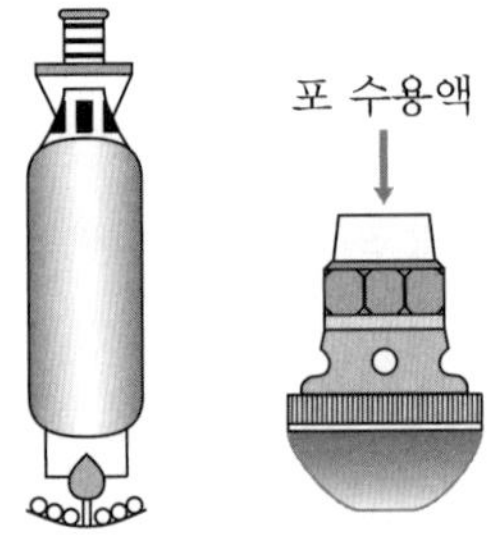

그림 5-18 홈-워터스프링클러헤드

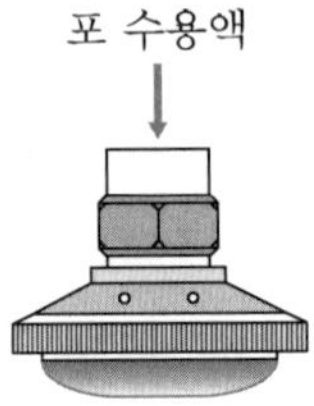

그림 5-19 홈(포)헤드

④ 포소화약제의 혼합방식

㉠ **화학포소화약제의 혼합방식**

포소화설비에 사용되는 화학포소화약제를 물과 혼합하여 포수용액으로 혼합하는 방식에는 1약건식·2약습식·2약건식이 있다.

㉡ **기계포소화약제의 혼합방식**

기계포소화약제인 단백포·합성계면활성제포·수성막포·알코올형포 및 불화단백포 소화약제를 물과 혼합하여 포수용액으로 제조하는 방식에는 라인프로포셔너(관로혼합)방식, 펌프프로포셔너(펌프혼합)방식, 프레셔프로포셔너(차압혼합)방식 및 프레셔사이드프로포셔너(압입혼합)방식 등이 있다.

- 라인프로포셔너방식
  펌프와 발포기의 중간에 설치된 벤튜리관의 벤튜리작용에 의하여 포소화약제를 흡입·혼합하는 방식
- 펌프프로포셔너방식
  펌프의 토출관과 흡입관사이의 배관 도중에 설치한 흡입기에 펌프에서 토출된 물의 일부를 보내고, 농도조정밸브에서 조정된 포소화약제의 필요량을 포소화약제 저장탱크에

서 펌프흡입측으로 보내어 이를 혼합하는 방식

- **프레셔프로포셔너방식**
  펌프와 발포기의 중간에 설치된 벤튜리관의 벤튜리작용과 펌프가압수의 포소화약제 저장탱크에 대한 압력에 의하여 포소화약제를 흡입·혼합하는 방식
- **프레셔사이드프로포셔너방식**
  펌프의 토출관에 압입기를 설치하여 포소화약제 압입용펌프로 포소화약제를 압입시켜 혼합하는 방식

(5) 이산화탄소소화설비

① 이산화탄소소화설비의 개요

이산화탄소소화약제의 질식·냉각소화작용 및 피연소물질에 대한 피복소화작용을 이용한 소화설비로서 피연소물질에 피해가 우려되는 전자·통신설비, 정밀기계·기기실 등에 많이 설치된다. 또한, 이산화탄소소화설비에 사용되는 이산화탄소소화약제는 불연성가스로서 산소보다 비중이 크며, 가연물질의 표면에 피막을 형성하거나 산소의 공급을 차단시키는 역할을 하므로 가연물질의 연수화대방지를 목적으로 한다.

특히, 이산화탄소가 액체에서 기체로 기화할 경우 체적이 539배로 증가하며, 급격한 방출로 인하여 온도가 하강하므로 인체의 피부동상에 주의하여야 한다.

② 이산화탄소소화설비의 구성

이산화탄소소화설비는 저장용기·기동용기·화재감지장치·선택밸브·분사헤드·배관·전원·배선 등으로 구성되어 있다.

③ 이산화탄소소화설비의 형태

이산화탄소소화설비는 작동방식에 따라 가스압력식·기계식 및 전기식의 설비로 구분되며, 방호하는 대상에 따라 전역방출방식·국소방출방식 및 이동식(이동방출방식)으로 구분된다.

④ 이산화탄소소화설비의 장·단점

㉠ 이산화탄소소화설비의 장점

- 피연소물질에 피해를 유발하지 않는다.
- 전역방출방식으로 설치시 일반화재에도 적합하다.

- 화재시 연소물질의 내부까지 침투하여 소화한다.
- 소화약제의 구입비가 다른 소화약제에 비하여 저렴하다.
- 전기의 부도체로서 전기절연성이 높다.

ⓒ 이산화탄소소화설비의 단점

- 인체의 질식이 우려된다.
- 소화약제의 방출시 인체에 닿으면 동상이 우려된다.
- 소화약제의 방사시 소리가 요란하다.
- 소화약제의 저장시 고압(53 kg/cm^2)을 필요로 한다.

⑤ 이산화탄소소화약제의 품질

이산화탄소소화설비에 사용되는 이산화탄소소화약제는 한국산업규격 액화이산화탄소 제2종 및 3종에 적합한 것으로 그 품질은 다음의 표 5-12와 같다.

표 5-12 액화이산화탄소의 품질

구분 \ 종별	제1종	제2종	제3종
액화이산화탄소의 순도(V%)	99.0이상	99.5이상	99.5이상
수분의 함량(W%)	-	0.05이하	0.005이하
특성	무미·무취	무미·무취	무미·무취

(6) 할로겐화합물소화설비

① 할로겐화합물소화설비의 개요

할로겐화합물소화설비는 상온에서 증발하기 용이하거나 화재시 열에 의해서 증발하기 쉬운 증발성액체를 소화약제로 사용하는 설비로서 이산화탄소소화설비처럼 정밀도가 요구되는 통신기기실·변전실·기계실·전자기기실 등에 주로 설치한다. 또한, 이 설비는 할로겐화합물의 질식·냉각소화작용과 부촉매소화작용을 이용한 것으로서 피연소물질에 피해를 주지 않으며, 소화에 요하는 시간이 적어 모든 소화설비 중 가장 효율적인 설비이나 오존층을 파괴하는 오존파괴지수가 높아 앞으로 많은 개선책이 요구되고 있다 하겠다.

② 할로겐화합물소화설비의 구성

할로겐화합물소화설비는 이산화탄소소화설비와 같이 저장용기·기동용기·화재감지장치·선택밸브·분사헤드·배관·전원·배선 등으로 구성되어 있다.

③ 할로겐화합물소화설비의 형태

할로겐화합물소화설비는 작동방식에 따라 가스압력식·기계식 및 전기식으로 구분되며, 방호하는 대상에 따라 전역방출방식·국소방출방식 및 이동식(이동방출방식)으로 구분된다.

④ 할로겐화합물소화설비에 사용하는 소화약제

할로겐화합물소화설비에 사용되는 소화약제는 할론1301(CF_3Br)·할론1211(CF_2ClBr)·할론2402($CF_2Br \cdot CF_2Br$) 및 할론1011(CH_2ClBr) 등이 있으나 국내의 '소방법규' 및 '소방기술기준에 관한 규칙'에서는 할론1301, 할론1211 및 할론2402 소화약제를 사용하는 설비만을 인정하고 있다.

⑤ 할로겐화합물소화설비의 장·단점

㉠ 할로겐화합물소화설비의 장점

- 전기음성도가 강하여 다른 물질과 잘 결합하여 불연성가스를 발생한다.
- 부촉매에 의한 연소의 억제작용이 크며, 소화능력이 다른 소화설비에 비하여 우수하다.
- 금속에 대한 부식성이 적다.
- 전기의 불량도체로서 전기화재의 소화에 요하는 시간이 짧다.
- 변질·분해 등의 화학반응을 일으키지 않는다.
- 피연소물질에 물리·화학적 변화를 초래하지 않는다.

㉡ 할로겐화합물소화설비의 단점

- 소화약제의 구입가격이 다른 소화약제에 비하여 고가이다.
- 상온에서 가스체인 할론1301, 할론1211 소화약제는 저장·취급시 주의를 요한다.
- 오존층을 파괴한다(미 반응된 할로겐화합물소화약제인 경우).
- 인체의 질식이 우려된다(할론1301 소화약제는 제외).

(7) 분말소화설비

① 분말소화설비의 개요

분말소화설비는 질식·냉각 및 부촉매소화작용을 가지는 분말소화약제를 약제저장용기에 저장(가압식 또는 축압식 방법에 의해서 저장)하여 두었다가 화재가 발생하였을 때 분사헤드를 통하여 분말소화약제를 방사하여 소화하도록 자동식시스템으로 설치되고 있으며, 이산화탄소·할로겐화합물소화설비 방식에 필요하지 않는 가압용기(질소)를 가지는 가압식설비와 축압식설비로 되어 있다.

분말소화설비는 일반적으로 주차장·자동차차고·통신기기실·특수가연물의 저장소, 제4류위험물, 변전 및 발전설비 등에 설치되고 있다.

② 분말소화설비의 구성

분말소화설비는 기동용기·화재감지장치·선택밸브·분사헤드·가압용가스용기·약제저장용기·분사헤드·전원·배관·배선 등으로 구성되어 있다.

③ 분말소화설비의 형태

분말소화설비는 작동방식에 따라 가스압력식·기계식 및 전기식으로 구분되며, 방호대상에 따라 전역방출방식·국소방출방식 및 이동식으로 구분된다.

④ 분말소화설비에 사용되는 소화약제

분말소화설비에 사용되는 분말소화약제는 제1·2·3 및 4종의 소화분말로 구분되어 있다.

㉠ 제1종소화분말

제1종소화분말의 주성분은 탄산수소나트륨으로서 $NaHCO_3$로 표시된다.

㉡ 제2종소화분말

제2종소화분말의 주성분은 탄산수소칼륨으로서 $KHCO_3$로 표시된다.

㉢ 제3종소화분말

제3종소화분말의 주성분은 제1인산암모늄으로서 $NH_4H_2PO_4$로 표시된다.

㉣ 제4종소화분말

제4종소화분말은 제2종소화분말인 탄산수소칼륨과 요소[$(NH_2)_2CO$]가 화합된 것을 말한다.

⑤ 분말소화약제의 충전비·저장량 및 가산량

분말소화약제의 종별 저장용기에 대한 충전비, 방호구역의 체적당 저장량(kg/m^3) 및 개구부의 면적당 가산량(kg/m^2)은 다음의 표 5-13과 같다.

표 5-13 소화분말의 종별 충전비·저장량 및 가산량

소화약제의 종별	주성분	충전비 (ℓ/kg)	방호구역의 체적당 저장량(kg/m^3)	개구부의 면적당 가산량(kg/m^2)
제1종	탄산수소나트륨	0.8	0.6	4.5
제2종	탄산수소칼륨	1.0	0.36	2.7
제3종	제1인산암모늄	1.0	0.36	2.7
제4종	탄산수소칼륨 + 요소	1.25	0.24	1.8

Chapter

6 소화약제에 의한 피해

1 물소화약제에 의한 피해

1 물소화약제의 정의 및 특성

(1) 물소화약제의 정의

물은 모든 물질 중 가장 대표적인 물질로서 인류 및 동·식물이 생장하는 데 없어서는 아니 되는 것으로서 우주를 구성하는 데 있어서 대단히 중요한 역할을 한다.

물은 자연에서 3가지 형태로 존재하며, 주위온도·압력에 의해 기체인 수증기·액체인 물 및 고체인 얼음의 3태변화를 순환하면서 때로는 인류 및 동·식물에게 재해를 주기도 한다.

(2) 물소화약제의 특성

① 물소화약제의 물리적 성질

물은 섭씨 0°C이하에서 고체인 얼음으로 존재하며, 0°C이상 100°C이하에서는 액체상태로 존재한다. 그리고 섭씨 100°C이상에서는 기체인 수증기로 존재한다. 또한

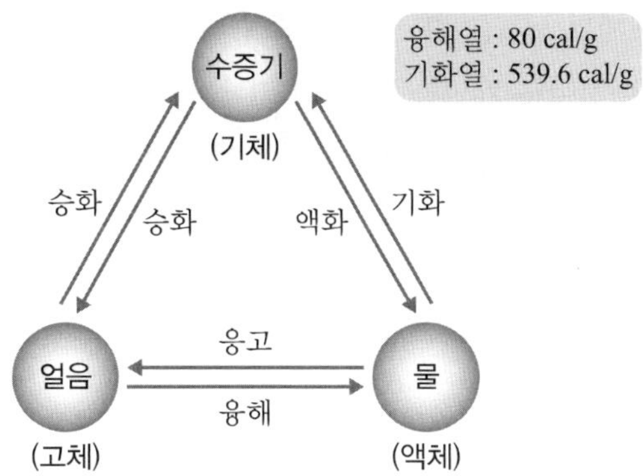

그림 6-1 물의 3태변화

표 6-1 온도에 따른 물의 밀도 값

온도(℃)	밀도(g/cm^3)	온도(℃)	밀도(g/cm^3)
10	0.99794	40	0.99224
0	0.99987	60	0.98327
4	1.00000	80	0.97183
10	0.99973	100	0.95838
20	0.99823		

고체상태인 얼음이 액체인 물로 되기 위해서는 주위로부터 80 cal/g의 융해열이 필요하며, 액체인 물이 기체인 수증기로 되기 위해선 539.6 cal/g의 기화열이 필요하다.

물은 다른 물질에 비하여 비열(比熱) 값과 기화열(氣化熱) 값이 우수(크다)하다는 장점이 있어 화재발생시 소화약제로 이용되고 있다. 또한, 물은 4°C에서 밀도가 1 g/cm^3이며, 비체적은 1 cm^3/g로서 모든 액체물질의 비중 측정시 기준이 된다.

위의 그림 6-1은 물의 3태인 수증기·물·얼음의 관계를 나타낸 것이며, 표 6-1은 온도의 변화에 따른 물의 밀도 값을 나타낸 것이다.

② 물소화약제의 화학적 성질

물은 수소 1분자와 산소 0.5분자가 화학반응을 일으켜 생성되는 물질로서 무미·무취·무색을 갖는다. 또한, 물은 전기적으로 중성(pH 7.0)을 띠고 있으며, 분해하는 경우 수소이온(H^+)과 수산이온(OH^-)으로 전리한다.

물은 물에 용해되어 있는 마그네슘이온(Mg^{2+})과 칼슘이온(Ca^{2+})의 양에 따라 단물(연수)과 센물(경수)로 구분된다.

특히, 물속에 용해되어 있는 마그네슘이온(Mg^{2+})이나 칼슘이온(Ca^{2+})이 20 ppm(mg

/ℓ)이상일 때에는 센물(경수)로 취급되며, 마그네슘이온(Mg^{2+})이나 칼슘이온(Ca^{2+})이 10 ppm(mg/ℓ)이하일 때에는 단물(연수)로 취급된다.

경수(센물)는 음용수 및 공업용수로도 부적합하며, 장기간 저장하였을 경우 철제용기를 부식하거나 녹슬게 한다. 또한, 배관을 통하여 송수하는 경우 배관내에 관석(scale)을 발생케 하여 배관내 유체의 흐름을 저해하거나 배관을 부식시켜 파열을 가져오는 경우도 있다.

2 물소화약제에 의한 피해 및 유지·관리

(1) 물소화약제에 의한 피해

소화약제란 화재발생시 화재를 빠른 시간내에 소화하여 인적·물적피해를 최소화하고, 소화설비(소화기구 포함)를 도와 화재를 유효적절하게 제어하도록 하여 사람의 신체·생명 및 재산을 보호하는 데에 그 기능이 있어야 한다. 그러나 물소화약제를 사용하는 경우 적응화재에 따라 주수(방사)방법을 숙지하지 못하여 화재로 인한 손실보다 오히려 소화약제인 물에 의해서 피해를 입는 경우가 더 크다고 하면 물은 소화약제로서의 기능을 상실하였다고 보아야 하다.

물소화약제를 제4류 제1석유류인 휘발유(가솔린) 화재시 봉상·적상으로 주수(注水)하였다면 휘발유의 화재는 소화되지 아니하고 물보다 비중이 작은 가솔린 입자가 소화약제인 물의 표면에 부유함으로써 오히려 화재면을 확대시켜 가솔린화재가 더욱 확산하도록 도와주는 기능을 한 결과가 된다. 이러한 예에서 보는 바와 같이 소화약제인 물로 인한 피해는 말할 수 없이 크다 하겠다.

특히, 물소화약제를 전기설비가 되어 있는 변전실·전기실의 화재에 무상(霧狀)이 아닌 봉상(棒狀)으로 방사하였다면 화재의 소화보다는 방사되는 물입자에 전기가 전달되어 소화업무를 담당하는 사람이 감전사(死)하는 경우가 발생되므로 물소화약제로 인한 피해는 상당히 크다고 할 수 있다.

(2) 물소화약제의 저장·취급 및 유지·관리

① 물을 저장하는 탱크나 용기는 물소화약제에 부식되지 않도록 내식성재료로 제조된 것으로 하여야 하며, 그러하지 않은 경우 내식성도료로 피복가공한 것을 사용하여야 한다.
② 물을 송수하는 배관의 경우 배관내에 침전물·찌꺼기 등이 침적될 우려가 있으므로 수시로 배관통수시험을 하여 사용에 이상이 없도록 하여야 한다.
③ 물소화약제를 저장하는 탱크 또는 용기는 외부로부터 이물질이 침투하지 않도록 항상

뚜껑을 닫아 놓아야 하며, 동절기 동결되지 않도록 보온조치 등을 하여야 한다.

④ 물소화약제의 양은 화재시 유효적절하게 사용할 수 있도록 소방관련 법규에서 규정하는 양 이상의 소화용수량이 유지되도록 하여야 한다.

2 포소화약제에 의한 피해

1 포소화약제의 정의 및 특성

(1) 포소화약제의 정의

포소화약제는 앞에서도 설명한 바와 같이 질식소화작용·냉각소화작용 및 유화소화작용(액체가연물인 경우)에 의해서 화재를 소화하도록 제조된 소화약제로서 소화약제를 구성하는 주성분·사용방법 및 포수용액의 혼합방법 등에 의해서 화학포와 기계포로 구분된다.

화학포소화약제는 A제인 황산알루미늄[$Al_2(SO_4)_3 \cdot 18H_2O$]와 B제인 탄산수소나트륨($NaHCO_3$)으로 되어 있으며, 기계포소화약제는 단백포·합성계면활성제포·수성막포·알코올형포소화약제 및 불화단백포소화약제로 되어 있다. 그러므로 화학포는 A제와 B제의 혼합시 발생되는 이산화탄소가 방사원이 되어 화학포말을 외부로 방출하며, 기계포는 기계의 동력에 의해서 흡입된 공기가 방사원이 되어 기계포말을 외부로 방출시킨다. 또한, 화학포말의 포핵은 이산화탄소이며, 기계포말의 포핵은 공기이다.

(2) 포소화약제의 특성

① 화학포소화약제의 특성

화학포소화약제를 구성하는 A제인 황산알루미늄은 백색의 결정분말로서 온수(따뜻한 물)에 용해되면 가수분해하여 산성을 나타내나 유기용매인 벤젠·톨루엔·자일렌 등에는 용해하지 않는다. 또한, B제인 탄산수소나트륨은 온수에 용해하면 약알칼리성을 나타내며, 가열하면 300℃이상에서 분해하여 이산화탄소를 발생시킨다.

화학포소화약제인 A제·B제를 수용액상태로 하여 장기간 저장하면 부패·변질될 우려가 있으며, A제와 B제가 혼합하여 발생한 화학포는 액성으로는 거의 중성에 가까우나 화학적 방법에 의해서 제조되었으므로 장기간 저장된 화학포일 경우 심한 악취가

난다.

② 기계포소화약제의 특성

기계포소화약제 중 단백포는 동·식물의 단백질을 주원료로 하여 제조된 소화약제이므로 장기간 저장시에는 부패·변질되어 심한 악취가 나며, 저장용기를 부식·파손시킬 우려가 있다.

합성계면활성제포·수성막포소화약제는 합성계면활성제가 주성분으로서 단백포소화약제에 비하여 저장기간이 길며, 소화성능도 우수하다. 또한, 합성계면활성제포소화약제는 포의 팽창률이 다른 기계포소화약제보다 우수하여 고발포용으로도 사용된다.

알코올형포소화약제는 단백질의 가수분해물·계면활성제에 금속비누를 가하여 제조된 포소화약제로서 수용성의 가연물질인 알코올류·에테르류·케톤류 등에 적합하며, 수용성가연물질에 용해하지 아니하는 엷은 막을 형성하여 질식소화하는 성질을 가지고 있다.

2 포소화약제에 의한 피해 및 유지·관리

(1) 포소화약제의 의한 피해

포소화약제는 화학포·기계포 모두 화학적으로 제조되므로 질식소화작용·냉각소화작용 및 유화소화작용이 있어 일반화재나 유류화재의 소화에 적합하나 피연소물질에 많은 피해를 주고 있다.

포소화약제를 일반화재에 사용하였을 때에는 소화가 종료된 후 곧 바로 많은 물로 포말을 깨끗이 청소하여야 한다. 그렇지 않으면 연소되지 아니한 피연소물질에 포말이 묻어 사용할 수 없게 되며, 시간이 경과하면 공기 중의 산소에 의해 부패되어 악취가 발생된다.

알코올형포소화약제가 아닌 다른 포소화약제를 수용성가연물질의 화재에 소화약제로 사용할 경우 수용성가연물질에 포소화약제가 용해되어 화재를 소화할 수 없을 뿐만 아니라 화재를 더욱 확대시킬 우려가 있다.

(2) 포소화약제의 저장·취급 및 유지·관리

① 화학포소화약제의 사용온도범위는 5°C이상 40°C이하이므로 동절기 동결되지 않도록 주위온도를 0°C이상으로 유지하여야 한다.

② 직사광선을 받지 않으며, 통풍이 양호한 장소에 저장하여야 한다.

③ 단백포소화약제의 사용연한은 3년이므로 수시로 변질·부패상태를 확인하여야 한다.

단백포소화약제의 유동점은 영하 7.5°C이므로 동절기의 온도가 영하 7.5°C이하가 되지 않도록 하여야 한다. 또한, 사용온도범위는 영하 5°C이상 영상 30°C이하로 되어 있으므로 사용온도범위가 유지되도록 저장·취급 및 사용장소에서의 온도의 유지·관리가 중요하다.

④ 기계포소화약제에는 단백포·합성계면활성제포·수성막포·알코올형포·불화단백포소화약제가 있으며, 사용용도에 따라 일반용·내한용·초내한용으로 구분된다.

합성계면활성제포는 내한용으로 사용되며, 수성막포소화약제는 초내한용으로 사용되므로 동절기 유동점이하가 되지 않도록 하여야 하며, 저장·취급 및 사용시 유동점이상이 되도록 유지·관리하여야 한다.

다음의 표 6-2는 기계포소화약제인 단백포·합성계면활성제포·수성막포·알코올형포소화약제의 유동점, 사용온도범위 및 사용용도에 대하여 설명한 것이다.

표 6-2 기계포소화약제의 유동점·사용온도범위 및 사용용도

기계포소화약제의 명칭	유동점(℃)	사용온도 범위(℃)	사용용도
단백포	−7.5	−5 ~ +30	일반용
합성계면활성제포	−12.5	−10 ~ +30	내한용
수성막포	−22.5	−20 ~ +30	초내한용
알코올형포	+2.5	+5 ~ +30	-

⑤ 기계포소화약제인 단백포·합성계면활성제포·수성막포·알코올형포소화약제의 경우 사용온도범위(°C)가 유지되도록 여름철 및 겨울철 온도관리에 주의하여야 한다.

3 이산화탄소소화약제에 의한 피해

1 이산화탄소소화약제의 정의 및 특성

(1) 이산화탄소소화약제의 정의

이산화탄소소화약제는 한국산업규격 액화이산화탄소 제2종 및 제3종으로서 저장용기에 액체상태로 저장해 두었다가 화재시 화열(화염)에 의해 급격하게 기체상태로 기화해 기체

이산화탄소로 전환하는 과정에서 주위로부터 흡수하는 열에 의한 냉각소화작용, 기화하여 기체상의 이산화탄소가 공기 중의 산소의 공급을 차단하는 질식소화작용 및 피연소물질에 대한 피복소화작용을 한다.

(2) 이산화탄소소화약제의 특성

이산화탄소는 공업적으로 탄소(C)와 산소(O_2)를 반응시켜 제조하므로 제조공정에 따라 수분이 소량 함유되는 경우가 있다.

이산화탄소는 기체·액체 및 고체의 3가지 상태로 존재하며, 이 3가지 상태의 이산화탄소는 삼중점이라는 −56.5°C에서 공존하기도 한다. 또한, 이산화탄소의 비점은 영하 78.1 °C이므로 액화가스와 압축가스를 구분하는 기준이 되기도 하며, 편의상 액화이산화탄소는 액화가스로 취급된다.

특히, 이산화탄소를 저장하는 저장용기는 고압가스안전관리법에 의해서 청색으로 도색하여야 하며, 저장용기(68 ℓ) 1본당 45 kg이하의 이산화탄소를 충전하여야 한다.

다음의 표 6-3은 이산화탄소의 일반적 물성을 나타낸 것이다.

표 6-3 이산화탄소의 일반적 물성

구분		내용	구분		내용
화학명		이산화탄소	임계온도		31.0°C
분자식		CO_2(O=C=O)	임계압력		72.8 atm
분자량		44	비중		1.52(0°C, 1 atm)
색상		기체·액체 : 무색 고체 : 반투명 백색	3중점		−56.5°C
맛		무미	밀도	고체	1.566 g/cm^3(−78.1°C에서)
냄새		약간 자극성 냄새		액체	1.066 g/cm^3(0°C에서)
증발열	고체	136.89 cal/g(−78.1°C, 1기압)	비열	정압비열	0.197 cal/g
	액체	56.13 cal/g(0°C, 35.54 kg/cm^2)		정적비열	0.150 cal/g

2 이산화탄소소화약제에 의한 피해 및 유지·관리

(1) 이산화탄소소화약제에 의한 피해

① 이산화탄소의 질식성

이산화탄소를 소화약제로 이용하는 경우 안정성을 충분히 고려하지 않으면 안 된다.

일반적으로는 독성이 없지만 산소를 차단하는 기능에 의한 질식성은 그 위험성이 높다.

공기 중에 이산화탄소의 함량은 0.03용량%(V%)정도로서 극히 미량으로 존재하므로 인체의 질식에 대한 피해의 영향은 없는 상태이나 소화약제로 이용될 경우 이산화탄소에 의한 사람의 호흡기 등에 질식의 영향을 초래하게 되므로 소화약제로 이용되는 이산화탄소의 농도에 주의를 하여야 한다.

이산화탄소소화설비를 전역방출방식으로 작동하였을 때 실내의 이산화탄소 농도는 약 1분사이에 20%(V%)를 초과하여 치사량에 도달하기 때문에 소화약제의 방출전에 실내의 사람들을 안전한 장소로 모두 피난시키고, 소화약제의 방출과 동시에 출입금지 표시를 하여야 한다.

소화가 완료되었을 때는 실내에 방출된 이산화탄소소화약제를 외부로 내보내기 위한 환기장치가 필요하며, 완전히 환기가 이루어졌을 때 실내에 출입하여야 한다.

다음의 표 6-4는 소화약제로 사용되는 이산화탄소가 인체에 미치는 영향에 대한 농도(용량%, V%)를 나타낸 것이다.

표 6-4 이산화탄소가 인체에 미치는 영향

CO_2의 농도(용량%)	증상	처치
1.0	공중위생상의 허용한도	무해
2.0	수 시간의 흡입으로 증상이 없다.	무해
3.0	호흡의 심도(深度)가 증가	장시간 흡입하면 좋지 않다. 환기를 필요로 한다.
4.0	점막에 자극을 느끼고, 두부에 압박감, 수 시간인 경우 두통, 귀울림, 혈압상승, 토한다.	속히 신선한 공기를 마실 것
6.0	호흡수는 현저하게 증가	속히 신선한 공기를 마실 것
8.0	호흡곤란	속히 신선한 공기를 마실 것
10.0	2분동안에 의식상실	30분이내에 끌어내어 인공호흡 실시, 의사의 치료
20.0	치사	즉시 밖으로 끌어내어 인공호흡 실시, 의사의 치료

② 이산화탄소의 독성(毒性)

액화이산화탄소가 기체인 이산화탄소로 되었을 경우 독성의 허용농도는 5,000 ppm (mg/m^3)으로서 불완전연소시에 발생되는 일산화탄소의 허용농도인 50 ppm에 비하여 독성은 1/100로서 미약하다.

다음의 표 6-5는 이산화탄소의 독성을 다른 열분해가스와 비교한 것이다.

▍표 6-5 이산화탄소와 열분해가스에 대한 독성의 허용농도

가스명칭	허용농도(ppm)	가스명칭	허용농도(ppm)
이산화탄소	5,000	불화수소	3
일산화탄소	50	불소	1
일산화질소	25	염소	1
브롬메틸	20	취소	1
사이안화수소	10	오존	1
염화수소	5	포스겐	0.1

(2) 이산화탄소소화약제의 저장·취급 및 유지·관리

① 저장용기는 직사광선 및 빗물이 침투할 우려가 없는 장소에 설치하여야 한다.

② 주위온도가 40°C이하로서 온도의 변화가 적고, 통풍이 양호한 장소에 설치하여야 한다.

③ 고압가스안전관리법의 적용을 받는 가스로서 한국가스안전공사의 국가검정에 합격된 용기에 저장하여야 한다.

④ 저장용기를 소화설비용으로 사용할 때에는 방호구역이외의 방화구역으로 구획된 실내에 저장하여야 한다.

⑤ 저장용기에 충전할 때에는 고압식·저압식으로 구분하여 '소방기술기준에 관한 규칙'에서 정하는 충전비이상이 되게 하여야 한다(고압식은 1.5～1.9, 저압식은 1.1～1.4).

⑥ 소화약제가 저장되어 있는 용기저장소에는 '고압가스'라고 표시한 표지를 부착하여야 한다.

4 할로겐화합물소화약제에 의한 피해

1 할로겐화합물소화약제의 정의 및 특성

(1) 할로겐화합물소화약제의 정의

할로겐화합물소화약제는 유기물인 메탄(CH_4)·에탄(C_2H_6)에 소화성능이 우수한 할로겐족 원소인 불소(F)·염소(Cl)·브롬(Br)을 치환시켜 제조된 물질로서 피연소물질에 물리·

화학적 변화를 일으키지 않고, 단시간내에 화재를 소화시키는 기능을 가지고 있다. 또한, 할로겐화합물소화약제는 앞에서도 설명한 바와 같이 부촉매소화작용이 모든 소화약제 중 가장 우수하며, 그 밖의 질식소화작용과 냉각소화작용도 한다.

(2) 할로겐화합물소화약제의 특성

① 할론1301(CF_3Br)은 상온에서 기체로서 증기압은 14 kg/cm^2(21°C에서)이며, 비점은 영하 57.75°C이다.

② 할론1211(CF_2ClBr)은 상온에서 기체로서 증기압은 2 kg/cm^2(21°C에서)이며, 비점은 영하 3.4°C이다.

③ 할론2402($CF_2Br \cdot CF_2Br$)은 상온에서 액체로서 비점은 영상 47.5°C이다.

④ 사염화탄소(CCl_4)와 할론1011(CH_2ClBr)은 그 자체의 독성이 강하므로 소화약제로서의 사용이 규제되고 있다.

⑤ 할론소화약제는 유기용매(클로로폼) 등에 잘 용해한다.

⑥ 전기의 부도체로서 절연성이 우수하며, 장기간 저장하여도 변질·부패되지 않는다.

⑦ 용기에 저장할 때에는 고압가스로서 한국가스안전공사장의 국가검사를 받아야 한다.

2 할로겐화합물소화약제에 의한 피해 및 유지·관리

(1) 할로겐화합물소화약제에 의한 피해

① 오존층의 파괴

할론소화약제인 할론1301, 할론1211, 할론2402 등은 태양의 자외선을 차단시켜 주는 오존층을 파괴하므로서 이로 인하여 동·식물의 생장에 많은 피해를 주고 있으며, 인체에 대하여 백내장·피부암 등을 발병하게 한다.

소화약제로 사용되고 있는 할론물질과 냉장고·자동차 등의 냉매로 사용되고 있는 프레온(Freon)이 대기 성층권에 위치하고 있는 오존층을 파괴하는 오존파괴지수(ODP, Ozone Depletion Potential)는 CFC11의 물질을 기준으로 하여 정하고 있다.

다음의 표 6-6은 CFC11의 오존파괴지수(ODP)를 1로 하였을 때 할론물질(Ⅱ그룹)과 냉매(프레온, Ⅰ그룹)의 오존파괴지수(ODP)를 나타낸 것이다.

표 6-6 할론소화약제 및 CFC물질의 오존파괴지수

그룹	상품명	오존파괴지수
II	할론1301 할론1211 할론2402	10.0 3.0 6.0
I	CFC11 CFC12 CFC114 CFC113 CFC115	1.0 1.0 1.0 0.8 0.6

② 지구의 온난화

할론소화약제로 사용되고 있는 할로겐화합물은 비중이 공기보다 무겁고 열전도도 값이 작아 이산화탄소와 함께 지구표면의 온도를 상승시켜 지구의 온난화 현상을 초래하고 있다.

소화약제로 사용되고 있는 할론1301(CF_3Br)의 지구온난화지수(GWP, Global Warm-ing Potential)는 CFC11(3염화1불화메탄, $CFCl_3$)의 GWP를 1로 하였을 때 0.8이다.

③ 열분해전의 유독성

미국화재보험업자시험소(UL, underwriters laboratories)는 화재시 소화약제로 사용되고 있는 할로겐화합물소화약제에 대해 인체 및 동물에 미치는 독성(유독성)에 대하여 다음의 표 6-7과 같이 분류하였다.

표 6-7 미국화재보험업자시험소의 독성 분류도

그룹	독성의 강도	물질의 명칭
6	20용량%의 가스 중에 2시간 노출하여 위험이 없을 것	할론1301, 할론12
5a	4보다 독성이 적고 6보다 크다.	할론2402, 할론1211 할론11, 할론22, 이산화탄소
4	1.5~2용량%의 가스 중에 2시간 노출하면 사망 또는 위험이 크다.	할론2001
3	0.5~1용량%의 가스 중에 60시간 노출하면 사망 또는 위험이 크다.	할론1011, 할론1004 할론1010, 할론1202
2	0.5~1용량% 가스 중에 30시간 노출하면 사망 또는 위험이 크다.	할론1001, 일산화탄소
1	0.5~1용량% 가스 중에 5시간 노출하면 사망 또는 위험이 크다.	아황산가스

④ 치사농도(ALC)

할론1301 소화약제는 이산화탄소소화약제에 비하여 치사농도(ALC) 값이 적으므로 위험성이 낮은 편이다.

다음의 표 6-8은 할로겐화합물과 이산화탄소의 치사농도(ALC) 값을 나타낸 것이다.

표 6-8 할로겐화합물과 이산화탄소의 치사농도(ALC)

명칭	할론 1400	할론 1301	할론 1211	할론 2402	할론 1011	할론 1202	할론 1040	이산화 탄소
분자식	CF_4	CF_3Br	CF_2ClBr	$C_2F_4Br_2$	CH_2ClBr	CF_2Br_2	CCl_4	CO_2
치사농도(ALC), 용량%	90	85	25	13	6.5	5.5	2.8	68

⑤ 열분해 생성가스에 의한 유독성(할론1301)의 경우

화재시 소화약제로 할로겐화합물을 사용할 경우 화재의 열에 의해서 HF · HBr · Br_2 · COF_2 · $COBr_2$ 등이 생성되며, 이들 생성가스에 대한 치사농도(ALC)와 위험농도(ppm)는 다음의 표 6-9와 같다.

그리고 다음의 표 6-10은 할론1301 소화약제의 농도별 인체에 미치는 영향을 나타낸 것이다.

표 6-9 할론1301 소화약제의 열분해 생성가스에 의한 독성

열분해 생성가스	치사농도(15분간 접촉) (ppm)	위험농도(ppm)
HF	2,500	50~250
HBr	4,750	-
Br_2	550	50
COF_2	1,500	-
$COBr_2$	100~500	-

표 6-10 할론1301 소화약제의 농도별 인체에 미치는 영향

할론1301의 농도 (용량%)	노출시간	인체에 미치는 영향
6	3분	가벼운 지각이상, 현기증, 맥박수 증가, 심전도에는 변화없음
9	3분	불쾌한 현기증, 맥박수 증가, 심전도는 변화없음
10	1분	가벼운 현기증과 지각이상, 심전도 파고가 낮아진다. 혈압이 내려간다. 연이어 계속 폭로에 견딜 수 있음을 느낀다.
12 및 15	1분	심한 현기증과 지각이상, 심전도 파고가 낮아진다. 1분이상은 폭로에 견딜 수 없다. 폭로중지 후 1~5분동안에 회복된다.

⑥ 가열온도에 따른 할론1301 소화약제의 분해율과 독성

할론1301 소화약제의 분해 생성가스의 발생량은 화재가 발생된 장소의 온도에 관계되며, 이 가열분해에 의해서 생성하는 가스는 700°C정도까지는 분해반응이 진행되지 않으나 그 이상의 온도가 되면 반응속도가 빨라진다.

다음의 표 6-11은 할론1301 소화약제를 사용하여 소화업무를 수행하는 동안 화재온도의 증가에 따른 가열분해율과 인체·동물에 위험을 초래하는 현상을 나타낸 것이다.

표 6-11 가열온도에 따른 할론1301 소화약제의 분해율과 특성

할론1301 농도(V%)	가열온도(℃)	노출시간	영향	할론1301 분해율(%)
2	700	18분	사망 없음	5
2	1,090	18분	80～100% 사망	60

※ 실험에는 고양이, 토끼 등을 사용하였다.

(2) 할로겐화합물소화약제의 저장·취급 및 유지·관리

① 직사광선 및 빗물이 침투할 우려가 없는 장소에 저장하여야 한다.

② 용기에 저장할 때에는 방사원가스인 질소와 함께 저장하여야 한다.

③ 용기에 저장할 때에는 소방기술기준에 관한 규칙에서 정하는 충전비(ℓ/kg) 이상이 되게 하여야 한다.

④ 온도변화가 적고, 통풍이 양호한 곳으로서 주위온도가 40°C이하인 장소에 저장하여야 한다.

⑤ 할론1301 소화약제이외의 할론소화약제는 독성이 강하므로 저장·취급시 주의를 필요로 한다.

⑥ 고압가스안전관리법의 적용을 받으므로 한국가스안전공사장의 국가검사에 합격된 용기에 저장하여야 한다.

5 분말소화약제에 의한 피해

1 분말소화약제의 정의 및 특성

(1) 분말소화약제의 정의

분말소화약제는 앞에서 설명한 바와 같이 주성분(분말을 구성하는 주원료)의 종류·첨가제·코팅처리제 등에 따라 제1종($NaHCO_3$)·제2종($KHCO_3$)·제3종($NH_4H_2PO_4$)·제4종[$KHCO_3 + (NH_2)_2CO$]으로 분류하여 화재의 종류(일반화재용·유류화재용·전기화재용·가스화재용 등)에 적합하게 사용하도록 되어 있다.

분말소화약제는 소화분말의 식별이 용이하도록 제1종은 백색, 제2종은 담자색, 제3종은 담홍색(미국산은 황색) 및 제4종은 회색으로 착색되어 있다. 또한, 방습가공을 위한 코팅처리제의 경우 제1·2·4종의 소화분말은 스테아린산 아연 또는 스테아린산 마그네슘, 제3종소화분말은 실리콘오일을 사용한다.

(2) 분말소화약제의 특징

① 제1종소화분말은 270°C에서 제1차 열분해를 하며, 850°C에서 제2차 열분해를 한다.

다음은 제1종소화분말인 탄산수소나트륨($NaHCO_3$)의 제1·2차 열분해반응식을 나타낸 것이다.

제1차 열분해 : $2NaHCO_3 \rightarrow Na_2CO_3 + H_2O + CO_2 - 30.3\ kcal$
제2차 열분해 : $Na_2CO_3 \rightarrow Na_2O + CO_2 - 74.1\ kcal$

② 제2종소화분말은 190°C에서 제1차 열분해를 하며, 590°C에서 제2차 열분해를 한다.

다음은 제2종소화분말인 탄산수소칼륨($KHCO_3$)의 제1·2차 열분해반응식을 나타낸 것이다.

제1차 열분해 : $2KHCO_3 \rightarrow K_2CO_3 + H_2O + CO_2 - 29.8\ kcal$
제2차 열분해 : $K_2CO_3 \rightarrow K_2O + CO_2 - 97.8\ kcal$

③ 제3종소화분말인 제1인산암모늄의 열분해 반응식은 다음과 같다.

$$NH_4H_2PO_4 \rightarrow NH_3 + H_2O + HPO_3 - Q\,\text{kcal}$$
$$2HPO_3 \rightarrow H_2O + P_2O_5 - Q\,\text{kcal}$$

또한, 제3종소화분말인 제1인산암모늄의 전리(전해)반응식은 다음과 같다.

$$NH_4H_2PO_4 \rightleftarrows NH_4^+ + H_2PO_4^-$$

④ 제4종소화분말[$KHCO_3 + (NH_2)_2CO$]의 제1·2차 열분해 반응식은 다음과 같다.

제1차 열분해 : $2KHCO_3 + (NH_2)_2CO$
$\rightarrow K_2CO_3 + 2NH_3 + 2CO_2 - Q\,\text{kcal}$
제2차 열분해 : $K_2CO_3 \rightarrow K_2O + CO_2 - Q\,\text{kcal}$

⑤ 분말소화약제는 열분해시에 전리된 금속(Na^+, K^+)·비금속(NH_4^+) 등의 이온이 부촉매소화작용을 한다.

2 분말소화약제에 의한 피해 및 유지·관리

(1) 분말소화약제에 의한 피해

① 분말소화약제를 전자·전기기기실이나 변압기실 등에 소화약제로 사용하면 소화한 후 미분해 소화분말로 인하여 정상적으로 작동되지 않아 소화분말에 의한 피해가 우려된다.
② 제1·2종소화분말의 열분해 생성물인 산화물·수증기·이산화탄소 등에 의해 인체의 질식이 우려되나 그 질식성은 극히 미약한 편이다.
③ 제3종소화분말의 열분해 생성물인 암모니아는 유독성가스이므로 호흡하면 인체에 위해를 끼치므로 많은 양은 호흡하지 않도록 한다. 또한, 열분해시에 발생되는 메타인산(HPO_3)·오산화인(P_2O_5) 등도 인체에 유해하므로 호흡하거나 피부에 닿지 않도록 하여야 한다.

(2) 분말소화약제의 저장·취급 및 유지·관리

① 제1종소화분말은 50°C에서 서서히 열분해하기 시작하므로 저장실의 온도를 40°C이하로 하여야 한다.
② 용기에 충전할 때에는 소방법규에서 정한 충전비(ℓ/kg)이상으로 하여야 한다.

③ 부식성가스 또는 수분이 침투할 우려가 없는 장소에 저장하여야 한다.

④ 연소할 우려 또는 충격에 의한 손상을 입을 우려가 없는 곳에 저장하여야 한다.

⑤ 희석·농축·고화·흡수·변질 등 그 밖의 이상이 생기지 아니하도록 방습이 되는 포장지로 밀봉하여야 한다(박스포장시).

⑥ 용기저장시에는 방호구역이외의 장소에 설치하여야 한다(갑종방화문이 설치된 방화구역으로 구획된 실내에 설치).

6 강화액소화약제에 의한 피해

1 강화액소화약제의 정의 및 특성

(1) 강화액소화약제의 정의

물소화약제의 어는점을 보완하기 위해서 물에다 중량비가 40%정도 되도록 탄산칼륨(K_2CO_3)염을 용해시킨 것으로서 탄산칼륨외에 녹을 방지하기 위해서 방청제를 첨가시킨 후 안정제를 가하여 제조된 소화약제이다. 또한, 강화액소화약제는 황색(무색)의 점성이 있는 수용액으로서 이화학적 물성은 다음의 표 6-12와 같으며, 강화액소화약제를 조성하는 각 성분의 함량(W%)은 표 6-13과 같다.

표 6-12 강화액소화약제의 물성

항목	물성치	항목	물성치
비중	1.36～1.38(20°C)	점도	3.7(cP)
응고점	－26～－30°C	pH	11～12
표면장력	87 dyne/cm		

표 6-13 강화액소화약제의 조성(W%)

성분명	함량	성분명	함량
물	60	방청첨가제	2
탄산칼륨	36	착색제	약간
유기안정제	2		

(2) 강화액소화약제의 특성

강화액소화약제는 위의 정의에서 설명한 바와 같이 어는점을 강화시킨 탄산칼륨의 수용액으로서 영하 20°C내지 영하 30°C에서도 사용이 가능하며, 소화약제를 방사시키는 노즐의 형태에 따라 봉상·무상으로의 방사가 가능하다. 특히, 봉상으로 방사하는 경우에는 일반화재에만 적합하며, 구름모양의 무상으로 방사할 경우에는 일반화재·유류화재 및 전기화재의 소화에도 적합하다.

강화액소화약제를 봉상으로 방사하는 경우에는 냉각소화작용과 부촉매소화작용을, 무상으로 방사할 경우에는 질식소화작용·냉각소화작용·부촉매소화작용 및 유화소화작용(비중이 물보다 큰 중유화재인 경우)을 갖는다. 또한, 물과 다량의 알칼리금속염을 주제로 하고 있으므로 일반목재·셀룰로오스 계통의 화재뿐만 아니라 석유류 등의 화재에도 적합하다.

2 강화액소화약제에 의한 피해 및 유지·관리

(1) 강화액소화약제에 의한 피해

① 강화액소화약제에는 탄산칼륨이 함유되어 있으므로 금속을 부식시키거나 인체에 접촉되면 피부를 손상시킬 위험이 있다.

② 연소물질이 강화액소화약제와 반응하여 이화학적 물성변화가 초래되는 가연물질의 화재에는 사용하지 않아야 한다.

(2) 강화액소화약제의 저장·취급 및 유지·관리

① 강화액소화약제의 액성은 약알칼리로서 pH(수소이온농도)가 12이하가 되게 유지하여야 한다(pH 값이 12이상이 되면 강알칼리성을 나타내기 때문에 소화약제로서의 기능을 잃게 되므로).

② 사용온도범위가 영하 30°C이상 영상 40°C이하로 넓으나 장기간 저장하게 되면 수용액 중의 탄산칼륨이 침전될 우려가 있으므로 정기적으로 점검하여 사용에 이상이 없도록 하여야 한다.

Chapter 7

오존층 파괴와 지구의 온난화

1 오존층 파괴

1 오존층의 정의 및 파괴

(1) 오존층의 정의

지구상에 생명체를 가진 사람뿐만 아니라 녹초식물(나무, 채소·곡식류, 풀)·동물 등이 자유롭게 생명을 유지하고 성장하는 데는 대기권에 산소가 존재하기 때문이다. 그러나 대기 중에 21V%정도 존재하고 있는 산소는 태양열에 의해서 분해 또는 합성반응을 하여 산소가 3원자로 결합된 오존(O_3)을 생성하기도 하며, 이러한 과정에 의해서 생성된 오존은 대기권위에 존재하는 성층권내에 오존층을 형성하여 태양으로부터 발생되는 파장이 짧은 자외선을 흡수 또는 발산시키는 기능을 한다.

또한, 지구를 둘러싸고 있는 대기는 산소(O_2)이외에 질소(N_2)·아르곤(Ar)·이산화탄소(CO_2)·오존(O_3)·수증기(H_2O) 등의 혼합기체로 구성되어 있으며, 이러한 혼합물질로 구성되어 있는 대기는 지구의 인력(구심력, 원심력)에 의해 달아나지 않고 지구표면을 보호하고 있다.

특히, 대기의 두께는 지구표면으로부터 600~1,000 km에 이르는 것으로 추정되고 있으며, 이러한 대기로 둘러싸인 대기권은 지상으로부터 약 10~15 km의 고도에 위치하고 있다. 그리고 대기권 위의 상부로부터 50 km 고도까지는 오존층이 존재하는 성층권이 있다.

자외선이 지구표면에 조사되는 기능을 방지하여 주는 역할을 하는 대기 중에 포함되어 있는 오존의 90%가 성층권에 존재하고 있으며, 그 나머지 10%정도는 대기권에 포함되어 있다. 이러한 오존의 90%정도가 일정한 두께를 형성하면서 성층권에서 층을 이루고 있으며, 이러한 형태의 층인 오존층은 성층권의 25 km 고도에 밀집되어 있다.

특히, 성층권내의 오존층을 형성하고 있는 오존의 량을 해수면에서의 기압으로 압축시키면 그 두께가 3 mm정도 된다.

비행기를 타고 높은 상공(하늘)에 오르면 일정한 높이까지만 구름이 존재하고 그 위로는 짙푸른 청남색의 하늘이 나타나는 데 그 곳이 성층권이며, 지구의 생명보호막이라고 할 수 있는 오존층은 그 짙푸른 위치에 존재하고 있다.

① 오존층의 분류

㉠ 나쁜 오존층

지구표면으로부터 10~15 km 위치인 대기권에 포함되어 있는 오존(O_3)은 일기예보 중의 오존주의보와 관련이 되는 것으로 일산화탄소(CO)·메탄(CH_4)·탄화수소(C_mH_n)·질소산화물(NO_x) 등과 대기오염물질이 태양빛에 의해서 광화학반응을 일으켜 대기오염을 일으킨다.

㉡ 좋은 오존층

지구표면으로부터 25 km 부근에 형성되어 있는 성층권의 오존층은 인체에 해로운 태양으로부터 발산되는 화학선인 자외선의 투과를 막아 지구상에 존재하는 생명체를 보호하여 준다.

(2) 오존층의 파괴

태양으로부터 발산되는 인체에 해로운 자외선의 투과를 방지하는 역할을 하는 오존층은 급격한 인구의 증가와 산업의 고도화로 인하여 냉장고·자동차의 냉매로 사용되는 프레온(Freon)가스와 소방산업에 이용되고 있는 할론(Halon)물질의 소비가 급격하게 증가됨으로써 이들로부터 분해시에 발생되는 미반응물질이 오존층을 구성하고 있는 오존(O_3)과 반응한다.

이러한 끊임없는 화학반응으로 인하여 오존층을 형성하고 있는 오존의 양이 점차적으로 감소함으로써 오존층의 파괴를 가져오게 되었다.

오존층의 파괴현상은 1985년 영국의 남극조사팀에 의해서 처음으로 발견되었으며, 그 이후로부터 약 10년 동안 남극대륙의 상공에 위치하고 있는 성층권내의 오존층이 절반정도 파괴되었다. 이것은 우리나라 남한면적의 323배에 달하고 있으며, 북반구 지역에서도 오존층의 3%정도가 얇아진 것으로 관측되었다.

① 오존층의 파괴물질

성층권내의 오존층을 파괴하는 물질에는 할로겐원소가 함유되어 있는 냉장고·자동차의 냉매 및 스프레이의 충전제로 사용되고 있는 염화불화탄소인 프레온(CFC)과 소화약제로 사용되고 있는 할론(Halon)이 있으며, 그 외엔 미량의 이산화탄소·이산화질소(NO_2) 등이 있다.

㉠ 냉매인 프레온(CFC)

냉장고·자동차의 냉매로 사용되는 프레온(Freon)에는 다음의 표 7-1의 Ⅰ그룹에 해당하는 물질 등이 있으며, 이러한 물질들은 대기권에서는 거의 분해되지 않고 성층권에서 자외선을 받으면 분해된다.

냉매인 프레온(CFC)에서 분해되어 나온 염소(Cl)원자 1개가 100년동안 성층권에 존재하면서 약 10만개의 오존(O_3)분자를 파괴한다. 그리고 프레온(CFC)가스가 오존층이 있는 성층권까지 도달하는 데는 약 15년이 소요된다.

표 7-1 CFC물질과 할론물질의 오존파괴지수

그룹	상품명	오존파괴지수
Ⅰ(CFC물질)	CFC11	1.0
	CFC12	1.0
	CFC113	0.8
	CFC114	1.0
	CFC115	0.6
Ⅱ(할론물질)	할론1301	10.0
	할론1211	3.0
	할론2402	6.0

㉡ 소화약제인 할론(Halon)

소화기용 또는 소화설비용으로 이용되고 있는 할론(Halon)물질에는 취소(Br)가 함유되어 있으므로 냉매로 이용되고 있는 프레온(CFC)물질보다 성층권내의 오존층을 파괴하는 오존파괴지수(ODP, Ozone Depletion Potential)가 매우 높은 편이다.

오존파괴지수(ODP)

오존파괴지수(ODP)는 3염화1불화메탄($CFCl_3$)인 CFC11이 오존층의 오존을 파괴하는 능력을 1로 기준하였을 때 다른 물질이 오존층의 오존을 파괴하는 능력을 비교한 지수이다.

다음의 식 (7-1)은 오존파괴지수(ODP)를 산출하는 방법을 설명한 것이다.

$$\text{오존파괴지수(ODP)} = \frac{\text{어떠한 물질 1 kg에 의해서 파괴되는 오존량}}{\text{CFC11물질 1 kg에 의해서 파괴되는 오존량} } \quad (7\text{-}1)$$

냉매와 소화약제로 사용되고 있는 할로겐화합물에 대하여 미공군(US air force)에서는 오존파괴지수(ODP)가 낮은 청정소화약제의 오존파괴지수(ODP)를 0.05이하로 규정하고 있으며, 미국의 대기청정법(US clean air act)에서도 ODP가 0.2이상이 되는 물질에 대해서 규제하고 있으므로 오존파괴지수(ODP)가 큰 물질에 대해서는 국제적으로 국제환경보호를 위해 규제가 더욱 강화될 것으로 본다.

② 오존층의 파괴 영향

성층권내의 오존층이 파괴되면 지구의 표면에 도달하는 자외선이나 유해광선의 양이 많아져 농작물이나 해양생태계의 생육을 저해시키고 피부암·백내장 등의 질병을 일으키며, 인체의 면역기능을 손상시킨다.

성층권의 오존이 1% 감소하면 지표면에 조사되는 자외선의 양이 2%정도 증가되며, 피부암의 발생률을 4%정도, 백내장은 0.6%정도가 증가된다.

그러므로 세계적으로 1년에 약 10만명이상이 시력을 잃거나 피부암에 걸릴 것으로 추정되고 있다.

특히, 성층권내의 오존층 파괴로 인하여 지구표면에 조사(투과)되는 자외선은 적외선·가시광선에 비하여 파장이 대단히 짧은 것으로서 전자기파 스펙트럼의 보라색에 인접한 사람의 육안에 보이지 아니하는 영역의 광선으로 10～40 nm(나노미터)의 파장을 가지고 있다.

다음은 자외선을 파장의 크기에 따라 분류한 것이다.

㉠ **자외선A(UVA, Ultra Violet A)**

파장이 320～400 nm인 것으로서 인체에 조사되면 피부를 노화시키고, 수명을 단축시킨다.

㉡ **자외선B(UVB, Ultra Violet B)**

파장이 290～320 nm인 것으로서 인체에 조사되면 피부암·백내장 등을 발병케 한다.

㉢ 자외선C(UVC, Ultra Violet C)

파장이 200～290 nm인 것으로서 저압램프에서 조사되는 것으로서 생명체의 DNA를 저해하며, 피부에 조사되면 붉은 반점이 생기고 대기 중의 오존(O_3)과 수분(H_2O)에 흡수된다.

2 오존층의 보호

국제적으로 성층권내의 오존층 보호를 위하여 각국이 서로 긴밀한 협조체제를 조직하기 시작하였으며, 세계 최초로 1985년 3월에 “비엔나협약(Vienna Convention)”을 채택하여 국제적 차원의 오존층 보호를 위한 기본골격을 수립하였다. 그 후 1987년에는 오존층을 파괴하는 물질의 생산과 소비를 감축하는 내용을 담은 “몬트리올의정서(Montreal Protocol)”를 채택하였다. 또한, 오존층의 보호 및 국제적인 대기청정을 위해 “도쿄의정서” 및 “헬싱키선언”을 선포하였다.

(1) 몬트리올의정서(Montreal Protocol)

오존층 보호 및 국제환경 보호를 위해 할론(Halon)소화약제는 물론 수소화염화불화탄소(HCFC) 계열의 물질에 대해서도 그 생산량과 소비량을 규제하였으며, “몬트리올의정서”의 제정기관인 “UNEP(United Nations Environmental Program)”는 기구산하에 “HTOC(Halon Technical Option Committee)”를 두어 할론(Halon)대체에 관한 기술적인 문제를 조사·연구하고 비정기적으로 보고서를 발간하고 있다.

이 협약에서는 오존층을 파괴하는 물질인 염화불화탄소(CFC)·할론(Halon)·사염화탄소(CCl_4) 등 95종의 물질을 규정하고 있다.

(2) 미국환경보호청(US EPA)

대기청정법의 규정에 따라 할론(Halon)·프레온(CFC)물질 등 오존층 파괴의 대체물질로서의 사용이 가능한지의 여부를 결정하는 SNAP(Significant New Alternatives Policy) 프로그램을 발효시켰으며, SNAP에 등재된 물질에 대한 오존파괴지수(ODP)·지구온난화지수(GWP) 및 대기 중 수명과 인체에 미치는 특성만을 판단한다.

(3) 미국방화협회2001(NFPA 2001)

미국방화협회(NFPA)에서는 2001년에 전역방출방식의 소화설비 기준인 NFPA Code 2001을 제정하였으며, 미분무소화설비에 관한 기준인 NFPA code 750을 1996년에 제정하였다.

(4) CCAP(Climate Change Action Plant)

지구를 온실화 하는 온실가스에 해당되는 할론대체물질인 HFC·FC의 방출량을 2000년까지 1990년 기준으로 동결하기로 결정하였으며, HFC-23물질에 대해서는 1990년의 사용량을 기준으로 하여 50% 생산량을 제한하기로 결정하였다.

(5) 국제표준기구(ISO)

국제표준기구(ISO)는 미국의 NFPA Code와 영국의 BFPSA Code를 참고로 하여 "Gases Fire Extinguishing System"에 관한 규정을 1998년에 제정하였다.

우리나라가 포함되어 있는 개발도상국의 의무규정을 보면 1995~1997년사이의 평균소비량이나 1인당 소비량 0.3 kg 중 낮은 수치를 기준으로, 1999년부터는 동결하고 순차적으로 감축하여 2010년에는 완전히 사용할 수 없게 하였다.

우리나라는 1992년 2월에 "비엔나협약" 및 "몬트리올의정서"에 가입하였으며, 1998년 10월 현재 168개국이 가입되어 있다.

우리나라는 의정서 가입전인 1991년 1월에 "오존층 보호를 위한 특정물질의 제조 규제 등에 관한 법률"을 제정하여 1992년 1월부터 시행하고 있다.

2 지구의 온난화

1 지구온난화의 정의 및 특성

세계 각국의 폭발적인 인구증가와 급격한 경제성장으로 인하여 사용되는 연료 및 동력의 원천이 되는 석탄·석유 등의 화석원료의 증가에 의해 발생되는 연소생성물인 이산화탄소(CO_2)·이산화질소(NO_2)·일산화탄소(CO)·메탄(CH_4)·오존(O_3) 등의 온실가스가 대기에 다량으로 배출됨으로써 지구의 대기온도를 상승시키고 있다. 또한, 태양으로부터 지구상에 조사되는 적외선(열선)도 지구의 대기온도 상승에 큰 영향을 주고 있다.

지구의 온난화 현상은 산업이 발달한 일부지역에서만 나타나는 현상이 아니라 지구 전체에서 광범위하게 나타나고 있다.

지구의 온난화는 남극과 북극의 빙하와 고산지대의 빙하까지 녹게 함으로써 해수면의 수위를 상승시켜 저지대를 침수시키고 해수의 온도를 상승하도록 하여 2차재해를 가져다 주기도 한다.

한 연구보고서에 의한 지중해 연안에 위치하고 있는 이집트는 2050년이 되면 지금보다 해수면이 1~1.5 m가 상승하여 농경지와 거주지역의 20%가 침수피해를 입을 것으로 예상하고 있다.

인도양에 인접한 방글라데시 역시 국토의 80%를 차지하고 있는 갠지스강과 브라마푸트라강이 만들어 놓은 벵갈 삼각주의 많은 지역이 침수피해를 입을 것으로 보고 있다.

지구의 대기온도를 상승시키는 온난화현상은 해수의 온도상승과 육지의 강수량 등의 급격한 변화를 초래케 하여 가뭄·홍수·폭설·태풍 등의 기상이변을 일으키기도 하고, 전염병과 병충해의 발생범위를 확대시켜 많은 재산의 손실과 인명의 피해를 가져다 주고 있다.

최근(2015. 6. 28)에 이르러 미국 플로리다주의 마이애미 해변의 침수는 지구의 온난화로 인한 엘리뇨현상의 해수(海水)의 온도변화에 따른 해수면의 상승에 있다 하겠다.

2 지구온난화에 영향을 주는 물질

(1) 화석(火石)연료

급격한 인구의 증가와 고도화한 산업경제의 활성화로 인하여 석탄·석유 또는 목재연료의 이용량 증가에 의해 이로부터 대기로 방출되는 열과 연소과정에서 생성되는 연소가스로 인하여 대기의 온도를 상승시키고 있다.

화석연료로부터 발생되는 연소생성물에는 수 없이 많은 물질이 함유되어 있으며, 연소생성물 중에는 이산화탄소(CO_2)·일산화탄소(CO) 외에도 황화물(SO_x)·인화물(PO_x)·질화물(NO_x) 등이 함유되어 있다.

(2) 화학합성물질

① 프레온(Freon)물질

냉장고·자동차의 냉매로 사용되는 프레온(CFC)물질은 오존층을 파괴하는 오존파괴지수는 할론(Halon)물질에 비하여 낮으나 화학적으로 합성된 물질이므로 전기전도도 값이 낮아 지구온난화지수(GWP, Global Warming Potential)는 높은 편이다.

② 할론(Halon)물질

소화약제로 이용되고 있는 할론(Halon)물질은 냉매 및 스프레이의 충전제로 사용되고 있는 프레온(CFC)에 비하여 지구온난화지수(GWP, Global Warming Potential)가 낮은 편이다.

지구온난화지수(GWP, Global Warming Potential)

지구온난화지수(GWP)는 지표면 및 대기의 온도를 상승시켜 지구의 온난화(온실화)를 초래하는 정도를 나타내는 지수로써 3염화1불화메탄($CFCl_3$)인 CFC11물질 1 kg이 지구의 온난화에 영향을 주는 정도를 1로 기준하였을 때 어떠한 물질 1 kg이 지구의 온난화에 영향을 주는 정도를 말한다.

다음의 식 (7-2)는 지구온난화지수를 산출하는 방법을 설명한 것이다.

$$GWP = \frac{\text{어떠한 물질 1 kg에 의한 지구의 온난화 정도}}{\text{CFC11물질 1 kg에 의한 지구의 온난화 정도}} \tag{7-2}$$

냉장고·자동차의 냉매로 사용되는 프레온(Freon)과 소화약제로 사용되는 할론(Halon)물질은 태양으로부터 발산되는 파장이 긴 적외선(열선)을 흡수한 다음 다시 지구의 대기로 방출하는 역할을 함으로써 지구의 지표면 및 대기의 온도를 상승시켜 이산화탄소(CO_2)와 함께 지구의 온난화를 가져다주는 주된 역할을 하고 있다.

다음의 표 7-2는 소화약제로 사용되고 있는 청정소화약제의 지구온난화지수(GWP)를 나타낸 것이다.

특히, 소화약제로 사용되고 있는 할론1301의 지구온난화지수(GWP)는 0.8이다.

표 7-2 청정소화약제의 지구온난화지수(GWP)

소화약제	지구온난화지수	소화약제	지구온난화지수
HCFC-124	-	FC-3-1-10	-
HFC-23	13	HCFC BLEND A	0.1
HFC-125	-	IG-541	0
HFC-227ea	0.6		

주) 100년 동안 지구온난화지수(GWP)는 HCFC-124가 430, HFC-125가 3,400, FC-3-1-10이 5,500이다.

PART 3

부 록

1. 국가별 위험성물질에 대한 규정
2. 수용성가연물질(용제)
3. 위험물의 유별성상(性狀)
4. 소방관련용어
5. 주요국의 방화관련단체(기구)

1 국가별 위험성물질에 대한 규정

(1) 미국

① NFPA(National Fire Protection Association, 미국방화협회)의 위험성에 관한 등급

구분	등급	내용
건강위험성	4등급	극단적으로 단시간의 노출에 의해서도 사람을 치사시키거나 혹은 현장에서 의료가 가해져도 후에 중대한 건강장애를 남기는 물질
	3등급	단시간의 노출의 경우 현장에서 의료가 가해져도 일반적으로 중대한 장애 또는 후에 중한 장애가 남는 물질
	2등급	강한 노출 또는 지속적인 노출의 경우 일반적으로 의식상실이 일어나거나 혹은 현장에서 의료가 가해지지 않으며, 후에 장애가 남는 물질
	1등급	노출에 의해 자극작용을 받지만 의료가 가해지지 않아도 후에 남는 장애가 경미한 물질
	0등급	화재시 노출이 있어도 통상의 가연성의 위험성 이상의 위험성을 나타내지 않는 물질
반응위험성	4등급	그 자신이 용이하게 폭발을 일으키는 것 혹은 상온·상압하에서 폭발적인 분해 또는 반응을 일으키는 물질
	3등급	그 자신이 폭발 또는 폭발적 분해를 일으키지만 폭발시키기 위해서는 강력한 기폭원 또는 제한된 상태에서 가열시킬 필요가 있는 물질 및 물과 폭발적으로 반응하는 물질
	2등급	그 자신의 상태가 불안정하여 용이하게 화학반응을 일으켜 폭발에 이르는 물질 및 물과 격렬하게 반응하거나 또는 물과 접촉하여 폭발성 혼합물을 형성하는 물질
	1등급	그 자신은 안정하지만 고온·고압의 상태가 되면 불안정하게 되는 물질 및 물과 반응하여 다소 발열하지만 그 정도가 심하지 않는 물질
	0등급	그 자신은 상온에서 재차 화재에 노출된 상태에서도 안정한 물질 및 물과의 반응이 없는 물질
화재위험성	4등급	상온·상압하에서 급속히 또는 완전히 기화하거나 혹은 용이하게 확산하는 물질
	3등급	통상의 온도하에서 착화되는 액상 또는 고체상의 물질
	2등급	착화시키기 위하여는 약간 가열되거나 또는 비교적 높은 온도까지 가온할 필요가 있는 물질
	1등급	착화시키기 위해서 예열할 필요가 있는 물질
	0등급	불연성물질

[비고] 미국방화협회(NFPA)의 위험물질에 대한 Label 표시법

- 건강위험성(Health Hazards) : 청색
- 반응위험성(Reactivity Hazards) : 황색
- 화재위험성(Flammability Hazards) : 적색

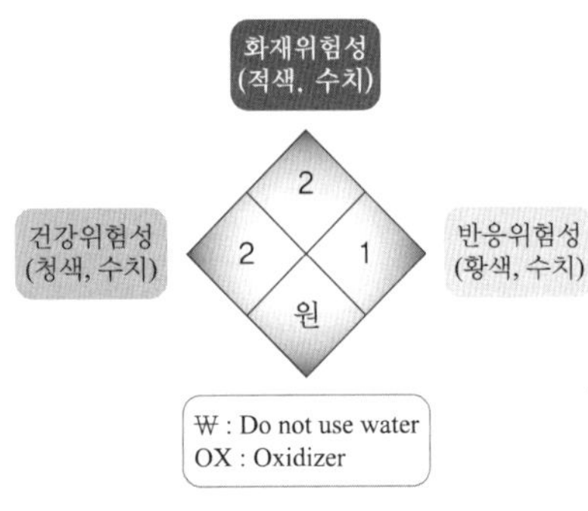

② DOT(US Department of Transportation, 미국운수성) 규칙에 의한 위험성물질의 분류

1. 화학류(Explosive)
2. 방사성물질(Radioactive Material)
3. 유독물A(Poison A)
4. 가연성가스(Flammable Gas)
5. 불연성가스(Nonflammable Gas)
6. 인화성액체(Flammable Liquid)
7. 산화제(Oxidizer)
8. 가연성고체(Combustible Solid)
9. 부식성액체(Corrosive Liquid)
10. 유독성B(Poison B)
11. 부식성고체(Corrosive Solid)
12. 자극성물질(Irritating Material)
13. 가연성액체(Combustible Liquid)
14. 기타 통제된 물질(Other Regulated Material)

③ 위험물품 수송에 관한 규칙 49 CFR(Code of Federal Regulations title 49)

1. 화학류(A · B · C급 구분)
2. 고압가스(Flammable Gas와 Nonflammable Gas로 구분)
3. 인화성액체류
   - 인화성액체(인화점이 100°F미만인 것)
   - 가연성액체(인화점이 100°F이상 200°F미만인 것)
4. 가연성고체류

   자연발화성 또는 물과의 접촉에 의해 가연성가스를 방출하는 것에는 복수라벨(Label)에 의해서 표시함
5. 산화성물질
6. 유기과산화물
7. 독가스(Poison A) : 독성가스 - 소량으로도 생명위험
8. 독물(Poison B) : 동물실험에 의한 기준치 이상의 액체 · 고체
9. 자극성물질
10. 병독을 일으키기 쉬운 물질
11. 방사성물질
12. 부식성물질 : 경험상의 기준치에 의함
13. 기타 규제물질(ORM)

ORM-A : 불쾌감
B : 부식성
C : 선적시에 특별한 주의를 하는 것
D : 일용품으로 위험성이 한정된 것
E : 환경오염물질

[비고] 미국내에서 수송되는 위험물에 대해서 규정하고 있는 기준으로서 IMDG 기준과 동일하며, 위험물의 정의·포장·용기·표찰·표시·적재방법 등에 관하여 규정하고 있다. 특히, 도로·철도·선박·항공기 등에 의한 위험성물질의 수송을 규제함으로써 육·해·공의 일관된 수송관계를 용이하게 하며, 불특정 위험물의 취급을 명확하게 하고자 함.

④ 작업안전위생기준(OSHA～29CFR)에 의한 분류

1. 압축가스류
2. 아세틸렌(C_2H_2)
3. 수소(H_2)
4. 산소(O_2)
5. 질소화합물(NO_x)
6. 인화성액체(인화점이 100°F미만인 것)
   - class ⅠA : 인화점이 73°F(22.8°C)미만인 것
     비점이 100°F(37.8°C)미만인 것
   - class ⅠB : 인화점이 73°F(22.8°C)미만인 것
     비점이 100°F(37.8°C)이상인 것
   - class ⅠC : 인화점이 73°F이상 100°F미만인 것
7. 가연성액체(인화점이 100°F이상인 것)
   - class Ⅱ : 인화점이 100°F이상 140°F(60°C)미만인 것
   - class Ⅲ : 인화점이 140°F이상인 것
   - class ⅢA : 인화점이 100°F이상 200°F(93.3°C)미만인 것
   - class ⅢB : 인화점이 200°F이상
8. 폭발 및 폭발제 : class A～C(49CFR과 동일함)
9. 액화석유가스(LPG) : 프로판·부탄(*n*, *iso*)·프로필렌·부틸렌 또는 이들의 혼합물
10. 무수 암모니아

[비고] 1970년에 제정된 직업안전위생법(OSHA, Occupational Safety & Health)에 관련된 규정으로 위험물을 저장·취급할 때에 적용되는 기준이다.

(2) 일본

① 소방법에 의한 위험물의 분류

유별	성질	품명	물질명
제1류	산화성 고체	1. 염소산염류 2. 과염소산염류 3. 무기과산화물 4. 아염소산염류 5. 취소산염류 6. 질산염류 7. 옥소산염류 8. 과망간산염류 9. 중크롬산염류 10. 기타 성령에서 정한 것 11. 상기 각호에 게기한 것 중 어느 하나를 함유한 것	$KClO_3 \cdot NaClO_3$ $KClO_4 \cdot NaClO_4$ $K_2O_2 \cdot CaO_2$ $KClO_2 \cdot NH_4ClO_2$ $KBr_3 \cdot Ca(BrO_3)_2$ $KNO_3 \cdot Ba(NO_3)_2$ $KIO_3 \cdot NaIO_3$ $KMnO_4$ $K_2Cr_2O_7$
제2류	가연성 고체	1. 황화린 2. 적인 3. 유황 4. 철분 5. 금속분 6. 마그네슘 7. 기타 성령에서 정한 것 8. 상기 기호에서 게기한 것 중 어느 하나를 함유한 것 9. 인화성고체	$P_2S_5 \cdot P_4S_3 \cdot P_4S_7$ P S Fe(입도) Al · Zn(입도) Mg
제3류	자연발화성 물질 및 금수성 물질	1. 칼륨 2. 나트륨 3. 알킬알루미늄 4. 알킬리튬 5. 황린 6. 알칼리금속(K, Na 제외) 및 알칼리토금속류 7. 유기금속화합물류(RAl 및 RLi 제외) 8. 금속수소화물 9. 금속인화물 10. 칼슘 및 알루미늄탄화물 11. 기타 성령에서 정한 것 12. 상기 각호에 게기한 것 중 어느 하나를 함유한 것	K Na $(C_2H_5)_3Al$ C_4H_9Li P_4 Li · Rb · Ca · Cs · Ba $(C_2H_5)_4P_6 \cdot (C_2H_5)_2Zn$ $NaH \cdot CaH_2$ $Al_4P_3 \cdot Ca_3P_2$ $CaC_2 \cdot Al_4C_3$
제4류	인화성 액체	1. 특수인화물류 2. 제1석유류 3. 알코올류 4. 제2석유류 5. 제3석유류 6. 제4석유류 7. 동 · 식물유류	$C_2H_5OC_2H_5$ $C_6H_6 \cdot CH_3COCH_3$ $CH_3OH \cdot C_2H_5OH$ CH_3OOOH $C_6H_5NH_2$ DOP 아마인유 · 정어리유

제5류	자기반응성 물질	1. 유기과산화물 2. 질산에스테르류 3. 나이트로화합물 4. 나이트로소화합물 5. 아조화합물 6. 다이아조화합물류 7. 하이드라진유도체 8. 기타 성령으로 정한 것 9. 상기 각호에 게기한 것 중 어느 하나를 함유한 것	MEKPO · BPO $C_2H_5ONO_2$ $-N=O_2$기 $-N=O$기 $-N=N-$기 $=N_2$기 N_2H_4
제6류	산화성 액체	1. 과염소산 2. 과산화수소 3. 질산 4. 기타 성령에서 정한 것 5. 상기 각호에 게기한 것 중 어느 하나를 함유한 것	$HClO_4$ H_2O_2 HNO_3

② 일본 화학회 방재전문위원회에 의한 약품의 위험성 구분(이 분류는 실험실 중심의 저장·취급에 따른 분류임)

번호	위험성 구분	위험의 종류 및 정도
1	발화성	물과 접촉하여 발화, 공기 중에서 발화점이 40°C미만인 것
2	인화성	가연성가스, 인화점이 30°C미만인 것
3	가연성	인화점이 30°C이상 100°C미만인 것. 단, 인화점이 100°C이상이라도 발화점이 낮은 것
4	폭발성	중량 5 kg이 낙추로 높이 1 m미만에서 분해폭발, 가열에 의해서 분해폭발하는 것
5	산화성	가열·압축 또는 강산·알칼리 등의 첨가에 의해 강한 산화성을 나타내는 것
6	금수성	흡습 또는 물과 접촉시 발열·발화 또는 유독가스 발생
7	강산성	무기 또는 유기의 강산류
8	부식성	인체에 접할 때 피부나 점막을 강하게 자극하고 또는 손상
9	유독성	흡수독성을 주체로 흡수허용농도가 50 ppm미만 또는 50 mg/m^{3}미만, 경구치사량 30 mg/m^{3}미만인 것
10	유해성	흡수독성을 주체로 흡입허용농도가 50 ppm이상 200 ppm미만 또는 50 mg/m^{3}이상 200 mg/m^{3}미만인 것, 또한, 경구 치사량이 30 mg이상 300 mg미만인 것
11	방사성	원자핵 파괴변화에 의해 전리 방사선을 방출하는 것

(3) 영국

① 위험물육상수송규칙

번호	위험성 구분	위험의 종류 및 정도
1	가스류	임계온도 50°C이하 또는 증기압이 3 bar(절대압력, 50°C)이상 • 비인화성 압축가스(대기압 500 bar이상의 액체) • 독가스 • 인화성가스
2	인화성가스	인화점이 50°C이하. 단, 인하점이 21～55°C에 있어서도 LRG 측에 의해서 폭발증장성이 없는 것은 제외
3	인화성고체	
4	자연발화물질	
5	물과 접하여 가연성가스를 방출하는 물질	
6	산화성물질	
7	유기과산화물	
8	독물	
9	유해물질	
10	부식성물질	
11	기타 위험성물질	화학적 성질 또는 100°C정도에서 운반되는 것

② 위험물취급시설 신고규칙(유해 위험성물질의 지정수량 지정)

위험물의 종류	수량(톤, t)
액화석유가스(LPG) : 1.4 bar(절대압력)보다 큼	25
액화석유가스(LPG) : 1.4 bar(절대압력)이하	50
포스겐($COCl_2$)	2
염소(Cl_2)	10
무수황산(SO_3)	15
아크릴로나이트릴(C_2H_3CN)	20

이황화탄소(CS_2)	20
삼산화황(SO_3)	20
다이아조화수소	20
취소(Br_2)	40
암모니아(무수물 또는 50wt%이상의 용액)	100
수소(H_2)	2
산화에틸렌(C_2H_4O)	5
산화프로필렌(C_3H_6O)	5
유기괴산화물(11품목)	5
크롬산나트륨	25
나이트로셀룰로오스	500
질산암모늄 및 혼합물(28%보다 큼)	500
질산암모늄 수용액(90%이상)	500
액화산소(Liquefied O_2)	500

상기에 표시된 것 외

번호	위험물의 종류	수량(톤, t)
1	가연성가스 및 그 혼합물(가스상태로 사용)	15
2	인화성물질 또는 그 혼합물(비점이상으로 사용)	25
3	가연성의 액화가스 또는 그 혼합물(비점이 0°C이하 냉장 또는 1.4 bar이하로 사용)	50
4	1~3이외의 액체(인화점이 21°C미만)	10,000

(4) 독일

① 석유류 분류기준

위험급수	정의
A I A II A III	21°C미만의 인화점을 가진 비수용성액체 21°C이상 55°C미만의 인화점을 가진 비수용성액체 55°C이상 100°C미만의 인화점을 가진 비수용성액체
B	21°C미만의 인화점을 가지며, 15°C에서 물에 용해하거나 혹은 가연성액체 부분이 15°C에서 물에 녹는 액체

[비고] 1. 액체의 정의 : 50°C에서 증기압이 3bar이하이며, 35°C에서 고체 또는 분말이 아닌 것

2. AIII의 액체에 있어서 그것이 인화점이상으로 가열된 상태인 경우에는 A I 로 취급함.

(5) 국제해사기구(International Maritine Organization, IMO)

① 국제위험물해상운송 규제(IMDG code)

위험급수	세부사항
class 1.	폭발성물질(1.1 ~ 1.5)
class 2. 2-1. 2-2. 2-3.	가스류 인화성가스 비인화성가스 독가스
class 3. 3-1. 3-2. 3-3.	인화성액체류 인화점 : 영하 18°C미만 인화점 : 영하 18°C이상 23°C미만 인화점 : 23°C이상 65°C미만
class 4. 4-1. 4-2. 4-3.	가연성고체류 가연성고체 자연발화성물질 물과 접촉하여 가연성가스를 방출하는 물질
class 5. 5-1. 5-2.	산화성물질류 산화성물질 유기과산화물
class 6. 6-1. 6-2.	독성물질 및 전염성물질 독성물질 전염성물질
class 7.	방사성물질(0.002 μci/g이상)
class 8.	부식성물질
class 9.	기타 위험성이 있는 물질

(6) 국제연합(UN)

① 위험물수송기준(권고)

위험급수	세부사항
class 1.	폭발성물질(1.1～1.5)
class 2.	가스류(압축 · 액화 · 용해가스 등) • 21.1°C에서 2.8 kg/cm^2(절대압력), 54.5°C에서 7.3 kg/cm^{2}이상이 되는 것 • 37.8°C에서 2.8 kg/cm^2(0°C 증기압)이상이 되는 것 • 임계온도 50°C미만 또는 증기압이 3 kg/cm^{2}이상이 되는 것
class 3.	인화성액체 • 인화점 : 60.5°C이하(밀폐식) • 인화점 : 65.5°C이하(개방식)
class 4. 4-1. 4-2. 4-3.	가연성고체 가연성고체 자연발화성물질 물과 접촉하여 가연성가스를 방출하는 물질
class 5. 5-1. 5-2.	산화성물질 및 유기과산화물 산화성물질 유기과산화물
class 6.	독성물질 및 전염성물질
class 7.	방사성물질(0.002 μci/g이상)
class 8.	부식성물질
class 9.	기타 위험성이 있는 물질

(7) 유럽

① ADR(The European agreement concerning the International Carriage of Dangerous Goods Road. 유럽위험물도로운송에 관한 협정)

- 유럽내의 육상으로 수송되는 위험물의 안전관리 등에 관한 협정

② RID(International Regulations concerning the Carriage of Dangerous Goods by Rail. 위험물도로운송에 관한 협정)

- 유럽내의 철도로 수송되는 위험물의 안전관리 등에 관한 협정

〈ADR–RID의 위험물 분류〉

위험급수	세부사항
class 1a. 1b. 1c.	폭발성물질 폭발물이 충전된 제품 점화제·화약 및 유사품
class 2.	가스류(성질에 따라 6종류로 분류) 임계온도 50°C미만 또는 증기압이 3 kg/cm^2(50°C에 있어서)이상인 것
class 3.	인화성액체(50°C에 있어서 증기압이 3 kg/cm^{2}미만인 것 또는, 인화점의 상한이 100°C이며, 가용성 등에 의해 6종류로 분류)
class 4-1. 4-2. 4-3.	가연성고체 자연발화성물질 물과 접촉하여 가연성가스를 방출하는 물질
class 5-1. 5-2.	산화성물질 유기과산화물(6개의 그룹으로 분류)
class 6-1. 6-2.	독성물질(인화점·발생가스 등에 따라 분류) 불쾌물 및 전염성물질
class 7.	방사성물질(0.002 μci/g이상)
class 8.	부식성물질(산·알칼리류 등 4종류로 분류)

2 수용성가연물질(용제)

구분	가연물질의 종류	
알코올류	탄소수 6개미만의 알코올	메틸알코올(메탄올) 에틸알코올(에탄올) 펜틸알코올(펜탄올) 2-펜틸알코올(2-펜탄올) 아이소펜틸알코올(3-메틸부탄올) tert-펜틸알코올(2-메틸-2-부탄올) 아릴알코올 3-메틸-2-부탄올 변성알코올 프로필알코올(프로판올) 2-프로판올 부틸알코올(부탄올) 아이소부틸알코올(2-메틸프로판올) sec-부틸알코올(2-부탄올) tert-부틸알코올(2-메틸-프로판올)
	탄소수 6개이상의 알코올	헥산올 사이클로헥산올 벤질알코올 프로프릴알코올(2-부탄메탄올) 등
	알코올기(-OH) 2개이상의 알코올	에틸렌글리콜 프로필렌글리콜 다이에틸렌글리콜 글리세린 다이프로필렌글리콜 들
에테르류	아이소프로필에테르(2-아이소프로폭시프로판) 테트라하이드로푸란 에틸부틸에테르 에틸프로필에테르 1,4-다이옥산(1,4-다이에틸렌다이옥사이드) 아세트알데하이드다이에틸아세탈(1,1-다이에톡시에탄) 에틸렌글리콜메틸에테르(2-메톡시에탄올) 에틸렌글리콜에틸에테르(2-에톡시에탄올) 다이에틸렌글리콜메틸에테르(2-메톡시에톡시에탄올) 다이에틸렌글리콜에틸에테르 등	
에스테르류	폼산메틸(메틸메탄산) 폼산에틸(에틸메탄산) 폼산프로필(프로필메탄산) 폼산부틸(부틸메탄산)	

	아세트산메틸(메틸에탄산) 아세트산에틸(에틸에탄산) 아세트산프로필(프로필에탄산) 아세트산비닐 아크릴산메틸(메틸프로펜산) 아크릴산에틸(에틸프로펜산) 메타크릴산메틸(메틸-2-메틸프로펜산) 에틸렌글리콜모노메틸에테르아세테이트 다이에틸렌글리콜모노메틸에테르아세테이트 등
케톤류	아세톤 메틸에틸케톤 메틸아이소부틸케톤 스크로헥사논 아세틸케톤 메틸비닐케톤 등
알데하이드류	* 아세트알데하이드를 제외한다. 크로톤알데하이드 파라알데하이드 아크릴알데하이드 등
아민류(1)	* 용해도 10이상, 인화점 20°C이하인 것(아이소프로필아민을 제외한다.) 에틸아민 프로필아민 다이에틸아민 트라이에틸아민 부틸아민 아이소부틸아민 tert-부틸아민 펜틸아민 아크릴아민 등
아민류(2)	* 아미노글리콜류 및 아민류(1) 이외의 것 에틸렌다이아민 사이클로헥실아민 아닐린 에탄올아민 다이에탄올아민 트라이에탄올아민 등
나이트릴류	아크릴로나이트릴 아세트나이트릴 부틸로나이트릴 등
유기산	아세트산 무수아세트산 폼산 프로피온산 아크릴산 등
특수인화물	* 「위험물안전관리법시행령」 별표1의 특수인화물 중 다음의 것 콜로디온 에틸비닐에테르 아이소프로필아민 다이에틸에테르
기타	피리딘 등

3 위험물의 유별성상(性狀)

유별	품명	상태	위험성	용도	소화방법
제1류	염소산칼륨 ($KClO_3$)	백색의 결정 또는 백색분말	열에 의해서 쉽게 분해되며, 산소를 발생한다. 가연물질과 공존하면 위험하나 단독으로는 연소하지 않는다.	폭약제조·산화제·염색용	물에 의한 냉각소화가 적합하다.
	염소산나트륨 ($NaClO_3$)	무색(불순물이 있는 것은 백색) 결정으로서 냄새가 없다.	上同	上同	上同
	과염소산암모늄 (NH_4ClO_4)	무색결정 또는 백색의 분말로서 냄새가 없다.	130°C에서 분해하기 시작하여 산소를 발생하고, 300°C에서 급격히 분해한다.	폭약(광산용)	물에 의한 냉각소화가 적합하다.
	과염소산칼륨 ($KClO_4$)	上同	600°C전후에서 분해하여 산소를 발생한다.	上同	上同
	질산칼륨 (KNO_3)	무색결정 또는 백색분말로서 냄새가 없다.	가열에 의하여 산소를 방출하며, 가연물과 혼합하면 폭발하는 경우가 있다.	질소비료, 폭약의 원료, 소자공업	물에 의한 냉각소화가 적합하다.
	질산나트륨 ($NaNO_3$)	무색결정으로 냄새가 없다.	上同	주로 비료제조에 사용되며, 화학·불꽃놀이 등	上同
	질산암모늄 (NH_4NO_3)	무색결정으로 냄새가 없다.	가열에 의해서 산소를 방출하기도 하며, 단독으로 폭발할 위험성도 있다.	비료, 화학류의 원료	上同
	과망간산칼륨 ($KMnO_4$)	적자색결정으로서 냄새가 없다.	200～240°C에서 분해하며 산소를 발생한다.	살균소독제, 표백제, 분석용 시약, 산화제	물에 의한 냉각소화 또는 마른모래의 의한 소화가 적합하다.
제2류	황화인 (P_4S_3, P_2S_5, P_4S_7)	황록색의 결정 또는 분말형태이다.	• 삼황화인(P_4S_3)은 100°C에서 발화한다. • 오황인(P_2S_5)은 290°C에서 용융하며, 담황색 결정의 조해성물질이다. • 칠황화인(P_4S_7)은 온수에서 급격히 분해하여 황화수소(H_2S)를 발생한다.	성냥의 제조, 유기화합물의 합성	마른모래 또는 할로겐화합물·이산화탄소소화약제에 의한 질식소화가 효과적이다.

류별	품명		성질	위험성	용도	소화방법
	적인(P)		• 냄새가 없는 분말상태이다. • 독성이 강하다.	• 발화점이 260°C이며, 독성은 없다. • 염소산염류와 혼합저장시 대단히 위험하다.	上同	물 또는 마른모래에 의한 냉각 및 질식소화가 효과적이다.
	유황(S)		황색의 고체 또는 분말상태이다. (사방 · 단사정계 및 비정계의 3종류)	• 발화온도는 360°C로서 연소할 때 담청색의 불꽃을 낸다. • 연소시 유독성의 아황가스(SO_2)를 발생한다.	화약, 불꽃놀이, 성냥, 황산, 이황화탄소의 제조	물에 의한 냉각 및 질식소화가 효과적이다.
	금속분 A	마그네슘(Mg)	은백색의 광택을 가지나 공기 중에서 서서히 산화하여 광택을 잃게 된다.	• 발화온도는 470°C로서 금속의 분진폭발을 일으킬 위험이 있다. • 연소시 백색고체인 산화마그네슘(MgO)을 생성한다.	사진섬광분, 화약, 불꽃놀이 등	마른모래 또는 다량의 소화분말에 의한 질식소화가 효과적이다.
		알루미늄(Al)	은백색의 광택을 가지나 공기 중에서 서서히 산화하여 광택을 잃게 된다. 퍼짐성(展性)과 뽑힘성(延性)이 좋다.	• 묽은 산과 반응하면 가연성가스인 수소(H_2)를 발생시킨다. • 알루미늄 분말이 연소하면 흰 연기를 내면서 발열하기 때문에 소화가 어렵다.	도료(안료), 알루미늄박, 야금, 화약류의 발열제, 불꽃놀이 등	上同
	금속분 B	철(Fe)	회색의 분말로서 자성을 갖는다.	• 환원된 철분은 공기 중에서 자연발화한다. (자연발화온도 : 520~700°C) • 작은 분말일수록 점화원이 존재하여 발화 또는 폭발할 위험성이 있다.	야금, 유리착색제, 화약의 원료, 불꽃놀이 등	上同
제3류	칼륨(K)		은백색의 금속으로서 융점이 낮다.	• 공기 중에서 연소하기 쉽다. • 물과 반응하여 가연성가스나 수소를 발생시키므로 위험하다. • 농도가 낮은 산소 중에서도 연소하기 쉬우며, 유독성가스를 발생시킨다.	탈수제, 유기합성원료, 환원제, 칼륨·나트륨의 합금(감속제) 등	마른모래, 팽창질석 또는 팽창진주암 등에 의한 질식소화가 효과적이다.
	나트륨(Na)		은백색의 광택이 있는 금속으로서 융점(녹는점)이 낮고 물보다 가볍다.	• 공기 중에서 장기간 노출되면 자연발화한다. • 연소시 황색불꽃을 내며, 물 또는 알코올과 반응하면 가연성가스인 수소를 발생시킨다. • 구리·질산암모늄과 혼합저장시 가열·충격이나 마찰에 의해서 폭발위험이 있다.	上同	上同

	탄화칼슘 (CaC_2)	백색 또는 회흑색의 고체이다.	물 또는 습기와 반응하면 아세틸렌을 생성하므로 위험하다. [$CaC_2 + 2H_2O \rightarrow Ca(OH)_2 + C_2H_2\uparrow$]	조명, 용접, 합성수지, 합성섬유 등	마른모래, 이산화탄소, 분말소화약제에 의한 질식소화가 효과적이다.
	황인 (P)	• 담황색의 고체로서 인의 빛을 낸다. • 독성이 있다.	• 발화점이 34°C로서 여름철인 경우 발화할 위험이 크며, 250°C로 가열하면 적인으로 된다. • 연소시 유독성가스인 오산화인(P_2O_5)을 발생시킨다.	살충제, 유기물의 합성, 적린의 제조	물 또는 마른모래에 의한 냉각 및 질식소화가 효과적이다.
	산화칼슘 (CaO)	백색의 고체 또는 분말상으로 되어 있다.	물 또는 습기와 반응하면 발열하고, 소석회가 된다(이때 발열된 열이 점화원의 역할을 한다)	비료, 피혁공업, 치금, 소독제 등	마른모래, 팽창질석 또는 팽창진주암 등에 의한 질식소화가 효과적이다.
제4류	가솔린 (휘발유, $C_5 \sim C_8$)	본래는 무색이나 담적색 또는 담황색으로 착색되어 있다.	인화점이 영하 20~43°C으로 휘발성이 크고 상온에서 폭발성가스를 생성한다.	연료, 용제 등	포·분말·이산화탄소·할로겐화합물소화약제에 의한 질식소화가 효과적이다.
	아세톤 (CH_3COCH_3)	특유의 냄새가 있는 무색의 휘발성 액체로서 보관 중 황색으로 변한다.	인화점이 영하 18°C로서 햇빛에 의해서 분해된다.	도료, 셀룰로이드·화약의 제조, 용제, 의약, 향료	알코올형포소화약제, 무상의 물소화약제에 의한 희석소화가 효과적이다.
	에테르 ($C_2H_5OC_2H_5$)	마취성이 있는 무색의 액체로서 자극성냄새가 있다.	인화점이 영하 45°C로서 인화성이 커 가솔린보다 위험하다.	용제, 마취제	이산화탄소·할로겐화물소화약제에 의한 질식소화가 효과적이다.
	이황화탄소 (CS_2)	무색의 휘발성액체로서 불순물에 의한 불쾌한 냄새를 가진다.	인화점이 영하 30°C로서 인화성이 강하며, 증기는 유독성이 있다.	인견의 용제, 셀로판지 제조, 소독살충제	이산화탄소·분말·할로겐화물소화약제에 의한 질식소화가 효과적이다.
	콜로디온	무색의 액체이다. (질화면을 알코올과 에테르의 혼합 용액에 용해시킨 것)	인화점이 영하 17°C로서 착화하면 폭발할 위험성이 크다.	사진 건판, 타이프 원지, 제조	上同
	등유	무색 내지 담황색의 투명한 액체로서 물에는 용해하지 않는다.	인화점이 30°C이상으로서 상온에서 인화의 위험성은 작다.	연료, 용제 등	上同

	경유 (디젤유)	황갈색 내지 흑갈색 액체로서 물에 용해되지 않는다.	인화점이 50～70°C로서 상온에서 인화의 위험은 없다.	디젤엔진의 연료	上同
	중유	암갈색의 액체로서 비중이 물보다 크다.	인화점이 70～200°C로서 가열하지 아니하는 한 위험이 없다.	연료	이산화탄소·분말·포·할로겐화합물소화약제와 물분무소화약제에 의한 질식소화가 효과적이다.
	테레핀유	무색의 액체로서 물에는 거의 용해되지 않는다.	• 인화점이 35°C로서 공기와 접촉하면 점조(粘稠)해진다. • 위험성은 등유·경우에 준한다.	수지도료의 용제	이산화탄소·할로겐화합물·포·분말소화약제에 의한 질식소화가 효과적이다.
	장뇌유	방향성을 가지는 액체로서 백유·적유·염류로 구분된다.	인화점이 47°C로서 제2석유류(등유·경유)에 준한다.	방부제, 비누향료	上同
	송근유	특이한 냄새가 있는 황갈색의 액체이다.	인화점이 54～78°C로서 용해기능은 테레핀유와 동일하다.	수도료의 용제	上同
	메틸알코올 (CH_3OH)	방향성이 있는 휘발성의 무색 액체이다.	인화점이 11°C로서 독성이 있으나 가솔린보다 위험성이 적다.	용제, 포르마린의 제조	알코올형포소화약제에 의한 질식소화가 효과적이다.
	에틸알코올 (C_2H_5OH)	上同	• 인화점이 13°C로서 독성이 없다. • 가솔린보다 위험성이 적다.	용제, 방부제, 소독용, 의약용	上同
	벤젠 (C_6H_6)	휘발성의 무색 액체로서 방향성의 냄새가 있다.	• 인화점이 영하 11°C로서 증기는 마취성과 독성이 있다. • 가솔린보다 위험성이 작다.	염료, 용제	이산화탄소·할로겐화합물·포소화약제에 의한 질식소화가 효과적이다.
제5류	나이트로셀룰로오스 [$C_6H_7O_2(ONO_2)_3$]	셀룰로오스에 비하여 상태가 위약하다.	• 착화 연소하기 쉽고, 연소속도가 대단히 빠르다. • 자연발화의 위험성도 있으며, 질화도가 높은 것은 위험하다.	무연화약, 도료, 콜로디온, 셀룰로이드 필름	다량의 물에 의한 냉각소화가 효과적이며, 제거소화 방법도 적합하다.
	질산에틸 ($C_2H_5NO_2$)	무색의 액체로서 감미로운 맛이 있다.	• 인화점이 낮고, 인화의 위험이 크다. • 물에는 녹지 않고, 알코올에는 녹는다.	용제	포·이산화탄소·분말 등의 소화약제에 의한 질식소화가 효과적이다.

<table>
<tr><td rowspan="3"></td><td>셀룰로이드</td><td>질화도가 낮은 질화면을 가공한 것으로서 유연성이 있다.</td><td>• 착화 연소하기 쉽고, 연소속도가 대단히 빠르다.
• 자연발화의 위험성이 있다.</td><td>완구, 필름, 도료의 원료, 문구</td><td>다량의 물에 의한 냉각소화가 효과적이며, 제거소화 방법도 적합하다.</td></tr>
<tr><td>트라이나이트로톨루엔
$[C_6H_2CH_3(NO_2)_3]$</td><td>• 담황색의 결정으로서 가열하면 알코올에 용해한다.
• 독성이 없다.</td><td>약 300°C에서 점화 또는 타격·마찰로서 폭발한다.</td><td>화약류 제조</td><td>上同</td></tr>
<tr><td>피크리산
$[C_6H_2OH(NO_2)_3]$</td><td>• 황색의 결정을 갖는다.
• 물에는 거의 녹지 않으나 알코올에는 쉽게 용해한다.</td><td>• 300°C로 가열하면 지극히 빠르게 연소한다.
• 알코올 등과 혼합하였을 때는 타격·마찰로 폭발한다.</td><td>화약, 의약품, 황색염료 제조</td><td>上同</td></tr>
<tr><td rowspan="4">제6류</td><td>과산화수소
(H_2O_2)</td><td>• 자극성의 냄새가 있는 액체이다.
• 순수한 것은 점성이 있는 무색의 액체이다.</td><td>• 열에 있어서는 비교적 안정하나 가연물질과 함께 존재하면 폭발적으로 연소한다.
• 물과 반응하면 많은 열을 발생한다.</td><td>산화제, 표백제, 공업용 약품</td><td>마른모래, 팽창질석 도는 팽창진주암에 의한 질식소화가 효과적이다.</td></tr>
<tr><td>과염소산
$(HClO_4)$</td><td>• 무색·무취의 액체로서 휘발성이 있으며, 강한 연기를 발생한다.
• 금속인 구리·철·아연과는 격렬하게 반응한다.</td><td>• 강산화제로서 유기물과 접촉하면 연소·폭발한다.
• 진한황산·오산화인과 접촉하면 무수물을 형성하며, 폭발할 위험이 있다.
• 92°C이상에서는 폭발적으로 분해한다.</td><td>산화제, 탈수제, 합금의 용해, 유기화합물의 합성 촉매, 과염소산염류의 제조</td><td>上同</td></tr>
<tr><td>질산
(NHO_3)</td><td>무색의 액체이나 시간이 경과되면 담황색으로 변한다.</td><td>• 환원성물질과 혼합하면 폭발의 위험성이 있다.
• 유기물질과 혼합하면 발화한다.</td><td>화약, 폭약제조</td><td>上同</td></tr>
<tr><td>황산
(H_2SO_4)</td><td>무색의 액체이나 농도가 높을수록 기름모양이 된다.</td><td>• 물과 접촉하면 급격하게 발열하며, 폭발을 가져온다.
• 가열분해하여 유독성가스인 아황산가스를 발생한다.</td><td>탈수제, 세제, 공업용 약품</td><td>上同</td></tr>
</table>

4 소방관련용어

① 消防監(소방감) : Assistant Chief
② 消防正監(소방정감) : 1st Assistant Chief
③ 消防可監(소방가감) : Deputy Chief
④ 消防總監(소방총감) : Fire Chief, Chief fire Officer, Chief if Department
⑤ 消防職員(소방직원) : fire man, fire department personal
⑥ 婦人消防官(부인소방관) : fire woman
⑦ 韓國火災學會(한국화재학회) : Korean Association of Fire Science and Engineering
⑧ 火災豫防審議會(화재예방심의회) : Fire Prevention Council
⑨ (財)國際消防交流協會((재)국제소방교류협회) : International Exchange Association of Fire Service
⑩ 韓國消防檢定公社(한국소방검정공사) : Korea Fire Equipment Inspection Corporation
⑪ 韓國消防安全協會(한국소방안전협회) : Korea Fire Safety Association
⑫ 韓國火災保險協會(한국화재보험협회) : Korea Fire Protection Association
⑬ 韓國防災試驗所(한국방재시험소) : Fire Insurer's Laboratories in Korea
⑭ 消防廳(소방청) : Fire Defense Agency
⑮ 消防設備士(소방설비사) : fire protection engineer
⑯ 防災管理者(방재관리자) : fire protection manager
⑰ 危險物取扱者(위험물취급자) : hazardous materials engineer
⑱ 消防救助技大會(소방구조기대회) : fire service rescue techniques meet
⑲ 總務部(課)(총무부(과)) : Administration Division(Section)
⑳ 防災部(課)(방재부(과)) : Diaster Division(Section)
㉑ 廣報部(課)(광보부(과)) : Public Relations Division(Section)
㉒ 消防部(課)(소방부(과)) : Fire Service Division(Section)
㉓ 救急部(課)(구급부(과)) : Ambulance Division(Section)
㉔ 警防部(課)(경방부(과)) : Fire Supperssion Division(Section)
㉕ 豫防部(課)(예방부(과)) : Fire Prevention Division(Section)
㉖ 消防學校(소방학교) : Fire Academy, fire tranining school
㉗ 消防大學校(소방대학교) : Fire Defense College
㉘ 消防研究所(소방연구소) : Fire Research Institute

㉙ 消防局, 消防本部(소방국, 소방본부) : Fire department, Fire brigade, Fire service
㉚ 長官(장관) : Director General
㉛ 次官(차관) : Vice Director General
㉜ 消防防災果(소방방재과) : Fire and Disaster Preparedness Section
㉝ 消防審議會(소방심의회) : Fire Service Council
㉞ 消防法(소방법) : Fire Service Law
㉟ 消防組織法(소방조직법) : Fire Organization Law
㊱ 石油(석유)콤비나트 等(등) 災害防止法(재해방지법) : Law for Prevention of Disasters in Petroleum Complexes and Other Petroleum Facilities
㊲ 서울消防本部(소방본부) : Seoul Fire Department
㊳ 消防署(소방서) : Fire station(Fire House)
㊴ 消防團(소방단) : Volunteer fire corps
㊵ 消防署長(소방서장) : Fire Station Chief
㊶ 消防團長(소방단장) : Volunteer, Fire man
㊷ 消防士(소방사) : fire man
㊸ 消防副士長(소방부사장)(소방교) : Assistant Fire Sergeant
㊹ 消防士長(소방사장)(소방장) : Fire Sergeant
㊺ 消防司令補(소방사영보)(소방위) : Fire Lieutenant
㊻ 消防司令(소방사령)(소방경) : Fire Captain
㊼ 消防司令長(소방사령장)(소방령) : Battalion Chief
㊽ 庶務課(서무과) : General Affairs Section
㊾ 人事課(인사과) : Personnel Section
㊿ 経理課(경리과) : Accounts Section
51 調査課(조사과) : Investigation Section
52 指導課(지도과) : Public Education Section
53 監査課(감사과) : Inspection Section
54 危險物課(위험물과) : Hazardous Materials Section

5 주요국의 방화관련단체(기구)

(1) 우리나라

① 한국소방산업기술원 - Korea Fire Institute
② 한국소방안전협회 - Korea Fire Safety Association
③ 한국화재보험협회 - Korea Fire Protection Association
④ 한국방재시험소 - Fire Insurer's Laboratories in Korea
⑤ 한국화재 · 소방학회 - Korea Institute of Fire Science & Engineering
⑥ 한국소방시설협회 - Korea Fire Facility Association

(2) 미국

① NFPA(미국방화협회) - National Fire Protection Association
② AIA(미국보험협회) - American Insurance Association
③ UL(미국보험업자시험소) - Underwriters' Laboratories
④ ANSI(미국규격기구) - The American National Standards Institute
⑤ ASTM(미국제료시험단체) - The American Society for Testing and Materials
⑥ SCC(남부법규위원회) - Southern Code Congress
⑦ BOCAI(빌딩관리자와 국제관리자 법규) - Building Officials and Administrators International

(3) 캐나다

① SCC(캐나다규격협회) - Standard Council of Canada
② ULC(캐나다보험자시험소) - Underwriters' Laboratories of Canada
③ CSA(캐나다규격협회) - Canadian Standard Association

(4) 일본

① 일본소방검정협회 - Japan Fire Equipment Inspection Corporation

② (재)일본소방설비안전센터 - Japan Fire Protection Equipment Safety Center

③ (재)일본소방협회 - Japan Volunteer Firemen's Association

④ (재)전국소방협회 - Fire-men's Association of Japan

⑤ (재)일본방화협회 - Japan Fire Protection Association

⑥ (재)소방과학총회센터 - Fire Information Research Center

⑦ (재)일본방재협회 - Japan Fire Retardant Association

⑧ (재)국제소방교류협회 - International Exchange Association of Fire Service

⑨ 소방연구소 - Fire Research Institute

찾아보기

ㅍ

ㅎ

영문

기타